Thomas Bedürftig · Roman Murawski
Philosophie der Mathematik

Thomas Bedürftig
Roman Murawski

Philosophie der Mathematik

De Gruyter

ISBN 978-3-11-019093-9
e-ISBN 978-3-11-022060-5

Library of Congress Cataloging-in-Publication Data

Bedürftig, Thomas.
   Philosophie der Mathematik / by Thomas Bedürftig, Roman Murawski.
      p. cm. − Includes bibliographical references and index.
   ISBN 978-3-11-022060-5 (alk. paper)
   1. Mathematics − Philosophy.   I. Murawski, Roman.   II. Title.
   QA8.4.B425   2010
   510.1−dc22

                                 2010011592

Bibliografische Information der Deutschen Nationalbibliothek

Die Deutsche Nationalbibliothek verzeichnet diese Publikation in der Deutschen Nationalbibliografie; detaillierte bibliografische Daten sind im Internet über http://dnb.d-nb.de abrufbar.

Satz: Da-TeX Gerd Blumenstein, Leipzig, www.da-tex.de
Druck: Hubert & Co. GmbH & Co. KG, Göttingen
∞ Gedruckt auf säurefreiem Papier

Printed in Germany

www.degruyter.com

Unseren Frauen
Michaela und Hania
für viel Geduld und Verständnis
in der Zeit der Entstehung dieses Buches.

Vorwort

Die Philosophie der Mathematik steht zwischen der Philosophie und der Mathematik. Das ist kein leichter Stand. Für den Außenstehenden stellt sich die Frage, was Mathematik, dieses fest gefügte, unfehlbare System von Zahlen, Formeln und Methoden überhaupt mit Philosophie zu tun haben soll. Die Philosophie, deren Teilgebiet die Philosophie der Mathematik ihrem Namen nach ist, und die Philosophen haben es schwer mit einer Mathematik, die wissenschaftlich Vorbildcharakter hat und zudem bis ins Unüberschaubare angewachsen ist. Schließlich ist der Gegenstand einer Philosophie der Mathematik eine Mathematik, deren Mathematiker in der Regel wenig geneigt sind, sie philosophisch zu betrachten. Das ist eine verständliche Haltung, da ihre mathematische Arbeit weit entfernt von jeder Philosophie zu sein scheint.

Wir werden sehen, dass die Dinge etwas anders liegen. Mathematik ist eine lebendige, sich entwickelnde und sich wandelnde Wissenschaft mit einer wechselvollen Geschichte. Ihre Grundbegriffe, Methoden und Prinzipien sind traditionell wichtige Gegenstände der Philosophie. Und die mathematische Arbeit ist, wenn man in ihre Fundamente schaut, der Philosophie sehr nah.

Die Grundlage, auf die Mathematik baut, erlaubt nicht nur, sondern fordert geradezu trotz aller inner- und außermathematischer Erfolge und Anerkennungen, über sie nachzudenken. Dieses *mathematisch* zu tun, ist Aufgabe des mathematischen Gebietes der *Mathematischen Grundlagen*. Damit aber ist niemand vom Nachdenken befreit. Denn die Mathematischen Grundlagen reichen bis ins tägliche Zahlenfundament der praktischen mathematischen Arbeit, in die Lehre, ins mathematische Sprechen und Denken und in die mathematischen Methoden hinein. Viele ihrer Fragen sind philosophischen Ursprungs und ihre Ergebnisse von philosophischer Bedeutung. In ihrem Umfeld entstehen philosophische Fragen. Die Reflexion über Fragen aus den Mathematischen Grundlagen und der Philosophie dient der Bewusstheit in der mathematischen Arbeit und in der Lehre von Mathematik.

Die Autoren sind Mathematiker und haben sich vorgenommen, nicht zuletzt Kolleginnen und Kollegen in die Philosophie der Mathematik einzuführen, also Schüler, Studenten, Lehrer und Dozenten der Mathematik. Unsere Einführung ist naturgemäß auch für Philosophen von der Schule bis in die Universität interessant, gerade weil sie von der anderen Seite kommt. Das, was wir an mathematischen Kenntnissen voraussetzen, ist über weite Strecken elementar. Dort, wo das nicht der Fall ist – und dies ist eine *Gebrauchsanweisung* für dieses Buch –, ist der Text klein gesetzt. Das ist auch dann so, wenn es um speziellere Ausführungen mathematikphilosophischer Art geht. Der in der Standardgröße gedruckte Text ist auch für interessierte Laien mit mathematischen Vorkenntnissen aus der Schule geeignet.

Ausgangspunkt und immer wieder Bezugspunkt unseres Textes sind die reellen Zahlen. *Kapitel 1* skizziert den Weg zu ihnen und vermerkt in pointierter Weise mathematische und philosophische Probleme und Fragen, die sich auf diesem Wege stellen. Die Fragen weisen in die Mathematischen Grundlagen und in die Philosophie der Mathematik. Das umfangreiche *Kapitel 2* ist ein Abriss von Positionen aus der Geschichte der Mathematik und der Philosophie bis hin zu aktuellen Strömungen. Es bildet den Hintergrund für die folgenden Kapitel, speziell für die Grundfragen der Philosophie der Mathematik im *Kapitel 3*, das die Fragen aufnimmt, die sich in Kapitel 1 stellten. Kapitel 2 kann als unabhängiges Kompendium dienen. Einleitung, Kapitel 1 und Kapitel 3 lassen sich im Zusammenhang lesen, und es kann aktuell in Kapitel 2 nachgeschlagen werden, wenn Rückfragen notwendig werden und weiterer Bedarf nach zusammenhängenden Informationen über Philosophen, Mathematiker, mathematikphilosophische Schulen und Auffassungen entsteht.

Im *Kapitel 4* geht es um den heute universellen Hintergrund mathematischen Formulierens: die Mengenlehre. Die Verwendung von Mengensprechweisen wirkt zurück auf unser mathematisches Denken. Das Ziel ist, ein Bewusstsein für dieses oft unbewusste Fundament des mathematischen Sprechens und Denkens zu wecken. Auch dieses Fundament reflektieren wir und stellen zwei Mengenlehren vor, deren Ansätze sehr verschieden sind. *Kapitel 5* schließlich ist der axiomatischen Methode und dem zweiten mathematischen Fundament, der Logik, gewidmet. Wir geben einen kurzen Abriss über logische Grundbegriffe und blicken kurz auf die Geschichte der Axiomatik und der Logik. Die mathematische Logik hat manche ehemals philosophische Fragen aufgenommen und tiefgreifende Ergebnisse von philosophischer Tragweite erzielt. Im *Kapitel 6* schauen wir zurück und versuchen kurz zu charakterisieren, was Philosophie der Mathematik ist, in die wir bis dahin eingeführt haben. Ein Anhang enthält Kurzbiographien ausgewählter Philosophen und Mathematiker. Der Text schließt mit je einem Index für Symbole, Namen und Begriffe.

Wir danken für die großzügigen Förderungen, die dieses Buch erst möglich gemacht haben: Dem Deutschen Akademischen Austauschdienst (DAAD), der die Zusammenarbeit der Autoren seit Jahren unterstützt, der Alexander von Humboldt-Stiftung für finanzielle Hilfe und der Fundacja na rzecz Nauki Polskiej (Stiftung für die Polnische Wissenschaft) für die Übernahme mancher Sach- und Nebenkosten.

Und wir danken Herrn PD Dr. Robert Plato und Herrn Simon Albroscheit im Verlag De Gruyter für die geduldige, entgegenkommende und aufmerksame Betreuung und Hilfe bei der Herstellung dieses Buches.

Hannover und Poznań   *Thomas Bedürftig*
im Januar 2010   *Roman Murawski*

Inhaltsverzeichnis

Vorwort   vii

Einleitung   1

1 Auf dem Weg zu den reellen Zahlen   6
   1.1 Irrationalität 6
   1.2 Inkommensurabilität 9
   1.3 Rechnen mit $\sqrt{2}$? 13
   1.4 Näherungsverfahren, Intervallschachtelungen und Vollständigkeit . . . 14
   1.5 Zur Konstruktion der reellen Zahlen 19
   1.6 Über den Umgang mit dem Unendlichen 21
   1.7 Unendliche nicht periodische Dezimalbrüche 23

2 Aus der Geschichte der Philosophie und Mathematik   26
   2.1 Pythagoras und die Pythagoreer 28
   2.2 Platon 31
   2.3 Aristoteles 33
   2.4 Euklid 38
   2.5 Proklos 40
   2.6 Nikolaus von Kues 42
   2.7 Descartes 46
   2.8 Pascal 49
   2.9 Leibniz 51
   2.10 Kant 54
   2.11 Mill und empiristische Konzeptionen 59
   2.12 Bolzano 64
   2.13 Gauß 66
   2.14 Cantor 68
   2.15 Dedekind 72
   2.16 Poincaré 77
   2.17 Logizismus 81
   2.18 Intuitionismus 91
   2.19 Konstruktivismus 102
   2.20 Formalismus 104
   2.21 Philosophie der Mathematik von 1931 bis in die fünfziger Jahre . . . 112
   2.22 Der evolutionäre Standpunkt – eine neue philosophische Grundposition 118

2.23 Philosophie der Mathematik nach 1960 125
        Quasi-empirische Konzeptionen 127
        Realismus und Antirealismus 135

3   Über Grundfragen der Philosophie der Mathematik   138
    3.1   Zum Zahlbegriff 138
        3.1.1   Überblick über einige Ansichten 139
        3.1.2   Resümee 140
    3.2   Unendlichkeiten 145
        3.2.1   Über die Problematik des Unendlichen 145
        3.2.2   Die Auffassung des Aristoteles 148
        3.2.3   Die idealistische Auffassung 149
        3.2.4   Der empiristische Standpunkt 150
        3.2.5   Unendlichkeit bei Kant 151
        3.2.6   Die intuitionistische Unendlichkeit 152
        3.2.7   Die logizistische Hypothese des Unendlichen 153
        3.2.8   Unendlichkeit und die neuere Philosophie der Mathematik . . 154
        3.2.9   Formalistische Haltung und heutige Tendenzen 154
    3.3   Das klassische Kontinuum und das unendlich Kleine 156
        3.3.1   Das allgemeine Problem 156
        3.3.2   Gliederung des Problems 158
        3.3.3   Die Auffassung des Aristoteles – Hintergrund für die Mathe-
                matik bis in die Neuzeit 161
        3.3.4   Die transfinite atomistische Auffassung 163
        3.3.5   Das Ende der Infinitesimalien und ihre Wiederentdeckung . . 167
        3.3.6   Das mathematische Ende des klassischen Kontinuums 173
        3.3.7   Das Verschwinden der Größen 175
    3.4   Schluss 181
        3.4.1   Von den natürlichen zu den rationalen Zahlen 182
        3.4.2   Inkommensurabilität und Irrationalität 183
        3.4.3   Adjunktion 185
        3.4.4   Das lineare Kontinuum 186
        3.4.5   Das unendlich Kleine 187
        3.4.6   Konstruktion, Unendlichkeit, unendliche nichtperiodische
                Dezimalbrüche 188
        3.4.7   Schlussbemerkung 189

4   Mengen und Mengenlehren   191
    4.1   Paradoxien des Unendlichen 192
    4.2   Über den Begriff der Menge 194
        4.2.1   Mengen und das Universalienproblem 195
    4.3   Zwei Mengenlehren 198

4.3.1 Die Mengenlehre nach Zermelo und Fraenkel 200

4.3.2 Die Mengenlehre nach von Neumann, Bernays und Gödel . . 208

4.3.3 Anmerkungen 214

4.3.4 Über Modifikationen 216

4.4 Auswahlaxiom und Kontinuumshypothese 217

4.4.1 Suche nach neuen Axiomen 223

4.4.2 Weitere Bemerkungen und Fragen 228

4.5 Schluss 229

5 Axiomatik und Logik 234

5.1 Einige Elemente der mathematischen Logik 235

5.1.1 Syntax 235

5.1.2 Semantik 237

5.1.3 Kalkül 241

5.2 Bemerkungen zur Geschichte 243

5.2.1 Aus der Geschichte der Logik 243

5.2.2 Zur Geschichte der Axiomatik 252

5.3 Logische Axiomatik und Theorien 257

5.3.1 Peano-Arithmetik 258

5.3.2 Eine Axiomatik für die reellen Zahlen 260

5.4 Über die Arithmetik der natürlichen Zahlen 262

5.4.1 Zum syntaktischen Aspekt 263

5.4.2 Zum semantischen Aspekt 265

5.5 Schlussfolgerungen 269

5.5.1 Schluss 271

6 Rückblick 274

Was ist Philosophie der Mathematik und wozu dient sie? 281

Kurzbiographien 285

Literaturverzeichnis 299

Personenverzeichnis 309

Symbolverzeichnis 313

Begriffsverzeichnis 315

Einleitung

Die mathematische Laufbahn des Menschen beginnt früh. Die erste Mathematik entsteht in der Auseinandersetzung und im Einklang mit der Wirklichkeit. Die Zahlen, die mit dem Zählen verbunden sind und in der Mathematik zu den *natürlichen Zahlen* werden, erhalten von hierher ihre Bedeutungen. Das gilt ganz ähnlich für die negativen und gebrochenen, die rationalen Zahlen, die aus dem Umgang mit alltäglichen Größen in einer Art Abstraktion entstehen.

Anders ist es mit den reellen Zahlen, die wir im Kapitel 1 an den Anfang unserer Einführung stellen. Hier gibt es eine entscheidend neue Situation. Um die reellen Zahlen ausgehend von den natürlichen und rationalen Zahlen zu erreichen, geht die Mathematik ganz eigene und neue Wege. Sie löst sich aus den Bindungen an die konkreten Anwendungen. Die alte, einfache Abstraktion von alltäglichen und physikalischen Größen funktioniert nicht mehr. Es ist gerade der Konflikt mit den Größen, der sie veranlasst, reelle Zahlen *theoretisch* zu konstruieren oder deren gewünschte Eigenschaften *axiomatisch* zu postulieren. Es sind geometrische und theoretische Notwendigkeiten, die die Mathematik auf besondere Weise herausfordern und Begriffe und Methoden verlangen, die noch vor nicht allzu langer Zeit sehr neu und revolutionär gewesen waren. Diesen gegenüber stellten und stellen sich Fragen, die nicht nur mathematischer sondern auch philosophischer Art sind. Die Fragen weisen in viele Richtungen der Philosophie der Mathematik und der Mathematikgeschichte. Wir deuten einige der Fragen hier in der Einleitung an – anknüpfend an die reellen Zahlen – und nennen einige Probleme.

Die reellen Zahlen sind, das ist heute die allgemeine Haltung, sicherer mathematischer Besitz. Man hat die heftigen Diskussionen weitgehend vergessen oder hält sie für erledigt, die noch vor 100 Jahren die Häupter und Herzen der Mathematiker, ja ihr Gewissen bewegten. Die Probleme aber sind durchaus nicht verschwunden. Man sieht sie gleichwohl in den Mathematischen Grundlagen gut aufgehoben, übergeht gern die Fragen und geht pragmatisch zur Tagesordnung über, die mit $\mathbb{R}$ beginnt. Die mathematische Lehre, in der es um schnelle Vermittlung der Begriffe und Methoden geht, geht von diesen reellen Zahlen aus, meidet möglichst die begrifflichen und methodologischen Fragen und verschenkt an diesem entscheidenden Punkt die Möglichkeit der reflektierenden Vermittlung eines interessanten Stoffes und tieferer Einsicht in die mathematischen Elemente.

Wir begeben uns im ersten Kapitel *auf den Weg* zu den reellen Zahlen, um ganz konkret und elementar ihre Probleme aufzudecken, die noch heute die Mathematischen Grundlagen und die Philosophie der Mathematik beschäftigen. Im Kapitel 3 – auf der Grundlage eines ausführlichen Berichtes über historische mathematikphilosophische Positionen im Kapitel 2 – erörtern wir dann die Probleme näher und verstehen die Konflikte besser, die zu Zeiten Kroneckers, Freges, Cantors und Dedekinds die Gemüter so erhitzt haben.

In der universitären Lehre und im mathematischen Unterricht ist von Konflikten wenig oder nichts zu bemerken. Die reellen Zahlen werden in der Mitte der gymnasialen Schulzeit gewöhnlich so eingeführt, dass verborgen bleibt, welch entscheidender Schritt hier getan wird. Auch dem geneigten Leser dürfte in seiner Schulzeit dieser Schritt kaum zu Bewusstsein gekommen sein. Denn mit der Autorität der Mathematik und des Mathematiklehrers wird der Mathematikunterricht an allen Tiefen und Klippen vorbei gelenkt. Wir wollen zur Einführung kurz, bevor wir im Kapitel 1 die Probleme im Detail identifizieren, einige Punkte im geläufigen Mathematikunterricht und in der Lehre an den Universitäten anschauen – und uns dabei vielleicht an unsere eigene Schul- oder Studienzeit erinnern. Es handelt sich um ganz einfache Dinge, die man in der Routine aber leicht übersieht.[1]

Die mathematische Lehre an den Universitäten beginnt gewöhnlich mit den reellen Zahlen. Sie setzt sie voraus – wenn sie gründlich ist, axiomatisch, d. h. in der Auflistung ihrer Eigenschaften, die kaum hinterfragt sondern gesetzt werden. Wenn die Erweiterung zu den reellen Zahlen thematisiert wird, sieht das vielleicht wie folgt aus.

Wir haben in einem Lehrbuch über Zahlbereiche in der Ausbildung von Lehrern dieses zur Einführung der reellen Zahlen gefunden: Am Anfang des Kapitels über reelle Zahlen wird konstatiert – nach einer Bemerkung über die Diagonale im Einheitsquadrat, einer grundsätzlichen Bemerkung über die Zahlengerade (s. u.) und einem indirekten Irrationalitätsbeweis:

> „Die uns vertraute Zahl $\sqrt{2}$ gehört also nicht zur Menge der rationalen Zahlen."

Das ist überraschend. Woher ist uns $\sqrt{2}$ als Zahl vertraut? Zuvor waren die rationalen Zahlen eingeführt worden. Wohin gehört „die Zahl" $\sqrt{2}$ dann? Offenbar, so suggerieren die Autoren, zu einer besonderen Art von Zahlen, den reellen Zahlen, die schon da sind. Wenn sie schon vorhanden und uns vertraut sind, warum muss man sie dann *einführen*? Offen bleibt bei dieser Art des Vorgehens zunächst, was $\sqrt{2}$ als *Zahl* eigentlich *ist*. Und ungeklärt bleibt, warum und wie man mit dem Term $\sqrt{2}$, der nie da gewesen ist, *rechnen* kann.

Diese Art der „Einführung" der reellen Zahlen ist der Hintergrund für manchen Mathematikunterricht. Wie sollen Lehrer, die dieses oder ähnliches studiert haben, Schülern vermitteln, was hier wirklich passiert, an welcher begrifflichen Schwelle sie

---

[1]Wir bemerken, dass wir uns hier allein auf die Standardtheorie der reellen Zahlen beziehen. Interpretationen anderer Art werden z. B. in dem umfangreichen Lehrbuch [50] behandelt, das durchgehend mathematikhistorische Ausführungen enthält und das wir für das tiefere Studium der reellen Zahlen empfehlen.

stehen? Die Chance zumindest partiellen Verstehens der Probleme und der Eigenart ihrer Lösung wird verspielt.

Ein wichtiger Punkt folgt anschließend im Unterricht: Näherungsverfahren, z. B. für $\sqrt{2}$ – was immer $\sqrt{2}$ auch ist. Danach kommt eine Redewendung etwa so:

> Den abbrechenden und periodischen Dezimalbrüchen fügen wir die *unendlichen nicht-periodischen* Dezimalbrüche hinzu. Alle zusammen, das sind die reellen Zahlen.

Was sind das: Unendliche nicht-periodische Dezimalbrüche? Es geht um den *Umgang mit der Unendlichkeit*. Worum Mathematiker im 19. Jahrhundert hart und eigentlich unentschieden gerungen haben, wird im Unterricht als Selbstverständlichkeit gesetzt. Noch heute ist das Unendliche das große Problem in den Mathematischen Grundlagen, das ursächlich ist für viele weitere Probleme. Seine Problematik durchzieht das ganze vorliegende Buch.

Hinter dieser Art des Vorgehens steht die so genannte *Zahlengerade*, bei der man nicht mehr differenziert, ob es um Punkte oder Zahlen auf ihr geht. Es ist eine gebräuchliche und berechtigte Übung im Verlauf des Mathematikunterrichts, Zahlen als Punkte auf einer Geraden zu *veranschaulichen*. Ist man aber berechtigt, Zahlen und Punkte zu *identifizieren*? Das oben erwähnte Lehrbuch leitet das Kapitel über „eine Einführung in die reellen Zahlen" ganz offen mit dieser Erklärung ein:

> „Die reellen Zahlen werden also gleich zu Beginn durch die Gesamtheit **aller** Punkte der Zahlengeraden erklärt und als gegeben angesehen." [Fettdruck original im Lehrbuch]

Das ist praktisch – und erschlagend. Man erledigt mit einem Schlag die gesamte *Problematik des Kontinuums* in allen ihren Facetten. Was eigentlich ist *die* Zahlengerade? Was ist das für eine Gesamtheit, die „Gesamtheit aller Punkte"? Wie bildet man sie? Welch ein Gegenstand ist ein Punkt? Ist das Kontinuum einer Geraden durch Punkte ausschöpfbar, also eine Menge von Punkten? Wenn das so ist: Punkte sind zunächst keine Zahlen. Kann man Punkte einfach zu Zahlen erklären? Was sind das für Zahlen? Wie rechnet man mit Punkten?

Weiter wird mit der obigen Erklärung auch das Problem der *Vollständigkeit* von $\mathbb{R}$ beseitigt. Denn als Menge aller Punkte einer Geraden erben die so erklärten reellen Zahlen deren Lückenlosigkeit. Eigentlich denkt man heute mathematisch genau umgekehrt. Man konstruiert oder setzt $\mathbb{R}$ axiomatisch und erklärt dann Kopien von $\mathbb{R}$ zu Geraden. Nicht Punkte werden zu Zahlen sondern Zahlen zu Punkten.

Das Ziel der mengentheoretischen Konstruktionen der reellen Zahlen, so verschieden sie sind, ist immer die Vollständigkeit. Hier stellt sich endgültig und klar die Frage nach dem Verhältnis von konstruiertem Zahlenbereich und geometrischer Gerade. Gibt es eine *Differenz* zwischen der *Menge* der reellen Zahlen und den möglichen Verhältnissen im *Kontinuum* einer geometrischen Geraden? Dieses Problem ist in dem

Moment nicht mehr erkennbar, wenn man $\mathbb{R}$ als Menge aller Punkte einer Geraden präsentiert oder Geraden für Kopien von $\mathbb{R}$ hält. Die durchaus mögliche Differenz aber verweist auf die so genannte Nicht-Standard-Analysis. Im Hintergrund erscheint die alte Vorstellung *unendlich kleiner* Größen. Wir gehen im Kapitel 3 darauf ein.

Welche Fragen, die in die Philosophie verweisen, stellen sich hier? Wir haben sie angedeutet. Es sind *philosophische Grundfragen*: Es ist die große alte Frage nach dem Unendlichen, die die Bildung unendlicher Mengen betrifft wie die Annahme unendlich kleiner Größen. Es ist die Frage nach mathematischen Begriffen wie die der Zahl und der Größe. Es ist das Problem des klassischen Kontinuums, der Auffassung des Kontinuums als Menge von Elementen und der Identifikation von Punkten und Zahlen. Es ist die Frage nach den Axiomen und der axiomatischen Methode. Und es ist überhaupt die Frage des Verhältnisses der Mathematik und ihrer Begriffe zur Wirklichkeit. Welchen Status haben mathematische Begriffe? Was sind Zahlen? Was ist ihr Ursprung?

Solche Fragen, die nicht zuletzt relevant sind für die Lehre von Mathematik, werden im Kapitel 1 auf dem Weg zu $\mathbb{R}$ konkret. Im Kapitel 2 begegnen sie uns in einem umfangreichen Abriss der Geschichte der Philosophie der Mathematik immer wieder. Dort stellen wir zahlreiche Mathematiker und Philosophen und ihre mathematikphilosophischen Positionen vor, von denen her wir Antworten suchen werden.

Im Kapitel 3 erörtern wir vor dem Hintergrund der Geschichte der Philosophie und Mathematik die Grundfragen. Es geht um die Frage, was Zahlen eigentlich sind. Es geht diskursiv um den Begriff der Unendlichkeit, der sich als zentrales Problem durch die verschiedenen Positionen im Kapitel 2 zieht, um den Begriff der Größe und des Kontinuums. Die Größen verschwanden aus der Mathematik mit der Ersetzung des klassischen Koninuums durch $\mathbb{R}$. Geblieben sind hier und dort ihre Namen.

Mengenlehre und Logik bilden heute die mathematische Disziplin der Mathematischen Grundlagen. Aus ihnen kommen die heutigen mengentheoretischen Sprechweisen und die Klärung der Begriffe des Beweises, der Folgerung, der Theorie. Die neue Methode der Sicherung und Darstellung des mathematischen Wissens ist eine erneuerte Axiomatik. Mengenlehre, die im Prinzip eine Theorie des Unendlichen ist, Logik und Axiomatik stellen wir in den Kapiteln 4 und 5 vor, schildern ihre Geschichte und verfolgen und deuten ihre Probleme und Ergebnisse. Es entstehen naturgemäß dort, wo neue Grundlagen sind, neue grundlegende philosophische Fragen.

Wir haben oben vornehmlich *Probleme* herausgestellt, die in den reellen Zahlen verborgen sind. Unbedingt bemerken müssen wir, welche mathematischen *Möglichkeiten* sie eröffnet und welche Fortschritte sie bewirkt haben. Der Schritt vom klassischen Kontinuum ins Kontinuum der reellen Zahlen in der zweiten Hälfte des 19. Jahrhunderts war revolutionär. Erst die reellen Zahlen und die Mengenlehre in ihrem Hintergrund machten es möglich, im anschaulichen Kontinuum verborgene Eigenschaften des Kontinuierlichen mathematisch zu erfassen. Zu diesen gehören grundlegende Begriffe wie der des Zusammenhangs, der Vollständigkeit, der Stetigkeit oder

der Dimension. Endlich konnten die Begriffe des Grenzwertes, des Differentials und
Integrals präzisiert werden, die schon lange aber ungesichert im Gebrauch waren.
Alles dies konnte nur gelingen, indem von manchem Problem wie den oben genannten abstrahiert wurde – durchaus gegen massive Widerstände z. B. intuitionistischer
Art. Wir sind heute in einer anderen Position. Die damals neuen Grundlagen haben
sich längst bewährt. Wir können uns heute mit nüchternem Abstand bewusst machen,
auf welchem Boden wir stehen – ohne Grundsatzstreit über die Probleme, die weiter
bestehen. Wir können die mathematischen Versuche und Leistungen bewundern, die
Probleme zu überwinden, und zugleich das mathematische Wagnis realisieren, das in
diesen Leistungen liegt.

Die angesprochenen Aspekte werden in den kommenden Kapiteln thematisiert. Zuerst aber kommen wir im Kapitel 1 zu einigen Problemen unseres Fundamentes $\mathbb{R}$,
die im allgemeinen Alltag ein wenig verschollen zu sein scheinen. Das Kapitel 1 ist
kurz, konkret, elementar und skizzenhaft. Die vorgestellten Schritte auf dem Weg zu
den reellen Zahlen sind natürlich bekannt. Ungewohnt ist vielleicht die Abstraktion
von jedem Vorwissen am Anfang, die besondere Aufmersamkeit bei jedem einzelnen
Schritt, die unerbittliche Unterscheidung zwischen geometrischer und arithmetischer
Ebene und die klare Nennung der Probleme.

Kapitel 1

Auf dem Weg zu den reellen Zahlen

Wir versuchen in diesem Kapitel, das mathematische Fundament der reellen Zahlen nachzuzeichnen, seinen Aufbau und seine mathematischen Grundlagen skizzenhaft darzustellen, um Probleme philosophischer, methodischer und mathematischer Natur offenzulegen. Wir konstatieren, wie wir es schon in der Einleitung angemerkt haben, noch einmal die nicht seltene Unkenntnis oder die Toleranz diesen Problemen gegenüber und den Pragmatismus, mit dem man die reellen Zahlen als universelles mathematisches Fundament setzt. Die reellen Zahlen scheinen irgendwie immer schon da zu sein. Sie sind quasi zu den „natürlichen" Zahlen des Mathematikers geworden. In diesem Kapitel wollen wir zunächst nur aufmerksam machen auf die Fragen im Hintergrund der reellen Zahlen, indem wir den, genauer einen Weg zu ihnen aufmerksam beobachten und die Wahrnehmung für Details und Schwierigkeiten schärfen. Zum Zwecke der Klarheit wählen wir eine knappe und *pointierte* Formulierung der Probleme.

Der Weg zu den reellen Zahlen $\mathbb{R}$ beginnt wie fast alles in der Mathematik bei den (echten) natürlichen Zahlen $\mathbb{N}$. Wir wählen in diesem Kapitel einen etwas späteren Ausgangspunkt: die rationalen Zahlen $\mathbb{Q}$. Es ist der Ausgangspunkt des Lernenden, der noch nichts von reellen Zahlen weiß. Wir versetzen uns also bewusst in einen mathematischen Zustand wie den eines Schülers oder ähnlich dem der Pythagoreer vor 2500 Jahren. *Etwas anderes als rationale Zahlen haben und kennen wir arithmetisch nicht.* Das ist die *Anforderung* in diesem Kapitel, von unseren Vorkenntnissen und Vormeinungen wirklich vollständig und durchgehend abzusehen. – Über den Weg von den natürlichen zu den rationalen Zahlen sprechen wir kurz im Rückblick des Kapitels 3.

1.1 Irrationalität

Was bedeutet Irrationalität? Nehmen wir das Standardbeispiel. Gesucht ist die Zahl, die quadriert 2 ergibt. Man nenne sie $\sqrt{2}$. Überall steht sofort der

Satz. $\sqrt{2}$ *ist irrational.*

Dazu gibt es dann einen indirekten Standardbeweis wie z. B. den folgenden, der der Vollständigkeit wegen aufgenommen ist. Er verwendet die eindeutige Zerlegung von natürlichen Zahlen in Primzahlen.

Beweis:

Wir nehmen an, $\sqrt{2}$ wäre rational, sagen wir $\sqrt{2} = \frac{m}{n}$. Dann ist $2 = \frac{m^2}{n^2}$ bzw. $2 \cdot n^2 = m^2$. Denken wir uns m und n in Primzahlen zerlegt, dann kommt in beiden die Primzahl 2 vor oder auch nicht, in m^2 und n^2 jeweils doppelt so oft. Die Anzahl der Primfaktoren 2 in m^2 und n^2 ist also jeweils 0 oder eine gerade Zahl. Soll die Gleichung $2 \cdot n^2 = m^2$ richtig sein, so besagt dies, dass diese Anzahl der Primfaktoren 2 in m^2 zugleich gerade und ungerade ist. Das steht im Widerspruch zur Eindeutigkeit der Primfaktorzerlegung von m^2. □

Was bedeutet die Aussage des Satzes? Die *Suggestion*, die nicht nur den Wissenden trifft, ist: $\sqrt{2}$ ist eine andere Art von Zahl, eben eine irrationale Zahl.

Was aber ist unsere Situation? Etwas anderes als rationale Zahlen gibt es nicht. Daher kann „irrational" nichts anderes heißen als:

$\sqrt{2}$ ist nicht rational.

„Nicht rational" aber heißt – mangels anderer Zahlen:

Satz. $\sqrt{2}$ *ist keine Zahl.*

D. h. es gibt keine Zahl, die quadriert 2 ergibt. Was ist $\sqrt{2}$ dann?

$\sqrt{2}$ ist ein Term ohne Bedeutung.

Wir können diesen Term zwar schreiben, um Spannung zu wecken, wie wir ihn mit Sinn füllen. Aber Sinn hat das zunächst nicht. Es sei denn wir geben $\sqrt{2}$ einen anderen Sinn. Sehen wir den nicht im nächsten Standardbeispiel?

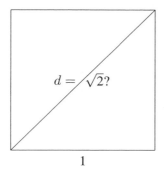

Aus dem Satz des Pythagoras folgt, so argumentieren wir, dass das Quadrat über der Diagonale im Einheitsquadrat den Flächeninhalt 2, die Diagonale d also die Länge $\sqrt{2}$ hat. Und: Wenn man d auf der *Zahlengerade* abträgt, dann kann man dort $\sqrt{2}$ als Länge von d sehen:

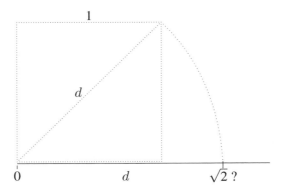

Das ist die nächste *Suggestion*, die den Wissenden und Lehrenden wie den Lernenden verleitet, $\sqrt{2}$ ohne weiteres als Zahl zu akzeptieren.

Welchen Fehler machen wir? Wir nehmen naiv an, *jeder* Punkt auf der Geraden, auf der wir uns die rationalen Zahlen als Punkte veranschaulicht haben und die dort dicht liegen, repräsentiert eine Zahl. Welche Zahlen aber haben wir? Rationale Zahlen! Und allein zu diesen Zahlen gehört bis jetzt ein Punkt auf der Zahlengeraden. Da $\sqrt{2}$ nicht rational ist, haben wir keine *Zahl* $\sqrt{2}$ auf der Zahlengeraden gefunden sondern vielmehr einen *Punkt*, zu dem keine Zahl gehört. D. h. es gibt keine Zahl, die der Länge der Diagonale d entspricht. Es bleibt dabei:

$\sqrt{2}$ ist keine Zahl. Und: Es gibt keine Maßzahl, die die Länge von d angibt.

Das wiederum heißt:

Satz. *Die Diagonale d im Einheitsquadrat ist nicht messbar.*

Das ist eine erstaunliche Situation. Die Diagonale d hat eine Länge, und unsere Erfahrung sagt uns, dass es kein Problem ist, Längen zu messen. Jetzt müssen wir aus prinzipiellen Überlegungen akzeptieren, dass uns unsere Erfahrung täuscht. Es gibt Größen, denen wir – bei vorgegebener Einheit – keine Zahl zuordnen können. Wir können sie nicht messen. Denn Einheit und Größe können, wie man sagt, *inkommensurabel* sein. Wir können den Bereich der Größen nicht mit unseren Zahlen erfassen.

Kehren wir zum Anfang zurück, beim dem etwas nicht stimmt. So kann man den Anfang des Weges zu den reellen Zahlen eigentlich nicht beginnen: „$\sqrt{2}$ ist irrational." Denn die Formulierung tut von vornherein so, als ob $\sqrt{2}$ eine Zahl wäre. Man muss so anfangen:

Satz. *Es gibt keine Zahl, die quadriert 2 ergibt. Es gibt keine Maßzahl für die Diagonale im Einheitsquadrat.*

Schon allein mit dem Zeichen $\sqrt{2}$ von Anfang an zu operieren, ist im Prinzip problematisch, da schon dies „Zahl" suggeriert und vorgibt, als hätte man die Lösung des Problems parat.

Die Schwere der Problematik und gerade das Problem des Ausgangspunktes des langen Weges zu den reellen Zahlen, der vor dem Lernenden liegt, wird gewöhnlich verschleiert. Man scheut sich vor dem „Offenbarungseid": Die bisherige Arithmetik ist am Ende. Man versäumt die spannende und produktive Frage: Was kann man mathematisch tun?

Hinter solchen scheinbar nur methodischen und didaktischen Problemen stehen grundsätzliche philosophische Fragen.

1.2   Inkommensurabilität

Welcher Art die Probleme sind, können wir am besten sehen, wenn wir weit zurück in Geschichte der Mathematik schauen. Die Entdeckung, die wir gemacht haben, haben die Pythagoreer vermutlich etwa 450 Jahre v. Chr. auch gemacht – in etwas anderer, direkterer Weise als wir. Eine der Vermutungen der Historiker in diesem Zusammenhang ist, dass es das regelmäßige Fünfeck war, ihr Ordenssymbol und ihr Symbol für den Kosmos, an dem sie das Phänomen der Inkommensurabilität entdeckt haben.[1]

Die Aufgabe war, das Verhältnis von Seite und Diagonale im regelmäßigen Fünfeck zu bestimmen. Zur *Verhältnisbestimmung* von Strecken hatten die Pythagoreer ein einfaches, überall anwendbares Verfahren entwickelt, die *Wechselwegnahme*, die zum bekannten *euklidischen Algorithmus* im Bereich der natürlichen Zahlen geworden ist. Die Wechselwegnahme war ein in der Geschichte der Mathematik wichtiges Verfahren, das auch in den Kapiteln 2 und 3 im Hintergrund immer wieder eine Rolle spielt. Da es in seiner geometrischen Form und Bedeutung selten praktiziert wird, stellen wir es hier kurz vor und wenden es dann im regelmäßigen Fünfeck an.

Seien a und b zwei Strecken. Die Griechen hatten keine normierten Maßeinheiten für Längen, mit denen sie a und b hätten messen, Maßzahlen zuordnen und so ihr Verhältnis bestimmen können. Sie gingen so vor:

Man nehme von a die kleinere Strecke b weg so oft, wie dies geht. Es bleibt der Rest r_1. Von b nehme man jetzt zweimal den Rest r_1 weg. Es bleibt der Rest r_2 usw.

---

[1]Vgl. hierzu den Aufsatz von H.-G. Bigalke *Rekonstruktionen zur geschichtlichen Entwicklung des Begriffs der Inkommensurabilität* ([20]).

$$a = 2 \cdot b + r_1$$
$$b = 2 \cdot r_1 + r_2$$
$$r_1 = r_2 + r_3$$
$$r_2 = 3 \cdot r_3$$

In unserem Beispiel misst r_3 die Strecke r_2 genau drei mal. Damit ist $r_1 = 4 \cdot r_3$, $b = 11 \cdot r_3$, $a = 26 \cdot r_3$ und das Verhältnis von a zu b als $26 : 11$ bestimmt. r_3 ist ein gemeinsames Maß für a und b. Das war das Ziel der Wechselwegnahme: Die Bestimmung eines gemeinsamen Maßes für je zwei gegebene Strecken.

Dieses Verfahren übertragen wir jetzt in die Situation des regelmäßigen Fünfecks im folgenden Bild. Wir wollen dort das Verhältnis von Diagonale d zur Seite a bestimmen und orientieren uns an dem folgenden Bild. Aus Gründen der Symmetrien im regelmäßigen Fünfeck verläuft die Wechselwegnahme für d und a so:

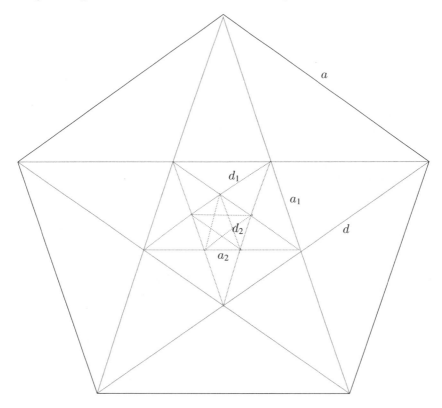

$$
\begin{array}{ccccc}
d &=& a &+& d_1 \\
d_1 &=& a_1 &+& d_2 \\
d_2 &=& a_2 &+& d_3 \\
\vdots & \vdots & \vdots & \vdots & \vdots
\end{array}
\qquad
\begin{array}{ccccc}
a &=& d_1 &+& a_1 \\
a_1 &=& d_2 &+& a_2 \\
a_2 &=& d_3 &+& a_3 \\
\vdots & \vdots & \vdots & \vdots & \vdots
\end{array}
$$

Was kann man im wahrsten Sinne *sehen*, was haben die alten Griechen gesehen?

Die Wechselwegnahme bricht nicht ab.

Sie folgt der unendlichen Folge der Fünfecke, die immer kleiner werden und im Unendlichen verschwinden. D. h.:

Es gibt kein gemeinsames Maß für Diagonale und Seite im regelmäßigen Fünfeck.

Die Erkenntnis ist und war:

Satz. *Diagonale und Seite im regelmäßigen Fünfeck sind inkommensurabel. Es gibt keine Zahlen, die das Verhältnis von Diagonale und Seite ausdrücken.*

Ein „sichtbarer" und direkter Beweis der Inkommensurabilität wie der eben gegebene ist etwas ganz anderes als das indirekte Argument oben für die „Irrationalität" von $\sqrt{2}$. Er bietet eine ganz andere Erfahrung für den Lernenden, die die Inkommensurabilität erst begreiflich macht und den – viel späteren – Begriff der Irrationalität begründet. Auch für $\sqrt{2}$ gibt es eine – ästhetisch nicht ganz so überzeugende – Möglichkeit der Ein*sicht* in die Inkommensurabilität von Diagonale und Seite im Quadrat.

Wir sehen im obigen Bild zusätzlich, dass, da $d_1 = d - a$ ist, inneres und äußeres Verhältnis von d und a übereinstimmen: $d : a = a : (d - a)$. Das Verhältnis von d und a ist also das Verhältnis des *goldenen Schnittes*. Also:

Es gibt keine Zahlen, die das Verhältnis des goldenen Schnittes ausdrücken.

Die Entdeckung der Inkommensurabilität vor etwa 2450 Jahren hat die alten Griechen tief erschüttert. Warum?

Zahlen waren die Grundlage der Mathematik und – das ist bemerkenswert – der *Metaphysik* der Pythagoreer. Zahlen hatten für sie eine reale Kraft, die aus einer höheren Welt der Zahlen in die materielle Welt wirkte und die realen Dinge und ihre Verhältnisse nach den Verhältnissen der Zahlen formte. Das war die tiefe philosophische Überzeugung der Pythagoreer: *Alles ist Zahl.* Vor ihren Augen brach nun diese Überzeugung in sich zusammen. Denn sie sahen Strecken, die nicht in einem Verhältnis natürlicher Zahlen standen und so das zentrale Prinzip ihrer Philosophie aufhoben. Ihre Philosophie zerbrach in Mathematik und Metaphysik, die zuvor eins gewesen waren.

Legenden ranken sich um die Entdeckung der Inkommensurabilität, die im Orden
der Pythagoreer als Geheimnis gehütet und angeblich von Hippasos von Metapont
verraten wurde – mit dramatischen Folgen für den Verräter. Ihn traf der Fluch des
Pythagoras. Auf seiner Flucht zur See verschlangen ihn die Fluten, die Gewitter und
Sturm aufgewühlt hatten.

Platon deklarierte es einhundert Jahre später in deutlichen Worten als Schande,
nichts von Inkommensurabilität zu wissen:

> „Es kam mir vor, als wäre das gar nicht bei Menschen möglich, sondern
> eher nur beim Schweinevieh. Und da schämte ich mich, nicht nur für mich
> selbst, sondern auch für alle Hellenen.“
> ([147], Gesetze, Bd. 8, 819–820 AD)

Auch für den Lernenden heute bricht wie für die Pythagoreer eine – kleinere – Welt
zusammen, und er erstaunt vielleicht ein wenig wie Platon. Denn seine Mathematik, die bis dahin galt, versagt. Diese Erfahrung aber kann der Lernende nur machen,
wenn er die *Möglichkeit* hat, sie zu machen. Dazu gehört der arithmetische „Offenbarungseid“. Er kann sie nicht machen, wenn man ihm $\sqrt{2}$ und die irrationalen Zahlen
vorsetzt und so tut, als wenn sie längst da sind und man alles messen kann. Er braucht
die Erfahrung, um den großen Schritt in eine neue, theoretische Mathematik zu erkennen und zu erleben, wie die Mathematik „theoretische Zahlen“ erfindet und das
Problem der Inkommensurabilität *theoretisch* überwindet.

Der Lehrende ist hier vielleicht nicht immer sensibel genug. Wir erinnern an das in
der Einleitung erwähnte Lehrbuch. Denn man vergisst gern, was wir uns oben vorgenommen haben, nämlich wirklich den Standpunkt des Lernenden einzunehmen und
von allem Vorwissen zu abstrahieren. Die reellen Zahlen sind so nah und so bequem.
Mit ihnen ist alles messbar. Und es ist in der Tat mühsam, jeden Schritt bis zu den
reellen Zahlen zu gehen. Aber die Einsicht in den „Abgrund“ der Inkommensurabilität und in die folgenden Schritte bis zu $\mathbb{R}$ ist wichtig. Eines ist klar: In dem Moment,
in dem reelle Zahlen gesetzt werden, ist die Inkommensurabilität verschwunden. Es
bleibt die Irrationalität.

Heute stellen sich wie damals in diesem Zusammenhang philosophische Fragen.
Zahlen und Zahlentheorie, die für die Pythagoreer damals das *Fundament* der Philosophie gewesen waren, lösten sich aus der Philosophie und standen nun der Philosophie gegenüber. Sie wurden *Gegen*stände der philosophischen Reflexion. In der
Philosophie Platons traten die Ideen an die Stelle der Zahlen. Welchen Status hatten
die Zahlen nun? Neben dem mathematischen Problem entstand die philosophische
Frage nach den Zahlen:

– Was sind Zahlen?

Diese Frage meint zunächst die einfachsten der Zahlen, die natürlichen Zahlen, auf
die alle anderen, auch die späteren reellen Zahlen zurückgeführt werden. Und die-

se Frage war es neben der Frage nach den reellen Zahlen, die im 19. Jahrhundert die mathematische Disziplin der *Mathematischen Grundlagen* hervorbrachte. Diese sollte *mathematisch* klären, was Zahlen sind. Über die Versuche hierzu und die philosophischen Ansichten werden wir in Kapitel 2 und 3 berichten.

Die anschließende Frage wird sein:

– Was sind reelle Zahlen?

Diese Frage ist nicht nur mit mathematischen sondern auch von philosophischen Problemen umgeben, wie wir gleich sehen werden. Was sind das eigentlich für Gegenstände, mit denen wir täglich umgehen? Allgemeinere mathematikphilosophische Fragen schließen sich an:

– Was ist der Status mathematischer Begriffe?
– Wie ist das Verhältnis der Mathematik und ihrer Begriffe zur Wirklichkeit?

Gescheitert war damals das philosophische Programm der Pythagoreer nicht in der Praxis. Es waren geometrische Größen, die den Zahlen ihre Grenzen zeigten. Die mathematische Antwort der Griechen war plausibel: Sie entwickelten eine Größenlehre, die der Zahlenlehre an die Seite gestellt wurde und, so kann man sagen, seitdem vorrangig war. Diese Größenlehre war wie die griechische Geometrie axiomatisch, d. h. sie basierte auf – nicht immer expliziten – Grundsätzen, die die Verhältnisse und den Gebrauch der Größen beschrieben.

Mathematisch wird im axiomatischen Vorgehen die Frage ausgeklammert, was dieses oder jenes ist. Was daher philosophisch und auch mathematisch offen blieb, ist die Frage:

– Was sind, besser: was waren Größen?

Heute sind die alten Größen aus der Mathematik ausgebürgert. Es sind die Zahlen, die reellen Zahlen, die sie vertreten.

1.3   Rechnen mit $\sqrt{2}$?

Unsere Frage oben war: Was kann man mathematisch tun, wenn man arithmetisch mit leeren Händen da steht? Z. B.: Wie sollen wir mit $\sqrt{2}$ rechnen, wenn wir nicht wissen, was $\sqrt{2}$ ist und wie dieser Term sich zu den rationalen Zahlen verhält? $\sqrt{2}$, $\sqrt[3]{2}$, $\sqrt{3}$, $\sqrt{5}$ usw. sind alles Terme ohne Bedeutung. Was soll dann

$$3 \cdot \sqrt{2}, \quad 2 + 3 \cdot \sqrt{2}, \quad \sqrt{2} \cdot \sqrt{3}$$

usw. sein? Selbst

$$\sqrt{2} \cdot \sqrt{2}$$

ist ein Term ohne Bedeutung.

Dennoch rechnet man bald ohne Bedenken, als wenn die reellen Zahlen vorhanden wären: Man adjungiert, wie man sagt, $\sqrt{2}$ an $\mathbb{Q}$ und tut dabei so, als ob die Menge aller Terme $a + b \cdot \sqrt{2}$, also

$$\mathbb{Q}(\sqrt{2}) = \{a + b \cdot \sqrt{2} \mid a, b \in \mathbb{Q}\}$$

eine Teilmenge von $\mathbb{R}$ wäre – wobei $\mathbb{R}$ und das Rechnen in $\mathbb{R}$ stillschweigend vorausgesetzt wird. Ohne Kommentar ist das nicht korrekt. Es ist notwendig, wenigstens ein paar Worte zum Rechnen mit $\sqrt{2}$ und anderen Termen wie oben zu sagen.

Wir müssen in Studium und Unterricht deutlich sein und zumindest etwas wie dies sagen. *Wir tun so*, als könnte man $\sqrt{2}$ rechnen: Rechne mit $\sqrt{2}$ formal so, *als ob* sein Quadrat 2 wäre. Fasse z. B. $3 \cdot \sqrt{2}$ und $2 + 3 \cdot \sqrt{2}$ als *formale* Terme auf, rechne aber mit ihnen wie gewöhnlich, d. h. tu so, als ob die Rechengesetze, wie sie in $\mathbb{Q}$ herrschen, auch für diese formalen Terme gelten.

Es muss deutlich werden, dass hier etwas ganz Neues, etwas *Theoretisches* passiert, dass es um eine *formale Erweiterung*, um eine *formale* Adjunktion von $\sqrt{2}$ an $\mathbb{Q}$ geht. Im Studium sollte man das elementare algebraische Verfahren der formalen Adjunktion, das ohne den Term $\sqrt{2}$ auskommt, unbedingt vorstellen.

1.4   Näherungsverfahren, Intervallschachtelungen und Vollständigkeit

Wir halten noch einmal fest: Wir haben *nichts als die rationalen Zahlen* $\mathbb{Q}$. Von der *Zahl* $\sqrt{2}$ können wir noch immer nicht sprechen, selbst wenn wir mit $\sqrt{2}$ rechnen.

Wenn man d, die Diagonale im Einheitsquadrat, nicht messen kann, so kann man ihre Länge mit rationalen Zahlen doch annähern. Dafür und für andere Fälle sind viele Näherungsverfahren ausgedacht worden. Wir wählen ein altes Verfahren, das Heron-Verfahren, das schon in der Antike verwendet und nach Heron von Alexandria (um 100 n. Chr.) benannt wurde.

Wir wollen das Quadrat über d mit dem Flächeninhalt 2 durch Rechtecke mit dem Flächeninhalt 2 annähern, die rationale Seitenlängen haben. Wir beginnen sehr einfach und sehr ungenau mit dem Rechteck R_1, dessen Seiten die Längen $a_1 = 2$ und $b_1 = 1$ haben. Als nächste Näherung bilden wir das Rechteck R_2, dessen Seite a_2 das arithmetische Mittel von a_1 und b_1 ist: $a_2 = \frac{a_1 + b_1}{2}$. Dann muss $b_2 = \frac{2}{a_2}$ sein. Entsprechend verfahren wir mit a_3 und b_3 usw. usf. Für die Folge der Rechtecke ergibt sich das folgende Bild:

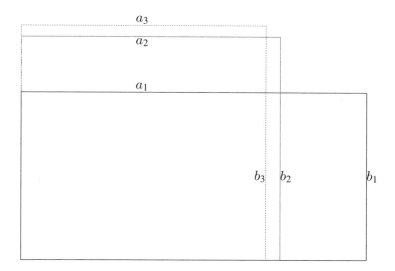

Die Seiten im Rechteck R_n haben also die Längen

$$a_n = \frac{a_{n-1} + b_{n-1}}{2} \quad \text{und} \quad b_n = \frac{2}{a_n}.$$

Alle Maßzahlen zu den Seiten a_i, b_i der Rechtecke R_i sind rationale Zahlen. Die Werte a_i fallen, die Werte b_i steigen an, die Differenzen $a_i - b_i$ nähern sich dem Wert 0.

Die Folge der Seiten a_i, b_i denken wir uns jetzt auf einer Geraden g vom einem Anfangspunkt O aus abgetragen, also durch *Punkte* auf der Geraden g repräsentiert, die durch Striche markiert sind. Wir betonen, es geht um die Seiten als *geometrische Strecken* und deren Längen. Das sieht im Prinzip so aus:

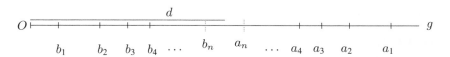

Wir sehen eine Schachtelung von Intervallen, die jeweils von den Endpunkten der b_i und a_i begrenzt werden. Das ist im nächsten Bild noch etwas deutlicher veranschaulicht.

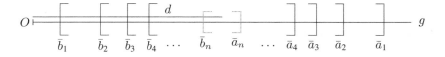

Die a_i, b_i sind die *Endpunkte der Rechteckseiten* mit rationalen Längen. Die Pünktchen „ . . . " deuten an, dass das Verfahren immer weiter läuft und zu immer neuen Seiten a_i, b_i führt, die bei jedem Schritt näher um Punkt für d zusammenrücken. Das Intervall $[b_n, a_n]$ ist eine Station mit vielleicht großem n in der nicht abbrechenden Folge von Intervallen $[b_i, a_i]$, die alle den Endpunkt von d enthalten. Dies ist die *geometrische Situation*.

Daneben, und dies müssen wir *völlig getrennt* sehen, steht die arithmetische Situation im Bereich $\mathbb{Q}$ der rationalen Zahlen. Wir stellen uns alle rationalen Zahlen als Punkte auf einer Geraden vor. Und zwar so: Im nächsten Bild wollen wir *nur* die „rationalen Punkte" sehen, d. h. die „Zahlengeraden" der rationalen Zahlen und darauf die Intervalle der rationalen Zahlen, die die Längen der Rechteckseiten a_i, b_i angeben. Die Entsprechung „Punkt – Zahl" ist so geläufig, dass man gewöhnlich die rationalen Maßzahlen der Seiten a_i, b_i ebenfalls einfach mit a_i, b_i bezeichnet. Wir müssen streng sein und Zahlen von Punkten unterscheiden. Wir bezeichnen daher die Maßzahlen mit $\bar{a}_i, \bar{b}_i$. Wir bemerken: Es *fehlt* eine Entsprechung für d, da es für die Länge von d keine rationale Maßzahl gibt.

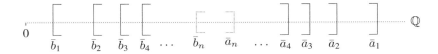

So überzeugend kongruent die arithmetische Situation aussieht, so entscheidend anders ist sie. Oben, in der geometrischen Darstellung, liegt der Endpunkt von d in allen Intervallen $[b_i, a_i]$. Hier in $\mathbb{Q}$ gibt es eine d entsprechende Zahl nicht:

Der Durchschnitt in $\mathbb{Q}$ über alle Intervalle $[\bar{b}_i, \bar{a}_i]$ ist leer.

Was tut man? Man *postuliert* eine d entsprechende Zahl.

Forderung:
Es gibt genau eine Zahl, die in allen Intervallen $[\bar{b}_i, \bar{a}_i]$ liegt.

Die heißt $\sqrt{2}$. Sie füllt die Lücke, die in $\mathbb{Q}$ war, und misst d.

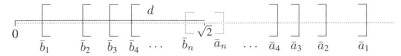

Eine andere Frage ist, was das ist, was man da fordert. Dazu kommen wir gleich.

Der eben beschriebene Vorgang veranschaulicht den entscheidenden Schritt zu den reellen Zahlen. Wir haben durch $\sqrt{2}$ ein *Lücke* in $\mathbb{Q}$ geschlossen – durch eine Forderung.

Jetzt *fordern* wir gleich die ganze Menge der reellen Zahlen, die überall *lückenlos* und *vollständig* sein soll.

Forderung:
$\mathbb{R}$ sei eine Menge. Mit den Elementen von $\mathbb{R}$ rechne man so wie mit den rationalen Zahlen. Auch die Anordnung der Elemente soll so sein wie die der rationalen Zahlen mit der folgenden zusätzlichen Eigenschaft der *Vollständigkeit*:

Axiom (Vollständigkeitsaxiom). Sei $([r_n, s_n])$ eine Intervallschachtelung in $\mathbb{R}$.

Dann gibt es genau eine Zahl x, die in allen Intervallen $[r_i, s_i]$ liegt.

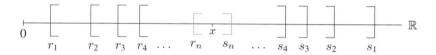

„Axiom" ist das griechische Wort für „Forderung", eine Forderung, die für „gerecht" oder plausibel gehalten wird und deren Aussage „evident" sein soll. Provoziert hat die axiomatische Forderung der Vollständigkeit der Konflikt mit den anschaulichen geometrischen Größen, die jetzt gemessen und durch die reellen Zahlen repräsentiert werden können. Dies ist das Ziel der Forderung gewesen.

Hier stellt sich die Frage nach der axiomatischen Methode.

Woher kommen Axiome, wie wählen wir sie aus, wie begründen wir sie?

Ganz grundsätzlich:

Ist die axiomatische Methode geeignet, reale oder anschauliche Phänomene zu erfassen?

Axiome, so sagt man, sind *evidente* Aussagen. Wir bemerken, dass die Evidenz der Forderung der Vollständigkeit aus der anschaulichen Vollständigkeit der geometrischen Geraden kommt und *nicht* aus dem Bereich der rationalen Zahlen selbst. Es ist eine geometrische Evidenz, die der Arithmetik hinzugefügt, man kann fast sagen „aufgezwungen" wird. Für die klassische Arithmetik, die bis $\mathbb{Q}$ reicht, ist gerade die Unvollständigkeit evident. Wir erreichen mit der axiomatischen Setzung von $\mathbb{R}$ mit dem Vollständigkeitsaxiom eine neue arithmetische Stufe, eine axiomatische, d. h. eine *theoretische* Stufe.

Es fehlt noch die Konstruktion der reellen Zahlen, die sagt, was diese geforderten reellen Zahlen sind. Dazu kommen wir im nächsten Punkt.

Jetzt hat sich die Situation entscheidend gewandelt: Jeder möglichen geometrischen Länge, markiert durch einen Punkt auf einer Geraden, entspricht nun, das sichert das Vollständigkeitsaxiom, eine reelle Zahl. Und umgekehrt: Alle diese reellen Zahlen lassen sich wieder auf einer geometrischen Geraden, der „Zahlengeraden", als Punkte *veranschaulichen*. Das ist ein großer Schritt: Wegen dieser gegenseitigen Entsprechung kann man Zahlen und Längen identifizieren. Oder besser: Wir können Längen und allgemein Größen durch reelle Zahlen *ersetzen*.

Die Folge ist: Die Zahlen*gerade* wird eine Gerade aus *Zahlen*. Die geometrische Gerade wird zur *Kopie* von $\mathbb{R}$. Wir haben in Kürze und Schnelligkeit beobachtet, was in der Mathematik des 19. Jahrhunderts allmählich geschah. Das lineare, geometrische Kontinuum wurde von einem arithmetischen Kontinuum abgelöst. Das Kontinuum ist seitdem $\mathbb{R}$. Das Kontinuum ist zu einer Menge geworden. Zurückübersetzt in die Geometrie: Das lineare Kontinuum ist zur Punktmenge geworden. Dies ist die Folge des Vollständigkeitsaxioms.

Die Frage, die sich jetzt stellt, wenn wir auf dieses Ergebnis schauen, ist: Wird diese umkehrbare Korrespondenz zwischen reellen Zahlen und Punkten der geometrischen Gerade, dem anschaulichen, geometrischen Kontinuum gerecht? Ist es überhaupt möglich, das geometrische „Kontinuum" einer Geraden durch Punkte, die auf ihr liegen, zu begreifen? Oder handelt es sich bei Punkten und Geraden um ganz fremde Dinge, zwischen denen nur ein *äußeres Verhältnis*, das in der Inzidenz besteht: Punkte liegen auf Geraden, Geraden verlaufen durch Punkte.

Mathematisch ist heute diese Frage – durch das Vollständigkeitsaxiom und die Folgen – wie oben beschrieben entschieden. Es bleiben philosophische Fragen:

– Kann das Phänomen des Kontinuums durch Punkte erfasst werden? Ist das geometrische Kontinuum eine Menge von Punkten?

Speziell:

– Kann die Menge der reellen Zahlen $\mathbb{R}$ das lineare Kontinuum ersetzen?

Hieraus entsteht noch einmal die Frage nach der Evidenz des obigen Vollständigkeitsaxioms, in dem die zentrale mathematische Entscheidung liegt. Betrachten wir Intervallschachtelungen *geometrisch*, so entsprechen den Intervallen Strecken. Betrachten wir den anschaulichen Durchschnitt über alle Intervallstrecken einer Intervallschachtelung, so ist dieser Schnitt, das verlangt das Vollständigkeitsaxiom, geometrisch ein Punkt. Aus Kontinua wird in dieser Operation des Durchschnittes etwas Diskontinuierliches. Kann das sein? Ist es nicht *geometrisch* denkbar oder gar denknotwendig, dass das Ergebnis der Durchschnittsbildung ein Kontinuum, ein Intervall ist? Dessen Länge müsste unendlich klein, „infinitesimal" sein – aber nicht Null. Könnte es also so sein:

Sei $([r_n, s_n])$ eine Intervallschachtelung mit reellen Grenzen auf einer Geraden g. Dann gibt es ein *Intervall I*, das in allen Intervallen $[r_i, s_i]$ liegt. Die Länge des Intervalls ist infinitesimal.

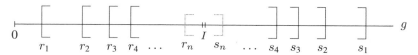

Die Vorstellung von etwas, das unendlich klein sein soll, ist eine Herausforderung. Das unendlich Kleine ist ein mathematisches Problem und ein philosophisches Problem – wie das Problem des Unendlichen überhaupt, das uns gleich ausführlicher begegnet.

– Ist das unendlich Kleine denkbar? Was ist sein Verhältnis zum Kontinuum?

Die Idee der infinitesimalen Größen hat fast von Beginn an die Mathematik begleitet, sie hat im 17. Jahrhundert zur *Infinitesimal*rechnung geführt, hat im 18. Jahrhundert eine Blüte erlebt, ist im 19. Jahrhundert verworfen worden und wurde im 20. Jahrhundert mathematisch rehabilitiert – fast ohne Folgen. Darüber berichten wir im Kapitel 3.

Wir bemerken noch, dass die Durchschnitte über die Intervallstrecken, die wir uns eben vorstellten und die die Frage nach dem unendlich Kleinen aufwarfen, auch das Element des *unendlich Großen* enthalten: Es geht im Durchschnitt um unendlich viele Intervallstrecken.

1.5   Zur Konstruktion der reellen Zahlen

Wir kommen zu der Frage, was das sein kann, was man als Zahl x im Vollständigkeitsaxiom fordert. Es geht um die Konstruktion dieser Zahlen und die Konstruktion des Zahlbereichs $\mathbb{R}$.

Da tut man etwas, was sehr mathematisch ist und den unbefangen Leser vielleicht überrascht und befremdet. Wir stellen uns die Intervallschachtelung wie oben vor, die gegen die geforderte Zahl $\sqrt{2}$ „konvergieren" soll, wie man sagt. Da man nicht sagen kann, was z. B. dieses $x = \sqrt{2}$ ist, erhebt man die oben angegebene Intervallschachtelung selbst zur mathematischen Identität und sagt – *im ersten Versuch*: Diese Intervallschachtelung, das ist die $\sqrt{2}$. Prägnant aber unzulässig ausgedrückt:

$\sqrt{2}$ *ist die Intervallschachtelung, die gegen* $\sqrt{2}$ *konvergiert.*

In dieser Formulierung machen wir gerade den Fehler, den wir zur Vermeidung empfohlen haben: Wir tun am Ende des Satzes so, als wenn $\sqrt{2}$ schon da wäre. Daraus ergibt sich der zirkuläre Charakter der Formulierung. Anders aber ist es umständlich, zu sagen: *Diese* Intervallschachtelung ist $\sqrt{2}$. Es geht darum, den formalen Term $\sqrt{2}$ als eine vorliegende, konkrete Intervallschachtelung zu erklären. Kurz und weniger deutlich:

$\sqrt{2}$ *ist eine Intervallschachtelung.*

Vom psychologischen und philosophischen Standpunkt ist auch diese Formulierung einigermaßen merkwürdig. Das Problem ist, eine Zahl zu *konstruieren*, wie sie im Vollständigkeitsaxiom gefordert wird. Zur Verfügung steht als Instrument eine Intervallschachtelung, ein Prozess. Der Konstruktionsprozess aber liefert keine Zahl. Er führt prinzipiell zu keinem Ergebnis, da er unendlich ist. Da also der Konstruktionsprozess das Einzige ist, was man in der Hand hat, *erklärt* man ihn zu seinem Ergebnis. Also:

– Der Prozess wird als Ergebnis gesetzt.

   Das erscheint paradox. Da das Problem der Konstruktion einer Zahl in der Intervallschachtelung repräsentiert ist, wird es fast absurd:

– Das Problem ist die Lösung.

   Wenn ein Problem soweit konkretisiert ist wie im Beispiel $\sqrt{2}$, ist das mathematisch legitim. Es ist ein typisch theoretisches Vorgehen, für den Lernenden sehr ungewöhnlich und schwer zu akzeptieren. Eine Intervallschachtelung ist doch keine Zahl.

Was man hier tut, ist auch erkenntnistheoretisch bemerkenswert. Kein geringerer als Richard Dedekind, der im 19. Jahrhundert wesentlich an der Konstruktion der reellen Zahlen beteiligt war und dabei mathematisch in etwas anderer, aber vergleichbarer Weise vorging, hatte seine Schwierigkeiten mit dieser Vorgehensweise. Er wehrte sich gegen die Identifikation der Zahl, die man sich im Innern aller Intervalle *vorstellt*, mit der Schachtelung. Im Denken tritt für ihn etwas zu dem unendlichen Prozess hinzu. Dedekind hätte von der Zahl $\sqrt{2}$ als „geistiger Schöpfung" gesprochen, die der Mensch aus der Vorstellung der Intervallschachtelung hervorbringt. Das aber ist eine philosophische Redeweise und mathematisch nicht konkret. Mathematisch greifbar ist in unserem Beispiel allein die Intervallschachtelung.

Das mathematische Vorgehen – die Erklärung von Intervallschachtelungen als Zahlen und dann das Rechnen mit solchen Intervallschachtelungen – dokumentiert wieder sehr deutlich den mathematischen Schritt ins Theoretische. Für den unvorbereiteten Anfänger ist dieser Schritt eine besondere Herausforderung. Die Konstruktion der reellen Zahlen ist eine Konstruktion in einer neuen, theoretischen Bedeutung. In der Schule geht man gewöhnlich und aus guten Grund auf diese Konstruktion nicht ein.

Es tritt in der bisher nur vorläufig und im Grundsatz beschriebenen Konstruktion ein zusätzliches Problem auf, das den ersten Versuch, $\sqrt{2}$ zu definieren, kompliziert, prinzipiell aber nicht verändert. Es gibt unterschiedliche Intervallschachtelungen, die $\sqrt{2}$ darstellen können. Im obigen Beispiel des Heronverfahrens braucht man nur die Anfangsbedingung zu verändern und schon ergibt sich eine andere Intervallschachtelung, die ebenso $\sqrt{2}$ darstellen kann. Da die Wahl frei ist und es diverse Verfahren gibt, gibt es unbegrenzt viele Intervallschachtelungen, die $\sqrt{2}$ sein könnten. Was tut man? Man nimmt alle solche „äquivalenten" Intervallschachtelungen, die zusammen $\sqrt{2}$ sein sollen. Einzelne Intervallschachtelungen wie die oben angegebene *repräsentieren* dann $\sqrt{2}$ in diesem neuen Sinn. Dies ist *der zweite und endgültige Versuch*, zu sagen, was $\sqrt{2}$ ist:

- $\sqrt{2}$ *ist eine Menge von Intervallschachtelungen.*

- $\mathbb{R}$ *ist die Menge aller Mengen äquivalenter Intervallschachtelungen.*

Es gibt unterschiedliche Konstruktionen der reellen Zahlen, die in ähnlicher Weise vorgehen. Und alle Konstruktionen zeigen wie zuvor das Vollständigkeitsaxiom, dass im Bereich der Zahlen etwas Neues und Besonderes geschehen ist:

> Mit der *Forderung* der reellen Zahlen, die sich besonders im Vollständigkeitsaxiom ausdrückt, ist der Bezug zur Wirklichkeit aufgehoben. Die *Konstruktionen* bieten Repräsentanten für die reellen Zahlen, die keine Einzelobjekte sondern unendliche Prozesse sind.

Das Axiom der Vollständigkeit ist, wie wir oben bemerkten, vom Gesichtspunkt der Zahlen her *nicht* evident.

> Das Vollständigkeitsaxiom ist für den Bereich Zahlen eine abstrakte Setzung, die der Geometrie der Geraden entlehnt ist.

Das Ziel war die Entsprechung zwischen den Punkten auf einer Geraden und Zahlen, um die Größen und die Punkte auf einer Geraden durch die gesetzten Zahlen darstellen und dann ersetzen zu können. Die Folge und die ausdrückliche Absicht war die Arithmetisierung der Analysis und der Mathematik.

Die Konstruktionen der reellen Zahlen, von denen wir eine angedeutet haben, sind keine Abstraktionen aus einer physikalischen oder anschaulichen Wirklichkeit. Über den Grad und die Problematik ihrer Formalität werden wir im nächsten Punkt sprechen.

Mit der Axiomatik und der Konstruktion der reellen Zahlen, die unendliche Prozesse als mathematische Gegenstände akzeptiert, ist die Mathematik in eine neue Ebene des Theoretischen und Abstrakten aufgestiegen.

1.6 Über den Umgang mit dem Unendlichen

In der eben angedeuteten Konstruktion der reellen Zahlen werden Intervallschachtelungen als klar bestimmte Objekte aufgefasst. Dies ist heute derart Standard, dass kaum mehr wahrgenommen wird, welche Setzung hier passiert.

Eine Intervallschachtelung ist eine unendliche Folge von Intervallen

$$[b_1, a_1], [b_2, a_2], [b_3, a_3], [b_4, a_4], \ldots,$$

die verläuft wie die Folge der natürlichen Zahlen $1, 2, 3, 4, \ldots$. Eine solche Folge ist ein offener, nie abgeschlossener Prozess. Das wird besonders deutlich, wenn
man etwa an die Konstruktion der Intervallschachtelung oben denkt, die gegen $\sqrt{2}$
konvergiert. Man berechnet Intervall auf Intervall und gelangt an kein Ende. Die
Grenzen der jeweils folgenden Intervalle kann man zudem nicht in gleicher Weise
übersehen wie die Folge der natürlichen Zahlen. Die Pünktchen „$\ldots$" in dem Term
„$[b_1, a_1], [b_2, a_2], [b_3, a_3], [b_4, a_4], \ldots$" signalisieren, dass der Prozess immer weiter
geht.

In erster, naiver Wahrnehmung solcher Folgen fasst man sie auf als *potentiell unendlich*. Darin sind Folgen keine klar umrissenen, begrenzten Objekte wie andere in
der Mathematik. Man kann sie mathematisch nur schwer fassen. Ihre Folgenglieder
lassen sich nicht zusammenfassen wie andere Gegenstände, da sie sich in ihrer unbegrenzt fortlaufenden Folge einer Zusammenfassung entziehen. Die Folgen selbst
bleiben so unfertig, sind nicht greifbar und dadurch ebenso einer Zusammenfassung
nicht zugänglich. Aber genau diese Zusammenfassungen, zuerst die der Folgenglieder
und dann der Folgen, müssen geschehen, wenn man wie oben sagen will, was $\sqrt{2}$ ist.

Was tut man? Man tut so, und das ist wieder eine *Setzung*, als wenn der unendliche Prozess der Folgenglieder, der wie das Zählen verläuft, abgeschlossen wäre. In
dieser Wahrnehmung fasst man die Folge der Intervalle als „aktual unendlich" auf,
als klar bestimmtes Ganzes. Für die Folgen $a_1, a_2, a_3, \ldots$ und $b_1, b_2, b_3, \ldots$ schreibt
man „(a_n)" und „(b_n)" und für die zugehörige Folge der Intervalle „$([b_n, a_n])$" und
symbolisiert dadurch die Folgen als fertig vorliegende Objekte.

Was hier geschieht, wird noch deutlicher bei der Folge der natürlichen Zahlen. Aus
dem Term „$1, 2, 3, \ldots$" wird „$\{1, 2, 3, \ldots\}$". Hier wird die *Setzung* besonders klar:
Die Pünktchen „$\ldots$" signalisieren einen nicht endenden Prozess, die Setzung der
abschließende Mengenklammer „$\}$" dessen Ende. Diese Setzung ist das *Unendlichkeitsaxiom* der Mengenlehre, das verlangt, unendliche Mengen als *aktual unendlich*,
d. h. als gegeben wie andere mathematischen Objekte zu denken und in der Regel wie
endliche Mengen zu behandeln.

Heute ist diese Auffassung mathematischer Alltag. Sie wird gewöhnlich kommentarlos im Unterricht und in der Lehre praktiziert. Vor hundert Jahren stritten die Mathematiker noch darüber, ob das legitim sei, ob man unendliche Mengen überhaupt
denken könne und verwenden dürfe. Wir werden sehen, dass die Entscheidung für die
aktuale Unendlichkeit, die zuerst von Georg Cantor (1843–1918) vorangetrieben wurde, neben mathematischen auch philosophische Probleme beinhaltet. Das Problem der
Unendlichkeit wird uns in allen folgenden Kapiteln begleiten.

Die Frage, die sich hier also stellt, ist die nach der Unendlichkeit:

> Ist es legitim, unendliche Folgen als Ganzes, Unendliches als gewöhnli-
> chen Gegenstand aufzufassen?

Im Kapitel 2 stellen wir viele historische und aktuelle Haltungen zu dieser Frage vor. Im Abschnitt 3.2 „Unendlichkeiten" diskutieren wir eingehend die Frage der Unendlichkeit und diverse Antworten darauf. Im Abschnitt 4.3 ist das Unendlichkeitsaxiom das entscheidende Axiom.

Wir merken an: Trotz der Probleme, die aus der aktualen Unendlichkeit entstehen, sind die aktual unendlichen Mengen – und die reellen Zahlen auf ihrer Basis – heute in der Mathematik und ihren Anwendungen bewährte Instrumente.

1.7   Unendliche nicht periodische Dezimalbrüche

Die Berechnung der Intervallgrenzen zur Bestimmung von $\sqrt{2}$ z. B. mit dem Heronverfahren liefert endliche Folgen von Dezimalbrüchen, deren Differenz immer kleiner wird. Man sagt, dass die Dezimalbrüche $\sqrt{2}$ immer besser annähern – und meint damit zunächst, dass die Länge der Diagonale im Einheitsquadrat immer genauer approximiert werde:

$$\sqrt{2} \approx 1{,}41421356.$$

Wenn man $\sqrt{2}$ „genau" angeben will, schreibt man

$$\sqrt{2} = 1{,}41421356\ldots.$$

Die Pünktchen „$\ldots$" sagen „usw." und das suggeriert, als wüsste man, wie es weitergeht – so wie wenn man $1, 2, 3, \ldots$ schreibt. An jeder Stelle der Berechnung ist offen, wie die folgenden Stellen aussehen werden. Dennoch geht man davon aus – sich auf die aktual unendliche Folge aller möglichen Berechnungen stützend, dass die unendlich vielen Stellen von $\sqrt{2}$ in ihrer Gesamtheit vorliegen. Dies zeigt noch einmal die Kraft der Setzung, die im *Unendlichkeitsaxiom* liegt. Solche Schreib- und Denkweisen beinhalten einen nicht geringen Anspruch an den Lernenden.

Noch problematischer wird es, wenn ganz allgemein von *beliebigen* unendlichen nicht-periodischen Dezimalbrüchen die Rede ist, die die rationalen Zahlen zu den reellen Zahlen komplettieren sollen. In dem in der Einleitung erwähnten Lehrbuch finden wir den Satz:

> „Wir haben zurecht die Erwartung, dass *die Menge der reellen Zahlen* (d. h. nach unserer Definition die Gesamtheit aller Punkte der Zahlengeraden) *der Menge aller möglichen Dezimalbrüche* (abbrechend, periodisch oder nichtperiodisch) *vollständig entspricht.*"

Wie sollen wir einen solchen, völlig beliebigen unendlichen nicht-periodischen Dezimalbruch angeben? Z. B. so: $3{,}33526788\ldots$? Was kann hier „$\ldots$" bedeuten? Irgend ein Verfahren, das uns Stelle auf Stelle liefert und „$\ldots$" als „usw." interpretieren könnte, liegt nicht vor. „$\ldots$" kann man nicht verstehen. „Nicht-periodisch" ist eine nur negative Bestimmung, die die Bedeutung von „$\ldots$" und „usw." gerade aufhebt.

Was man mit der Rede von den unendlichen nicht-periodischen Dezimalbruch tut, ist problematisch. Und es ist bedenklich, wenn man im Unterricht und in der Lehre diese Problematik übergeht.

Schon vor 50 Jahren kommentierte Paul Lorenzen (1915–1994) das „Kunststück" der unendlichen nicht-periodischen Dezimalbrüche so:

> „Von einer Aufeinanderfolge unendlich vieler Ziffern zu reden, ist also – wenn es überhaupt nicht Unsinn ist – zumindest ein großes Wagnis. Hierüber wird im mathematischen Unterricht zur Zeit aber meist kein Wort verloren." ([121], S. 5, zitiert nach [190], S. 327)

Bis heute hat sich daran offenbar nichts geändert.

An zwei kleinen Beispielen wollen wir demonstrieren, zu welchen Schwierigkeiten, in welches *Dilemma* diese „unendlichen nicht-periodischen Dezimalbrüche" führen können, selbst wenn ein Berechnungsverfahren vorliegt. Das letztere Beispiel geht zurück auf den Intuitionisten L. E. J. Brouwer (1881–1966), der Anfang des 20. Jahrhunderts heftig gegen die aktuale Unendlichkeit zu Felde gezogen war. Man findet es z. B. in [189] in etwas anderer Form geschildert. Es zeigt, wie ernst die Problematik ist.

Wir konstruieren aus der unendlichen Dezimaldarstellung von π eine neue Zahl ψ_1 wie folgt:

> ψ_1 beginne mit 0 und Komma. Die Ziffern nach dem Komma werden so bestimmt:

> Die n-te Stelle von ψ_1 sei eine 1, wenn die n-te Stelle in der Darstellung von π eine 0 ist und dann in den nächsten Stellen nacheinander $1, 2, 3, 4, 5, 6, 7, 8, 9$ folgen. Im anderen Fall sei die n-te Stelle 0.

Ist

$$\psi_1 = 0 \quad \text{oder} \quad \psi_1 \neq 0?$$

Können wir das entscheiden? Vor 50 Jahren war die Hoffnung auf eine Antwort noch utopisch. Aber heute können wir dies entscheiden Dank der enormen Rechner, über die wir heute verfügen – und denen wir vertrauen.

Antwort:

$$\text{Die } 17\,387\,594\,880. \text{ Stelle von } \psi_1 \text{ ist } 1.$$

D. h. auch wenn ψ_1 „praktisch" 0 ist, mathematisch ist

$$\psi_1 \neq 0.$$

Wir konstruieren jetzt auf ganz ähnliche Weise aus π eine weitere Zahl ψ_2:

> ψ_2 beginne wieder mit 0 und Komma.

1. Ist die erste Nachkomma-Stelle in der Dezimaldarstellung von π eine 7, setze als 1. Stelle nach dem Komma von ψ_2 eine 1, im anderen Falle eine 0.

2. Sind in der Dezimaldarstellung von π die zwei dann folgenden Ziffern 7, setze als nächste, 2. Nachkomma-Stelle von ψ_2 eine 1, im anderen Falle 0.

3. Sind in der Darstellung von π die drei dann folgenden Ziffern 7, setze in die nächste, 3. Stelle von ψ_2 eine 1, im anderen Falle 0.

4. Sind in der Darstellung von π die vier dann folgenden Ziffern 7, setze in die 4. Stelle von ψ_2 eine 1, im anderen Falle 0.

   usw. usf.

Ist $\psi_2 = 0$ oder $\psi_2 \neq 0$? Können wir dies entscheiden?

Das bringt uns in eine eigenartige Situation. Wir würden wetten, dass

$$\psi_2 = 0$$

ist. Aber kein Rechner – heute und in der Zukunft – wird diese Wette entscheiden können. Liegt dies an der endlichen Rechnerleistung aller irgendwann verfügbaren Rechner? Nein! Wir müssten mit unseren riesigen, aber endlichen Rechnern, wenn wir die Wette gewinnen wollen, die unendlich vielen Stellen in der Dezimaldarstellung von π in endlicher Zeit durchlaufen. Das ist *prinzipiell* unmöglich.

Oder ist vielleicht doch

$$\psi_2 \neq 0?$$

Können wir bei unendlich vielen Stellen wirklich ausschließen, dass irgendwann, jenseits aller vorstellbaren Erreichbarkeit, die geforderte riesige Folge von Siebenen auftritt?

Die Situation ist die: Wir können noch nicht einmal entscheiden, ob die Unentscheidbarkeit der Alternative „$\psi_2 = 0$ oder $\psi_2 \neq 0$" prinzipieller oder praktischer Natur ist.

Unsere Vorstellung ist, die unendliche Dezimaldarstellung von π läge vor. Dann liegt die unendliche Dezimaldarstellung von ψ_2 genauso vor. Welches Licht wirft unser Dilemma mit ψ_2 auf unsere „unendlichen nicht-periodischen Dezimalbrüche"? So viel oder so wenig wie wir wissen, was mit den Stellen von ψ_2 ist, so wenig wissen wir über die Stellen von π. Ist unsere Vorstellung, die *unendliche* Dezimaldarstellung von π läge fertig vor, wenn wir an obiges Zitat von P. Lorenzen denken, vielleicht doch eher unsinnig als gewagt?

Kapitel 2

Aus der Geschichte der Philosophie und Mathematik

Was für eine Philosophie man wähle,
hängt davon ab, was für ein Mensch man ist.

Johann Gottlieb Fichte

Kapitel 1 war ein elementarmathematischer Einstieg in die Philosophie der Mathematik. Und es selbst gehört schon zur Philosophie der Mathematik. Denn Philosophie der Mathematik beginnt dort, wo wir unser Denken auf die Mathematik und unser mathematisches Tun richten. Wir stellten Fragen und entdeckten Probleme, für die wir Antworten und Lösungen suchen. Wir sind noch nicht so weit, schon Antworten und Lösungen präsentieren zu können. Wir suchen zuerst Orientierung und Unterstützung in der Geschichte der Mathematik und der Philosophie von der Antike bis zur Neuzeit. Dazu folgen wird dieser Geschichte und schildern Entwicklungen und eine Vielzahl von Meinungen und Positionen bedeutender Philosophen und Mathematiker über die Mathematik und ihre Gegenstände. Wir werden versuchen, neutral zu berichten und eine breite objektive Basis für mögliche Antworten auf unsere Fragen im Kapitel 3 und für die Probleme späterer Kapitel vorzubereiten. Der Leser wird dem Motto über diesem Kapitel folgend in der Vielfalt der vorgestellten Auffassungen seine eigene Haltung bilden. Die wahre, die richtige Haltung, aus der dann die eindeutigen, die wahren Antworten folgen, wird es nicht geben.

Unsere Übersicht ist chronologisch und notwendig umrissartig. Sie folgt zuerst den großen Namen berühmter Philosophen, die auch die Mathematik und ihre Objekte zum Gegenstand ihrer Überlegungen machten. Im 19. Jahrhundert sind es zunehmend die Mathematiker selbst, die beginnen, über ihre Disziplin nachzudenken und Auffassungen zu bilden. Es sind Namen großer Mathematiker, an denen unsere Übersicht sich dann orientiert. Schließlich entstehen Schulen und Strömungen von Auffassungen, die von zahlreichen Mathematikern vertreten werden. In der Wende vom 19. zum 20. Jahrhundert haben die Mathematiker die Grundlagen der Mathematik ganz in die eigenen Hände genommen und mit ihr ein Stück der Philosophie der Mathematik, die eng mit den Grundlagen verbunden ist. Natürlich gibt es weiter Philosophen und Wissenschaftstheoretiker, die sich mit dem Phänomen der Mathematik befassen, aber auch diese tun dies vornehmlich mit dem Blick auf die Grundlagen.

Die mathematikphilosophischen Positionen, die uns begegnen, sind beeinflusst von philosophischen Systemen und Positionen im Allgemeinen, die wir in der Regel in die Umgebung dreier philosophischer *Grundpositionen* einordnen können. Anschaulich können wir uns die philosophischen Positionen als Punkt im folgenden Dreieck vorstellen, dessen Abstände zu den Eckpunkten die Nähe zu den Grundpositionen angeben.

Geistige Welt
•

Denken •   • Realität

Die Grundfrage ist: Wo liegen die Quellen der Erkenntnis und ihrer Begriffe? Die Positionen, die genau die Eckpunkte einnehmen, sind die klassischen philosophischen Grundpositionen:

- Die idealistische Position, die in einer geistigen, intelligiblen Welt den Ursprung der Erkenntnis ansiedelt,
- die empiristische Position, in der die Realität uns über die Erfahrung Erkenntnisse liefert,
- die rationalistische Position, die in den Strukturen des Denkens die Grundlage unserer Erkenntnis sieht.

Der berühmte Repräsentant der idealistischen Position ist Platon. Die Positivisten z. B. repräsentieren die empiristische Position, Kant das, was wir – etwas wider den allgemeinen philosophischen Sprachgebrauch – „rationalistisch" nennen. Diese Positionen werden wir, wenn sie uns begegnen, ausführlicher beschreiben. Eine weitere, neuere Grundposition werden wir behandeln, wenn wir die neuere Philosophie der Mathematik erreicht haben.

Mit den Positionen über den Ursprung der Erkenntnis ist immer auch die ontologische Frage verbunden, das ist die Frage nach dem Wesen und der Existenz der Dinge. Ihre Untersuchung und Beantwortung gehört in die philosophische Lehre über das Sein, die sogenannte Ontologie, die je nach Position andere Antworten gibt.

Als *roten Faden* verfolgen wir durch die Geschichte die Ansichten über die ersten und einfachsten mathematischen Gegenstände, die natürlichen Zahlen. Die Frage nach ihrem Wesen und der Weise ihrer Existenz ist wohl die älteste mathematikphilosophische Frage. Wir wollen versuchen, die einzelnen Positionen in ihrer Haltung den natürlichen Zahlen gegenüber jeweils kurz und prägnant zu charakterisieren, und heben die

Charakterisierungen der Zahlen kursiv und abgesetzt im Text

hervor. Voraussetzung ist, dass Repräsentanten der jeweiligen Positionen ihre Ansichten über die Zahlen äußern oder dass wir authentisch auf solche Ansichten schließen können.

2.1 Pythagoras und die Pythagoreer

In der *Vor- und Frühgeschichte* des Menschen entwickelte sich eine elementare Mathematik zur Bewältigung des Alltags der Menschen. Sie diente zur Lösung wirtschaftlicher und praktischer geometrischer Probleme der Landvermessung und der frühen Astronomie. Pythagoras und die Pythagoreer scheinen die ersten gewesen zu sein, die diese elementare Mathematik nicht nur angewandt sondern auch reflektiert haben.

Pythagoras (ca. 570 – ca. 500 v. Chr.) hatte das arithmetische, astronomische und geometrische Wissen der Priesterorden im alten Ägypten und Babylon von ausgedehnten Reisen und Aufenthalten mit nach Griechenland gebracht. Gegen Ende des 6. vorchristlichen Jahrhunderts, um 530 v. Chr., gründete er den ethisch-religiösen Geheimbund der *Pythagoreer* in Kroton (Unteritalien) in den westlichen griechischen Kolonien. Kroton war bald das wissenschaftliche Zentrum der damaligen Zeit und die Pythagoreer wurden die führenden Philosophen im alten Griechenland. Sie waren wissenschaftliche Pioniere insbesondere auf mathematischem und naturwissenschaftlichem Gebiet. Ihr Interesse galt in erster Linie der Mathematik, der Musik und der Astronomie. Man schreibt ihnen verschiedene mathematische Resultate in der Arithmetik, der Zahlentheorie und Geometrie zu. Charakteristisch für sie war die Verbindung einer religiösen Mystik mit wissenschaftlichen Prinzipien und exakten Untersuchungsmethoden.

Nur wenige der Pythagoreer sind namentlich bekannt. Der Grund ist wie es scheint eine Folge der pythagoreischen Weltanschauung, die die Hervorhebung einzelner Personen untersagte. Auch wissenschaftliche Entdeckungen hielt man, wie berichtet wird, geheim. Die Blüte der pythagoreischen Mathematik fällt in die Wende vom 5. ins 4. Jahrhundert v. Chr. Mitglieder des Bundes damals waren u. a. Archytas von Tarent, Timaios von Lokria, Eudoxos von Knidos, Philolaos und Eurytas. Bemerkenswert ist: Die Pythagoreer waren – nach Diogenes Laertios – die Autoren der ersten Definitionen in der Mathematik. Von ihnen sollen die Mehrzahl der Definitionen aus dem ersten Buch der *Elemente* des Euklids stammen.

Im Zentrum der Mathematik der frühen pythagoreischen Schule um Pythagoras standen die Zahlen, ihre Arithmetik und eine elementare Zahlentheorie. Mit der Mathematik hatte Pythagoras auch die Zahlenmystik mitgebracht, die in den Priesterorden Babylons und Ägyptens gepflegt wurde. Zahlen waren zugleich Maßzahlen zur Bestimmung astronomischer Verhältnisse und Zeichen mit mystischer Bedeutung in der Astrologie. Diese Zahlenmystik formte Pythagoras um zu einer frühen philosophischen Weltanschauung. „Alles ist Zahl" war das philosophische Bekenntnis der Pythagoreer. Nur das Geformte sei erkennbar, sagte Philolaos, und Form beruhe auf Maß und Zahl. Zahlen bildeten für die Pythagoreer eine eigene, höhere geistige Welt, der die irdische Welt nachgebildet war.

Diese Auffassung ist in mindestens zweierlei Hinsicht bemerkenswert:

– Sie erklärt die Entstehung von *Theorie*.

   Denn die Pythagoreer erforschten die höhere Welt der Zahlen, um die materielle
   Welt zu verstehen. Es war ausgeschlossen, die Gesetze in dieser Zahlen-Welt
   aus der Erfahrung und Bewährung in der materiellen Welt zu begründen. Ihre
   Begründung *musste* innerhalb der Zahlenwelt geschehen. Es entstand die wohl
   erste wirkliche Theorie:

– Die Zahlentheorie. Sie war Mathematik und Philosophie in einem.

   Denn für die Pythagoreer basierte die Erkenntnis der Dinge auf dem Wissen
   über die Zahlen und ihre Verhältnisse, also in einer intelligiblen Welt. Die Pythagoreer waren die ersten Idealisten. Am Anfang der Philosophie steht, so können
   wir sagen, die Mathematik.

Die Zahlen bei den Pythagoreer erhielten in ihrer philosophischen Funktion neben
den praktischen und theoretischen auch übertragene Bedeutungen, die zum Teil auch
deutlich auf ihre mystischen und symbolistischen Quellen zurückweisen. Die geraden
Zahlen waren „weiblich", die ungeraden „männlich", Fünf, die Summe aus der ersten
geraden und ungeraden Zahl symbolisierte die Ehe. Zehn, die Summe der ersten vier
Zahlen – der $\tau\varepsilon\tau\varrho\acute{\alpha}\kappa\tau\upsilon\varsigma$ (tetraktys) – war eine „göttliche" Zahl. Es gab – und gibt
in der heutigen Zahlentheorie – *befreundete* und *vollkommene* Zahlen. Letztere sind
Zahlen, die gleich der Summe ihrer Teiler sind. Eine Aufgabe der Zahlentheorie war
es, eine Gesetzmäßigkeit für die Bildung vollkommener Zahlen zu finden. Die Eins
stand geometrisch für „Punkt" – die geometrische „Einheit", Zwei für Linie, Drei für
Fläche, Vier für Körper und die drei Dimensionen des Raumes. Zahlen waren für die
Pythagoreer keine abstrakten Abstraktionen. Sie waren *reale Kräfte*, die auf die Natur
und in der Natur wirkten. „Zahl" war das Prinzip alles Seienden. Die Struktur der
realen Welt war für sie ein Abbild der höheren Welt der Zahlen. Zahlentheorie war
Metaphysik.[1]

Es gab damals, so berichtet Jamblichos um 300 n. Chr., den Versuch, philosophisch
zu bestimmen, was Zahlen sind. Die Formulierung stammt angeblich von Pythagoras selbst: Zahlen sind die „Entfaltung" der „in der Einheit liegenden erzeugenden
Prinzipien". Diese Formulierung erklärt, warum die Pythagoreer die Eins nicht als
gewöhnliche Zahl, sondern als Prinzip ansahen: Als Prinzip der Einheit und zugleich
als Ursprung der „gewöhnlichen Zahlen".

Wir charakterisieren die philosophische Position der Pythagoreer den Zahlen gegenüber zusammengefasst so:

   *Zahlen sind – aus der Einheit erzeugte – Elemente einer höheren Welt. Sie
   sind geistige Formkräfte – über* den Dingen.

---

[1]Metaphysik ist die fundamentale philosophische Disziplin, die die Ursprünge und Bedingungen des
Seienden untersucht.

Die Zahlentheorie der Pythagoreer scheiterte als Grundlage ihrer Weltanschauung, und dies offenbar dramatisch (vgl. [20]). Die Situation war so: Für die Pythagoreer war jede Strecke – relativ zu einer Maßeinheit – Zahl oder ein Verhältnis von Zahlen und die Geometrie ein Teilbereich der Zahlenlehre. Die absolute Herrschaft der Zahlen endete mit der Entdeckung der Inkommensurabilität um 450 v. Chr. Es gab keine Zahlen, die das Verhältnis von Seite und Diagonale im regelmäßigen Fünfeck angaben (vgl. Abschnitt 1.2). Diese Entdeckung führte zu einer wahren philosophisch-weltanschaulichen Krise. Sie war vielleicht die Geburtsstunde der Mathematik, die, da sie ihre philosophische Funktion verlor, von nun an eine eigene Disziplin wurde – auf philosophischer Grundlage. Wie dramatisch die Situation damals war, zeigt die Legende über den Verräter des Geheimnisses der Inkommensurabilität, die wir im Abschnitt 1.2 erzählt haben.

Die Entdeckung der Inkommensurabilität war aber nicht nur eine philosophische Herausforderung. Sie forderte die Mathematik heraus, eine neue mathematische Grundlage zu suchen, die die Zahlentheorie ablöste und die mathematischen Probleme löste. Hinzu kamen als Herausforderung die Paradoxien des Zenon von Elea, die die Schwierigkeiten mit dem Unendlichen aufzeigten.

Die bekannteste Paradoxie ist wohl die vom Wettlauf des Achilles mit der Schildkröte. Jeder weiß, dass Achilles die Schildkröte überholt, auch wenn sie mit einem Vorsprung startet. Und dennoch ist es schwer, die Gegenbehauptung zu widerlegen, dass Achilles die Schildkröte gar nicht einholen *kann*. Denn hat Achilles den Vorsprung ausgeglichen, ist die Schildkröte bereits ein Stück weitergekommen. Hat Achilles dieses Stück zurückgelegt, ist die Schildkröte wieder vorwärtsgerückt. Hat Achilles ihre neue Position erreicht, usw. usf. (vgl. [4], Buch 6; 9)

Eine neue Grundlage fand man damals in der so genannten geometrischen Algebra. Sie bestand darin, dass man Zahlen und Operationen mit Zahlen durch geometrische Größen und Operationen mit ihnen ergänzte. Eine definitive Lösung der Krise brachte jedoch erst die – von Eudoxos von Knidos stammende – sogenannte Exhaustionsmethode, die es ermöglichte, die mit der Unendlichkeit verbundenen Schwierigkeiten zu umgehen. Ein weiterer, größerer Schritt war die Größen- und Proportionenlehre des Eudoxos aus der ersten Hälfte des 4. Jahrhunderts, die man als Ersatz für die heutige Theorie der reellen Zahlen ansehen kann. Dies alles findet man in den *Elementen* des Euklid (um 300 v. Chr.).

In den *Elementen* des Euklid steht die Geometrie an erster Stelle. Die Größenlehre des Eudoxos hat Euklid im Buch V der *Elemente* vor die Zahlenlehre gestellt. Die Zahlenlehre ist seitdem im Prinzip Teil der Lehre von den Größen und ihren Verhältnissen, auch wenn sie streng getrennt und unabhängig in den *Elementen* entwickelt und in der griechischen Mathematik betrieben wird.

Wenn man über die frühe Philosophie der Mathematik – vor Platon – spricht, muss man unbedingt einen Philosophen erwähnen: *Sokrates* (469–399 v. Chr.). Er hat sich mit der Mathematik selbst kaum beschäftigt, aber sein Einfluss auf die weitere Entwicklung der Philosophie war sehr groß. In seinen Ideen und in seinen Methoden kann man die Ursprünge der Lehren Platons, der Methodologie des Aristoteles und der systematischen Deduktion bei Euklid vermuten. Über diese Dinge sprechen wir in den folgenden Abschnitten.

2.2 Platon

Platon (427–347 v. Chr.), Gründer der berühmten Akademie (385 v. Chr.–529 n. Chr.), einer Schule für Philosophen, ist einer der bedeutendsten und wirkungsreichsten Philosophen der Geschichte. Für Platon war ein grundlegendes, vielleicht das grundlegende philosophische Problem die Unterscheidung zwischen Schein und Wirklichkeit. Diese Unterscheidung war für ihn nicht nur ein theoretisches Anliegen, das für Philosophen und Wissenschaftler wesentlich war, sondern auch von essentieller praktischer und moralischer Bedeutung – z. B. für die Politik im alten Athen. Das Resultat dieser Unterscheidung und der Hintergrund der Philosophie Platons war seine Ideenlehre.

Die *Ideen* bei Platon bildeten wie die Zahlen bei den Pythagoreer eine eigene höhere Welt, die eigentliche Welt des Seins, die die materielle Welt durchdringt. Ideen haben eine eigene Existenz und bestimmen die Existenz der realen Dinge.

Platons Ideenlehre unterscheidet dadurch zwei Weisen des Seins, die zwei getrennte Welten bilden: Die unveränderliche, konstante Welt der Ideen, die klar bestimmte *reale* Gegenstände sind und außerhalb von Zeit, Raum und unabhängig vom menschlichen Erkennen existieren. Ideen sind einzig: Es gibt nur eine Idee der Einheit, der Schönheit oder der Kreisförmigkeit.

Auf der anderen Seite stehen die veränderlichen Dinge der materiellen Welt, die der Mensch mit seinen Sinnen wahrnimmt, die einen geringeren Realitätsgrad haben und nur wie unbeständige Schatten der Ideen erscheinen. Ideen existieren wirklich, physische Dinge entspringen aus ihnen. Aus ihnen erhalten sie ihre Existenz. Physische Dinge sind z. B. kreisförmig, wenn sie an der Idee der Kreisförmigkeit teilhaben. Es gibt viele kreisförmige Gegenstände. Dinge sind wie Bilder der Ideen, Ideen sind die Urbilder der Dinge.

Das Verhältnis zwischen Ideen und physischen Dingen können wir wie eine Proportion ausdrücken:

$$\frac{\text{Ideen}}{\text{Dinge}} = \frac{\text{Dinge}}{\text{Schatten}}.$$

D. h., die Ideen verhalten sich zu den Dingen, wie die Dinge zu ihren Schatten. Das hat Platon plastisch geschildert in dem berühmten Höhlengleichnis (vgl. *Der Staat*, VII, 1–3). Ideen sind, auch so können wir es ausdrücken, wie Formen für die irdischen Dinge. Die Ordnung der materiellen Welt ist die Spiegelung der Ordnung, die in der Welt der Ideen herrscht. Die materiellen Dinge werden mit den Sinnen, Ideen durch Begriffe erkannt.

Diese Ontologie ist maßgebend, wenn Platon sich der Mathematik zuwendet. Mathematische Begriffe sind wie die Ideen immateriell und *real* und haben wie die Ideen den Charakter der Unveränderlichkeit, Klarheit und Notwendigkeit. So wie die Ideen unabhängig von Raum und Zeit existieren, so auch die mathematischen Begriffe, die nahe bei den Ideen – in Aristoteles Interpretation – zwischen der Welt der Ideen und der Welt der physischen Dinge stehen. Es gibt die Idee der Kreisförmigkeit, des Verhältnisses, der Zahl, aber für diese auch viele mathematische Realisierungen: Es gibt viele Kreise, viele Verhältnisse, viele Zahlen in einer mathematischen Welt.

Am Ende des Buches IV des *Staates* diskutiert Platon die Gegenstandsklassen der folgenden Tabelle.

immateriell	Ideen	Einheit, Schönheit, Güte, Gerechtigkeit, Kreisförmigkeit ...
	Mathematische Gegenstände	Kreis, Zahl, Verhältnis, Proportion ...
materiell	Physische Gegenstände	Rad, Tisch, Haus, Baum ...
	Bilder physischer Gegenstände	Bild eines Rades, Bild eines Baumes ...

Gegenstandsklassen bei Platon

Die Konsequenz von Platons Auffassung ist, dass der Mathematiker mathematische Begriffe nicht hervorbringt oder erfindet. Er entdeckt sie vielmehr und beschreibt sie dann. Damit ist für Platon auch entschieden, dass die Grundlage des mathematischen Erkennens die Vernunft ist. Und als die angemessene Methode für die Mathematik kann die Axiomatik aus dieser Haltung erklärt werden: In Axiomen werden die grundlegenden Eigenschaften der mathematischen Grundbegriffe beschrieben. – Platon war es, der diese Methode darstellte und als Erster propagierte. – Die Mathematik entsprach wohl am meisten der Platonschen Vorstellung von Wissenschaft. Denn sie hat Begriffscharakter, sie sieht von veränderlichen Phänomenen ab und untersucht quasi unveränderliche Ideen und ihre Zusammenhänge.

Mathematik bezieht sich auf Beobachtungen und benutzt das anschauliche Denken. Beides aber sind nur Mittel, mathematische Begriffe zu klären, nicht aber die Grundlage, sie zu bilden. Der Mathematiker hat vielmehr ein angeborenes, verborgenes Wissen von Begriffen und Ideen in seinem Verstand und erinnert sich an sie, die er in einem früheren Leben in der Welt der Ideen geschaut hat. Es ist diese Erinnerung und nicht ein konstruierendes, aktives Lernen, mit dem der Mensch im irdischen Leben sein Wissen über Ideen und mathematische Begriffe gewinnt. Dies ist die Platonsche Theorie der Wiedererinnerung, der *anamnesis* (vgl. *Menon*, XV–XXI). Erkenntnis ist Wiedererinnerung der Seele an die Ideen, die sie vor ihrer weltlichen Existenz schaute.

Zahlen werden bei Platon oft in einem Atemzug mit den Ideen genannt. Sie scheinen unter den mathematischen Gegenständen noch von besonderer Art zu sein. Zu der Einheit ($\tau\acute{o}\ \acute{\epsilon}\nu$), aus der schon die Zahlen bei den Pythagoreer entstanden, tritt die Zweiheit, das Verhältnis, der $\lambda\acute{o}\gamma o\varsigma$, an dessen inkommensurabler Erscheinung die Zahlen der Pythagoreer schließlich gescheitert waren. Aus beiden erklärt Platon – wieder nach Aristoteles – etwas dunkel die Herkunft der Zahlen wie die der Ideen (vgl. [192], S. 60 ff).

Wir beschreiben den Charakter der Zahlen bei Platon zusammenfassend so:

Zahlen sind immaterielle Vermittler – zwischen *den Ideen und der materiellen Wirklichkeit. Zahlen bilden – wie die Geometrie – das Tor zur Welt der Ideen.*

Die Ideenlehre ermöglichte es Platon, das Problem des Zusammenhanges zwischen reiner und angewandter Mathematik zu klären. Gesetze der reinen Mathematik, so Platon, passen auf die materielle Welt der Dinge, weil diese die materiellen Bilder der immateriellen Ideen und Begriffe sind. Ein simples Beispiel: „Ein Apfel und ein Apfel sind zwei Äpfel" – das ist ein Satz der angewandten Mathematik, da in der immateriellen Welt der Zahlen gilt „$1 + 1 = 2$" – das ist ein Satz der reinen Mathematik. Das ist so, weil *ein Apfel* teilhat an der Idee der *Einheit*. Nach Platon also untersucht und beschreibt die reine Mathematik die Welt der mathematischen Ideen und Begriffe, die angewandte Mathematik die Welt der empirischen Dinge, so weit diese teilhaben an der ersten. Weil die physischen Dinge nur unscharfe Bilder der Ideen sind, können mathematische Gesetze keine Abstraktionen aus der Wahrnehmung der Dinge sein.

Platons Auffassung kann als radikaler Realismus – der Ideen und der mathematischen Begriffe – bezeichnet werden. Wir haben erläutert, dass nach dieser Auffassung der Mathematiker die mathematischen Objekte nicht bildet sondern sie und ihre Zusammenhänge vorfindet. Mathematik also ist eine Beschreibung einer Welt, die unabhängig ist von Zeit, Raum und menschlichem Erkennen. Selbst wenn es auf der Erde keinen Mathematiker gäbe, würde die Welt der Zahlen, der geometrischen Figuren und anderer mathematischer Objekte und der Relationen zwischen ihnen existieren. Es ist irrelevant für diese Welt, ob sie als Mathematik, als System von Definitionen und Sätzen erfasst ist. Der Mathematiker steht vor einer ihm gegebenen Realität, die ewig, unabhängig und unveränderlich ist, vor der Welt der mathematischen Objekte. Seine Aufgabe ist es, diese Realität zu beschreiben.

2.3 Aristoteles

Aristoteles (384–322 v. Chr.) ist der zweite große Philosoph des Altertums. Seine Philosophie beeinflusste – neben der Platonischen und vielleicht noch wirkungsvoller – die kommenden 2000 Jahre der Philosophie und der Wissenschaften. Aristoteles war Mitglied in der Akademie Platons, aber nie sein wirklicher Schüler, wie wir gleich sehen werden. Er war der Begründer der Schule der Peripatetiker, die, so berichtet man, während des Unterrichts durch die Wandelgänge (peripatoi) im Lykeion, dem Ort der Schule, spazierten und diskutierten.

Es ist kein spezielles Werk des Aristoteles über Mathematik überliefert. Diogenes Laertios (um 250 n. Chr.) erwähnt zwar ein Werk *Über Mathematik*, sein Inhalt jedoch ist unbekannt. In Aristoteles Werken, die der Logik und Methodologie gewidmet sind, findet man aber viele Fragmente und zahlreiche Anmerkungen zur Mathematik.

Die Philosophie von Aristoteles steht teilweise in Opposition zur Platonischen und ist zu einem anderen Teil ganz unabhängig von ihr. Aristoteles lehnte vor allem die Platonsche Ideenlehre ab. So ist nach Aristoteles auch Mathematik keine Lehre über unabhängige ideale Objekte einer primären Welt, die Urbilder für reale Dinge in einer sekundären materiellen Welt sind. Sie ist vielmehr eine Lehre über Objekte – die Aristoteles „mathematische Objekte" nennt, die aus den realen Dingen im Prozess einer Abstraktion und Idealisierung gewonnen werden.

Mathematik also ist eine Lehre über Abstraktionen und Idealisierungen, die Resultate eines Denkprozesses sind. Diese Abstraktionen existieren nicht losgelöst von den Dingen. Sie gehören untrennbar zum Wesen der Dinge. Die Ideen bei Platon werden bei Aristoteles vielmehr zu Formen, die *in den Dingen* sind und im Denken erkannt werden. In verschiedenen Schriften von Aristoteles findet man Belege für diese Auffassung. In der *Physik* ([4], 193 b 22) schreibt er:

> „[...] Ebenen und erfüllte Räume haben die natürlichen Körper, und Größen und Punkte, welche Gegenstand der Betrachtung des Mathematikers sind. [...] Mit diesen nun beschäftigt sich auch der Mathematiker, doch nicht wiefern es natürlicher Körper Begrenzungen sind; noch betrachtet er das Unselbstständige, wiefern es solchen Körpern anhängt. Darum trennt er es auch ab; denn trennbar ist es für den Gedanken von der Bewegung, und es ist gleichgültig und es entsteht kein Nachteil oder Irrtum daraus, wenn man es trennt."

In der *Metaphysik* ([3], 1061 a 28) steht:

> „Wie nun der Mathematiker seine Untersuchungen anstellt an den aus der Abstraktion stammenden Objekten, genau ebenso verhält es sich mit der Erforschung des Seienden. Der Mathematiker, bevor er die Untersuchung beginnt, streift erst alles Sinnliche ab: Schwere und Leichtigkeit, Härte und das Gegenteil, weiter aber auch Wärme und Kälte und die anderen Gegensätze, die dem Gebiete der sinnlichen Wahrnehmung angehören; er lässt nur das Quantitative übrig und das Kontinuierliche von einer, von zwei und von drei Dimensionen, sodann die Bestimmungen dieser Gegenstände, sofern sie Quanta und sofern sie kontinuierlich sind; alles andere kümmert ihn nicht. Bei der einen Reihe von Gegenständen untersucht er

dann die wechselseitige Lage und was ihnen etwa an Eigenschaften zu-
kommt, bei der anderen das gemeinsame Maß oder das Fehlen des gemeinsamen Maßes, bei der dritten wieder die Proportion. Dennoch finden
wir in allem diesem die mathematische Wissenschaft als eine und dieselbe
wieder."

Weitere Belege gibt es in der *Zweiten Analytik* (83 a 32) und in *Vom Himmel* ([5],
299 a 15).

Wir versuchen die Auffassung des Aristoteles über die mathematischen Objekte am
Beispiel der Zahlen zusammenzufassen. Für Aristoteles war z. B. „drei" nicht ein für
sich existierendes immaterielles Objekt sondern wie eine Eigenschaft, die an materielle Objekte gebunden ist: Ein Tisch z. B. ist drei Fuß breit, ein Zeitraum dauert drei
Jahre etc. Zahlen aber sind nicht wie Eigenschaften von den Dingen losgelöst – so
wie man heute Abstraktion versteht. Sie haben die Formkraft, die wir bei den Pythagoreern und bei Platon sahen, bei Aristoteles nicht verloren: Sie formen – gemeinsam
mit anderen Formkräften – den Stoff, die Materie zu den Dingen. Sie sind untrennbar
mit den Dingen verbunden. Kurz:

*Zahlen sind (geistige) Formkräfte – in den Dingen. Sie werden im Denken
in einer Art Abstraktion erkannt.*

Der Mensch erfasst in den Zahlen und Formen das Wesen der Dinge und wendet
sich dadurch der geistigen Welt zu, deren Teil er mit seiner geistigen Erkenntnis-Seele
ist. Die philosophische Position des Aristoteles liegt in der Realität. Sie kann aber im
obigen Dreieck der Grundpositionen (s. Anfang des Kapitels) nicht als Punkt sondern
eher als Vektor veranschaulicht werden, der aus der Realität nach oben in die geistige
Welt weist.

Eine solche Ontologie der Zahlen und der mathematischen Objekte ermöglichte es
Aristoteles, die Zusammenhänge zwischen reiner und angewandter Mathematik sehr
einfach zu erklären. Die Gesetze der reinen Mathematik eignen sich zur Beschreibung
der empirischen Objekte, weil die mathematischen Objekte in den realen Dingen sind
und aus den realen Dingen kommen. Die Formen in den Dingen sind Repräsentanten, die realen Dinge selbst Näherungen der mathematischen Objekte. Mathematik
ist umso besser anwendbar, je besser die realen Dinge den mathematischen Objekten
entsprechen.

Aristoteles behauptete, dass die Notwendigkeit und Klarheit der Mathematik nicht
in ihren einzelnen Sätzen liegt sondern im logischen Zusammenhang zwischen den
Sätzen. Dieser Zusammenhang ist in Konditionalsätzen, d. h. in Implikationen gegeben. Gültig also können nur Sätze der Form „Wenn p, dann q" sein und nicht mathematische Aussagen, die etwas konstatieren (vgl. *Physik*, 200 a 15–19; *Metaphysik*,
1051 a 24–26).

Aristoteles interessierte sich mehr für das System in den Theorien als für deren einzelne Aussagen. Mathematik ist nur ein Beispiel einer Wissenschaft in seiner Methodologie. Für ihn bilden das Fundament jedes Wissens die allgemeinen Begriffe, für die es keine Definitionen gibt und die keine Definitionen benötigen, sowie die allgemeine Gesetze, für die es keine Beweise gibt und die auch keine Beweise benötigen. Alle weiteren Begriffe sollten definiert und alle weiteren Sätze bewiesen werden auf der Basis der undefinierten Grundbegriffe und der Ausgangshypothesen. In Theorien unterscheidet Aristoteles vier Komponenten (vgl. *Zweite Analytik*):

- Behauptungen allgemeinen Charakters, die fundamentale Eigenschaften von Größen beschreiben und daher allen Theorien gemeinsam sind. Aristoteles nennt sie Axiome. – Sie ähneln dem, was man heute in der formalen Logik logische Axiome und Identitätsaxiome nennt.

- Spezifische Prinzipien, die spezielle Eigenschaften der Objekte beschreiben, die in der gegebenen Theorie untersucht werden. Aristoteles nennt sie Postulate. – Sie entsprechen dem, was man heute als außerlogische Axiome bezeichnet.

- Definitionen. – Aristoteles setzt nicht die Existenz der definierten Objekte voraus.

- Hypothesen, die die Existenz der definierten Objekte sichern. – Aristoteles sagt, dass solche Hypothesen über die Existenz in der reinen Mathematik *nicht* notwendig sind.

Beispielhaft für diese Methodologie in der Mathematik sind die *Elemente* des Euklid von Alexandria (ca. 300 v. Chr.).

Eine der wichtigsten Beiträge von Aristoteles zur Philosophie der Mathematik ist die klare Formulierung des Problems des Unendlichen. Ausführungen dazu sind in seinen Werken *Physik* und *Metaphysik* zu finden. Aristoteles hat als erster zwei Typen der Unendlichkeit in der Mathematik unterschieden: die potentielle Unendlichkeit und die aktuale Unendlichkeit. Diese Unterscheidung ist eng verbunden mit der zwischen potentieller Existenz und aktualer Existenz, die grundlegend für die Aristotelische Ontologie ist. Potentiell unendlich ist ein Prozess, der offen, d. h. unbegrenzt und in jedem Stadium fortsetzbar ist. Als einfaches Beispiel kann hier der Prozess des Zählens „1, 2, 3, . . ." mit natürlichen Zahlen sein oder der Prozess der fortgesetzten Halbierung einer Strecke. Aktuale Unendlichkeit dagegen ist das Endresultat eines solchen unbegrenzten Prozesses, das zu denken in der modernen Mathematik gang und gäbe ist. Das aktual Unendliche sichert heute das Unendlichkeitsaxiom (vgl. Abschnitte 3.2.1 u. 4.3). Als Beispiel denke man an die Menge $\mathbb{N}$ aller natürlichen Zahlen. Wichtig ist: Für Aristoteles gab es diese Menge *nicht*. Er hat nur die potentielle Unendlichkeit in der Mathematik zugelassen:

„Es kann ferner etwas ein Unendliches sein dadurch, dass es ein immer weiteres Hinzufügen [. . .] zulässt." (*Metaphysik* K 10)

Aktual Unendliches erklärte Aristoteles dagegen für unmöglich:

> „Unmöglich nun ist es, dass ein solches Unendliches selber als abgetrennt
> für sich [...] existiere." (*Metaphysik* K 10)

Aristoteles sagt, dass die aktuale Unendlichkeit in der Mathematik nicht notwendig
und sogar überflüssig sei. Er ließ also die offene Reihe der natürlichen Zahlen zu,
nicht aber ihre Menge. Die Möglichkeit, eine Reihe unbegrenzt fortsetzen zu können,
garantierte für Aristoteles eben nicht die fertige Gesamtheit der Objekte, die im Prozess erzeugt werden. Diese Entscheidung des Aristoteles gegen das *aktual Unendliche*
dominierte die mathematischen und philosophischen Einstellungen der nächsten 2200
Jahre.

Die Reserve des Aristoteles der aktualen Unendlichkeit gegenüber hatte etwas mit
den Schwierigkeiten zu tun, die die antiken Griechen hatten, wenn sie auf Phänomene
des Unendlichen trafen (vgl. die Paradoxien des Zenon von Elea). Man fand keinen
Weg, die hier entstehenden Probleme zu lösen, man hat die Probleme offen gelassen
und aus den Wissenschaften eliminiert.

Hervorzuheben ist, dass die aristotelische Unterscheidung zwischen potentieller
und aktualer Unendlichkeit sich als sehr nützlich erwiesen hat und bis heute akzeptiert
wird. Sie wurde z. B. von Georg Cantor in die Grundlagen der Mengenlehre übernommen (s. Abschnitt 2.14).

Schließlich sei etwas über ästhetische Elemente und Schönheit gesagt, die Aristoteles in der Mathematik sah. In der *Metaphysik* bringt er zum Ausdruck, dass Mathematik zwar nicht ausdrücklich aber doch implizit von der Schönheit handelt und
ihre Elemente erforscht. Gerade die Schönheit und das Streben nach ihr sei eine der
Antriebskräfte der Mathematik. Wir lesen in der *Metaphysik* ([3], Buch 3, 1078 a
52–1078 b 4):

> „Wenn aber weiter das Zweckmäßige und Schöne zweierlei sind, – denn
> jenes erscheint immer nur in tätiger Bewegung, das Schöne dagegen auch
> an dem, was sich nicht bewegt, – so ist man auch darin im Irrtum, wenn
> man behauptet, die mathematischen Wissenschaften sagten nichts aus
> über das was schön oder zweckmäßig ist. Vielmehr, sie sprechen wohl dar-
> über, ja, sie zeigen es mit Vorliebe auf. Denn dass sie die Ausdrücke nicht
> gebrauchen, während sie die Wirksamkeit und die vernünftigen Zusam-
> menhänge aufzeigen, das bedeutet doch nicht, dass sie nicht davon sprä-
> chen. Die wichtigsten Kennzeichen des Schönen sind Ordnung, Gleich-
> maß und sichere Begrenzung, und dies gerade zeigen die mathematischen
> Wissenschaften vor anderen auf. Und da diese Eigenschaften, ich meine
> z. B. Ordnung und sichere Begrenzung, die Gründe für viele weitere Er-
> scheinungen darstellen, so behandeln die mathematischen Wissenschaften
> offenbar auch diesen so gearteten Grund, der in gewisser Weise ebensogut

Grund ist wie das Schöne selbst es ist. Eingehender werden wir darüber an anderer Stelle zu sprechen haben."

Es sei erwähnt, dass der neuplatonische Philosoph Proklos Diadochus, der im 5. Jahrhundert n. Chr. lebte, sich in seinem *Kommentar zum ersten Buch von Euklids „Elementen"* [153] ähnlich über die Schönheit in der Mathematik äußerte. Vergleichbare Bemerkungen findet man immer wieder in der Geschichte der Philosophie, viel später z. B. in dem Werk *Science et méthode* ([150], 1908) des berühmten französischen Mathematikers des 19. Jahrhunderts Henri Poincaré. Wir werden unten (s. Abschnitt 2.16) über ihn berichten.

2.4 Euklid

Euklid von Alexandria (um 365 – ca. 300 v. Chr.) hat nicht direkt zu einer Philosophie der Mathematik beigetragen. Seine *Elemente* aber waren so wichtig für die Methodologie der Mathematik, dass man hier einige Worte über Euklid sagen muss. Die *Elemente* waren eine Zusammenfassung der griechischen Mathematik der vorangegangenen drei Jahrhunderte und legten das Fundament für die weitere Entwicklung der Mathematik. Man kann bei Euklid Einflüsse von Platon *und* von Aristoteles erkennen. Den Einfluss von Platon erkennt man zuerst in impliziten philosophischen Voraussetzungen. Für Euklid ist Geometrie statisch. In den Definitionen versucht er das Konstante und das Unveränderliche zu erfassen. Eine Gerade etwa, die durch die Bewegung eines Punktes entsteht, ist bei Euklid nicht denkbar. Eine weitere Spur des Platonismus ist in seiner Haltung gegenüber den Anwendungen der Geometrie zu finden. Euklid akzeptiert keine Näherungen oder ungefähre Lösungen, wie sie typisch für die Praxis des Messens sind. Denn Wissenschaft, so hatte Platon gesagt, hat nichts mit der Praxis gemein. Im *Staat* betonte Platon, dass Geometrie eine Wissenschaft dadurch ist, dass sie das notwendige, unveränderliche Sein erkennt und nicht die unbeständigen Erscheinungen der Dinge, die entstehen und vergehen. – Und nicht zuletzt natürlich stammt die axiomatisch-deduktive Methode, die Euklid in den *Elementen* verwendete, von Platon, der sie als *die* Methode für die Mathematik vorgeschlagen hatte.

Die *Elemente* bestehen aus 13 Büchern (die man heute Kapitel nennen würde). Die Bücher I–IV und das Buch VI sind der ebenen Geometrie gewidmet, im Buch V findet man die Eudoxische Größen- und Proportionenlehre, die Bücher VII–IX behandeln die Arithmetik, im Buch X wird eine geometrische Algebra mit Inkommensurablen entwickelt und die Bücher XI–XIII endlich haben die Raumgeometrie zum Gegenstand. Die Methode von Euklid besteht darin, Sätze aus Definitionen, Axiomen und Postulaten abzuleiten. Jeder neue inhaltliche Abschnitt beginnt mit Definitionen neuer Begriffe und mit Axiomen und Postulaten. Im Buch I z. B. gibt es 35 Definitionen, 9 Axiome und 5 Postulate. Unter den Postulaten befindet sich auch das berühmte 5. Postulat über die Parallelen: „Und dass, wenn eine gerade Linie beim Schnitt mit zwei geraden Linien bewirkt, dass innen auf derselben Seite entstehende Winkel zusammen kleiner als zwei Rechte werden, dann die zwei geraden Linien bei Verlängerung ins Unendliche sich treffen auf der Seite, auf der die Winkel liegen, die zusammen kleiner als zwei Rechte sind." (Übersetzung nach C. Thaer, [63])

Was hier als Beispiel nicht fehlen darf, ist die Definition des Begriffs der Zahl im Buch VII der *Elemente*. Die folgende Formulierung Euklids, die seine Auffassung über die Zahlen zusammenfasst, klingt gegenüber den vorherigen philosophischen Versuchen mathematisch nüchtern:

1. *Einheit ist das, wonach jedes Ding eines genannt wird.*
2. *Zahl ist die aus Einheiten zusammengesetzte Vielheit.*

Man sieht in der Struktur der *Elemente* den Einfluss von Aristoteles und seiner Methodologie. In der *Zweiten Analytik* empfiehlt Aristoteles, jede wissenschaftliche Disziplin mit einem Verzeichnis der Definitionen ihrer spezifischen Begriffe und der Aufzählung ihrer Axiome und Postulate zu beginnen. Und genau so geht Euklid in den *Elementen* vor. Axiome und Postulate sind in der Weise unterschieden, wie dies Aristoteles vorgegeben hat. Postulate des ersten Buches sind z. B. Aussagen über spezifisch geometrische Konstruktionen. Axiome dagegen sind Sätze allgemeineneren Charakters, die fundamentale Eigenschaften von Größen, insbesondere von Zahlen, Strecken, Flächen und Umfängen beschreiben. Unter den Postulaten findet man z. B. solche Formulierungen: „Gefordert soll sein: Dass man von jedem Punkt nach jedem Punkt die Strecke ziehen kann" (Postulat 1), „Dass man mit jedem Mittelpunkt und Abstand den Kreis zeichnen kann" (Postulat 3). Axiome sind Aussagen dieser Art: „Was demselben gleich ist, ist auch einander gleich" (Axiom 1), „Die Doppelten von demselben sind einander gleich" (Axiom 5), „Das Ganze ist größer als der Teil" (Axiom 8). (Übersetzungen nach C. Thaer, [63]) Als charakteristische Beispiele der Definitionen des ersten Buches zitieren wir: „Ein Punkt ist, was keine Teile hat" (Definition 1), „Eine ebene Fläche ist eine solche, die zu den geraden Linien auf ihr gleichmässig liegt" (Definition 7). Oder: „Ein Kreis ist eine ebene, von einer einzigen Linie [die Umfang (Bogen) heißt] umfasste Figur mit der Eigenschaft, dass alle von einem innerhalb der Figur gelegenen Punkte bis zur Linie [zum Umfang des Kreises] laufenden Strecken einander gleich sind" (Definition 15). Man sieht sofort, dass die Definitionen Euklids eher Erläuterungen der Begriffe – oft philosophischer Art – sind als Definitionen im streng logischen Sinne. Es scheint bei Euklid keine Grundbegriffe zu geben, die bewusst undefiniert bleiben.

Der Aristotelischen Methodologie folgend schuf Euklid in den *Elementen* das erste deduktive System in der Geschichte der Mathematik. Untersuchungen speziell vom heutigen Standard aus zeigen, dass es in diesem System viele Lücken gibt. Das aber mindert seine Bedeutung für die Entwicklung der Methodologie der Mathematik in keiner Weise. Die Geometrie in den *Elementen* wurde für alle Wissenschaften zum

Vorbild strengen wissenschaftlichen Vorgehens, für das gern die Bezeichnung *more geometrico* verwendet wurde. Die *Elemente* waren über zwei Jahrtausende bis ins 19. Jahrhundert hinein Maßstab und paradigmatisch für das, was man unter „mathematisch" verstand. Aus ihnen heraus entwickelte sich die Mathematik als axiomatisches, vom heutigen Standpunkt als quasi-axiomatisches System. Denn es gab überall in der historischen Mathematik Lücken in den Listen der Axiome, Postulate und Definitionen. Oft ohne Bedenken berief man sich in Beweisen auf Intuitionen und angeblich selbstverständliche Wahrheiten. Man bemühte sich auch kaum darum, die Sprache und Symbolik mathematischer Theorien zu untersuchen, zu beschreiben und festzulegen. Dennoch muss man betonen: Dank Euklid und seit seinen *Elementen* hat die Mathematik sich als ein *aus sich heraus* organisiertes System entwickelt.

Die Bücher der *Elemente* des Euklid dienten bis zum Anfang des 20. Jahrhunderts, also über mehr als dreiundzwanzig Jahrhunderte in Studierstuben, an Hochschulen und im Unterricht als mathematische Lehrbücher. Sie wurden im Altertum und im Mittelalter vielfach abgeschrieben, später gedruckt und in viele Sprachen übersetzt. Seit der Erfindung des Buchdrucks hatten die *Elemente* mehr als tausend Auflagen und wurden darin nur von der *Bibel* übertroffen.

2.5   Proklos

Proklos Diadochus (410–485) war der berühmteste Vertreter der athenischen Schule unter den neuplatonischen Schulen, zu denen neben ihr die römisch-alexandrinische Schule Plotins und die syrische Schule (mit Jamblichos) gehörten. Proklos ist in der Geschichte der Philosophie der Mathematik durch seinen *Kommentar zum ersten Buch von Euklids „Elemente"* [153] bekannt. Er hat in diesem Werk Schriften seiner Vorgänger vorgestellt und kommentiert und auf diese Weise eine Übersicht über die Einstellungen in der akademischen (platonischen) und peripatetischen (aristotelischen) Tradition gegeben. Er entwickelte diese weiter und leitete daraus seine eigene Konzeption der Mathematik ab.

Wenn es um ontologische Probleme geht, schreibt Proklos den mathematischen Objekten eine Mittelposition in einer Hierarchie des Seins zu. Er stellt sie zwischen die höchsten Seinsgattungen und die niedrigsten, die materiellen Dinge. Die höchsten Objekte sind „ungeteilte, einfache, unzusammengesetzte und untrennbare Wesenheiten" (*Kommentar*, 11,1). Die materiellen Objekte sind dagegen „geteilt, durch mannigfache Zusammensetzungen und vielfache Trennungen gekennzeichnet" (*Kommentar*, 11,1). Der Ursprung der mathematischen Objekte ist für Proklos die Seele, in der ihre Urbilder und ihr Wesen enthalten sind. Das bestimmt die Methode der Mathematik, die der Natur der untersuchten Objekte angepasst werden muss. Proklos behauptet, dass für die Mathematik nicht das intuitive Denken sondern das diskursive Denken charakteristisch ist, also das Denken, das aus allgemein akzeptierten oder hypothetischen Voraussetzungen schließt.

Proklos übernimmt die von Aristoteles formulierten und von Euklid in den *Elementen* umgesetzten methodologischen Prinzipien. Insbesondere unterscheidet er in jeder Theorie Definitionen, Axiome und Postulate. Im *Kommentar* (178 ff.) erörtert er die Natur und den Charakter der Axiome und Postulate, und er diskutiert, was sie unterscheidet und was sie gemeinsam haben. Er kommt zu dem Schluss, dass ihnen gemeinsam ist, dass sie weder Begründungen noch Beweise brauchen und als selbstverständlich und sicher gelten. Der Unterschied zwischen ihnen ähnelt nach Proklos der Differenz zwischen Lehrsätzen und Problemen. Proklos schreibt:

> „Wie wir nämlich bei den Lehrsätzen die Aufgabe stellen, die Folgerung aus den Voraussetzungen einzusehen und zu erkennen, bei den Problemen aber den Auftrag erhalten, etwas zu finden und zu tun, ebenso wird auch bei den Axiomen das angenommen, was auf der Stelle ersichtlich ist und unserem ungeschulten Denken keine Schwierigkeiten bereitet; bei den Postulaten aber suchen wir das zu finden, was leicht zu beschaffen und festzustellen ist, den Verstand bei den Bemühungen darum nicht ermüdet, keines komplizierten Verfahrens und keiner Konstruktion bedarf." (*Kommentar*, 178 f)

Der *Kommentar* des Proklos enthält auch eine interessante Diskussion des Parallelen-Postulats der Euklidischen *Elemente* (vgl. 191,16–193,9). Proklos verweist darauf, dass schon Geminos von Rhodos – ein im 1. Jahrhundert lebender stoischer Philosoph mit Interesse für die Grundlagen der Mathematik – bemerkt hatte, dass es gewisse Linien gibt, die ins Unendliche gehend sich einander nähern, aber nie zusammenfallen (z. B. Hyperbeln oder Konchoide und ihre Asymptoten). Man kann in Proklos *Kommentar* mögliche Andeutungen auf die spätere nicht-euklidische hyperbolische Geometrie bei Gauß, Bolyai und Lobatschewski entdecken.

Man denke etwa an die Parallelenschar zu einer vorgegebenen Geraden im Kleinschen Kreisscheibenmodell der hyperbolischen Geometrie. Es geht dabei um die Existenz von zwei besonderen Geraden in dieser Parallelenschar: die Parallelen, die die gegebene Gerade nicht schneiden und die übrigen Parallelen von den Geraden trennen, die die gegebene Linie schneiden. Das sind dann Geraden, die einerseits parallel zu der gegebenen Gerade sind, die aber die gegebene Linie schneiden, wenn man ihren Neigungswinkel ändert. Proklos drückt sich so aus: „[...] es könnte jemand behaupten, da die Verkleinerung der 2 Rechten ohne Grenzen sei, so blieben die Geraden bis zu diesem Grade der Verkleinerung Asymptoten, bei einem anderen, geringeren Grade träfen sie hingegen zusammen". (*Kommentar*, 193)

Proklos diskutierte in seinem *Kommentar* auch das Problem des Unendlichen. Er bemerkt eine – wie er meinte – paradoxe Eigenschaft unendlicher Mengen, die darin besteht, dass eine unendliche Menge genau so viele Elemente enthalten kann wie eine ihrer echten Teilmengen. Das veranlasste ihn, allein die potentielle Unendlichkeit zu billigen und die Möglichkeit einer aktualen Unendlichkeit zu verneinen. Er argumentiert so:

> „In zwei gleiche Teile teilt also der Durchmesser den Kreis. – Aber, wenn durch *einen* Durchmesser *zwei* Halbkreise entstehen und unendlich viele Durchmesser durch den Mittelpunkt geführt werden, wird es geschehen, dass (die Halbkreise) doppelt so viele als unendlich viele der Zahl nach sein werden. Dies empfinden einige als eine Aporie bei der ins Unendliche gehenden Teilung der Größen. Wir aber sagen, dass die Größen wohl bis ins Unendliche geteilt werden, aber nicht in unendlich viele Teile (*ad infinitum, sed non in infinita*). Dieses nämlich läßt die unendlich vielen Teile aktual sein, jenes aber nur potentiell; dieses gibt dem Unendlichen das (substantielle) Sein, jenes verleiht ihm nur ein Werden.
>
> Zugleich mit einem Durchmesser entstehen zwei Halbkreise und die Durchmesser werden niemals (aktual) unendlich viele sein, wenn sie auch ins Unbegrenzte „genommen" werden. So dass niemals doppelt so viele als unendlich viele existieren werden, sondern die (immerfort) entstehenden doppelt so viele werden stets doppelt so viele sein als endlich viele. Denn immer sind die „genommenen" (d. i. aktuell konstruierten) Durchmesser begrenzt der Zahl nach." (*Kommentar*, 158, 1–20).

Wir bemerken, dass dieses Proklossche Vorgehen typisch für die griechische Denkweise war, die auf Aristoteles zurückgeht. Man wich der Schwierigkeit mit dem Unendlichen aus, statt sie anzunehmen und zu versuchen, mit ihr umzugehen. Solche Versuche gab es erst im 19. Jahrhundert, als Bolzano die „paradoxe" Eigenschaft unendlicher Mengen – Teilmengen zu besitzen, die gleichmächtig zu ihnen sind – als für sie charakteristisch erkannte, als Richard Dedekind diese Eigenschaft als Definition der Unendlichkeit von Mengen verwendete und Georg Cantor die Mengenlehre und darin die Theorie des Unendlichen schuf.

2.6   Nikolaus von Kues

Nikolaus von Kues, gewöhnlich latinisiert Nikolaus Cusanus (1401–1464), war einer der letzten Vertreter der scholastischen Philosophie, für die die Theologie Grundlage der Philosophie und jeder Wissenschaft war. Er war Theologe, Philosoph und Mathematiker und gilt als Vorbereiter der Philosophie der Neuzeit. Mathematische und theologische Ideen sind bei ihm eng miteinander verbunden und bedingen sich in seinen Schriften gegenseitig. Seine philosophische Position scheint, wie wir sehen werden, mitten im Dreieck der Grundpositionen des Idealismus, Rationalismus und Empirismus zu liegen (s. Anfang des Kapitels).

Die *geistige Welt* ist bei Nikolaus von Kues durch Gott vertreten. Gott hat die Welt nach mathematischen Gesetzen erschaffen, von ihm gehen die Zahlen und Ideen aus. Bei Gottfried Wilhelm Leibniz (1646–1716) (s. u.) finden wir diese Auffassung wieder. Zahlen spielen bei Nikoluas von Kues eine zentrale Rolle. An ihnen wollen wir zuerst seine Haltung mathematischen Gegenständen gegenüber darstellen.

In dem 6. Kapitel des Werkes *Liber de mente* [134] untersucht Cusanus den Begriff der Zahl. Er unterscheidet Zahlen, die Gegenstand der Mathematik sind und dem menschlichen Geist und Verstand entspringen, und die Zahlen, die aus dem göttlichen Geist kommen. Die „menschlichen" und mathematischen Zahlen sind Abbilder (*ymago*) der „göttlichen" Zahlen. Alles was zahlenartig an und in den Dingen ist, ist für Cusanus die Verwirklichung der Zahlen des göttlichen Geistes. Er schreibt: „und [wenn Du siehst], dass die Beschaffenheit aller Dinge entstanden ist, damit die Zahl des göttlichen Geistes sei" (*Liber de mente* [134], c6, 121v). Und wir finden ebendort:

> „Du erkennst auch, dass Zahl und gezähltes Ding nicht verschiedenes sind; deshalb hast Du auch, dass zwischen dem göttlichen Geiste und den Dingen die Zahl nichts Mittleres ist, was ein eigenes wirkliches Sein hätte. Die Zahl ist Sache der Dinge."

Und wieder im *Liber de mente* (c6, 121r) steht:

> „[...], allein der Geist zählt; ohne den Geist gibt es keine für sich bestehende Zahl."

Die realen Dinge sind, so können wir sagen, aus den göttlichen Zahlen geschaffen und die Zahlen daher in den Dingen. Wie aber erschafft der Mensch seine *mathematischen* Zahlen? Cusanus weist dazu auf die besondere Fähigkeit im menschlichen Denken hin, in einer eigenen Konstruktion den göttlichen Schöpfungsprozess zu simulieren und so über das Zählen die mathematischen Zahlen zu bilden. Die Simulation fußt dabei auf einer Abstraktion, einer „vergleichenden Unterscheidung" der realen Dinge.

Wir erkennen neben der idealistischen Position des Cusanus – Zahlen haben ihren Ursprung in Gott – eine *rationalistische* und eine *empiristische* Seite in seinem Denken. Empiristisch ist es, dass „die Zahl [...] Sache der Dinge" ist. Im *Liber de mente* steht: „ [...] es gibt nichts im Verstand, das nicht zuvor in den Sinnen war" ([...] ut nihil sit in ratione, quod prius non fuit in sensu). Rationalistisch ist die schöpferische Rekonstruktion der Zahlen im menschlichen Geist in der „vergleichenden Unterscheidung" der Dinge.

Wir fassen die Zahlauffassung des Nikolaus von Kues so zusammen:

Zahlen für den Menschen sind rationale Rekonstruktionen göttlichgeistiger Zahlen. Sie werden durch Vergleich und Unterscheidung aus den realen Dingen gewonnen, in denen die göttlichen Zahlen verwirklicht sind.

Auf ähnliche Weise beschreibt Cusanus auch seine Auffassung der geometrischen Gegenstände. Nach ihm sind geometrische Objekte wie Punkte, Linien, Flächen, Kreise usw. Schöpfungen des menschlichen Geistes. Im 11. Kapitel des Werkes *Liber de mente* schreibt er, dass „der Geist den Punkt erschafft" und dass „[der Geist] die Linie erschafft, indem er sich Länge ohne Breite vorstellt". Oder: „Du weißt, wie wir aufgrund der Geisteskraft die mathematischen Figuren zustande bringen" (*Liber de mente*, c3, 117v). Die mathematischen Gegenstände sind, ähnlich wie die mathematischen Zahlen, Abbilder von Wesenheiten, die im Geiste Gottes existieren. In *Liber de mente* (c9, 125r) finden wir folgende Worte:

> „Somit stammt das Maß und die Grenze eines jeden Dinges aus dem [menschlichen] Geist. Hölzer und Steine haben zwar auch außerhalb unseres Geistes Maß und Grenze, aber diese stammen aus dem ungeschaffenen [= göttlichen] Geist, woraus sich die Grenze der Dinge ableitet."

Die geometrischen Objekte können nur in konkreten Dingen in Erscheinung treten und real werden. Was das bedeutet erklärt Cusanus in dem Werk *De docta ignorantia* ([136], II. Buch, c V, 118):

> „Aber alles, was wirklich existiert, existiert in Gott, der selbst die Wirklichkeit aller Dinge ist. Die Wirklichkeit aber ist die Vollendung und das Ziel der Möglichkeit."

Wie bildet der Mensch die mathematischen Objekte in seinem Verstand, die die Abbilder von im göttlichen Geiste existierenden Objekten sind? Cusanus spricht hier von der menschlichen Fähigkeit der Anpassung (Assimilation) und ergänzt das, was wir oben über die Zahlen erfahren haben. So lautet die Überschrift des 7. Kapitels des *Liber de mente*: „Wie der Geist aus sich die Formen der Dinge kraft Angleichung schafft und so in Berührung mit der absoluten Möglichkeit bzw. Materialität kommt." Auch hier geht es dann um Abstraktion oder Ableitung (vgl. *De docta ignorantia* [136], II. Buch, c1, 92; c4, 114) und wir bemerken wieder einen gewissen Empirismus.

Wichtig für uns sind Cusanus Auffassungen über das Unendliche. Das Problem des Unendlichen taucht bei ihm sowohl in mathematischen wie auch in theologisch-philosophischen Überlegungen auf. Er behauptet, dass das Unendliche in der Mathematik durch die Vernunft begrifflich fassbar ist, es der sinnlichen Anschauung aber unzugänglich bleibt. Cusanus bekennt, dass das Motiv für die Beschäftigung mit dem mathematischen Unendlichen sein Ringen ist, sich der „Unendlichkeit Gottes" zu nähern. Das Unendliche in der Mathematik ist für ihn ein Gleichnis für die Unendlichkeit Gottes.

Cusanus geht von der Bemerkung aus, dass es keine sinnlich wahrnehmbaren Dinge und Prozesse gibt, die nicht vermehrt bzw. fortgesetzt werden könnten. Das Unendliche also kann nicht ein realer Gegenstand oder Prozess sein. In der Mathematik dagegen gibt es Beispiele dafür, dass die Grenze eines Prozesses begrifflich erreicht wird. Als Beispiel nennt Cusanus die Folge der regulären n-Ecke. Wenn n unbegrenzt wächst, dann approximiert und erreicht diese Folge den Kreis. Unter den sinnlich-wahrnehmbaren Dingen gibt es keinen Kreis. Ein Kreis existiert nur als Begriff in unserem Verstand. In *Liber de mente* schreibt Cusanus dies (c7, 122v):

> „So ist es etwa, wenn [der Geist] den Kreis als Figur begreift, von des-
> sen Mittelpunkt aus alle Linien, die zum Umfang gezogen werden, gleich
> lang sind. Der materielle Kreis außerhalb unseres Geistes kann von dieser
> Seinsart niemals sein."

So fallen im Unendlichen zwei so verschiedene Gebilde wie Kreis und reguläres n-Eck zusammen. Cusanus gibt viele ähnliche Beispiele an. In allen diesen Beispie-len hat man es mit dem gleichen Prinzip zu tun, mit dem Prinzip der *coincidentia oppositorum* (Zusammenfallen der Gegensätze). Die Vollendung eines Prozesses und damit z. B. auch der Grenzwert einer Folge haben dabei die höchste Seinsform und sind ewig. Jeder Prozess strebt aus sich heraus nach der Vollendung im Unendlichen.

Vom ontologischen ist es wichtig, dass das Unendliche seine Existenz nicht vom Sein der endlichen Teile erhalten kann. Das Endliche kann dem Unendlichen die Existenz nicht sichern, weil das Unendliche nie im Näherungsprozess der endlichen Zustände erreicht wird. Es ist gerade umgekehrt: Das Unendliche geht dem Endli-chen voran und ist ihm übergeordnet. Wir sehen, dass Cusanus hier die gewöhnliche Richtung des Denkens wechselt. Er sagt, dass man das Endliche nur mit Hilfe des Un-endlichen begreifen und verstehen kann. So schreibt er in *Liber de mente* (cII, 116r):

> „Daher hat alles Endliche seinen Ursprung im Prinzip des Unendlichen."

In dem Werk *De docta ignoratia* verwendet er dieses Prinzip geometrisch und sagt (Buch II, cV, 119): „Jede endliche Linie hat ihr Sein von der unendlichen, die all das ist, was sie ist. Deshalb ist in der endlichen Linie all das, was unendliche Linie ist." Im Endlichen also finden wir das Unendliche vor, aus dem es kommt.

Wir sehen, wie das Prinzip der *coincidentia oppositorum* zum ontologischen Prin-zip wird und zur Klärung der mathematischen Erkenntnis von Cusanus herangezogen wurde. Wir bemerken, dass Cusanus dieses Prinzip ursprünglich formulierte, um die Annäherung unseres Wissens und mathematischen Denkens an die Gotteserkenntnis zu beschreiben. Und er rechtfertigt dieses Vorgehen, wenn er in *De mathematica per-fectione* [135] sagt:

> „Meine Absicht ist, aus [dem Prinzip] der Koinzidenz der Gegensätze die
> Verbesserung der Mathematik zu bewirken."

2.7 Descartes

René Descartes (1596–1650) kann als Begründer der neuzeitlichen Philosophie angesehen werden. In der ganzen späteren Entwicklung der europäischen Philosophie ist der Einfluss des Cartesianismus spürbar. Die wissenschaftliche Leistung von Descartes ist epochal und es wäre zu aufwendig, sie hier angemessen zu würdigen. Wir werden unser Augenmerk auf seine mathematischen Werke und auf seine Beiträge zur Methodologie der Mathematik richten.

Descartes war ein bedeutender Mathematiker. Er hat nur ein mathematisches Werk veröffentlicht, *La géométrie*, eines von drei Anhängen zu seinem Hauptwerk *Discours de la méthode pour bien conduire sa raison et chercher le vérité dans les sciences* (Abhandlung über die Methode, richtig zu denken und die Wahrheit in den Wissenschaften zu suchen ([53], 1637)). Die Bedeutung dieses Werkes aber ist groß – speziell für die Methodologie der Mathematik und der Wissenschaften insgesamt. Hier finden wir den Anfang der Entwicklung der analytischen Geometrie. Mit der konsequenten Anwendung der zu Beginn des 17. Jahrhunderts gut entwickelten Algebra auf die Geometrie der antiken Griechen hat Descartes zur Verbindung dieser beiden Disziplinen beigetragen. Wir erwähnen noch einmal, dass Arithmetik (und Algebra) und Geometrie seit der Zeit der antiken griechischen Mathematik als zwei getrennte Disziplinen betrieben wurden.

Zahlen und Längen – repräsentiert durch Strecken – werden bei Descartes zu Koordinaten im Koordinatensystem und stehen dort im Verhältnis zu einer vorgegebenen Einheitsstrecke. Aus dem Verhältnis von Größen, dem Grundbegriff der griechischen Mathematik, wird das Verhältnis zu einer festen Einheitslänge. Rationale Verhältnisse von Größen haben im Laufe der mathematischen Entwicklung schon Zahlenstatus erlangt, was rationalen Längen – das sind rationale Verhältnisse zur Einheitslänge als Koordinaten – ebenfalls diesen Status verleiht. Zur Einheitslänge inkommensurable Längen werden irrationale Längen. Sie rücken, da sie im Koordinatensystem die gleiche Funktion wie die rationalen Längen haben, näher an den Zahlenstatus heran. Über die Streckenrechnung bei Descartes werden sie selbstverständliche Rechenobjekte – wie die Zahlen.

Ein weiterer Schritt, den Descartes machte, beförderte zusätzlich die Nähe von Größen, Größenverhältnissen und Zahlen. Descartes hat ausdrücklich eine von allen seinen Vorläufern akzeptierte Einschränkung aufgehoben, die Folge des sogenannten Homogenitätsprinzips waren. Dieses Prinzip, das Verhältnisse und Proportionen an geometrische Größen band, die jeweils von der gleichen Art sein mussten, hatte seinen Ursprung in der griechischen Mathematik und in ihrer geometrischen Algebra. Die Aufhebung dieses Prinzips ermöglichte die Betrachtung algebraischer Gleichungen, in denen Größenvorstellungen irrelevant oder sogar hinderlich wurden. Sie ermöglichte die allgemeine Behandlung algebraischer Kurven und leitete die Abstraktion zu einer reinen, nicht an geometrische Vorstellungen gebundenen Mathematik ein.

Mit der Entfernung von den Größenvorstellungen aus der Algebra beginnt eine Umkehr in der Mathematik, die auf einem langen Weg die Zahlen als reelle Zahlen wieder zur Grundlage der Mathematik machen wird, wie sie es einmal bei den Pythagoreern gewesen waren – in völlig neuer Gestalt und Funktion.

Viele neue Symbole hat Descartes in die Mathematik eingeführt und auf diese Weise zur Entwicklung der symbolischen Sprache der Mathematik beigetragen. Einige seiner Symbole werden in der Mathematik bis heute verwendet. (Beispiele: $=$ (Gleichheitszeichen), $\sqrt{b}$ (Wurzelzeichen), $3a$, ba (für die Multiplikation), a^x (Exponentenschreibweise).)

Neben diesen Leistungen in der Mathematik selbst, die die Mathematik verändert und ihre weitere Entwicklung bestimmt haben, hat Descartes auch zur Entwicklung der Methodologie der Mathematik beigetragen. Hier muss als Erstes das allgemeine Prinzip genannt werden, das besagt, dass die Untersuchung der Methode vor der Untersuchung des Gegenstandes liegen muss. Ein Kriterium für die Gewissheit und Sicherheit in den Wissenschaften sollten zudem die Klarheit und die Prägnanz ihrer Begriffe und Ideen sein. Descartes verkündete ein Programm des allgemeinen rationalistischen Wissens, einer allgemeinen rationalistischen Wissenschaft, die nach dem Muster der Mathematik aufgebaut sein sollte (vgl. *Gespräche mit Burman*, [52]).

Descartes ist überzeugt, dass nur Mathematiker im Stande sind, Beweise zu finden und dadurch ein sicheres Wissen zu erlangen. Die Ursache für diese Fähigkeit sieht er darin, dass Mathematiker nur quantitative Eigenschaften betrachten. In den *Regulae ad directionem ingenii* [54] [2] schreibt er:

> „[...] streng genommen ist Gegenstand der Mathematik das, das nach Ordnung und Maß untersucht wird ohne Rücksicht darauf, ob dieses Maß in Zahlen oder Figuren, Sternen, Stimmen oder irgenwelchen anderen Objekten vorliegt; es soll also eine allgemeine Wissenschaft geben, die erklären würde all das, was Untersuchungsobjekt nach Ordnung und Maß sein kann, ohne einem konkreten Bereich zugeschriebenen werden zu müssen." (S. 21)

Und er schlägt vor, diese Wissenschaft „universelle Mathematik" zu nennen, „weil sie all das enthält, dank derer andere Wissenschaften sich mathematisch nennen" (loc. cit.).

Die Zuverlässigkeit der Arithmetik und der Geometrie, d. h. der Mathematik folgt aus der Tatsache, dass

> „nur sie sich mit so klaren und einfachen Objekten beschäftigt, dass sie nichts voraussetzen muss, das durch Erfahrung unsicher sein könnte, und

---

[2]Nach der Originalausgabe von 1701, hrsg. von Artur Buchenau, Leipzig, Verlag der Dürr'schen Buchhandlung 1907.

> allein besteht in rein verstandesmäßigen Ableitungen ihrer Folgerungen.
> Sie ist also die einfachste und klarste unter allen [. . .]." (loc. cit., S. 8)

Und spöttisch bemerkt er, dass

> „es uns jedoch nicht wundern sollte, wenn viele Geister sich lieber an-
> deren Gebieten oder der Philosophie widmen werden [im scholastischen
> Sinne – die Autoren]; das kommt daher, dass jeder sich wagemutig Ver-
> mutungen anzustellen erlaubt, die eine unklare Sache betreffen, als ei-
> ner selbstverständlichen Sache sich zuzuwenden, und dass es viel leichter
> ist, über irgendeine Sache Vermutungen nachzugehen, als in einer Sache,
> selbst einer sehr einfachen, zur Wahrheit zu kommen." (loc. cit., S. 9)

Hieraus folgt für Descartes der Gedanke, alle Wissenschaften nur auf quantitative
Untersuchungen zu beschränken, und der Plan, eine universelle analytische und mathematische Wissenschaft (*mathesis universalis*) zu erschaffen. Diese Idee wird erneut
z. B. bei Leibniz auftauchen. Eine solche Wissenschaft sollte die Gesamtheit unseres
Wissens über die Welt enthalten.

Die Konzeption einer *mathesis universalis* war bei Descartes mit der Vorstellung
verbunden, dass alle Eigenschaften von Gegenständen aus Form und Bewegung abgeleitet werden sollten. Die gesamte Natur sollte ausschließlich geometrisch und mechanisch betrachtet werden. Diese Intention wiederum kommt aus der Auffassung,
dass die ausgedehnte Substanz geometrischen Charakter hat.

Die Mathematik selbst, die – wie wir gesehen haben – für Descartes das Vorbild
aller Wissenschaften war, sollte allein analytische Methoden anwenden. Descartes
ließ für sie nur *Intuition* und *Deduktion* zu.

Unter Intuition verstand er eine

> „so einfache und klare Auffassung der reinen und achtsamen Vernunft,
> dass wir an dem, was wir erkennen, überhaupt nicht zweifeln können oder,
> was eigentlich das Gleiche ist, eine unfehlbare Auffassung der reinen Ver-
> nunft, die aus dem Licht der Vernunft allein stammt und, weil sie einfacher
> ist, sicherer als die Deduktion ist." (*Regulae*, S. 12)

Für ihn waren die Axiome der Mathematik solche sicheren Wahrheiten, die man nicht
erschüttern kann. Unter Deduktion verstand Descartes „all das, was mit Notwendigkeit aus anderen Dingen, die mit Sicherheit erkannt wurden, abgeleitet werden kann"
(loc. cit.).

Die analytische Methode sollte ermöglichen, die einfachen Komponenten der Gedanken aufzudecken. Und das, was einfach ist, war für Descartes deutlich und klar,
also sicher. Im *Discours de la méthode* ([53], S. 22) formulierte er vier Regeln, die
seiner Ansicht nach in der wissenschaftlichen Arbeit hinreichend sind:

(1) „niemals eine Sache für wahr anzunehmen, ohne sie als solche genau zu kennen, d. h. sorgfältig alle Übereilung und Vorurteile zu vermeiden und nichts in mein Wissen aufzunehmen als das, was sich so klar und deutlich darbot, dass ich keinen Anlass hatte, es in Zweifel zu ziehen" (Intuition),

(2) „jede zu untersuchende Frage in so viel einfachere aufzulösen, als es möglich und zur besseren Beantwortung erforderlich war" (analytische Methode),

(3) „in meinem Gedankengang die Ordnung festzuhalten, dass ich mit den einfachsten und leichtesten Gegenständen begann und nur nach und nach zur Untersuchung der verwickelten aufstieg, und die gleiche Ordnung auch in die Dinge selbst zu übernehmen selbst dann, wenn einmal das Eine nicht von Natur aus dem Anderen vorausgeht" (Deduktion),

(4) „alles vollständig zu registrieren und im Allgemeinen zu überschauen, um mich gegen jedes Übersehen zu sichern" (S. 22.).[3]

2.8 Pascal

Blaise Pascal (1623–1662) war nicht nur wissenschaftlich sondern auch literarisch hochbegabt. Er war mathematisch und philosophisch außerordentlich kreativ. Seine Philosophie knüpfte einerseits an die Philosophie von Descartes an, andererseits distanzierte sie sich von ihr. Pascal ging in seiner Philosophie aus vom Menschen, in dessen Leben und Vernunft er auch irrationale Elemente sah. Er war kein reiner Rationalist. Ontologischen Problemen hat er nur wenig Interesse entgegen gebracht. Ein abgeschlossenes philosophisches System hat er nicht hinterlassen.

Für Pascal zerfällt die Wirklichkeit in zwei Welten: in „die Ordnung der Vernunft" und „die Ordnung des Herzens (*ordre du coeur*)". Die Vernunft und die rationale Methode sind ratlos und nutzlos in existentiellen Angelegenheiten. Die Unendlichkeit, die uns – wie er sagt – umgibt, ist mit der Vernunft nicht zu erfassen. Auch in ethischen oder religiösen Fragen liefert die Vernunft allein keine Lösungen. Auf diesen Gebieten bieten Klarheit und Eindeutigkeit, die Descartes anstrebt, keine Gewissheit. Hier kann nur das „Herz" weiterhelfen. Pascal drückt das so aus: „*Le coeur a ses raisons, que la raison ne connait pas.* (Das Herz hat seine Gründe, die der Verstand nicht kennt.)" Man muss sich hier natürlich fragen, was Pascal mit dem Begriff des Herzens verband. In der philosophischen Literatur findet man Interpretationen, die vom Herzen als Organ für die Erkenntnis des Übernatürlichen bis zum Herzen als Sitz intellektueller Intuition reichen.

Im Bereich der Vernunft sah Pascal – ähnlich wie Descartes – die Mathematik und speziell die Geometrie als das Ideal des Denkens und des Handelns an. Denn sie ist, da sie als einzige wirklich methodisch ist, fast das einzige wissenschaftliche Gebiet, in dem es Beweise gibt. Dagegen gibt es in allen anderen Wissenschaften irgendwo

---

[3]Text nach der Übersetzung durch Julius Heinrich von Kirchmann von 1870.

Unordnung. Und nur den Geometern ist dies bewusst (vgl. *Betrachtungen über Geometrie*, [141]). Die neue ideale Methode, deren Modell und Vorbild die Geometrie bildet, gründet sich auf zwei Prinzipien: (1) Man verwende keinen Begriff, dessen Bedeutung nicht früher genau festgelegt worden ist; (2) alle Behauptungen sind zu beweisen. Die Nützlichkeit und die Bedeutung von Definitionen, so Pascal, bestehe darin, dass sie Aussagen

> „einfacher und kürzer machen, und zu deren Klarheit beitragen, da sie mit Hilfe eines Namens das ausdrücken, was andernfalls nur mit Hilfe von vielen Worten ausgedrückt werden kann." (loc. cit.)

Definitionen sind im Prinzip beliebig: Wir können eine gegebene Sache nennen, wie wir wollen. Man muss nur die einzige Bedingung beachten, nicht zwei verschiedene Sachen mit dem gleichen Namen zu bezeichnen. Man verwendet Definitionen nur der Kürze halber und nicht mit dem Ziel, die Ideen hinter den Dingen, über die man spricht, zu verändern.

Pascal sieht natürlich, dass in der Praxis nicht alle Begriffe definiert und nicht alle Behauptungen bewiesen werden können. Also akzeptiert er gewisse Begriffe ohne Definitionen als Grundbegriffe, die dank des „natürlichen Lichtes" klar sind, wie auch allgemeine klare Grundaussagen, die selbst unbewiesen das Fundament von Beweisen sein können. Zu den ersten zählt er insbesondere die Begriffe des Raumes, der Zeit, der Bewegung, der Zahl und der Gleichheit. Man kann diese ohne Definitionen verwenden, weil

> „die Natur selbst uns eine klarere Auffassung dieser Dinge ohne Worte gegeben hat als derjenigen, die wir mit Hilfe von kunstvollen Erläuterungen erhalten."

Mehr noch: Die Natur hat alle Menschen mit übereinstimmenden Ideen beschenkt. Ähnlich verhält es sich mit den grundlegenden Wahrheiten, d. h. mit den Axiomen. Wir „empfinden" sie mit dem Herzen; alle weiteren Aussagen aber werden aus diesen mit Hilfe von Beweisen abgeleitet, also innerhalb der Ordnung der Vernunft. Beide, Axiome und bewiesene Aussagen sind sicher, auch wenn sie unterschiedlichen Status haben. Es wäre ebenso unsinnig, so Pascal, von dem Herzen zu verlangen, die Grundaussagen zu beweisen, wie es sinnlos wäre, wenn das Herz von der Vernunft verlangte, alle Behauptungen, die sie beweist, zu „fühlen" (vgl. *Gedanken* [140], 479).

Zusammengefasst: Einerseits vermeide man es, „wenn sie nicht ganz klar und eindeutig sind", Begriffe zu verwenden, ohne sie zuvor zu definieren, und meide Aussagen, ohne sie zu prüfen und zu beweisen. Andererseits verzichte man auf Definitionen von Grundbegriffen, die aus sich heraus klar sind, und auf Beweise von Grundaussagen, die jedermann akzeptiert.

Pascal fügt hinzu, dass einige von ihm erwähnte Grundaussagen selbstverständlich und trivial sind, aber dennoch nicht für allgemein verwendbar gehalten werden könnten, da ihre Anwendung auf die Mathematik begrenzt ist. Sie sind in der Tat einfach, aber wenig bekannt, denn

> „neben den Geometern, die so wenige sind – zerstreut unter den Völkern und in unzählbaren Jahren, finden wir niemanden, der sie kennt." (loc. cit.)

Gerade solche Grundaussagen aber sind Vorbilder und Beispiele für jedes rationale Wissen.

Wir bemerken zum Schluss, dass Pascal das Wissen von der Existenz einer Sache und das Wissen über ihre Natur unterschied – wie im folgenden wichtigen Beispiel. Wir erkennen die Existenz und die Natur der Endlichkeit, „weil wir endlich und ausgedehnt sind wie sie" (vgl. *Gedanken*, 452); wir erfahren die Existenz der Unendlichkeit, denn

> „wir wissen, dass es falsch ist, dass die Reihe der Zahlen endlich ist, also es ist wahr, dass die Unendlichkeit in der Zahl existiert." (*Gedanken*, 451)

Wir begreifen aber ihre Natur nicht, „weil sie ausgedehnt ist wie wir, aber keine Grenzen hat, wie wir sie haben" (loc. cit.).

2.9 Leibniz

Gottfried Wilhelm Leibniz (1646–1716), der in sehr vielen Gebieten überaus kreativ arbeitete und forschte und der als letzter Universalgelehrte gilt, hat Wesentliches sowohl zur Mathematik als auch zur Philosophie der Mathematik beigetragen. Wenn es um die Philosophie der Mathematik geht, muss man zuerst auf zwei seiner Grundgedanken eingehen.

Der erste Gedanke besteht darin, zwischen Vernunftwahrheiten und Tatsachenwahrheiten zu unterscheiden. Leibniz unterschied im Bereich aller Wahrheiten, d. h. wahrer Aussagen auf der einen Seite Vernunftwahrheiten und Tatsachenwahrheiten, auf der anderen Seite Grundwahrheiten und abgeleitete Wahrheiten (vgl. *Neue Abhandlungen über den menschlichen Verstand* [120], Viertes Buch, Kapitel II). Die Grundwahrheiten erhält man aus der Intuition. Sie benötigen keine Begründungen, weil sie in sich, *per se* klar sind. Grundwahrheiten können nicht auf der Basis anderer Wahrheiten bewiesen werden, die sicherer sind als sie selbst. Die abgeleiteten Wahrheiten, die das demonstrative Wissen bilden, sind, so sagt Leibniz, die Wahrheiten, die auf die Grundwahrheiten zurückgeführt werden können – durch „Verknüpfungen der mittelbaren Vorstellungen" (loc.cit.). Denn

> „oft kann der Geist die Vorstellungen nicht miteinander verbinden, vergleichen oder in unmittelbare Beziehung setzen, was ihn nötigt, sich an-

derer vermittelnder Vorstellungen (einer oder mehrerer) zu bedienen, um die Übereinstimmung oder Nichtübereinstimmung, welche gesucht wird, zu entdecken, und dies nennt man eben schliessen" (loc. cit.).

Die Teilung in Vernunftwahrheiten und Tatsachenwahrheiten, also wahre Aussagen über Tatsachen, kann man so charakterisieren: Vernunftwahrheiten sind notwendig, ihre Negationen unmöglich, da sie widersprüchlich wären. Ihre Wahrheit wird von logischen Gesetzen garantiert. Leibniz verweist hier auf das Prinzip der Identität und das Prinzip des Widerspruchs. Tatsachen können Vernunftwahrheiten weder rechtfertigen noch widerlegen – allein die Vernunft bestätigt sie – quasi *a priori*. Vernunftwahrheiten stützen sich nicht auf Tatsachen und sie betreffen auch keine Tatsachen. Sie betreffen den Bereich der Möglichkeit. Sie sind gültig nicht nur in der real existierenden Welt sondern in allen „möglichen Welten" – wie die Gesetze der Logik. Tatsachenwahrheiten sind dagegen zufällig und ihre Verneinungen möglich. Sie stützen sich auf Tatsachen und betreffen die Tatsachen und können so von Tatsachen bestätigt oder widerlegt werden. Sie sind allein in der realen existierenden Welt gültig.

Diese Unterscheidungen bedeuten für Leibniz auf die Mathematik angewendet, dass die mathematischen Axiome und Sätze Vernunftwahrheiten, also in der Konsequenz notwendig und ewig sind. Sie beziehen sich nicht auf Tatsachen. Sie sind gültig in allen „möglichen Welten".

Auf Leibniz geht die Forderung zurück, die Logik als mathematische Disziplin aufzufassen. Das hängt mit seinem zweiten für die Philosophie der Mathematik relevanten Grundgedanken zusammen. Dabei geht es um die Entwicklung eines universellen Logikkalküls. Hier sieht man eine Verwandtschaft mit der Idee einer analytischen und mathematischen Universalwissenschaft bei Descartes. Das breite wissenschaftliche Interesse bei Leibniz kam aus der Sorge um die Strenge und Sicherheit des Wissens und aus einem klaren universellen Rationalismus. Das ist nicht der Rationalismus, wie wir ihn zu Anfang dieses Kapitels erläutert haben. Der Leibnizsche Rationalismus ist eine Position, die eine höchste, göttliche Vernunft (*ratio*) in der Welt, in der besten aller möglichen Welten wirken sieht, nach der alle Dinge harmonisch erschaffen und geordnet sind. Das illustriert der folgende berühmte Ausspruch:

„Dum Deus calculat et cogitationem exercet, fit mundus." (Während Gott rechnet und Gedanken ausführt, entsteht die Welt.)

Hier sehen wir im Hintergrund wieder die göttlichen Zahlen, wie sie uns bei Nikolaus von Kues begegnet waren.

Der universelle Rationalismus einer göttlichen Weltordnung bei Leibniz erklärt seine Idee, dass eine allgemeine logische Sprache möglich sein muss, die in der Lage ist, das vernünftig Geordnete zu beschreiben. „Schon seit seiner Kindheit mit der Logik bekannt hat ihn eine Idee fasziniert, die auf Raimundus Lullus zurückgeht. Es ist die Idee eines ‚Alphabets des menschlichen Denkens‘, dessen ‚Buchstabenkombinationen' alle menschlichen Begriffe mechanisch auf Grundbegriffe zurückführt, mit denen man alle wahren Sätze mechanisch erhält." (Zitat nach [27], S. 314, vgl. [118], Band 7, S. 185) Diese Idee mündete schließlich im Projekt einer universellen und strengen symbolischen Sprache, die Leibniz *characteristica universalis* nannte. Ihre Universalität sollte zweifach sein: Einerseits sollte sie alle Begriffe der Wissenschaft auszudrücken ermöglichen und andererseits der Verständigung der Menschen aller Nationen dienen. Das geplante Zeichensystem sollte die folgenden Bedingungen erfüllen:

(i) Es sollte eine eindeutige und umkehrbare Zuordnung zwischen den Zeichen des Systems und den Gedanken (im weitesten Sinne) bestehen.

(ii) Die Zeichen sollten so ausgewählt sein, dass Gedanken, die eine Zerlegung in Komponenten besitzen, Zerlegungen im Zeichensystem entsprächen.

(iii) Es sollte ein System von Regeln zur Manipulation der Zeichen so entwickelt werden, dass, sofern ein Gedanke M_1 Folgerung eines Gedankens M_2 ist, auch im Zeichensystem das „Bild" von M_1 Folgerung des „Bildes" von M_2 ist.

In Übereinstimmung mit diesen Bedingungen sollten einzelne einfache Begriffe, die den einfachen Eigenschaften entsprechen, durch einzelne graphische Zeichen ausgedrückt werden, und komplexe Begriffe – durch Kombinationen von solchen Zeichen. Grundlegend war dabei die Annahme, dass die Elemente der wissenschaftlichen Sprachen kombinatorisch aus wenigen einfachen Begriffen gewonnen werden können. Die Methode der Konstruktion der Begriffe nannte Leibniz *ars combinatoria*. Sie war Teil einer allgemeineren Rechenmethode, die das Lösen aller Probleme in der universalen Sprache ermöglichen sollte. Leibniz benannte sie unterschiedlich: *mathesis universalis*, *calculus universalis*, *logica mathematica*, *logistica*. Leibniz verband mit der universalen symbolischen Sprache große Hoffnungen. Das zeigt am besten das folgende Zitat:

> „Und wenn dies geschieht [d. h. wenn die Idee der universellen Sprache verwirklicht wird – Anm. der Autoren], werden zwei Philosophen, die in einen Streit geraten sind, nicht anders argumentieren als zwei Rechenmeister. Es genügt, dass sie eine Feder in die Hand nehmen, sich vor ein Täfelchen setzen und zueinander sagen: ‚Calculemus!' (Rechnen wir!)" (Dieses Zitat stammt aus einer Arbeit von Leibniz ohne Titel aus dem Jahr 1684; vgl. [118], Band 7, S. 198–201).

Der Symbolik wies Leibniz eine wichtige Rolle zu. Er berichtete, dass er „alle [seine] Entdeckungen auf dem Gebiet der Mathematik der verbesserten Anwendung der Symbole verdankt und seine Erfindung der Differentialrechnung ein Beispiel dafür war" (vgl. [42], S. 84–85).

Es ist Leibniz nicht gelungen die Idee der *characteristia universalis* zu realisieren. Eine der Ursachen für die Schwierigkeiten war die Tatsache, dass ihm intensionale Interpretationen der logischen Formen, wie wir heute sagen würden (vgl. Abschnitt 5.1), näher lagen als die extensionalen. Das verhinderte eine weitergehende Formalisierung der Logik und ihre Erweiterung zu einer universellen Mathematik. Denn dies bedeutete zwangsläufig, auf viele inhaltliche Bereiche verzichten zu müssen. Eine andere Ursache für Schwierigkeiten war Leibniz' Überzeugung, dass das System von Symbolen notwendig das Resultat einer ausführlichen Analyse des gesamten menschlichen Wissens sein musste, das begrifflich ist. Daher konnte Leibniz das gesuchte System der Grundbegriffe nicht als Konvention auffassen. Aus seinen allgemeinen metaphysischen Konzeptionen folgte die Tendenz, absolut einfache *Begriffe* zu suchen (analog zu den Monaden in seiner Monadologie), deren Kombinationen zu dem ganzen Reichtum der Begriffe führen sollte.

Als eine partielle Realisierung der Leibnizschen Idee der *mathesis universalis* kann man die – 200 Jahre später an der Schwelle zum 20. Jahrhundert entwickelte – mathematische Logik betrachten. Sie ist in der Tat eine nur partielle Realisierung, weil sie vor allem (aber nicht nur) die Sprache der Mathematik betrifft.

2.10 Kant

Immanuel Kant (1724–1804) entwickelte sein philosophisches System einerseits unter dem Einfluss des universellen Rationalismus von Leibniz und der empiristischen Philosophie von Hume, andererseits in einer klaren Opposition zu beiden.

Wie wir oben zeigten, unterschied Leibniz Vernunftwahrheiten und Tatsachenwahrheiten. Axiome und Gesetze der Mathematik ordnete er den Vernunftwahrheiten zu, d. h. solchen Wahrheiten, die notwendig sind, die sich nicht auf konkrete Tatsachen stützen und die in allen „möglichen Welten" gültig sind. Kant schließt an diese Unterscheidung an. Sätze und Aussagen nennt Kant Urteile und unterteilt die Urteile in zwei Klassen:

- Analytische Urteile, das sind analysierende, zergliedernde Aussagen, die mit den Vernunftwahrheiten bei Leibniz vergleichbar sind, und
- synthetische Urteile, d. h. Aussagen, die Begriffe zusammenfügen. Wir werden sehen, dass sie den Tatsachenwahrheiten bei Leibniz entsprechen.

In der *Kritik der reinen Vernunft* [107] charakterisiert er beide Formen von Urteilen folgendermaßen (Einleitung nach Ausgabe B, IV, S. 45):

> „Analytische Urteile (die bejahenden) sind also diejenigen, in welchen die Verknüpfung des Prädikats mit dem Subjekt durch Identität, diejenige aber, in denen diese Verknüpfung ohne Identität gedacht wird, sollen synthetische Urteile heißen. Die ersteren könnte man auch Erläuterungs-, die andern Erweiterungsurteile heißen, weil jene durch das Prädikat nichts zum Begriff des Subjekts hinzutun, sondern diesen nur durch Zergliede-

rung in seine Teilbegriffe zerfallen, die in selbigen schon (obgleich ver-
worren) gedacht waren: dahingegen die letzteren zu dem Begriffe des Sub-
jekts ein Prädikat hinzutun, welches in jenem gar nicht gedacht war, und
durch keine Zergliederung desselben hätte können herausgezogen werden."

Kant hat die Leibnizsche Aufteilung noch erweitert und bei den synthetischen Urteilen wieder zwei Typen unterschieden: empirische Urteile, d. h. Aussagen, die durch
die Erfahrung – *a posteriori* – gewonnen wurden, und nichtempirische Urteile, die unabhängig von Erfahrung und dadurch *a priori* sind. Die synthetischen Urteile *a posteriori* sind von der Erfahrung abhängig in dem Sinne, dass ihre Gültigkeit auf sinnlichen Empfindungen beruht, z. B. „Diese Blume ist rot". Dazu gehören auch Sätze
in der Form von Allgemeinaussagen, die einzelne Sätze über sinnliche Erfahrungen
implizieren, z. B. „Alle Raben sind schwarz".

Die synthetischen Urteile *a priori* unterschied Kant noch einmal in intuitive und
diskursive. Intuitive Urteile sind bei Kant mit den Strukturen der Wahrnehmung verbunden, diskursive dagegen mit der logischen Ordnung durch Allgemeinbegriffe. Ein
Beispiel eines diskursiven synthetischen Satzes *a priori* ist das Kausalprinzip, d. h.
der Satz, der besagt, dass jede Tatsache eine Ursache hat.

Charakteristisch für Kant ist – und das unterscheidet ihn wesentlich von Leibniz –
die Tatsache, dass er alle mathematischen Sätze der reinen Mathematik als intuitive
synthetische Urteile *a priori* auffasst. In den *Prolegomena zu einer jeden künftigen
Metaphysik, die als Wissenschaft wird auftreten können* ([108], § 6) schrieb er über
die reine Mathematik:

„Hier ist nun eine große und bewährte Erkenntniß, die schon jetzt von
bewundernswürdigem Umfange ist und unbegrenzte Ausbreitung auf die
Zukunft verspricht, die durch und durch apodiktische Gewißheit d. i. absolute Notwendigkeit bei sich führt, also auf keinen Erfahrungsgründen
beruht, mithin ein reines Product der Vernunft, überdem aber durch und
durch synthetisch ist."

Und er erläutert im § 7,

„dass alle mathematische Erkenntnis dieses Eigentümliche habe, dass sie
ihren Begriff vorher *in der Anschauung*, und zwar a priori, mithin einer
solchen, die nicht empirisch, sondern reine Anschauung ist, darstellen
müsse, ohne welches Mittel sie nicht einen einzigen Schritt tun kann; daher ihre Urteile jederzeit *intuitiv* sind, anstatt dass Philosophie sich mit
discursiven Urteilen *aus bloßen Begriffen* begnügen und ihre apodiktischen Lehren wohl durch Anschauung erläutern, niemals aber daher ableiten kann."

Die Frage ist, was ist reine Anschauung,

> *„wie ist es möglich, etwas a priori anzuschauen?* [...], wie kann *Anschauung* des Gegenstandes vor dem Gegenstande selbst vorhergehen?"* (loc. cit., § 8)

Die Antwort darauf ist ein Teil der zentralen Wende, die Kants Erkenntnistheorie in der Geschichte der Philosophie bedeutet. Er sieht die Bedinungen der Möglichkeit mathematischer Erkenntnis in den *Formen der reinen Anschauung* Raum und Zeit. Als *Formen* der reinen Anschauung sind Raum und Zeit keine äußeren Gegebenheiten sondern *Formen der menschlichen Sinnlichkeit*, die den Sinneseindrücken vorausgehen und sie ordnen. Der in dieser Weise aufgefasste Raum ist die Grundlage der Geometrie und die reine Anschauung der Zeit die Grundlage des Zahlbegriffs und der Arithmetik. (Den „apodiktischen Lehren" der Philosophie liegt dagegen die apriorische Struktur des Verstandes zugrunde, die durch die *Kategorien des Verstandes* gegeben ist). In den reinen Formen der Anschauung Raum und Zeit „construirt" die Mathematik alle ihre Begriffe „in concreto" und damit *a priori* (*Prolegomena*, § 7). Mathematische Erkenntnis ist dadurch *a priori* sowie „apodiktisch und notwendig" (§ 10), dass „*sie nämlich nichts Anderes enthält, als die Form der Sinnlichkeit, die in meinem Subject vor allen wirklichen Eindrücken vorhergeht, dadurch ich von Gegenständen afficirt werde*" (*Prolegomena*, § 9).

Zitieren wir dazu noch einmal die *Prolegomena* (§ 10):

> „Nun sind Raum und Zeit diejenigen Anschauungen, welche die reine Mathematik allen ihren Erkenntnissen und Urteilen, die zugleich als apodiktisch und notwendig auftreten, zum Grunde legt; denn Mathematik muss alle ihre Begriffe zuerst in der Anschauung, und reine Mathematik in der reinen Anschauung darstellen, d. i. sie konstruieren, ohne welche, (weil sie nicht analytisch, nämlich durch Zergliederung der Begriffe, sondern synthetisch verfahren kann,) es ihr unmöglich ist, einen Schritt zu tun, so lange ihr nämlich reine Anschauung fehlt, in der allein der Stoff zu synthetischen Urteilen a priori gegeben werden kann. Geometrie legt die reine Anschauung des Raums zum Grunde. Arithmetik bringt selbst ihre Zahlbegriffe durch successive Hinzusetzung der Einheiten in der Zeit zu Stande, vornehmlich aber reine Mechanik kann ihre Begriffe von Bewegung nur vermittelst der Vorstellung der Zeit zu Stande bringen."

Inwiefern sind mathematische Sätze „Erweiterungsurteile", d. h. synthetisch und warum können wir sie als den „Tatsachenwahrheiten" bei Leibniz entsprechend ansehen? Das müssen wir noch klären.

Synthesis, das Vermögen der Zusammenfügung, ist eine „Wirkung der Einbildungskraft", der wir uns selten bewusst sind (*Kritik der reinen Vernunft*, B 103). In der Bildung der Erkenntnis, speziell der mathematischen Erkenntnis, geht „das Mannigfaltige der reinen Anschauung" der „reinen *Synthesis*" (B 104) voraus, die auf „der synthetischen Einheit a priori" beruht. Als Beispiel führt Kant das Zählen und die Zahlbegriffe an, unter denen er die einzelnen Zahlen versteht und die zur Kategorie der Quantität in der Tafel der Verstandeskategorien (B 106) gehören. Allein die Synthesis des Mannigfaltigen ist für Kant noch keine Erkenntnis. Erst die Zahlbegriffe, die „dieser reinen Synthesis *Einheit* geben", „tun das dritte zum Erkenntnisse eines vorkommenden Gegenstandes". Wenn wir auf die heutige mengentheoretische Mathematik schauen, so vertritt der Mengenbegriff, wie ihn Cantor so treffend beschreibt, die reine Synthesis des Mannigfaltigen, während die Kardinalzahlen, finit oder transfinit, den Zahlbegriffen entsprechen, die die reine Synthesis zur Erkenntnis vervollständigen.

Exemplarisch für das Synthetische an den mathematischen Aussagen sind die elementaren arithmetischen Sätze wie $7 + 5 = 12$. Für Kant ist dies ein Beispiel eines „Erweiterungsurteils", in dem die Begriffe „7" und „5" zusammenkommen und zum Begriff „12", der in beiden nicht enthalten war, erweitert werden.

Dieses sind Erkenntnisse in „concreto", wie wir oben schon zitiert haben. Sie haben *a priori* „objektive Gültigkeit" (*Kritik der reinen Vernunft*, A XVI). Es sind „Tatsachenwahrheiten" in ganz neuem Sinne. Denn „Tatsachen" sind für Kant die reinen Formen der Anschauung, das Mannigfaltige in ihnen, die Synthesis dieses Mannigfaltigen und damit schließlich die Erkenntnis durch – in unserem Beispiel – Zahlbegriffe. Kant hat, und das ist seine epochale Tat, die (vormals transzendenten) Grundlagen der Erkenntnis, speziell der mathematischen Erkenntnis in das (transzendentale) Subjekt des Erkennens, in den Menschen gelegt.

Wir fassen zusammen, was sich hier Charakteristisches speziell über die Zahlen sagen lässt. Zahlen sind nach Kant apriorische Teilstrukturen des Verstandes:

> *Zahl ist das „reine Schema" des Verstandesbegriffs der Quantität, d. h. die Vorstellung, „die die sukzessive Addition von Einem zu Einem (gleichartigen) zusammenbefasst."* ([107], A, S. 142, 143)

Im Sukzessiven zeigt sich die Bindung der Zahlen an die reine Anschauungsform der Zeit. Die Leistung des kognitiven Schemas „Zahl" ist „die Synthesis des Mannigfaltigen einer gleichartigen Anschauung". Grundsätzlich gilt:

> *Arithmetische Sätze sind synthetische Urteile a priori.*

Es scheint so, als wenn Kant durch die Festlegung der Mathematik auf die reinen Formen der Anschauung Raum und Zeit Grenzen der Mathematik festgelegt und den schon damals vorhandenen Reichtum mathematischen Wissens nicht erfasst hätte. Dies ist, so meinen wir, ein Missverständnis.

Es sieht in der Tat so aus, als wenn eine Beschreibung des Raumes und der Zeit als reine Formen als Bedingungen der Möglichkeit von Erkenntnis die Behauptungen enthielte, dass Raum nur dreidimensional sein könnte und Zeit eindimensional und

gerichtet. Kant aber hat niemals behauptet, dass die Struktur von Zeit und Raum damit
vollständig beschrieben sei. Ganz im Gegenteil, er setzt bei allem die Aktivität des
Verstandes voraus. Der Verstand bildet Begriffe, speziell mathematische Begriffe in
dem Sinne, dass er über verbale Definitionen hinausgehend entsprechende Objekte
a priori schafft.

Kant unterscheidet deutlich zwischen der Konstruktion eines Objektes und dem
Postulat seiner Existenz. Man kann, z. B. sicherlich keine fünf-dimensionale Sphäre
konstruieren, aber man kann ihre Existenz postulieren. Gerade diese Unterscheidung
der Voraussetzung der Existenz eines mathematischen Objektes, wofür nur innere
Konsistenz nötig ist, und seiner Konstruktion, die eine bestimmte Struktur des An-
schauungsraumes voraussetzt, ist wichtig, um die Kantischen Philosophie nicht miss-
zuverstehen. Kant hat z. B. nie behauptet, dass es nicht möglich wäre, eine konsistente
Geometrie anzugeben, die nicht-euklidisch wäre. Die verbreitete Meinung, dass die
Entdeckung der nicht-euklidischen Geometrien durch Gauß, Bolyai und Lobatschewski die Kantische Philosophie der Mathematik widerlegt hätte, ist missverständlich
wenn nicht falsch.

Die Kantische Konzeption des Wesens der Mathematik erlaubt ihm auch, das Verhältnis zwischen reiner und angewandter Mathematik zu klären. Wie oben beschrieben sind für Kant die Gesetze der reinen Mathematik synthetische Sätze *a priori*. Sie
sind objektiv gültig. Die Sätze der angewandten Mathematik sind dagegen entweder
synthetische Sätze *a posteriori* (wenn sie empirische Inhalte haben) oder synthetische Sätze *a priori* (wenn sie die reinen Formen Zeit und Raum betreffen). Die reine
Mathematik handelt über Zeit und Raum unabhängig von empirischen Voraussetzungen, die angewandte Mathematik ist bezogen auf empirische Tatbestände in Zeit und
Raum. Warum aber eignen sich die Gesetze der reinen Mathematik für die Beschreibung der empirischen Realität? Kant antwortet auf diese Frage in den *Prolegomena*
(Teil I, Anmerkung I) so:

> „Wenn aber dieses Bild, oder vielmehr diese formale Anschauung die we-
> sentliche Eigenschaft unserer Sinnlichkeit ist, vermittelst deren uns allein
> Gegenstände gegeben werden, diese Sinnlichkeit aber nicht Dinge an sich
> selbst, sondern nur ihre Erscheinungen vorstellt, so ist ganz leicht zu be-
> greifen und zugleich unwidersprechlich bewiesen: dass alle äußeren Ge-
> genstände unserer Sinnenwelt notwendig mit den Sätzen der Geometrie
> nach aller Pünktlichkeit übereinstimmen müssen, weil die Sinnlichkeit
> durch ihre Form äußerer Anschauung (den Raum), womit sich die Geome-
> trie beschäftigt, jene Gegenstände, als bloße Erscheinungen selbst allererst
> möglich macht. [. . .], und da der Raum, wie ihn sich der Geometer denkt,
> ganz genau die Form der sinnlichen Anschauung ist, die wir *a priori* in
> uns finden und die den Grund der Möglichkeit aller äußeren Erscheinun-
> gen (ihrer Form nach) enthält, diese notwendig und auf das präziseste mit
> den Sätzen des Geometers, die er aus keinem erdichteten Begriff, sondern

aus der subjectiven Grundlage aller äußeren Erscheinungen, nämlich der
Sinnlichkeit selbst zieht, zusammen stimmen müssen. [...] Ganz anders
würde es sein, wenn die Sinne die Objekte vorstellen müssten, wie sie an
sich selbst sind.“

Der letzte Satz zeigt die Reichweite der Anwendung, die allein und ausdrücklich
auf die Erscheinungen der Dinge bezogen ist. Dies ist ein weiteres Charakteristikum
der „kritischen“ Erkenntnistheorie Kants, die über Vorstellungen und Erscheinungen
handelt und nicht bis zu den *Dingen an sich*, nicht bis zur Wirklichkeit vordringt.

Wir kommen schließlich zum Problem der Unendlichkeit, das wesentlich für die
Mathematik und damit für die Philosophie der Mathematik ist. Kant unterscheidet
hier – wie Aristoteles es schon tat – potentielle und aktuale Unendlichkeit. Er behauptete aber nicht wie Aristoteles, dass die aktuale Unendlichkeit nicht denkbar ist. Nach
Kant ist sie eine Idee der Vernunft, d. h. sie ist ein Begriff, der in sich widerspruchsfrei
ist, der aber die empirische Erfahrung nicht betrifft, weil seine Realisierungen weder
beobachtet (empfunden) noch konstruiert werden können. Man kann z. B. die Zahl 7
realisieren und diese Realisierung mit den Sinnen wahrnehmen, man kann sogar die
Zahl $10^{10^{10}}$ konstruieren, auch wenn man nicht im Stande ist, eine so große Menge
von Objekten herzustellen oder sinnlich wahrzunehmen. Aber Unendliches kann man
mit Sicherheit weder wahrnehmen noch konstruieren.

2.11   Mill und empiristische Konzeptionen

Die empiristische Philosophie erlebte am Anfang des 19. Jahrhunderts speziell in
England und Frankreich eine zweite Blüte. Der sogenannte *Positivismus* dieser Zeit
knüpfte an Locke (1632–1704) und Hume (1711–1776) an. Die Positivisten sahen in
den „positiven Tatsachen“ das Fundament der Philosophie. Die Ursache der Begriffe
sahen sie in den konstanten Erscheinungen und in deren wiederkehrenden Aufeinan-
derfolgen den Ursprung der Gesetze. Die Frage nach dem Wesen der Begriffe und
philosophischen Gegenstände überhaupt und die Suche nach ersten und wahren Ursachen taten sie als „metaphysisch“ ab. Einer der wichtigsten Repräsentanten dieser
Strömung war John Stuart Mill (1806–1873).

Mill entwickelte vor allem eine methodologische Version des Empirismus. Er begründete seine Konzeption, in dem er sich auf eine psychologische Logik in einem
weiten Sinne stützte. Eine Konsequenz seiner Auffassungen war die Verbindung des
Empirismus mit dem Nominalismus – nach dem Begriffe subjektive Gebilde sind und
außerhalb des Denkens keine Entsprechung haben. Mill suchte in der Psychologie,
d. h. in der Erforschung der „positiven Tatsachen“ des Bewusstseins die Grundlage
seiner Erkenntnistheorie. Gegenstand waren die Empfindungen und die Verbindungen der Empfindungen. Aufgabe der *Logik* war es, die konstanten von den flüchtigen

Empfindungen, die zufälligen Verbindungen der Empfindungen von den konstanten zu unterscheiden.

Zu den wichtigsten Leistungen von Mill in der Logik und der Methodologie gehört sicherlich seine Theorie der eliminativen, d. h. nebensächliche Eigenschaften ausgrenzenden Induktion und induktive Erkenntnisgewinnung. Er betrachtete sie als die alleinige Basis jedes erkenntnismäßigen Wissens. Er beschrieb die Prinzipien der Induktion systematisch. Dieses System ist noch heute ein wichtiges Instrument in den empirischen Wissenschaften, das u. a. die Methode der Übereinstimmung, die Methode des Unterschieds, die Methode der Residuen und die Methode der gleichzeitigen Änderungen beschreibt.

Das Hauptwerk Mills in der Logik und der Methodologie ist *A System of Logic, Ratiocinative and Inductive. Being a Connected View of the Principles of Evidence and the Methods of Scientific Investigation* ([125], 1843). Dieses Werk war konzipiert als „Lehrbuch der Doktrin, die jedes Wissen aus dem Experiment gewinnt". Wir bemerken, dass Mill empiristisch-induktive Extreme vermied und dass neben der Induktion auch die Deduktion in seiner Logik und Methodologie ihre Bedeutung hatte. Das Bestreben, empiristische Dogmatik zu vermeiden, ermöglichte es ihm, unterschiedliche empiristische Konzepte zusammenzuführen. Das hat zu einer Annäherung der empiristischen Denkweisen des 18. und 19. Jahrhunderts insbesondere der naturalistischen Positionen des 18. Jahrhunderts und der historischen Positionen des 19. Jahrhunderts beigetragen.

Die empiristischen Positionen Mills fanden ihren Ausdruck auch in seiner Philosophie der Mathematik. Seine Grundüberzeugung war, dass die Quelle der Mathematik die empirische Wirklichkeit ist. Die mathematischen Begriffe werden von Objekten der uns umgebenden Realität, die durch die Sinne erfasst werden, in einer Art Abstraktion gewonnen: Einige Eigenschaften der realen Objekte werden in den Empfindungen unterdrückt, andere Eigenschaften zugleich hervorgehoben, verallgemeinert und idealisiert. Im *System of Logic* schrieb Mill (II.V, § 1):

> „Die Punkte, Linien, Kreise und Quadrate, die jemand in seinem Bewußtsein hat, sind (denke ich) bloß Abbilder der Punkte, Linien, Kreise und Quadrate, die er in seiner Erfahrung kennen gelernt hat. Unsere Vorstellung von einem Punkt ist, denke ich, einfach unsere Vorstellung von einem minimum visibile, dem kleinsten Teil einer Fläche, den wir sehen können. Eine Linie, wie sie in der Geometrie definiert wird, ist ganz undenkbar. Wir können über eine Linie sprechen, als wenn sie keine Breite hätte, weil wir eine Fähigkeit besitzen, welche die Grundbedingung der Herrschaft ist, die wir über unsere Geistestätigkeiten ausüben: die Fähigkeit nämlich, wenn eine Anschauung unseren Sinnen oder eine Vorstellung unserem Geist gegenwärtig ist, nur einen *Teil* dieser Anschauung oder Vorstellung statt des Ganzen zu *beachten*."

Und er fügt hinzu:

> „Allein wir können uns nicht eine Linie ohne Breite *vorstellen*, wir können uns kein geistiges Bild von einer solchen Linie entwerfen; alle Linien, die wir in unserem Bewußtsein haben, sind Linien, welche Breite besitzen. Wenn jemand daran zweifelt, so können wir ihn nur auf seine eigene Erfahrung verweisen. Schwerlich glaubt jemand, der sich einbildet, er könne sich das vorstellen, was man eine mathematische Linie nennt, dies auf Grund seines eigenen Bewußtseins; er glaubt dies, wie ich vermute, vielmehr darum, weil er annimmt, die Mathematik könne ohne die Möglichkeit einer solchen Vorstellung nicht als Wissenschaft bestehen, – eine Annahme, deren völlige Grundlosigkeit darzutun nicht schwer halten wird."

Zahlen waren für Mill Anzahlen. Basis sind die realen Mengen, die aus Einheiten sukzessiv zusammengesetzt empfunden werden. Diese Empfindungen sind der Ausgangspunkt für die Abstraktion zu den Zahlen. Mills Auffassung der Zahlen fassen wir kurz so zusammen:

Zahlen haben ihren Ursprung in der Realität. Zahlen sind das Resultat sukzessiv wiederkehrender Empfindungen.

Arithmetische Aussagen folgten nicht aus den Definitionen der Zahlen, sondern beruhten auf beobachteten Tatsachen.

Aus solchen Überlegungen ergibt sich notwendig die nächste These Mills, die behauptet, dass die Lehrsätze der Mathematik keine notwendigen und sicheren Wahrheiten sind. Ihre Notwendigkeit kann vielmehr darauf reduziert werden, dass sie korrekt aus Voraussetzungen folgen, aus denen wir sie deduktiv schließen. Die Voraussetzungen selbst aber sind weit von Notwendigkeit und Sicherheit entfernt. Sie sind tatsächlich nur Hypothesen und können völlig beliebige Sätze sein. Die Notwendigkeit und Sicherheit in der Mathematik liegt also allein in den Beziehungen zwischen den Sätzen und nicht in den Sätzen selbst. Die Lehrsätze der Mathematik sind notwendig und sicher nur in dem Maße, wie diese Eigenschaften den Ausgangsaxiomen zugeschrieben werden können. Letztere aber können beliebige Hypothesen sein. Mehr noch, so Mill, in der Praxis sind sie oft schlicht falsch, weil sie nur Idealisierungen und Verallgemeinerungen der wirklichen Beziehungen sind. Im *System of Logic* schreibt Mill (II.V, § 1):

> „Wenn man [. . .] behauptet, dass die Lehren der Geometrie notwendige Wahrheiten sind, so besteht die Notwendigkeit in Wirklichkeit nur darin, dass sie aus den Annahmen, aus denen man sie herleitet, notwendig folgen. Jene Annahmen sind aber so weit davon entfernt, notwendig zu sein, dass sie nicht einmal wahr sind; sie weichen mit Absicht mehr oder

weniger weit von der Wahrheit ab. Der einzige Sinn, in welchem man den
Ergebnissen irgendeiner wissenschaftlichen Forschung Notwendigkeit zuschreiben kann, ist der, dass sie notwendig aus irgendeiner Annahme folgen, die man nach den Voraussetzungen der Untersuchung nicht weiter in
Frage stellt. In diesem Verhältnis müssen natürlich die abgeleiteten Wahrheiten jeder deduktiven Wissenschaft zu den Induktionen oder Annahmen
stehen, auf denen die Wissenschaft beruht und die, sie mögen an sich wahr
oder unwahr, gewiss oder zweifelhaft sein, für die Zwecke der bestimmten
Wissenschaft immer als wahr angenommen werden. Und darum nannten
die Alten die Lehren aller deduktiven Wissenschaften notwendige Wahrheiten."

Wir erinnern uns im Zusammenhang mit diesen Ansichten Mills an Aristoteles, der
ganz ähnliche Thesen aufstellte.

Elemente des Positivismus finden wir in der marxistischen Erkenntnistheorie wieder. Die Begründer des Marxismus beschäftigten sich nicht systematisch mit der Philosophie der Mathematik. In ihren Werken findet man aber verschiedene Gedanken,
die eine Basis und ein Ausgangspunkt für Versuche waren, das Phänomen der Mathematik innerhalb des dialektischen Materialismus zu erklären.

Karl Marx (1818–1883) hatte Interesse an der Mathematik und kannte z. B. den
Differential- und Integralkalkül. Die nach seinem Tode veröffentlichte Sammlung *Mathematische Manuskripte* erhalten einige Bemerkungen über das Differential. Friedrich Engels (1820–1895) hatte unter dem Einfluss von Marx ebenfalls Interesse für
die Mathematik entwickelt. Er machte einige Bemerkungen über sie vor allem in seinem sogenannten *Anti-Düring* und in der *Dialektik der Natur*. Im *Anti-Düring* ([59])
schrieb er z. B., dass der Gegenstand der reinen Mathematik die Raumformen und die
quantitativen Beziehungen der realen Welt sind.

Über die natürlichen Zahlen sprach Engels so:

> *„Die Begriffe von Zahl und Figur sind nirgend anders hergekommen, als*
> *aus der wirklichen Welt. Die zehn Finger an denen die Menschen zählen,*
> *also die erste arithmetische Operation vollziehn gelernt haben, sind alles*
> *Andre, nur nicht freie Schöpfung des Verstandes."* ([59], Kap. III, S. 20)

Das Zitat sieht fast aus wie eine Polemik gegen die „bürgerlichen" Auffassungen
Cantors und Dedekinds – zu denen wir gleich kommen, die ihre Ansichten aber etwas
später formulierten.

In der *Dialektik der Natur* ([60]) äußert Engels die Meinung, dass die Unendlichkeit, der Begriff des Unendlichen der Natur entnommen ist und allein aus der Natur,
aus der Wirklichkeit heraus und nicht als mathematische Abstraktion erklärt werden
kann. Andere Äußerungen, z. B. über die negativen Zahlen oder über komplexe Zahlen zeigen, dass er keine feste Ansicht über den Gegenstand der Mathematik hatte.

Vladimir I. Lenin (1870–1924) äußerte sich über die Mathematik nur andeutungsweise. Man kann aber in seinen Werken die These finden, dass Mathematik – so wie
andere Wissenschaften – einen Sozial- und Klassencharakter hat. Er sah die Genese
der Axiome der Logik in der sprachlichen Praxis und führte sie zurück auf die Tatsache, dass man sie ständig verwendet. Für ihn spiegeln die Axiome der Logik und der
Mathematik die Regelmäßigkeiten und Wiederholungen in der Natur wider.

Die Entwicklung der Mathematik und insbesondere die Bildung immer abstrakterer
und anwendungsferner Begriffe haben die dialektischen Materialisten später gezwungen, die Ansichten der marxistischen Klassiker zu revidieren. Die materialistischen
Ansichten über die Mathematik sind heute nicht homogen. Einig ist man sich weiterhin in der These, dass die Mathematik aus den praktischen Bedürfnissen der Menschen entstanden ist, dass ihre Begriffe nicht angeboren sind, sondern sich in dem Prozess der Erschließung der Natur durch den Menschen entwickelten. Die Gegenstände
der Mathematik sind also – ihrem Wesen nach – aus der objektiven Wirklichkeit der
materiellen Welt abgeleitet. Diese Abhängigkeit kann unterschiedliche Formen annehmen und unterschiedlichen Charakter haben.

Die mathematischen Begriffe entstehen in einem Prozess der Idealisierung und der
Abstraktion aus der materiellen Wirklichkeit, die uns umgibt. Das erklärt, warum die
mathematischen Aussagen zur Beschreibung der sinnlich wahrnehmbaren Welt herangezogen werden können. In der Mathematik findet man verschiedene Arten der
Abstraktion, z. B. die Abstraktion durch Verallgemeinerung, die Abstraktion der potentiellen Verwirklichung und die Abstraktion des aktual Unendlichen. Mit dem ersten
Typ hat man zu tun, wenn man individuelle Objekte identifiziert, die eine gemeinsame Eigenschaft haben. Die Abstraktion der potentiellen Verwirklichung besteht darin,
dass man sich von den realen Begrenzungen der menschlichen Konstruktionsmöglich-
keiten löst und sie überschreitet – diese Abstraktion führt z. B. zum Begriff der potentiellen Unendlichkeit. Der dritte Typ der Abstraktion – durch die Abstraktion von der
Zeit – führt zu dem Begriff des aktual Unendlichen, der sehr wichtig in der neueren
Mathematik ist. Die verschiedenen Methoden der Idealisierung und Abstraktion sind
miteinander verbunden und ergänzen sich gegenseitig.

Die angemessene Methode, die sich in der Mathematik entwickelt und durchgesetzt
hat, ist die axiomatische Methode. Sie sichert nicht nur die logische Klarheit sondern
auch die Möglichkeit, unbekannte – aber mögliche – Objekte, ihre Eigenschaften und
möglichen Beziehungen untereinander zu beschreiben.

Die Begriffe der Mathematik aber sind nicht freie und beliebige Erzeugnisse des
menschlichen Verstandes. Sie sind vielmehr der Wirklichkeit entnommen. Der Mathematiker entdeckt in der materiellen Welt Beziehungen und gibt ihnen Ausdruck.
Die Gegenstände der Mathematik sind also den Gegenständen der Naturwissenschaften vergleichbar. Es gibt im Prinzip keine Trennung zwischen a priorischen und a
posteriorischen Wahrheiten. Der formale Charakter der Mathematik genügt nicht, um
das Wesen der Mathematik zu erklären. Relevant ist in erster Linie ihr Inhalt.

Das Kriterium der Wahrheit des mathematischen Wissens ist, so ist die marxistische Auffassung, die gesellschaftliche Praxis – im weitesten Sinn. Das Wesen der Mathematik lässt sich nicht durch philosophische Untersuchungen allein aufklären. Notwendig ist zusätzlich die historische, psychologische und soziologische Reflexion der Mathematik.

Wir bemerken schließlich, dass man in den Konstruktivismus – speziell in die sowjetische Schule des Konstruktivsmus (s. u.) – die Hoffnung setzte, die Mathematik in den Materialismus und den Empirismus integrieren zu können.

2.12   Bolzano

Bernard Bolzano (1781–1848) war Theologe, Mathematiker und Philosoph in Prag. Sein großes philosophisches Werk *Wissenschaftslehre* [22] erschien im Jahre 1837. Hier finden wir auch Gedanken zur Logik, die sich auf die Untersuchung speziell strukturierter Sätze beschränkten. Wichtig war die klare Trennung logischer und psychologischer Elemente. Er schied scharf den psychologischen Vorgang von den logischen Inhalten in den Urteilen, um deren formale Beziehungen allein es in der Logik geht. Wir bemerken, dass die Auffassungen Bolzanos den Konzepten der mathematischen Logik sehr nahe kamen, die um die Wende des 19. zum 20. Jahrhundert entstehen wird.

Mathematisch war Bolzano vor allem in der Analysis wissenschaftlich aktiv. Er war Autor der ersten „reinen", d. h. einer nicht auf geometrischen Intuitionen beruhenden Definition der Stetigkeit einer Funktion. Noch vor Cauchy hat er den Begriff der Konvergenz einer Reihe eingeführt, dreißig Jahre vor Weierstraß hat er ein Beispiel einer stetigen aber in keinem Punkt differenzierbaren Funktion angegeben. Er war auch der Autor einer Reihe wichtiger Sätze der Analysis. Wir unterstreichen, dass Bolzano in allen seinen Arbeiten in der Analysis als Fürsprecher der sogenannten „Arithmetisierung" der Analysis auftritt. Er hat sich mit den in der Analysis herrschenden geometrischen Intuitionen nicht zufriedengegeben. Seine Absicht war es, die Theorie der reellen Zahlen, das Fundament der Analysis, aus der Arithmetik der natürlichen Zahlen aufzubauen. Diese seine Intention hat ihre volle Darstellung dann gegen Ende des 19. Jahrhunderts in den Werken von K. Weierstraß und R. Dedekind gefunden. Sie beförderte auch die Entstehung einer der Richtungen in der modernen Philosophie der Mathematik, nämlich des Logizismus. Wir bemerken zudem, dass seit und durch Bolzano die Einführung eines Begriffes in der Mathematik als legitim angesehen wird, wenn es nur gelingt zu zeigen, dass er „möglich" ist, ohne unbedingt konstruierbar zu sein. Obwohl Mathematik damals betrachtet wurde als eine Wissenschaft, die von Größen und Quantität handelt, charakterisierte Bolzano die Mathematik schon als abstrakt. Er schrieb, dass sie „eine Wissenschaft ist, die allgemeine Gesetze untersucht, die die Existenz der Gegenstände regulieren" ([23], § 13). Es sei nicht die Aufgabe der Mathematik, die aktuale Existenz der mathematischen Objekte nachzuweisen. Dies sei Aufgabe der Metaphysik.

Der wesentliche Punkt aber, dass wir hier über Bolzano berichten, ist ein anderer. Er liegt in seinen Überlegungen über das Unendliche, die wir vor allem in seinem nach seinem Tode veröffentlichten Werk *Paradoxien des Unendlichen* ([23], 1851) finden.

Bolzano behauptet dort: „Die meisten paradoxen Behauptungen, denen wir auf dem Gebiete der Mathematik begegnen, sind Sätze, die den Begriff des Unendlichen entweder unmittelbar enthalten oder doch bei ihrer versuchten Beweisführung in irgendeiner Weise sich auf ihn stützen" (*Paradoxien*, § 1). Daher ist es notwendig, diesen Begriff genau zu untersuchen.

In den *Paradoxien des Unendlichen* betrachtet Bolzano unendliche Vielheiten (heute würden wir sagen: Mengen), aber auch unendlich große und unendlich kleine Größen. Er definiert eine unendliche Vielheit als

> „eine Vielheit, die größer ist als jede endliche, d. h. eine Vielheit, die so beschaffen ist, dass jede endliche Menge nur ein Teil von ihr darstellt."
> (*Paradoxien*, § 9)

Beispiel:

> „Die Menge aller Zahlen zeigt sich sofort als ein nicht zu bestreitendes Beispiel einer unendlich großen Größe. Als eine Größe, sage ich; freilich aber nicht als Beispiel einer unendlich großen Zahl; denn eine Zahl ist diese unendlich große Vielheit allerdings nicht zu nennen [...]."
> (*Paradoxien*, § 16)

Bolzano spricht hier ausdrücklich zwar nicht von Zahl, aber von Größe und bereitet damit vor, was Cantor tun wird, wenn er über transfinite Zahlen sprechen wird.

Mit einer unendlich großen Größe hat man zu tun dann, wenn diese Größe größer ist als die Summe jeder Anzahl von den Größen, die als Einheiten angenommen wurden. Mit einer unendlich kleinen Größe dagegen hat man zu tun, wenn jedes Vielfache dieser Größe kleiner ist als die Einheit.

Seinen mathematischen Begriff des Unendlichen stellt Bolzano dem Begriff der Unendlichkeit der Philosophen gegenüber, z. B. der Unendlichkeit bei Hegel, der behauptete – so Bolzano, dass das mathematische Unendliche nur „das schlechte Unendliche" ist, und dass die Philosophen ein anderes kennen, „ein viel höheres, das wahre, das *qualitative Unendliche* [...], welches sie namentlich in Gott und überhaupt im Absoluten nur finden" (*Paradoxien*, § 11). Das Problem Hegels besteht hier – nach Bolzanos Ansicht – in der Annahme, die viele Philosophen, aber auch einige Mathematiker machen, dass die mathematische Unendlichkeit nur potentiell ist, d. h. nur als veränderliche Größe besteht, die unbegrenzt wachsen kann. Die wahre mathematische Unendlichkeit aber, so Bolzano, sei nicht veränderlich. Er bekennt sich hier also zur *aktualen* Unendlichkeit. Mehr noch, er versucht ihre Existenz zu beweisen. Ein Beispiel einer aktual unendlichen Menge soll „die Menge der Sätze und Wahrheiten an sich" sein (*Paradoxien*, § 13). Um die Existenz ihrer aktualen Unendlichkeit beweisen zu können, braucht Bolzano eine zusätzliche Voraussetzung. Er setzt die Existenz Gottes voraus, dem er „eine Erkenntniskraft, die wahre Allwissenheit ist, also eine unendliche Menge von Wahrheiten, alle überhaupt, umfaßt" zuschreibt (*Paradoxien*, § 11). Das gegebene Beispiel der unendlichen Menge ist existent, nämlich in Gott, d. h. diese Menge hat die Eigenschaft der aktualen Unendlichkeit. Wir finden hier bei Bolzano eine spezifische Verbindung des mathematischen aktualen Unendlichen mit Voraussetzungen theologischer Art.

Bolzano spricht über eine, wie er meint, paradoxe Eigenschaft unendlicher Vielheiten, die darin besteht, dass

> „zwei Mengen, die beide unendlich sind, [. . .] in einem solchen Verhältnisse zueinander stehen" können, „dass es *einerseits* möglich ist, jedes der einen Menge gehörige Ding mit einem der anderen zu einem Paare zu verbinden mit dem Erfolge, dass kein einziges Ding in beiden Mengen ohne Verbindung zu einem Paare bleibt, und auch kein einziges in zwei oder mehreren Paaren vorkommt; und dabei ist es doch *andererseits* möglich, dass die eine dieser Mengen die andere als einen bloßen Teil in sich faßt [. . .]." (*Paradoxien*, § 20)

Wir erinnern uns, dass über dieses Phänomen schon z. B. Proklos sprach, der im 5. Jahrhundert n. Chr. lebte (s. Abschnitt 2.5). Daraus hatte dieser den Schluss gezogen, dass die potentielle Unendlichkeit akzeptiert, die aktuale Unendlichkeit aber abgelehnt werden sollte, um auf diese Weise die Paradoxie zu vermeiden. Bolzano tut etwas anderes. Er sagt, dass diese Paradoxie gerade *die* Eigenschaft ist, die endliche und unendliche Mengen unterscheidet. – Wenige Jahrzehnte später wird Dedekind (s. Abschnitt 2.15) gerade diese, vom intuitiven Standpunkt paradoxe Eigenschaft verwenden, um den Begriff der unendlichen Menge streng zu definieren.

2.13 Gauß

Mit Carl Friedrich Gauß (1777–1855) erreicht die Geschichte der Mathematik die Schwelle zur modernen Mathematik. Gauß ist es, der durch seine vielfältigen mathematischen Arbeiten beginnt, das mathematische Denken zu verändern und – zunächst unbemerkt – seine traditionell philosophischen Bindungen zu lösen. Dies geschieht in einer Epoche, die durch die Kantischen Philosophie geprägt ist, die arithmetische und geometrische Grundbegriffe in die Grundlagen ihrer Erkenntnistheorie aufnimmt. Diese Grundbegriffe werden dadurch in neuer Weise ontologisch festgelegt. Am deutlichsten geschieht dies in der apriorischen Form der reinen Anschauung des Raumes, der traditionell euklidischen Charakter hat. Gauß ist der Erste, dem es gelingt, Nicht-Euklidisches zu denken, d. h. mathematisch neben der euklidischen Darstellung der Geometrie nicht-euklidische Vorstellungen zuzulassen, die den geometrischen Axiomen ohne das Parallelenaxiom entsprechen. Gauß befreit die Geometrie so ein Stück aus ontologischen Fesseln und stellt als erster den ontologischen Charakter der euklidischen Axiome in Frage. – Man bemerke, dass weder Kant die räumliche Anschauung mathematisch noch Gauß nicht-euklidische Geometrie erkenntnistheoretisch meinte. Gauß aber sieht und kritisiert (in [74], Bd. II, Selbstanzeige seiner Abhandlung über biquadratische Reste, Anmerkung, S. 170) den Konflikt zwischen der reinen Form der Anschauung bei Kant und der „reellen Bedeutung" des Raumes „unabhängig von unserer Anschauungsart".

Gauß' Zahlauffassung dagegen scheint fest in der Tradition zu stehen, die im Buch V der *Elemente* des Euklid beginnt und den geometrischen Größenbegriff vor die Zahlen gesetzt hat.

Es sind die „extensiven Größen", sagt Gauß, die der „Gegenstand der Mathematik" sind, zu denen „der Raum oder die geometrischen Größen, welche Linien, Flächen, Körper und Winkel unter sich begreifen, die Zeit, die Zahl" gehören. Er erläutert, dass der „eigentliche Gegenstand der Mathematik die Relationen der Größen" sind ([74], Bd. X, *Zur Metaphysik der Mathematik*, S. 57–59). Zahlen sind für Gauß Abstraktionen von Verhältnissen von Größen:

> „Zahlen" zeigen an, „wie viele male man sich die unmittelbar gegebene Größe wiederholt vorstellen müsse."

Es wird berichtet, dass Gauß in seinen letzten Lebensjahren diese frühen Auffassungen (aus den ersten Jahren des 19. Jahrhunderts oder früher) bestätigt hat ([195], S. 155). Gauß bemerkt allerdings schon damals, dass immer mehr „der arithmetischen Darstellungsart so sehr der Vorzug vor der geometrischen" gegeben wurde. Den Grund erkennt er in unserer „Methode zu zählen (nach der Dekadik)", die „so unendlich leichter ist, als die der Alten" (loc. cit.).

Auch wenn Gauß seine Zahlauffassung an den Größenbegriff bindet, so denkt Gauß doch an einen rein arithmetischen Aufbau der Zahlbereiche. Gauß hatte einerseits den komplexen Zahlen durch eine geometrische Interpretation zum endgültigen mathematischen Durchbruch verholfen. Auf der anderen Seite akzeptiert er die geometrische Interpretation nicht als Fundierung der komplexen Zahlen. In einem Brief an den Mathematiker, Psychologen und Philosophen Max Drobisch vom 14.8.1834 schreibt Gauß:

> „Nur ist die Darstellung der imaginären Größen in den Relationen der Puncte in plano nicht sowohl ihr Wesen selbst, welches höher und allgemeiner aufgefasst werden muss, als vielmehr das uns Menschen reinste oder vielleicht einzig ganz reine Beispiel ihrer Anwendung. Ich habe öfters meine Theorie mündlich vorgetragen, und dann gefunden, dass sie

sehr leicht aufgefasst wird, und gar nichts abstruses behält." ([74], Band X/1, Briefwechsel [zum Fundamentalsatz der Algebra], S. 106)

Hier ist von einer Theorie die Rede, nach der auch Wolfgang Bolyai fragt: „Lange habe ich auf die Entwickelung Deiner Theorie der imaginären gewartet ..." (W. Bolyai an Gauß am 18. Januar 1848, s. [174], S. 129).[4] Da der Aufbau der Zahlbereiche bei den natürlichen Zahlen beginnt, sehen wir hier einen Verweis auf die Frage nach dem Begriff der natürlichen Zahl – losgelöst vom Größenbegriff.

2.14 Cantor

Man kann die Bedeutung der Werke Georg Cantors (1845–1918) für die mathematischen Grundlagen und die Philosophie der Mathematik nicht hoch genug einschätzen. Wir denken hier zuerst an die vor allem von ihm entwickelte und durchgesetzte Mengenlehre. Diese Theorie hat sich als fundamental für logische und philosophische Untersuchungen der Mathematik erwiesen. In Cantors Philosophie lassen sich Elemente aus allen drei philosophischen Grundpositionen wiederfinden, die wir am Anfang dieses Kapitels schilderten.

Nach Cantor kann die Wirklichkeit der mathematischen Ideen und Begriffe in zwei kontrastierenden Weisen verstanden werden: erstens, als „intrasubjektive" oder „immanente Realitäten", zweitens, als „transsubjektive" oder „transiente Realitäten". Er war überzeugt, dass mathematische Begriffe nicht nur subjektive, immanent reale Elemente der Kognition sind sondern auch transsubjektive Realität besitzen. Daher rührt seine These, dass ein Mathematiker die mathematischen Gegenstände nicht bildet oder erfindet, sondern sie entdeckt. Diese platonistische Überzeugung brachte er oft zum Ausdruck. Man kann hier auf die dritte These seiner Habilitationsschrift verweisen oder auf die Mottos, mit denen er sein fundamentales Werk *Beiträge zur transfiniten Mengenlehre* ([34]) versah. Die dritte These von Cantors Habilitationsschrift lautete:

„Numeros integros simili modo atque corpora celestia totum quoddam legibus et relationibus compositum efficere." (Die ganzen Zahlen bilden so wie die himmlischen Körper ein gleichsam durch Gesetze und Beziehungen gefügtes Ganzes.)

Die Mottos über den *Beiträgen* lauten: „Hypotheses non fingo" (Ich erfinde keine Hypothesen) und

---

[4]In der Tat gibt es Autoren, die Gauß die Darstellung der komplexen Zahlen als Paare reeller Zahlen zuschreiben, auf das Jahr 1831 datieren und somit Gauß eine Priorität vor Hamilton (1837) einräumen (Kline 1972, S. 776, [12], S. 179). Diese Autoren verweisen ohne Quellenangabe auf zwei Briefe zwischen Gauß und Bolyai aus dem Jahre 1837, die in [174] nicht zu finden sind.

„Neque enim leges intellectui aut rebus damus ad arbitrium nostrum, sed tanquam scribae fideles ab ipsius naturae voce latas et prolatas excipimus et describimus." (Die Gesetze der Erkenntnis und der Dinge geben wir nämlich nicht nach unserem freien Ermessen, sondern wie zuverlässige Schreiber entnehmen und beschreiben wir sie, wie sie von der Sprache der Natur selbst hervorgebracht und vorgetragen werden.)

In einem Brief an G. Mittag-Leffler (1846–1927) aus dem Jahr 1884 schrieb er: „Ich bin in Bezug auf den Inhalt meiner Arbeiten nur Berichterstatter und Beamter" (vgl. A. Fraenkel, *Das Leben Georg Cantors* ([68]), S. 480). Cantor schrieb auch den Begriffen der Mengenlehre eine reale Existenz zu – nicht nur in der Welt der Ideen sondern auch in der physischen Welt. Insbesondere war er davon überzeugt, dass z. B. Mengen der Mächtigkeit $\aleph_0$ – wie die unendliche Menge $\mathbb{N}$ der natürlichen Zahlen – und das Kontinuum in der wirklichen, materiellen Welt existieren.

In der *immanenten Realität* mathematischer Begriffe sieht Cantor die Bedingung der Möglichkeit einer *reinen* oder, wie er sie lieber bezeichnet sehen möchte, einer *freien Mathematik*. Ihre Freiheit besteht in der Freiheit von der „Verbindlichkeit [...], sie [die Begriffe – Anm. der Autoren] auch nach ihrer transienten Realität zu prüfen." Anders als alle anderen Wissenschaften sei reine Mathematik „frei von allen metaphysischen Fesseln" (Cantor 1883, S. 182f).

Cantor hat den Begriff der Menge nicht axiomatisch sondern intuitiv eingeführt. Seine Beschreibung des Begriffs der Menge war daher nicht hinreichend präzise und eindeutig. Es tauchten bald unterschiedliche Paradoxien auf, die wir gleich erwähnen. Bei Cantor findet man zwei etwas abweichende Umschreibungen des Begriffs der Menge. In dem schon zitierten Werk *Beiträge* schreibt er (s. [32], S. 282):

„Unter einer „Menge" verstehen wir jede Zusammenfassung M von bestimmten wohlunterschiedenen Objekten m unserer Anschauung oder unseres Denkens (welche die „Elemente" von M genannt werden) zu einem Ganzen."

In den *Grundlagen einer allgemeinen Mannigfaltigkeitslehre* (1883) finden wir den folgenden Satz (s. [32], S. 204):

„Unter einer „Mannigfaltigkeit" oder „Menge" verstehe ich nämlich allgemein jedes Viele, welches sich als Eines denken läßt, d. h. jeden Inbegriff bestimmter Elemente, welche durch ein Gesetz zu einem Ganzen verbunden werden können [...]."

Cantor führte die Begriffe der Kardinal- und Ordinalzahl ein. Auch sie beschrieb er intuitiv. Das führte sehr bald zur Entdeckung von Paradoxien in der Mengenlehre. Zwei von ihnen, nämlich die Antinomie der Gesamtheit aller Ordinalzahlen, die man heute die Burali-Forte Antinomie nennt und die Antinomie der Menge aller Mengen, hatte schon Cantor entdeckt. Cantor selbst fand eine Lösung dieser Antinomien durch eine Unterscheidung zwischen *Klassen* und *Mengen*. Eine *Klasse* ist eine solche Vielheit, die nicht als „Eines", als „Ganzes " oder als „ein fertiger Gegenstand" und damit nicht als Element neuer Vielheiten betrachtet werden kann. Solche Vielheiten nannte Cantor „absolut unendliche" oder „inkonsistente Vielheiten". Eine *Menge* dagegen ist eine Vielheit, die als „bestimmter wohlunterschiedener" Gegenstand und damit als Element von Klassen oder Mengen gedacht werden kann. Cantor nannte sie „konsistente Vielheiten" oder wie gesagt „Mengen" (vgl. Briefe von Cantor an Dedekind vom 28. Juli 1899 und 31. August 1899 – in [32], S. 443–448).

Den wichtigsten Teil der Cantorschen Mengenlehre bildeten seine Beiträge über unendliche Mengen. Cantor unterschied verschiedene Formen des Unendlichen. Zunächst unterschied er, wie es schon Aristoteles tat, zwischen aktualer und potentieller Unendlichkeit. Mit der potentiellen Unendlichkeit – die nach Cantor keine Unendlichkeit im eigentlichen Sinne ist, die er daher manchmal „unechte Unendlichkeit" nennt – hat man dort zu tun, wo eine unbestimmte, variable endliche „Größe" auftaucht, die entweder über alle endlichen Grenzen wächst oder kleiner als jede beliebig kleine Grenze werden kann. Unter aktualer Unendlichkeit verstand Cantor eine Größe, die als Ganzes gegeben, in allen ihren Teilen bestimmt und eine „Konstante" ist und die zugleich jede endliche Größe desselben Typs überschreitet (vgl. [32], S. 400–401). Nach Cantor setzt potentielle Unendlichkeit aktuale Unendlichkeit voraus. Wir weisen darauf hin, dass Cantor hier den für die Mathematik im 19. Jahrhundert charakteristischen Begriff der Größe verwendete. Dieser unklare Begriff wurde später durch den Begriff der Menge ersetzt.

Cantor unterschied dann drei Formen der aktualen Unendlichkeit: (1) die absolute Unendlichkeit, die sich allein in Gott realisiert, (2) die Unendlichkeit, die in der abhängigen und erschaffenen Welt auftaucht, (3) die Unendlichkeit, die in Gedanken *in abstracto* als mathematische Größe erfasst werden kann. Dabei ist die absolute Unendlichkeit unvermehrbar, während die übrigen zwei Typen aktualer Unendlichkeit vermehrbar sind. Cantor spricht im Fall der Unendlichkeit des Typs (3) vom *Transfinitum* und stellt sie der absoluten Unendlichkeit gegenüber (vgl. [32], S. 378). In seinen Werken entwickelte Cantor eine Theorie der transfiniten Ordinalzahlen und mit Hilfe des Begriffs der Gleichmächtigkeit führte er den Begriff der Mächtigkeit einer Menge und die Hierachie der transfiniten Kardinalzahlen ein.

Cantor hat die Existenz aktualer Unendlichkeiten propagiert und gleichzeitig aktual unendlich kleine Größen abgelehnt. Er hat letztere „Papiergrößen" genannt und sich der Einführung solcher Größen in die Mathematik, dem „infinitären Bazillus der Cholera in der Mathematik" (vgl. *Aus dem Briefwechsel Georg Cantors* in [32], S. 505) vehement widersetzt.

Cantor suchte Rechtfertigungen für seine Theorie der unendlichen Mengen auch außerhalb der Mathematik, insbesondere in der Philosophie und in der Theologie. Er war überzeugt, dass die Mengenlehre Teil der Metaphysik ist. Er unternahm Versuche, die Existenz des Transfiniten in der Mathematik durch die Berufung auf das göttliche

Absolute zu beweisen. Er glaubte, dass das nach seiner Auffassung reale Transfinite der Natur Gottes nicht abträglich ist sondern zu ihrem Glanz beiträgt. Er hat zwei Beweise der Existenz von transfiniten Zahlen *in abstracto* angegeben. In einem Beweis schloss er aus dem Gottesbegriff und aus der Vollkommenheit Gottes auf die Möglichkeit und die Notwendigkeit der Schöpfung des Unendlichen. In dem zweiten Beweis argumentierte Cantor so: Da es unmöglich ist, die natürlichen Phänomene vollständig zu erklären, ohne die Existenz des Transfiniten *in natura naturata* anzunehmen, existiert das Transfinite.

Cantor war überzeugt, dass seine Mengenlehre von großer Bedeutung für die Metaphysik und für die Theologie war. Seine Werke wurden in der Tat von Philosophen wie auch von katholischen Theologen eifrig studiert. Cantor hat gerade unter ihnen Anerkennung und treue Leser seiner Werke und Ideen gefunden. Viele Mathematiker dagegen zeigten damals kein Interesse für die Mengenlehre Cantors. Sie reagierten sehr kritisch und lehnten sie ab.[5] Cantor hatte enge Kontakte zu dem Jesuiten und Theologen Kardinal J. Franzelin, der einer der wichtigsten päpstlichen Theologen des Ersten Vatikanischen Konzils war, mit den Benediktinern T. Pesch und J. Hontheimer aus der Abtei Maria-Laach im Rheinland, mit dem Dominikaner Th. Esser und mit dem italienischen Theologen I. Jeiler. Cantor war sehr an ihrer positiven Beurteilung der Mengenlehre gelegen.

Vorübergehend wurde Cantor des Pantheismus verdächtigt, der offiziell von Papst Pius IX im Jahr 1861 als verwerflich indiziert wurde. Der Grund war Cantors Behauptung der Existenz der transfiniten Zahlen *in concreto*. Das brachte ihm den Verdacht ein, die Unendlichkeit *in natura naturata* mit der Unendlichkeit Gottes *in natura naturans* zu identifizieren. Cantor hat diesen Einwand dadurch widerlegt, dass er der Unterscheidung zwischen den Unendlichkeiten *in natura naturata* und *in natura naturans* eine weitere Unterscheidung hinzufügte. Er unterschied zwischen dem *Infinitum aeternum increatum sive Absolutum*, dem ewigen, nicht erschaffenen Unendlichen aus dem Absoluten und dem *Infinitum creatum sive Transfinitum*, dem geschaffenen Unendlichen aus dem Transfiniten. Das hat die kirchlichen Theologen und Philosophen besänftigt und Cantors Werke erhielten quasi eine kirchliche *Imprimatur*.

Wir machen noch einige Bemerkungen über den Begriff der natürlichen Zahl bei Cantor, der nicht unabhängig ist von seiner Erweiterung des Zahlbegriffs ins Transfinite. Cantor sieht den Zahlbegriff – finit wie transfinit – als Ergebnis eines „zweifachen Abstraktionsakts", den er als „Absehen" von Eigenschaften von Gegenständen und gleichzeitiges Reflektieren von Gemeinsamkeiten der Mengen auffasst und dessen Ergebnis ein „Allgemeinbegriff" ist ([34], S. 281f). Er erklärt zudem:

---

[5]Einer der Gegner der Mengenlehre war z. B. Leopold Kronecker (1823–1891), Professor an der Universität in Berlin, einer der Universitätslehrer von Cantor. Einer aus der kleinen Gruppe von Mathematikern, die die Mengenlehre Cantors akzeptierten, war Richard Dedekind. Er hatte schon früh (vgl. [47], [48]) erkannt, wie grundlegend die Mengenlehre für die mathematische Entwicklung war.

„Da aus jedem einzelnen Elemente m, wenn man von seiner Beschaf-
fenheit absieht, eine „Eins" wird, so ist die Kardinalzahl $\overline{\overline{M}}$ selbst eine
bestimmte aus lauter Einsen zusammengesetzte Menge, die als intellek-
tuelles Abbild oder Projektion der gegebenen Menge in unserem Geiste
Existenz hat." ([34], S. 282)

Dies ähnelt der „aus Einheiten zusammengesetzten Menge" bei Euklid und gilt für
endliche Zahlen wie für die unendlichen Zahlen jenseits der natürlichen Zahlen. Natürliche Zahlen also sind bei Cantor endliche Kardinalzahlen. Es ist klar, dass ein
Zahlbegriff, der unendliche Zahlen zulässt, eine Bindung an die Anschauungsform
der Zeit wie bei Kant ausschließen muss. Die transfiniten Kardinalzahlen, die Cantor als aktual unendliche Realitäten auffasst, widerlegen endgültig das aristotelische
Dogma gegen die aktuale Unendlichkeit. Für seine Position – gegen Aristoteles, partiell Leibniz, angeblich Gauß, Kronecker und viele andere – sucht Cantor Zeugen in
der Philosophiegeschichte und findet „Berührungspunkte" ([33], S. 205) bei Platon,
Nikolaus von Kues und Bolzano.

Cantors Ansichten über die Zahlen fassen wir kurz so zusammen:

*Zahlen sind endliche Kardinalzahlen. Sie sind einerseits als ideelle Reali-
täten gegeben – unabhängig vom menschlichen Denken, andererseits als
Projektionen von Mengen im Denken existent und durch Abstraktion erworben.*

Wir schließen mit einigen Worten über ein Problem, das im Zusammenhang mit der
von Cantor eingeführten Hierarchie der transfinitien Kardinalzahlen entstand. Es geht
um das sogenannte Kontinuumproblem, d. h. um die Frage ob es zwischen der Mächtigkeit der Menge der natürlichen Zahlen und der Mächtigkeit der Menge der reellen Zahlen weitere Kardinalzahlen (Mächtigkeiten) gibt. Cantor war nicht im Stande,
dieses Problem zu lösen – und er hätte die heutige Lösung in der Unabhängigkeit der
Kontinuumshypothese nicht verstanden. Der Grund dafür liegt darin, dass diese Frage
nicht in seine empirisch-platonistische Auffassung passte. Die Welt seiner Mengen
war real und nicht formal. Cantor bezweifelte daher zeitweise, ob seine Mengenlehre
wissenschaftlich wirklich von Wert sein könnte. Dieser Zweifel und die Atmosphäre der allgemeinen mathematischen Abneigung und Verständnislosigkeit gegenüber
seiner Mengenlehre haben zu einem Nervenzusammenbruch und einer späteren psychischen Erkrankung geführt, an der Cantor seit dem Frühjahr 1884 litt.

2.15   Dedekind

Wir berichten hier über Richard Dedekind (1831–1916), auch wenn er eher nur am
Rande seiner mathematischen Werke philosophische Ansichten geäußert hat. Denn
seine Arbeiten erwiesen sich als außerordentlich wichtig für die Grundlagen der Ana-

lysis und der Arithmetik. Sein Hauptarbeitsgebiet war die Algebra. Er war in der Tat einer der Begründer der modernen Algebra. Er arbeitete in der Gruppentheorie, begründete die Ringtheorie und forschte in der algebraischen Zahlentheorie. Dabei war er – zusammen mit Karl Weierstraß und Georg Cantor – einer der führenden Vertreter der neuen Strömung in der Mathematik, deren Ziel es war, die Unklarheiten in den Grundbegriffen der Mathematik systematisch zu eliminieren – in der Fortsetzung der Konzepte von A. Cauchy, C. F. Gauß und B. Bolzano. Dedekind war ein enger Freund Cantors, und er war es, der als einer der ersten die Wichtigkeit und Bedeutung der mengentheoretischen Werke Cantors richtig einschätzen konnte. Dies ist dokumentiert in der Korrespondenz zwischen Cantor und Dedekind (vgl. *Gesammelte Abhandlungen* ([32]), S. 443–451).

Vom Standpunkt, der uns hier interessiert, sind zwei Schriften von Dedekind besonders wichtig, und zwar *Stetigkeit und irrationale Zahlen* ([47], 1872) und *Was sind und was sollen die Zahlen?* ([48], 1888). Die erste Arbeit ist die Entwicklung einer Theorie der irrationalen Zahlen auf der Basis von Schnitten im Bereich der rationalen Zahlen, heute *Dedekindsche Schnitte* genannt ([47], S. 13). Darauf gehen wir unten noch ein. Der Ansatz hier erinnert an Definitionen der Größenlehre des Eudoxos von Knidos (s. [63], Buch V). Daher wurde Dedekind manchmal als der „neue Eudoxos" bezeichnet. Die Theorien beider sind aber keineswegs gleich. Es besteht ein gravierender Unterschied. Es hat sich gezeigt, dass die Prinzipien, die Eudoxos und später Euklid in seinem Buch V der *Elemente* über die Theorie der inkommensurablen Größen entwickelte, nicht für eine vollständige Theorie der reellen Zahlen – als Verhältnisse zwischen Größen – ausreichen. Notwendig ist hier das von Dedekind eingeführte Stetigkeitsprinzip, das bei den griechischen Mathematikern fehlt. In einem Brief an R. Lipschitz vom 10. Juni 1876 schrieb Dedekind (vgl. [49], Bd. 3):

> „[...] nirgends findet sich bei *Euklid* oder einem späteren Schriftsteller der *Abschluß* solcher Vervollständigung, der Begriff des *stetigen*, d. h. denkbar vollständigsten Größen-Gebietes, dessen Wesen in der Eigenschaft besteht: ,Zerfallen alle Größen eines stetig abgestuften Größen-Gebietes in zwei Klassen von der Art, dass jede Größe der ersten Klasse kleiner ist als jede Größe der zweiten Klasse, so *existiert* entweder in der ersten Klasse eine größte, oder in der zweiten Klasse eine kleinste Größe'."

Und er fügte zu:

> „Nach allem diesem bleibe ich bei meiner Behauptung, dass die *Euklid*-ischen Prinzipien allein, ohne Zuziehung des Prinzipes der Stetigkeit, welches in ihnen *nicht* enthalten ist, unfähig sind, eine vollständige Lehre der Größen zu begründen; [...] Umgekehrt aber wird durch meine Theorie der irrationalen Zahlen das vollkommene Muster eines *stetigen* Gebietes

erschaffen, welches eben deshalb fähig ist, jedes Größen-Verhältnis durch
ein bestimmtes in ihm enthaltenes Zahlen-Individuum zu charakterisieren."

Das zweite hier für uns wichtige Werk von Dedekind *Was sind und was sollen die
Zahlen?*, enthält eine mengentheoretische Begründung der natürlichen Zahlen, der
vollständigen Induktion und der Rekursion in einer Axiomatik der Arithmetik der
natürlichen Zahlen. Diese Axiome sind heute als die Peanoschen Axiome bekannt.
Damit entsteht ein Problem: Man kann nämlich fragen, wer eigentlich der wahre Autor dieser Axiomatik war, wem – Dedekind oder Peano – gehört die Priorität? Dieses
Problem sehen wir nicht. Denn wir stellen fest, dass Dedekind und Peano ihre Axiome in verschiedenen formalen, oder besser gesagt: quasi-formalen Sprachen formuliert haben und dass die Absichten, die sie verfolgten, wesentlich verschieden waren.
Die Formulierungen Peanos waren eindeutig logisch, die Dedekinds wie eben bemerkt mengentheoretisch orientiert. Die Axiome, die heute im mathematischen Alltag
meist mengentheoretisch formuliert werden, müsste man daher eigentlich Dedekindsche Axiome nennen.

Interessant für uns ist speziell das Vorwort zur Schrift *Was sind und was sollen die
Zahlen?* Hier äußert sich Dedekind zusammenhängend über seine Auffassungen. Im
Punkt der immanenten, intrasubjektiven Realität mathematischer Begriffe im Geist
oder Verstand, d. h. im rationalistischen Aspekt seiner Haltung scheint er mit Cantor
übereinzustimmen. Hinzu kommt bei Dedekind eine psychologische Komponente, die
mit der Vorstellung einer psychologischen Entwicklung verbunden ist. Arithmetische
Wahrheiten sind nach Dedekind „niemals unmittelbar durch innere Anschauung *gegeben*" [Hervorheb. der Autoren] sondern durch „Wiederholung der einzelnen Schlüsse
erworben" ([48], S. V), wobei Dedekind den Bezug zu den mathematischen Schlüssen in seiner berühmten Schrift zulässt. Er fährt fort: „[...] So sind wir auch schon
von unserer Geburt an beständig [...] veranlasst, Dinge auf Dinge zu beziehen und
damit diejenige Fähigkeit des Geistes zu üben, auf welcher auch die Schöpfung der
Zahlen beruht."
Die Schöpfung der Zahlen beschreibt Dedekind dann so:

> „Wenn man bei der Betrachtung eines einfach unendlichen, durch eine
> Abbildung φ geordneten Systems N von der besonderen Beschaffenheit
> der Elemente gänzlich absieht, lediglich ihre Unterscheidbarkeit festhält
> und nur die Beziehungen auffasst [...], so heißen diese Elemente natür-
> liche Zahlen [...]. In Rücksicht auf diese Befreiung der Elemente von
> jedem anderen Inhalt (Abstraktion) kann man die Zahlen mit Recht eine
> freie Schöpfung des menschlichen Geistes nennen." ([48], 73)

„Einfach unendliche Systeme" beschreiben den unendlichen Zählprozess in einer als
aktual gegeben gedachten unendlichen Menge. Aus der Struktur des Zählens, die er

zuvor in drei Axiomen beschreibt, gewinnt Dedekind den Zahlbegriff und sieht in der Abstraktion den Kern der „Schöpfung".

Deutlicher wird der Gedanke der „geistigen Schöpfung" in der Schrift *Stetigkeit und irrationale Zahlen* ([47], 1872). Dedekind erkennt im Bereich der rationalen Zahlen Lücken zwischen gewissen Oberklassen und Unterklassen. Beispiel eines „Schnittes" bilden etwa die Oberklasse der rationalen Zahlen, deren Quadrat größer als 2 ist, und die zugehörige Unterklasse der rationalen Zahlen, deren Quadrat kleiner als 2 ist. Zwischen beiden besteht eine Lücke, da es die Zahl $\sqrt{2}$ im Bereich der rationalen Zahlen nicht gibt. Geschlossen werden diese Lücken seiner Ansicht nach durch Zahlen, die wir *erschaffen*:

> „Jedesmal nun, wenn ein Schnitt [...] vorliegt, welcher durch keine rationale Zahl hervorgebracht wird, so erschaffen wir eine neue, eine irrationale Zahl α, welche wir als durch diesen Schnitt [...] vollständig definiert ansehen. Wir werden sagen, dass die Zahl α diesem Schnitt entspricht, oder dass sie diesen Schnitt hervorbringt." ([47], S. 13)

Frege und Russell haben später gezeigt, dass die irrationalen Zahlen einfach mit den Schnitten (und noch einfacher z. B. mit deren Unterklassen) identifiziert werden können. Mathematisch lassen sich so psychologische Schöpfungsakte vermeiden. Dedekind aber verteidigte seine psychologische Auffassung der „Erschaffung" der irrationalen Zahlen mit großer Beharrlichkeit.

Beim Begriff der natürlichen Zahl liegen (mathematisch) konkrete Gegenstände wie Schnitte nicht vor, denen natürliche Zahlen „entsprechen" könnten. Basis ist allein eine ausgezeichnete abstrakte Struktur und die Vorstellung abstrakter, nicht identifizierbarer Stellen in dieser Reihenstruktur. Sie gewinnt er wie eben beschrieben durch Abstraktion aus Zählreihen, die er „einfach unendliche Systeme" nennt. Dies ist der Kern der Zahlauffassung Dedekinds:

Zahlen sind Abstraktionen von Stellen in unendlichen Zählreihen.

Die Abstraktion, die hier Zahlen erschaffen soll, als „Schöpfung" zu verstehen, ist schwer. Wir versuchen, die „Schöpfung" dabei etwas greifbarer zu machen.

Ein Begriff braucht, um wirksam sein zu können, einen Namen, ein Zeichen, ein Bild oder ein Wort. Dedekind beschreibt die Struktur des Zählens. D. h. wir brauchen hier z. B. *viele* Zeichen, die nicht nur die Zahlen einzeln, sondern auch deren Reihenstruktur repräsentieren. Zählen ist dann Begriff von Reihenfolge *durch* eine konkrete Reihenfolge, die wir „erfinden" müssen. Für die Kommunikation ist es gut, wenn man Konventionen bildet und sich z. B. auf Reihen wie die der üblichen Zahlzeichen einigt. Objekte in solchen Reihen nennt man Zahlen, da sie die abstrakten Stellen in der abstrakten Struktur des Zählens repräsentieren. Wir erkennen, wie unmittelbar in diesem „strukturalistischen" Zahlbegriff Zahl und Zeichen zusammengehören.

Zwei bedeutendsame, große Schritte, die das Denken veränderten, verbanden sich mit Dedekinds Vorgehen. Seine Rückführung der natürlichen Zahlen auf Mengen hält den Zähl*prozess*, der die Zahlen verbindet, an. Denn mengentheoretische Begriffe sind statisch. Gerade dadurch aber werden die Prinzipien des Prozesses *explizit*, die vorher im anschaulichen, zeitlichen Prozess verborgen waren. Denn die *mengentheoretische Rekonstruktion* des Prozesses ist genötigt, die Prinzipien des Zählprozesses in mengentheoretischer Form präzise zu nachzubilden.

Der zweite große Schritt ist: Dedekinds Charakterisierung der natürlichen Zahlen hatte schon eine mengentheoretisch axiomatische Form. Sie gibt die natürlichen Zahlen als aktual unendliche Menge vor. Diese bildet einen festen, vorgegebenen Rahmen. Die einzelnen natürlichen Zahlen werden nicht mehr Schritt für Schritt im Zählprozess konstruiert. Sie entstehen nicht mehr, sie sind von vornherein da. Über natürliche Zahlen wird in den Axiomen nur *gesprochen*.

Dedekind sind unendliche Mengen wie Cantor selbstverständlich und aktual gegeben. In *Was sind und was sollen die Zahlen?* findet man die Definition des Begriffs der unendlichen Menge, die klassisch geworden ist. Diese Definition beruht auf einer scheinbar paradoxen Eigenschaft unendlicher Mengen (s. Proklos und Bolzano). Nach dieser Definition heißt eine Menge unendlich genau dann, wenn sie eindeutig auf eine ihrer echten Teilmengen abgebildet werden kann. Dedekind formulierte das so ([48], Punkt 64):

> „Ein System S heißt *unendlich*, wenn es einem echten Teile seiner selbst ähnlich ist (32); im entgegengesetzten Falle heißt S ein *endliches* System.“

Im Punkt 32 des Paragraphen 3 hatte Dedekind den Begriff der Ähnlichkeit so definiert: „Die Systeme R, S heißen *ähnlich*, wenn es eine derartige ähnliche Abbildung φ von S gibt, dass $\varphi(S) = R$, also auch $\overline{\varphi}(R) = S$ wird.“ – Ähnliche Abbildungen nach Dedekind heißen heute injektiv, mit $\overline{\varphi}$ bezeichnet Dedekind die Umkehrung von φ.

Dedekind hat nicht nur den Begriff der unendlichen Menge definiert, er versuchte auch – wie Bolzano – die Existenz unendlicher Mengen zu beweisen. Sein „Beweis“[6] ist dem „Beweis“ von Bolzano ähnlich (s. o.). Der Bolzanosche Beweis benutzt Voraussetzungen theologischer Art, der Beweis von Dedekind geht von psychologisch-philosophischen Voraussetzungen aus. Im Punkt 66 formuliert Dedekind den Satz: „Es gibt unendliche Systeme“. Und er begründet diese Behauptung so: „Meine Gedankenwelt, d. h. die Gesamtheit S aller Dinge, welche Gegenstand meines Denkens sein können, ist unendlich.“ Weiter zeigt er, dass dieses System die Definition der unendlichen Menge erfüllt, indem er auf das Ich der Gedankenwelt zurückgreift.

Der unendliche Prozess, den Dedekind in der Kette der Bildung von Gedanken (von Gedanken von Gedanken von . . .) in seiner Gedankenwelt realisiert sah, wurde

---

[6]Wir haben das Wort *Beweis* in Anführungszeichen gesetzt, weil man nach den heutigen Kriterien den Dedekindschen Beweis nicht als Beweis anerkennen würde.

später von Zermelo mathematisch umformuliert und in ein Postulat, das „Unendlichkeitsaxiom" seiner Mengenlehre (s. Abschnitt 4.3.1) übernommen: *Es gibt* unendliche Mengen! Was Dedekind versuchte – aus heutiger Sicht „nur" philosophisch – zu begründen, muss mathematisch gefordert werden.

Die Dedekindschen Versuche, die Grundlagen der Mathematik zu ordnen und zu präzisieren, wurden oft kritisiert. David Hilbert zum Beispiel kritisierte Dedekinds Konzept, die ganze Mathematik aus der Logik allein begründen zu wollen – wobei er damals in die Logik die Mengenlehre einschloss. Gottlob Frege und Betrand Russell teilten die Dedekindsche Auffassung über die eben geschilderte Art der Existenz der irrationalen Zahlen nicht.

2.16 Poincaré

Henri Poincaré (1854–1912) repräsentiert in der Philosophie der Mathematik den rationalistischen Standpunkt des Apriorismus. Er war Intuitionist und Konstruktivist und Begründer des Konventionalismus, der in seiner Philosophie der Geometrie sowie auch in seiner Methodologie der empirischen Wissenschaften seinen Ausdruck gefunden hat. Es gibt eine deutliche Nähe der Ansichten Poincarés zur Philosophie Kants. Seine Gedanken hat Poincaré vor allem in den folgenden Büchern vorgestellt: *La science et l'hypothèse* (1902), *La valeur de la science* (1905), *Science et méthode* (1908) und – nach seinem Tode veröffentlicht – *Dernière pensées* (1913).

Eine wesentliche Rolle im mathematischen Denken schrieb Poincaré der kreativen Aktivität des Verstandes und seiner Fähigkeit Begriffe zu konstruieren zu. Diese kreative Aktivität des Verstandes kommt auf verschiedene Weise zum Ausdruck. Eines ihrer Anzeichen ist die Intuition. Der Begriff „Intuition" selbst erscheint in Poincarés Schriften in unterschiedlichen Bedeutungen. Allgemein ist Intuition für Poincaré eine angeborene Fähigkeit des Verstandes, die mit einer spontanen Aktivität verbunden ist. Sie erscheint sowohl in der unbewussten Arbeit – hier geht es um eine Aktivität im Unterbewusstsein, in dem Intuition eine große Anzahl von Kombinationen in kurzer Zeit zu bilden ermöglicht – als auch in der bewussten Arbeit, in der Intuition in einer großen Zahl konkreter Tatsachen Bedeutungen zu sehen und die wesentlichen Tatsachen zu identifizieren vermag sowie das Ganze in vielen Details erscheinen lässt. Intuition hat einen spontanen und einen rationalen Aspekt. Sie stiftet das Gefühl der Klarheit und der Evidenz. Sie ist durch ihre Vielseitigkeit charakterisiert und sie kann unabhängig von Sinneseindrücken sein. Es gibt diverse Arten der Intuition: Intuition über die Sinne und das Vorstellungsvermögen, Intuition in der Verallgemeinerung durch Induktion, die Intuition der reinen Zahl usw. Im Bereich der Intuition besteht nach Poincaré die im Verstand vorgegebene Möglichkeit, Begriffe, z. B. den Begriff der Gruppe, als reine und nicht sinnliche Erkenntnisformen zu bilden. – Dieser Gedanke ist wichtig speziell für Poincarés Philosophie der Geometrie. Wir gehen später darauf ein.

Mit Intuition verknüpfte Poincaré die Empfindung von Einfachheit, Harmonie, Symmetrie und Schönheit, die er auch in der Mathematik findet. Darüber spricht er z. B. in dem Werk *Science et méthode* (1908, [150]). Wir zitieren aus der deutschen Übersetzung [152] (S. 20–21):

> „Was verleiht uns nun das Gefühl der Eleganz in einer Lösung oder in einer Beweisführung? Es ist die Harmonie der verschiedenen Teile, ihre Symmetrie, ihr schönes Gleichgewicht; in einem Wort: alles, was Ordnung schafft, alles, was die Teile zur Einheit führt, alles, was erlaubt, die Dinge klar zu sehen und sowohl das Ganze wie auch zu gleicher Zeit die Details zu überblicken. [...] Kurz, das Gefühl der mathematischen Eleganz ist nichts anderes als die Befriedigung, welche uns eine gewisse Übereinstimmung zwischen der gefundenen Lösung und den Bedürfnissen unseres Geistes bietet, und auf Grund dieser Übereinstimmung kann uns die Lösung als neues Werkzeug dienen. Darum ist die ästhetische Befriedigung mit der Ökonomie des Denkens eng verbunden."

Intuition sollte – nach Poincaré – durch diskursives Erkennen ergänzt werden. D. h. sie sollte mit bewusster Aktivität eingeleitet und abgeschlossen werden, sodass die intuitiven „Erleuchtungen" rational gesichert werden.

Zur Intuition gehört nach Poincaré auch die mathematische Induktion. Sie liegt der Arithmetik und damit der ganzen Mathematik zugrunde. Nach Poincaré ermöglicht sie das Formulieren von Urteilen, die unser Wissen erweitern. Die Induktion macht es möglich, allgemeine Urteile zu formulieren. Induktion kommt nicht aus der Erfahrung, sie kann auch nicht aus der Logik begründet werden. Gerade die Induktion (und ihre Anwendung) ist entscheidend für die Andersartigkeit von Mathematik und Logik. Poincaré widersetzte sich entschieden dem Logizismus, der behauptet, dass Mathematik auf Logik reduziert werden kann. Er unterstrich, dass auch die Logizisten auf Induktion nicht verzichten können, und gerade diese ist ein ausserlogisches Prinzip. Logik ist nach Poincaré vom Gesichtspunkt des Erkennens leer und tautologisch und ermöglicht allein, analytische Urteile zu formulieren. Also kann Mathematik nicht allein auf Logik reduziert werden (vgl. *Science et méthode* [150], Buch II, Kapitel III).

Das Wesen der Induktion und ihrer Anwendung fasst Poincaré so zusammen: In der Induktion entspricht eine Formel unendlich vielen Schlüssen. In dem Werk *La science et l'hypothése* schreibt er ([148], Erster Teil, Kapitel I, § VI):

> „Dieses Gesetz, welches dem analytischen Beweisen ebenso unzugänglich ist wie der Erfahrung, gibt den eigentlichen Typus des synthetischen Urteils *a priori*. [...] Warum drängt sich uns dieses Urteil mit einer unwiderstehlichen Gewalt auf? Das kommt daher, dass es nur die Bestätigung der Geisteskraft ist, welche überzeugt ist, sich die unendliche Wiederholung eines und desselben Schrittes vorstellen zu können, wenn dieser

Schritt einmal als möglich erkannt ist. Der Verstand hat von dieser Macht eine direkte Anschauung, und die Erfahrung kann für ihn nur eine Gelegenheit sein, sich derselben zu bedienen und dadurch derselben bewußt zu werden."

Und er fügt hinzu:

„Man kann nicht verkennen, dass hier eine auffällige Analogie mit den gebräuchlichen Verfahrensweisen der Induktion vorhanden ist. Aber es besteht ein wesentlicher Unterschied. Die Induktion bleibt in ihrer Anwendung in den physikalischen Wissenschaften immer unsicher, weil sie auf dem Glauben an eine allgemeine Gesetzmäßigkeit des Universums beruht, und diese Gesetzmäßigkeit liegt außerhalb von uns selbst. Die mathematische Induktion dagegen, d. h. der Beweis durch rekurrierendes Verfahren, zwingt sich uns mit Notwendigkeit auf, weil sie nur die Betätigung einer Eigenschaft unseres eigenen Verstandes ist."

Als Konstruktivist behauptete Poincaré, dass die mathematischen Objekte vom Subjekt konstruiert sind und dass es kein Gebiet mathematischen Erkennens gibt, das vom Subjekt unabhängig wäre. Das war eine Position, die deutlich gegen den platonistischen Realismus opponierte. Daraus ergab sich für ihn z. B., allein die potentielle Unendlichkeit zu akzeptieren und aktuale Unendlichkeit abzulehnen. Denn, so Poincaré, mathematische Objekte werden vom Subjekt erschaffen, und der Verstand ist nicht in der Lage, unendlich viele Objekte aktual zu konstruieren. Also ist aktuale Unendlichkeit mathematisch unmöglich.

Poincaré kritisierte sogenannte nicht-prädikative Definitionen, d. h. solche Definitionen, die einen Gegenstand N definieren durch den Bezug auf eine Gesamtheit E von Objekten (z. B. durch eine Quantifizierung über E), zu der das definierte N gehört. Zu den nicht-prädikativen Definitionen kann man die folgende Definition der Menge $\mathbb{N}$ der natürlichen Zahlen zählen: $\mathbb{N}$ ist die kleinste Menge, die das Element 0 enthält und die gegenüber der Nachfolgerfunktion abgeschlossen ist. Man definiert hier das Objekt $\mathbb{N}$ durch die Berufung auf eine Gesamtheit von Objekten, zu der $\mathbb{N}$ selbst gehört.

Nach Poincaré sind die nicht-prädikativen Definitionen, die den Makel eines Zirkelschlusses in sich tragen, die Ursache der Paradoxien in der Mathematik. Ein Standardbeispiel, das Poincaré hier anführt, ist das folgende Paradoxon von Richard: Sei E die Gesamtheit aller reellen Zahlen, die in der Form eines unendlichen Dezimalbruchs gegeben sind und mit endlich vielen Worten definiert werden können. E ist natürlich abzählbar unendlich. Wenn man jetzt das bekannte Cantorsche Diagonalverfahren anwendet, kann man eine reelle Zahl N definieren, die nicht zu E gehört. Aber die Zahl N wurde mit endlich vielen Worten definiert. Also gehört N zu der Menge E. Dies ist ein Widerspruch. Poincaré erklärt den Widerspruch aus der Tatsache, dass die Definition der Zahl N als Element von E sich auf die Menge E als Ganzes bezieht, zu der N als Element gehört. D. h. diese Definition ist nicht-prädikativ.

Um die Paradoxien und Widersprüche zu vermeiden, schlägt Poincaré vor, die folgenden Regeln anzuwenden:

> „(1) Stets nur solche Gegenstände zu betrachten, die sich mit einer endlichen Zahl von Worten definieren lassen, (2) niemals aus den Augen zu verlieren, dass jede Aussage über Unendliches die „Übersetzung", d. h. eine abgekürzte Formulierung von Aussagen über Endliches sein muss, (3) nicht-prädikative Klassifikationen und Definitionen zu vermeiden."
> (*Dernières pensées* [151], Kapitel IV, § 7).

In der Praxis blieb Poincaré sich nicht immer treu in der Befolgung dieser Regeln, insbesondere der Regel (3). Der Vorschlag der Vermeidung nicht-prädikativer Definitionen wird später von B. Russell in seiner Typentheorie aufgenommen und weiter entwickelt.

Poincaré war wie oben angedeutet der Begründer des *Konventionalismus*, der seine Methodologie der empirischen Wissenschaften und – was hier besonders interessant ist – seine Philosophie der Geometrie geprägt hat. Der Konventionalismus behauptet u. a., dass die Gesetze der Naturwissenschaften nicht direkte und unmittelbare Beschreibungen der Realität sind. Sie haben vielmehr den Charakter von Vereinbarungen, sie sind Konventionen. Die Erfahrung also kann solche Konventionen weder vollständig bestätigen noch vollständig widerlegen. Es gibt viele gleichberechtigte Beschreibungen der Welt. Man wählt eine unter ihnen nicht wegen ihrer Wahrheit aus, sondern man lässt sich von der Brauchbarkeit, der Kürze, der Bequemlichkeit und der Ästhetik ihrer Formulierung leiten.

Poincaré wandte dieses Prinzip auf die Geometrie an und behauptete (vgl. *La science et l'hypothèse* ([148]), zweiter Teil, Kapitel III, „Von der Natur der Axiome"):

> „*Die geometrischen Axiome sind also weder synthetische Urteile a priori noch experimentelle Tatsachen.*
>
> Es sind *auf Übereinkommen beruhende Festsetzungen*; unter allen möglichen Festsetzungen wird unsere Wahl von experimentellen Tatsachen *geleitet*; aber sie bleiben *frei* und sind nur durch die Notwendigkeit begrenzt, jeden Widerspruch zu vermeiden [...]. In dieser Weise können auch die Postulate *streng* richtig bleiben, selbst wenn die erfahrungsmäßigen Gesetze, welche ihre Annahme bewirkt haben, nur annähernd richtig sein sollten.
>
> Mit anderen Worten: *die geometrischen Axiome* (ich spreche nicht von den arithmetischen) *sind nur verkleidete Definitionen.*"

In Zusammenhang mit der Entdeckung der nicht-euklidischen Geometrien in der Mitte des 19. Jahrhunderts, stellt sich das Problem: Welche Geometrie, die euklidische oder eine der nicht-euklidischen, ist die richtige? Poincaré antwortet auf diese Frage so: Die Frage ist falsch gestellt, denn: „Eine Geometrie kann nicht richtiger sein als eine andere; sie kann nur *bequemer* sein" (loc. cit.). Er war jedoch der Ansicht, dass die euklidische Geometrie die brauchbarste ist und bleiben wird. Das folge aus der Tatsache, dass sie die einfachste Geometrie ist und „ziemlich gut den Eigenschaften der natürlichen festen Körper entspricht" (loc. cit.).

In der Entwicklung der Geometrie spielt die Erfahrung eine wichtige Rolle. Das bedeutet aber nicht, dass Geometrie eine experimentelle Wissenschaft ist. Dann nämlich wäre sie nur eine „ungefähre und provisorische" Wissenschaft, wie Poincaré sich ausdrückt.

Poincaré bezieht sich auf das Konzept von Felix Klein, Geometrien als Theorien der Invarianten von gewissen Transformationsgruppen zu charakterisieren. Dabei gehört der Begriff der Gruppe selbst – genauer: die in der Vernunft vorgegebene Möglichkeit des Begriffs der Gruppe als eine reine Erkenntnisform – in den Bereich der Intuition. Er schreibt (vgl. *La science et l'hypothèse* ([148]), zweiter Teil, Kapitel III, „Schlußfolgerungen"):

> „Das Objekt der Geometrie ist das Studium einer besonderen ‚Gruppe‘, aber der allgemeine Gruppen-Begriff präexistiert in unserem Verstande, zumindest die Möglichkeit zur Bildung desselben; er drängt sich uns auf, nicht als eine Form unseres Empfindungs-Vermögens, sondern als eine Form unserer Erkenntnis.
>
> Unter den möglichen Gruppen muss man diejenige auswählen, die sozusagen das Normalmaß sein wird, auf das wir die Erscheinungen der Natur beziehen.
>
> Die Erfahrung leitet uns in dieser Welt, zwingt sie uns aber nicht auf; sie läßt uns nicht erkennen, welche Geometrie die richtige, wohl aber, welche die *bequemste* ist."

2.17 Logizismus

Logizismus heißt die Richtung in der Philosophie der Mathematik, die davon ausgeht, dass die gesamte Mathematik auf Logik zurückgeführt werden kann. Mit anderen Worten: Mathematik ist nur ein Teil der Logik. Der Begründer des Logizismus war *Gottlob Frege* (1848–1925) und die Hauptrepräsentanten *Bertrand Russell* (1872–1970) und *Alfred North Whitehead* (1861–1947) .

Die historischen Ursprünge des Logizismus sind vielfältig. Man kann sie sowohl in der philosophischen Überlieferung als auch in Abschnitten der Geschichte der Mathematik entdecken. Wenn es etwa um die axiomatische Methode geht, die Teil ihrer

Konzeption ist, beriefen Logizisten sich speziell auf Platon, Aristoteles und Euklid. Sie stützten sich ebenso auf Ideen bei J. Locke und G. W. Leibniz. Man kann in der Tat den Logizismus zurückverfolgen bis in die philosophischen Kontroversen zwischen universellem Rationalismus (wie bei Leibniz) und Empirismus über das Wesen mathematischer Aussagen. Der Logizismus bezog sich hier auf die Position von Locke und Leibniz, dass mathematische Aussagen tautologisch und redundant seien. Er berief sich zudem auf die Leibnizsche Idee der Algorithmisierung allen Schließens, des mathematischen wie des Schließens in den Wissenschaften überhaupt.

Die Entwicklung des Logizismus als Denkrichtung in der Philosophie der Mathematik wäre nicht möglich gewesen ohne die Entstehung der modernen mathematischen Logik in der zweiten Hälfte des 19. Jahrhunderts. Diese Logik war quasi eine lokale Verwirklichung der Leibnizschen Idee der *characteristica universalis*, die die logische Analyse der Begriffe und Strukturen in wissenschaftlichen Systemen zum Ziel hatte. Die mathematischen Logik begann mit dem Projekt der Mathematisierung der Logik, die die Entwicklung einer logischen Symbolik forderte, die der mathematischen Symbolik ähnelte. Zugleich sollte die traditionelle Aristotelische Logik ausgebaut und erweitert werden. Die Untersuchungen von Augustus De Morgan (1806–1871), George Boole (1815–1864), Charles Sanders Peirce (1839–1914) und Ernst Schröder (1841–1902) haben zur Entstehung der so genannten *Algebra der Logik* beigetragen. So wurde in der zweiten Hälfte des 19. Jahrhunderts und am Anfang des 20. Jahrhunderts die formale Logik bezeichnet, die dem Vorbild der Algebra der Zahlen nachgebildet war. Daneben sind die logischen Arbeiten von G. Frege und B. Russell hervorzuheben, die einen nichtalgebraischen Zugang zur Logik darstellten. Gerade Frege war der Vorläufer und einer der Begründer der modernen formalen Logik. Sein fundamentales logisches Werk *Begriffsschrift, eine der arithmetischen nachgebildete Formelsprache des reinen Denkens* (1879), hat der neuen Epoche in der formalen Logik den Weg bereitet, auch wenn die Arbeiten Freges von den Vertretern der algebraischen Strömung, z. B. von E. Schröder oder John Venn, kaum wahrgenommen wurden. Freges *Begriffsschrift* enthielt das erste formale axiomatische System in der Geschichte der Logik, das System der Aussagenlogik mit der Subjunktion und Negation als einzige Junktoren. In einem solchen System geht jede Aussageform durch lückenlose Ableitungen aus den Axiomen hervor – nach präzis festgelegten Regeln. Ebenso findet man in dem Fregeschen Werk die formale Analyse von Sätzen und eine dazu gehörende (prädikatenlogische) Axiomatik mit Quantoren.

Alle genannten Beiträge – die der algebraischen Strömung wie die der nichtalgebraischen Strömung – haben die formale Ebene vorbereitet, auf der die Entwicklung des Logizismus als philosophische Strömung erst möglich war.

Auf die Entstehung des Logizismus hatte auch die damalige Tendenz in der Mathematik Einfluss, die gesamte Mathematik zu arithmetisieren, d. h. auf die Arithmetik der natürlichen Zahlen zurückzuführen und so als einheitliches Ganzes zu verstehen. Dieses Bestreben war in der zweiten Hälfte des 19. Jahrhunderts sehr stark. Es war eng mit den Werken von K. Weierstraß und R. Dedekind verbunden. Die Arithmetisierung der Mathematik, die vor allem die Arithmetisierung der Analysis bedeutete, besteht darin zu zeigen, wie die der mathematischen Analysis zugrunde liegende Theorie der reellen Zahlen aus der Theorie der natürlichen Zahlen abgeleitet werden kann. Das bedeutete, den Begriff der reellen Zahl – und vorausgehend den der ganzen und der rationalen Zahl – aus dem Begriff der natürlichen Zahl (und elementaren Begriffen der Mengenlehre) abzuleiten und so alle Eigenschaften der reellen Zahlen aus den Sätzen der Arithmetik der natürlichen Zahlen zu gewinnen. Das oben zitierte Werk Dedekinds *Stetigkeit und irrationale Zahlen* ([47], vgl. Abschnitt 2.15) hatte gezeigt, wie das möglich ist. Wir haben einen Weg von den rationalen Zahlen zu den reellen Zahlen im Kapitel 1 beschrieben.

In dieser Situation entstand das Bedürfnis, die natürlichen Zahlen selbst zu begründen und eine elementarere Basis zu finden, aus der die Arithmetik der natürlichen Zahlen gewonnen werden kann. Ein erster Lösungsansatz wurde von Frege vorgestellt. Er tat das in den *Grundlagen der Arithmetik* ([70], 1884) und in den zwei Bänden der *Grundgesetze der Arithmetik* ([71], Bd. I – 1893, Bd. II – 1903).

In den *Grundlagen der Arithmetik* unternimmt Frege den Versuch, die Arithmetik als Zweig der Logik darzustellen: Alle arithmetischen Begriffe können mit Hilfe rein logischer Begriffe explizit definiert werden, und alle arithmetischen und in der Konsequenz alle mathematischen Sätze können aus den logischen Gesetzen abgeleitet werden. Das erzwingt von vornherein eine radikal neue Haltung dem Zahlbegriff gegenüber, die Frege ausführlich in einer engagierten Auseinandersetzung mit den „Meinungen von Philosophen und Mathematikern über die hier in Betracht kommenden Fragen" entwickelte. Seine philosophische Position zeichnete sich aus durch einen

– Antiempirismus:
   Sätze der Arithmetik sind keine induktiven Verallgemeinerungen,

– Antikantianismus:
   Sätze der Arithmetik sind keine synthetischen Urteile *a priori*,

– Antiformalismus:
   Sätze der Arithmetik sind keine Zusammenstellungen oder Regeln der Manipulation von Zeichen.

Freges Antiempirismus enthielt einen entschiedenen Antipsychologismus. Alles Psychische war für Frege notwendig subjektiv. Ein Grundsatz seiner Untersuchungen war, „das Psychologische von dem Logischen, das Subjektive von dem Objektiven scharf zu trennen" ([70], S. IX). Nach Frege sind Sätze der Arithmetik, da sie rückführbar sind auf logische Gesetze, *analytische Urteile* und damit per se *a priori*.

Frege fasste Zahlen als Anzahlen auf:

Zahlen sind Anzahlen.

Diese waren Klassen gleichmächtiger Mengen, und Mengen wieder, von denen Frege vermied zu sprechen, waren Umfänge von Begriffen. Begriffe zuletzt waren als Elemente des reinen Denkens Gegenstände der Logik. D. h.:

Zahlen sind Elemente der Logik,

d. h. des reinen Denkens. Begriffe existierten für Frege, der hierin Platoniker war, unabhängig von Raum, Zeit und menschlichem Intellekt. Wir bemerken, dass Frege – anders als Dedekind und Peano, die strukturalistisch vorgingen – den *mathematischen* Versuch machte, den *ontologischen Status der Zahlen* endgültig zu klären.

Unten werden wir Genaueres zur Fregeschen Definition der natürlichen Zahlen sagen. Hier merken wir nur an, dass Frege sich nicht ganz klar über den Charakter der logischen Gesetze ausdrückte. Er sagte, dass logische Gesetze keine Naturgesetze sind sondern „Gesetze der Naturgesetze", nicht Gesetze des Denkens sondern „die Gesetze der Wahrheit".

Die Werke von Frege blieben lange fast unbemerkt oder unterschätzt. Eine der Ursachen war die sehr originelle aber ebenso komplizierte Symbolik, die Frege einführte. Hinter dieser Symbolik stand gerade die Idee der Reduktion der ganzen Mathematik auf die Logik. Sie sollte vollständig anders als die gewöhnliche mathematische Symbolik sein, da man so im Ergebnis der Rückführung hätte *sehen* können, dass Mathematik wirklich vollständig auf Logik reduziert war.

Zu den wenigen Wissenschaftlern, die die Werke von Frege kannten und im Stande waren, sie richtig einzuschätzen, gehörte der italienische Mathematiker *Giuseppe Peano* (1858–1932), der sich ebenfalls mit der Entwicklung einer Symbolik für die Logik und Mathematik beschäftigte und sich für die axiomatische Methode und ihre Anwendungen in der Mathematik einsetzte. Er entwickelte eine transparente und praktische logische und mathematische Symbolik. Die heute verwendete Symbolik geht in wesentlichen Teilen zurück auf diese Symbolik Peanos, die später noch ein wenig von Russell modifiziert wurde. Peano zeigte, wie man mit seiner Symbolik axiomatisch-deduktiv mathematische Gesetze ordnen und systematisieren kann (vgl. [128]). Insbesondere hat Peano demonstriert, wie die ganze Arithmetik der natürlichen Zahlen aus fünf Axiomen, die man heute Peano-Axiome nennt, abgeleitet werden kann (s. *Aritmetices principia nova methodo exposita*, ([143], 1889)). (Vgl. unsere Bemerkungen dazu im Abschnitt 2.15 über Dedekind.)

Über Peano hat Bertrand Russell die Werke von Frege kennengelernt. Als er den ersten Band der Fregeschen *Grundgesetze* studierte, bemerkte Russell, dass das System der Logik, auf das Frege die Arithmetik der natürlichen Zahlen zurückführte, in sich widersprüchlich ist. Denn in diesem System ist die Antinomie der sogenannten „nichtreflexiven Klassen" konstruierbar, die man heute als Russellsche Antinomie bezeichnet. Russell hatte diese Entdeckung im Jahr 1901 gemacht und sie in einem Brief vom 16. Juni 1902 Frege mitgeteilt. Er schrieb:

„In Bezug auf viele konkrete Fragen habe ich in Ihrem Werk Diskussionen, Unterscheidungen und Definitionen gefunden, die man vergeblich in
Arbeiten anderer Logiker sucht. [...] Es gibt jedoch eine Stelle, in der
ich auf Schwierigkeiten gestoßen bin. Sie behaupten (S. 17), dass auch
eine Funktion sich als unbestimmtes Element verhalten kann. Früher habe
ich das geglaubt, jetzt aber scheint mir solche Ansicht fragwürdig wegen
des folgenden Widerspruches. Sei w die folgende Eigenschaft: Eine Eigenschaft zu sein, die man über sie selbst aussagen kann. Kann man jetzt
die Eigenschaft w über sie selbst aussagen? Aus jeder möglichen Antwort
folgt ihr Gegenteil. Wir müssen also in der Folge sagen, dass w keine Eigenschaft ist. Auf ähnliche Weise existiert keine Klasse (als ein Ganzes),
die aus solchen Klassen besteht, die nicht zu sich selbst gehören. Ich ziehe
daraus den Schluss, dass unter bestimmten Bedingungen definierbare Zusammenfassungen keine fertigen Gesamtheiten bilden." ([91], 124–125)

Das ist die erste Formulierung der Russellschen Antinomie. Frege beantwortete die
Russellsche Mitteilung am 22. Juni 1902 mit einem Brief, in dem er sehr verunsichert
schrieb:

„Ihre Entdeckung des Widerspruches hat mich auf's Höchste überrascht
und, fast möchte ich sagen, bestürzt, weil dadurch der Grund, auf dem ich
die Arithmetik sich aufbauen dachte, in's Wanken gerät. [...] Ich muss
noch weiter über die Sache nachdenken. Sie ist um so ernster, als mit
dem Wegfall meines Gesetzes V nicht nur die Grundlage meiner Arithmetik, sondern die einzig mögliche Grundlage der Arithmetik überhaupt
zu versinken scheint. [...] Jedenfalls ist Ihre Entdeckung sehr merkwürdig und wird vielleicht einen großen Fortschritt in der Logik zur Folge
haben, so unerwünscht sie auf den ersten Blick auch scheint. [...] Der
zweite Band meiner Grundgesetze soll demnächst erscheinen. Ich werde
ihm wohl einen Anhang geben müssen, in dem Ihre Entdeckung gewürdigt
wird. Wenn ich nur erst den richtigen Gesichtspunkt dafür hätte!" ([72],
Bd. 2, S. 212–215)

Bevor wir die Geschichte des Logizismus weiter verfolgen, erläutern wir die Russellsche Antinomie. Sie wurde von Russell im Jahr 1903 in seinem Buch *The Principles of Mathematics*
veröffentlicht. Heute wird diese Antinomie folgendermaßen formuliert: Man kann fragen, ob
eine gegebene Menge X ihr eigenes Element ist oder nicht: $X \in X$ oder $X \notin X$. Sei Z die
Menge aller der Mengen, die nicht ihr eigenes Elemente sind, also $Z = \{X | X \notin X\}$. Jetzt ist
die Frage: Ist Z ein Element von Z oder nicht? Ist die Antwort „Ja", d. h. nimmt man $Z \in Z$
an, dann bedeutet das, dass Z die Eigenschaft besitzt, die die Elemente von Z besitzen. Also
ist $Z \notin Z$. Das ist ein Widerspruch. Ist die Antwort „Nein", d. h. nimmt man $Z \notin Z$ an,
dann hat Z nicht die Eigenschaft der Elemente von Z, was bedeutet, dass $Z \in Z$ ist. Auch
dies ist ein Widerspruch. In beiden Fällen also, ob wir „Ja" oder „Nein" sagen, ergibt sich ein
Widerspruch. Ein solcher nicht auflösbarer Konflikt heißt Antinomie.

Damals entschloss Russell sich, das Unternehmen der Rückführung der Mathematik auf die Logik von vorn zu beginnen. Seine philosophische Position dabei beschrieb er in dem Buch *The Principles of Mathematics* (1903), in dem er auch die Antinomie der nichtreflexiven Klassen analysiert hatte. Hier stellte er seine Ansichten zur Philosophie der Mathematik vor, die denen von Frege sehr ähnlich waren. Die Reduktion der Mathematik auf Logik selbst hat er in dem monumentalen, zusammen mit seinem Universitätslehrer Alfred North Whitehead geschriebenem Werke *Principia Mathematica*[7] ausgeführt (Bd. I – 1910, Bd. II – 1912, Bd. III – 1913). Man findet dort ein von Russell vollständig umgebautes System der Logik, die so genannte Typentheorie. Die Idee dieses Systems stammt schon aus dem Jahre 1903 und wurde in den *Principia* realisiert.

Die *Principia* von Russell und Whitehead schließen die Hauptperiode der Entwicklung des Logizismus ab. Spätere Werke waren im Wesentlichen nur Ergänzungen oder Verbesserungen dieses Systems und bedeuteten die Konsolidierung der Position des Logizismus.

Wir wollen jetzt die Konzeption von Frege bzw. Russell und Whitehead genauer beschreiben. Zuvor präzisieren wir die Doktrin des Logizismus. Nach Russell kann man die Hauptthesen des Logizismus als Verbindung der folgenden Sätze formulieren:

– Alle mathematischen Begriffe, also insbesondere alle Grundbegriffe mathematischer Theorien lassen sich explizit mit Hilfe rein logischer Begriffe definieren.

– Alle Gesetze der Mathematik kann man aus den logischen Axiomen und Definitionen ableiten.

– Die Basis dieser Deduktion ist die Logik. Dies gilt für alle mathematische Theorien. D. h. die Rechtfertigung der Sätze mathematischer Theorien beruft sich auf die gleichen Grundprinzipien, die die Logik bilden. Diese Logik ist die Grundlage für die gesamte Mathematik. Das bedeutet, dass alles Argumentieren in der Mathematik formalisiert werden kann.

Diese Thesen sind nicht ganz klar. Es ist nämlich nicht klar, was eigentlich unter Logik verstanden werden soll. Den Begriff „Logik" kann man auf drei verschiedene Weisen verstehen:

– als Name einer Wissenschaft,

– als Name einer symbolischen Formelsprache, in der die Regeln eines Logikkalküls festgelegt werden,

– als Name eines Kalküls oder Systems.

Es scheint, dass für den Logizismus gerade die dritte Bedeutung die angemessene ist. Aus den oben angegebenen Thesen des Logizismus folgt, dass alle mathemati-

---

[7]Man bemerke die Beziehung des Titels dieses Werkes und des Titels des für die Mechanik fundamentalen Werkes von Isaac Newton *Philosophiae naturalis principia mathematica* (1687).

schen Sätze einen eindeutig bestimmten logischen Inhalt haben und dass damit alle diese Gesetze, so wie die Gesetze der Logik, analytisch sind – was natürlich den Annahmen Kants widerspricht.

Wir haben oben über Weierstraß und Dedekind berichtet. Ihre Arithmetisierung der Analysis zeigt, dass es reicht, die Arithmetik der natürlichen Zahlen als Teil der Logik zu entwickeln, um die Thesen des Logizismus zu rechtfertigen. Gerade dies unternahm Frege in den *Grundlagen der Arithmetik*.

Er verwendete, wie wir andeuteten, dazu den von Cantor eingeführten Begriff der Gleichmächtigkeit von Mengen. Um aber strikt im Bereich der Logik zu bleiben, sprach Frege nicht von Mengen sondern von Begriffen und über die Gleichmächtigkeit der Umfänge von Begriffen. Dadurch wurden Freges Formulierungen einerseits lang und kompliziert, andererseits ermöglichte dies, sich allein der Sprache der Logik zu bedienen.

Man sollte hier die philosophische Anmerkung machen, dass Frege alle Begriffe platonistisch, d. h. als reale Entitäten verstand. Damit waren Begriffe bei Frege unabhängig von Zeit, Raum und menschlichem Verstand. Der Mathematiker also bildet Begriffe und ihre gegenseitige Beziehungen nicht, er *entdeckt* sie. Frege akzeptierte das aktual Unendliche. Beides verband ihn mit Cantor.

Die von Frege vorgeschlagene Definition der natürlichen Zahlen kann man wie folgt beschreiben. – Der Durchsichtigkeit und Klarheit zuliebe verwenden wir mengentheoretische Sprechweisen, d. h. wir verwenden den Begriff der Menge, den Frege gerade vermied. Man kann, wenn man will, das Folgende in die Fregesche Terminologie zurückübersetzen und so erfahren, welche sprachlichen Komplikationen sich dabei ergeben.

(i) Die Mächtigkeit einer Menge X ist die Gesamtheit aller Mengen, die gleichmächtig zu X sind.

(ii) n ist eine Zahl, wenn eine Menge X existiert, so dass n die Mächtigkeit von X ist.

(iii) 0 ist die Mächtigkeit der leeren Menge.

(iv) 1 ist die Mächtigkeit der Menge, die nur aus 0 besteht.

(v) Die Zahl n ist der Nachfolger der Zahl m, wenn es eine Menge X und ein Element a von X gibt, so dass n die Mächtigkeit von X ist und m die Mächtigkeit der Menge X ohne das Element a (also von $X \smallsetminus \{a\}$).

(vi) n ist eine endliche (natürliche) Zahl, wenn n ein Element aller Mengen Y ist, für die gilt: 0 ist Element von Y, und ist k Element von Y, dann auch der Nachfolger von k.

Wenn man auf diese Weise den Begriff der natürlichen Zahl definiert hat, muss man nun die arithmetischen Operationen einführen und zeigen, dass sie die erwarteten Eigenschaften besitzen. Diese Aufgabe ist nicht schwer.

Wir merken an, dass das vorgestellte Fregesche Verfahren einen gravierenden Unterschied aufweist zu dem, was Dedekind und Peano unternahmen. Frege hat, so scheint es, die Existenz der natürlichen Zahlen und der arithmetischen Operationen im reinen

Denken bewiesen, während Dedekind und Peano sie nur postulierten. Letztere haben in der Tat nur in Axiomen Eigenschaften der natürlichen Zahlen und der Operationen auf ihnen formuliert, ohne zu zeigen, dass es solche Objekte überhaupt gibt. Frege hat versucht, ihre Existenz nachzuweisen – als logische und damit gedankliche Objekte. Sein Ziel war es, das Wesen der Zahlen, den Ort ihrer Existenz endgültig zu klären.

In einer tieferen Schicht, mathematisch aber relativiert sich der Unterschied der Ansätze von Dedekind und Peano bzw. Frege. Denn auch Frege geht von einer Axiomatik aus, von einer logischen Axiomatik und zugleich einer – nicht axiomatisierten – Theorie der Begriffsumfänge oder Mengen. Auf dieser Basis der Umfänge existieren seine Zahlen. D. h. die Postulate, die z. B. bei Dedekind die Zahlen beschreiben, sind nur in den Bereich der Logik und speziell den Bereich der Umfänge verschoben.

Die Theorie von Frege besaß noch einen gravierenden Mangel, wie wir oben gesehen haben. Sie basierte auf einem widerspruchsvollen System der Logik. In dieser Situation begann Russell zusammen mit Whitehead, an einem neuen logischen System zu arbeiten, der so genannten verzweigten Typentheorie (*ramified theory of types*), um so für die natürlichen Zahlen und damit für die ganze Mathematik eine konsistente Basis zu schaffen.

Die Hauptannahme dieser Theorie ist, dass die Gesamtheit aller Eigenschaften, die man untersuchen kann, eine unendliche Hierarchie von Typen bildet: Die Eigenschaften des ersten Typs sind Eigenschaften von Individuen, Eigenschaften des zweiten Typs sind Eigenschaften der Eigenschaften des ersten Typs, usw. In dieser Hierarchie gibt es keine Eigenschaften, die gleichzeitig Individuen und Eigenschaften von Individuen besitzen können. Die Folge ist, dass es in dieser Hierarchie keine einheitliche Gleichheitsrelation gibt. Es gibt vielmehr eine Gleichheit von Individuen, dann eine Gleichheit von Eigenschaften des ersten Typs, usw. Um die Probleme mit so genannten „nicht-prädikativen" Definitionen zu vermeiden, führte Russel neben (und in) den Typen eine zusätzliche Hierarchie von Graden im Bereich der Formeln ein, die gegebene Objekte oder gegebene Eigenschaften beschreiben. Sie basierte auf der Form dieser Formeln. Mit diesen Mitteln ist es Russell und Whitehead gelungen, die Antinomie der nichtreflexiven Klassen zu eliminieren.

Eigenschaften, die Russell Aussagefunktionen nannte, spielten in der Typentheorie die gleiche Rolle wie Begriffe und ihre Umfänge bei Frege. Die Konstruktion der natürlichen Zahlen konnte jetzt von Frege übernommen werden. Leider tauchten einige Schwierigkeiten dabei auf, wenn man die arithmetischen Grundsätze für die natürlichen Zahlen nachweisen will. Genauer: Für den Beweis, dass jede natürliche Zahl einen Nachfolger hat, braucht man eine Voraussetzung, und zwar das so genannte Unendlichkeitsaxiom. Es besagt hier, dass es unendlich viele Individuen gibt. Dieser Satz hat aber keinen rein logischen Charakter. Damit war die Russellsche Reduktion der Arithmetik keine Reduktion allein auf Logik sondern auf eine breitere Basis.

Russell schlug aber einen Ausweg aus diesem Problems vor: Er fügte das Unendlichkeitsaxiom als Voraussetzung jedem Satz hinzu, in dessen Beweis man das Axiom brauchte. Nach dem so genannten Deduktionssatzes der Logik ist das möglich. Der Deduktionssatz besagt: Ist ein Satz φ eine Folgerung aus den Sätzen $\psi_1, \psi_2, \ldots, \psi_n$, dann ist die Subjunktion $\psi_1 \wedge \psi_2 \wedge \ldots \wedge \psi_n \longrightarrow \varphi$ ein logisches Theorem, d. h. eine Implikation. Mit diesem Kunstgriff blieben Russell und Whitehead auf dem Boden der reinen Logik. Es bleibt das Problem, dass die Voraussetzung der Unendlichkeit von Klassen keine rein logische ist.

Das Ziel von Russell und Whitehead in den *Principia Mathematica* war nicht allein die Rekonstruktion der Arithmetik der natürlichen Zahlen im Rahmen der Typentheorie, sondern die Rekonstruktion der gesamten Mathematik, insbesondere auch der Mengenlehre. Man muss hier beachten, dass die Haltung von Russell und Whitehead hinter diesem Projekt – im Gegensatz zu Frege – antiplatonistisch, nämlich nominalistisch war. Sie postulierten nicht die Existenz von Mengen als unabhängige und selbstständige Objekte. Symbole, die Mengen bezeichneten, verstanden sie als bloße Zeichen ohne Bedeutung. Aus jedem Satz, in dem man über Mengen spricht, kann man – so Russell – die Mengen eliminieren und erhält einen Satz über Eigenschaften. Auf diese Weise werden Mengen zu Aussagefunktionen.

Wir machen in diesem Zusammenhang noch eine Randbemerkung über das Problem der Geometrie. Frege hatte hier eine radikale Position eingenommen. Er meinte, Geometrie gehöre zur angewandten Mathematik, und ignorierte sie. Russell dagegen unterschied zwischen reiner und angewandter Geometrie. Letztere war für ihn empirisch, die Erstere aber eine mathematische Disziplin. Die reine Geometrie ist die Theorie abstrakter Räume, die mengentheoretisch, d. h. für ihn logisch definiert werden. Die Axiome der Geometrie sind in dieser Auffassung Elemente der Definition solcher Räume.

Der Logizismus war ein philosophisches Projekt, das große Aufmerksamkeit auf sich zog. Seit Russell und Whitehead ist der Logizismus untrennbar verbunden mit den *Principia Mathematica* und der Typentheorie. Das Werk von Russell und Whitehead wurde von vielen Wissenschaftlern weiter entwickelt und modifiziert. Insbesondere wurde das System der Typentheorie modifiziert. Das taten u. a. der polnische Logiker, Philosoph, Kunsttheoretiker und Maler Leon Chwistek (1884–1944) und der britische Mathematiker und Logiker Frank Plumpton Ramsey (1903–1930). Ihre Untersuchungen haben zur Entstehung der einfachen Typentheorie (*simple theory of types*) geführt. Sie wurde zum ersten Mal von Rudolf Carnap im *Abriss der Logistik* (1929) explizit formuliert. Im Unterschied zur verzweigten Typentheorie von Russell und Whitehead, die intentional war, war diese Theorie extensional. D. h. man berücksichtigte allein, worauf Aussagen verweisen und nicht die Art, in der sie das tun.

In den dreißiger Jahren wurde die Typentheorie von den meisten Logikern übernommen. Sie wurde als dasjenige System akzeptiert, das am besten als Grundlage für die Mathematik geeignet ist. Sie wurde die Basis, auf die man sich in logischen Untersuchungen vornehmlich bezog. Zum Beispiel bildete die Typentheorie den Hintergrund für die berühmte und fundamentale Arbeit von Kurt Gödel über Unvollstän-

digkeitsphänomene wie auch für die Arbeit von Alfred Tarski über die Definition der
Wahrheit. Auch für die Philosophen wurde sie ein wichtiger Bezugspunkt ihres Ma-
thematikbildes. In der Mitte der fünfziger Jahre änderte sich die Situation. Da übernahm die natürliche Konkurrentin, die axiomatische Mengenlehre, ihren Platz.

Trotz der Bedeutung und der Rolle, die die Typentheorie spielte, wurden die Auffassungen von Russell und Whitehead sowie auch spätere Modifikationen kritisiert.
Man warf dem Logizismus vor, dass er metaphysisch sei, da er wie bei Frege platonistisch ist, und dass der Nominalismus wie bei Russell und Whitehead inkonsequent
ist, da die Aussagefunktionen, auf die er sich bezieht, wieder platonistischen Charakter haben. Man wies darauf hin, dass die Typentheorie eine *ad hoc* entwickelte
Theorie ist, die einen hierarchischen Aufbau der Welt annimmt, der sich in der Hierarchie der Typen widerspiegelt, für den es aber eigentlich keine Rechtfertigung gibt.
Auch die Verwendung der vielen Postulate wurde kritisiert, die keinen rein logischen
Charakter haben. Hierher gehört z. B. das Axiom, das besagt, dass es für jede Klasse
eine Klasse desselben Typs „vom Grad 1" gibt, die die gleichen Elemente besitzt wie
die gegebene Klasse. Dieses Axiom ermöglicht es u. a., nichtprädikative Definitionen
zu eliminieren.

Ein weiterer Vorwurf an die Typentheorie war, dass sie keine „gemischten Mengen" zuließ, das sind Mengen, deren Elemente Objekte verschiedenen Typs sind, z. B.
Mengen wie

$$\{\emptyset, \{\emptyset\}\}, \ \{\emptyset, \{\{\emptyset, \{\emptyset\}\}\}\}, \ \dots .$$

Solche Mengen aber benötigt man in den mathematischen Grundlagen. Ihr Fehlen
behinderte die Untersuchung mancher Probleme. Untersuchungen über so genannte
große Kardinalzahlen z. B. waren nicht möglich.

Ein gravierender Nachteil der Typentheorie ist die systematische Mehrdeutigkeit
vieler Begriffe. Sie besteht darin, dass intuitiv gleiche Begriffe separat für verschiedene Typen eingeführt werden müssen und dies eigentlich für jeden Typ, d. h. unendlich
oft. Das ist z. B. der Fall für den Begriff der Gleichheit, den Begriff der leeren Menge
und den Begriff der Teilmenge.

Neben solchen Vorwürfen, die eher technischen Charakter haben, wurden auch andere allgemeinere, mit methodischem Charakter erhoben. Die in der Fregeschen Logik entdeckten und von Russell und Whitehead eliminierten Antinomien z. B. stellten
zwar ein Problem für die Logik dar, aber waren keineswegs relevant für die klassischen Theorien der Mathematik. Für diese Theorien kann man in einfacher, natürlicher Weise die bekannten Antinomien ausschließen. Ist also, so die allgemeine Frage,
die Reduktion der Arithmetik auf die Typentheorie nicht die Reduktion auf eine Theorie, die problematischer ist als die Arithmetik selbst?

Trotz aller Mängel und Unvollkommenheiten hat der Logizismus, der sich wesentlich auf die Typentheorie stützte, eine wichtige Rolle in der Philosophie und in den
Grundlagen der Mathematik gespielt. Einer seiner Verdienste ist die Tatsache, dass er
einen klaren Weg zur Systematisierung der ganzen Mathematik aufgezeigt hat. Wir

bemerken auch, dass es die Logizisten waren, die wesentlich zu der Entwicklung der mathematischen Logik beigetragen haben.

Oben haben wir gezeigt, dass der Logizismus die Mathematik eigentlich nicht auf Logik sondern auf Logik *und* Mengenlehre zurückführt. Denn die Logizisten waren gezwungen, in ihren logischen Systemen verschiedene Axiome von außerlogischem, genauer gesagt: mengentheoretischem Charakter zu akzeptieren. Deswegen gilt die Doktrin des Logizismus heute in der Form, dass die Mathematik insgesamt auf Logik und Mengenlehre rückführbar ist. Es gibt aber eine Version des Logizismus, und zwar eine methodologische Form, die man auch Hypothetismus (*if-thenism*) nennt und die versucht, die Reduktion auf Logik allein zu retten. Sie basiert auf dem metalogischen Satz über den finiten Charakter der Operation der Folgerung und auf dem Deduktionssatz (s. o.). Ihr Grundsatz ist, dass mathematische Sätze in speziellen Theorien generell Implikationen sind, in deren Antezedens eine Konjunktion der Axiome der gegebenen Theorie steht und im Sukzedens die These selbst. Dieses Prinzip ist die prinzipielle Erweiterung des Russellschen Versuchs, der Verwendung des mengentheoretischen Unendlichkeitsaxioms logisch auszuweichen (s. o.).

Wir bemerken zum Schluss, dass die Ideen von Russell und Whitehead ein großes Projekt französischer Mathematiker beeinflusste. In den dreißiger Jahren des 20. Jahrhunderts formierte sich eine Gruppe von Mathematikern in Frankreich, die den Namen Nicolas Bourbaki als Pseudonym verwendete. Ihr Projekt war die Systematisierung allen mathematischen Wissens. Die Resultate ihrer Untersuchungen wurden unter dem gemeinsamen Titel *Éléments de mathématique* veröffentlicht. Bis heute sind 20 Bände erschienen. Für die Bourbakisten besteht die mathematische Welt aus Strukturen. Der Begriff der Struktur dabei ist mengentheoretisch definiert. Sie unterscheiden drei Typen von mathematischen Strukturen: algebraische Strukturen, Ordnungsstrukturen und topologische Strukturen. Alle anderen mathematischen Strukturen können in Termini dieser drei Typen definiert werden. – Es ist allerdings nicht ausgeschlossen, dass in der weiteren Entwicklung der Mathematik neue Typen von Strukturen auftauchen werden.

2.18 Intuitionismus

Der Intuitionismus entwickelte sich als eine Gegenströmung zum Logizismus. Der moderne Intuitionismus entstand in den Jahren 1907–1930. Sein Begründer war der niederländische Mathematiker *Luitzen Egbertus Jan Brouwer* (1881–1966). Die Brouwerschen Ideen wurden u. a. von *Arend Heyting* (1898–1980) und *Anne Sierp Troelstra* (geb. 1939) weiter entwickelt. Eine wesentliche Ursache für die Entstehung des Intuitionismus war die Kritik an den damaligen Grundlagen der Mathematik. Diese Kritik betraf zwei Punkte, die in der Geschichte der Mathematik immer wieder als Probleme auftauchen: Den Begriff des Unendlichen und die Beziehungen zwischen dem Diskreten und dem Stetigen, dem Kontinuum. Die Intuitionisten kritisierten die

Konzeptionen von Cantor, die von ihm entwickelte Mengenlehre und darin insbesondere seine Theorie des Unendlichen.

Die Intuitionisten betrachteten diejenigen Philosophen und Mathematiker als ihre Vorgänger, für die Mathematik eine Wissenschaft mit realem und nicht nur formalem Inhalt ist und die davon ausgehen, dass dem menschlichen Verstand die mathematischen Objekte unmittelbar gegeben sind und dass Sätze über sie synthetische Sätze *a priori* sind. Die Intuitionisten beriefen sich also speziell auf Kant wie auch auf Paul Natorp (1854–1924), einen Philosophen aus der Marburger Schule, in der man Kant studierte und seine Ideen zum neukantischen Idealismus weiterentwickelte.

Es scheint so, als ob die Ideen, die man später bei Brouwer ausformuliert vorfindet, um die Wende des 19. zum 20. Jahrhunderts quasi „in der Luft lagen".

Zuerst deuteten diese Ideen sich bei Leopold Kronecker (1823–1891) und seinen Schülern in den siebziger und achtziger Jahren des 19. Jahrhunderts an. Die Kroneckerschen Ideen fanden den deutlichsten Ausdruck in seinen Ansichten über den Status der mathematischen Objekte. In dem Aufsatz *Über den Zahlbegriff* ([112], 1887) propagierte er das Projekt der „Arithmetisierung" der Algebra und Analysis, d. h. ein Projekt, das diese Bereiche der Mathematik auf den fundamentalen Begriff der Zahl zurückführen sollte. In einer Reihe von Vorlesungen entwickelte Kronecker eine einheitliche Theorie der verschiedenen Arten von Zahlen, in der er sich auf die „Urintuition der natürlichen Zahlen" berief. Diese Vorlesungen wurden nach seinem Tode von K. Hensel im Jahre 1901 veröffentlicht. Seine philosophischen Ansichten fasste Kronecker schon während einer Sitzung in Berlin im Jahre 1886 in dem kurzen und berühmt gewordenen Satz zusammen: „Die ganzen Zahlen hat der liebe Gott gemacht, alles andere ist Menschenwerk." Und er schrieb:

> „Ich untersuche Mathematik nur als eine Abstraktion der arithmetischen Wirklichkeit."

Kronecker erkannnte die Definition einer arithmetischen Eigenschaft nur dann als zulässig an, wenn man in einer endlichen Anzahl von Schritten entscheiden kann, ob eine gegebene Zahl unter diese Definition fällt oder nicht. Das führte unter anderem zu der Idee des „reinen Existenzbeweises": Den Beweis der Existenz eines Objektes akzeptierte Kronecker nur dann, wenn er eine Methode angibt, das Objekt zu konstruieren.

Kronecker und seine Schüler sagten den damals neuen, auf der Cantorschen Mengenlehre begründeten Methoden in der Theorie der reellen Zahlen und in der vor allem von Weierstrass und seiner Schule entwickelten Funktionentheorie den Kampf an. Sie haben den Kampf, so kann man heute sagen, verloren. Denn diese Theorien entwickelten sich schnell und erfolgreich – trotz der Entdeckung der Antinomien in der Mengenlehre. Erst der Zermelosche Beweis des Wohlordnungssatzes (1904) aus dem Auswahlaxiom rief breitere Bedenken und Widerstand hervor speziell in einer Gruppe von französichen Mathematikern, die selbst an der Entwicklung der Funktionentheorie auf der Basis der Cantorschen Mengenlehre arbeiteten.

Zu dieser Gruppe – der Pariser Schule des Intuitionismus, die auch als „französischer Semi-Intuitionismus" bezeichnet wurde – gehörten René Louis Baire (1874–1932), Emile Borel (1871–1956), Henri Louis Lebesgue (1875–1941) sowie auch der mit ihnen zusammenarbeitende russische Mathematiker Nikolaj Nikolajewitsch Luzin (1883–1950). Die Untersuchungen in dieser Schule über die Grundlagen der Mathematik betrafen vor allem die Rolle des Auswahlaxioms, auch wenn sie sich häufig mit allgemeineren Fragen beschäftigten. Es gibt keine klare philosophische Doktrin dieser Schule. Man findet bei ihren Mitgliedern nur verstreut einzelne Bemerkungen, die am Rande ihrer eigentlichen wissenschaftlichen Arbeit formuliert wurden und die eine gemeinsame konstruktivistische Tendenz zeigen.

Wir stellen einige ihrer Thesen zusammen. Lebesgue behauptete, dass ein mathematisches Objekt nur dann existiert, wenn es mit Hilfe von endlich vielen Worten definiert worden ist. Borel sprach hier von „effektiven Definitionen". Er sagte, dass die bloße Widerspruchsfreiheit nicht genügt, um annehmen zu können, dass das postulierte Objekt wirklich existiert. Reelle Zahlen sollten durch konkrete endliche Definitionen angegeben werden können. Die Menge aller solcher reellen Zahlen kann also nie überabzählbar sein. Um Probleme zu vermeiden, die mit dem abzählbaren Kontinuum zu tun haben, schlug Borel vor, das Kontinuum als unabhängig durch die Intuition gegeben anzunehmen. Er nannte es das geometrische Kontinuum. Auf der anderen Seite führte er den Begriff des praktischen Kontinuums ein, das aus endlich und explizit definierten Zahlen besteht. Seine philosophischen Ansichten fasst der folgende Satz aus seinem Werke *Leçons sur la Théorie des Fonctions* ([26] (1914), S. 173) treffend zusammen: „Ich verstehe nicht, was die abstrakte Möglichkeit einer Handlung bedeuten kann, die dem menschlichen Verstand gar nicht möglich ist". Lebesgue akzeptierte den Begriff einer beliebigen Zahlenfolge nicht, sondern allein Reihenfolgen, die nach bestimmten Regeln oder Gesetzen gebildet werden. Baire lehnte die uneingeschränkte Bildung von Potenzmengen ab, z. B. die Bildung der Menge aller Teilmengen einer beliebig vorgegebenen unendlichen Menge.

Viele dieser Ansichten wurden später von Brouwer übernommen und in seine Doktrin des Intuitionismus einbezogen. Interessant ist – wie wir später sehen werden, dass in vielen Punkten die Ansichten der Semi-Intuitionisten radikaler waren als die des Intuitionisten Brouwer.

Wenn wir über die Ursprünge und über die Vorläufer des Intuitionismus sprechen, dann dürfen wir zwei Personen nicht vergessen. Vor allem müssen wir Henri Poincaré erwähnen. Ihm haben wir einen eigenen Abschnitt gewidmet (2.16). Wir erinnern uns daran, dass er in der Philosophie der Mathematik den aprioristischen Standpunkt betonte, dass er die große Rolle der Intuition in der mathematischen Erkenntnis unterstrich und dass er Konstruktivist war. Seine Ansichten haben großen Einfluss auf Brouwer und seine Schule ausgeübt.

Eine weitere Person, die Einfluss auf den Intuitionismus nahm, war Gerrit Mannourry (1867–1956), der niederländische Mathematiker und Logiker. Er war Professor für Grundlagen der Mathematik an der Universität in Amsterdam und der Universitätslehrer von Brouwer. Mannourry war mit der Bewegung *Signifika* verbunden. Das war eine Richtung in der Philosophie, die im Rahmen ihrer streng logischen und methodologischen Konzeptionen auch ethische Ideen formulierte. Ihr Ausgangspunkt war die Kritik der Sprache und ihrer Ausdrucksweisen, allgemein der Denotation, der Beziehung zwischen Zeichen und Sachverhalt. Sie hing also zusammen mit dem, was man heute Semiotik nennt und hier speziell mit der Pragmatik. Die Anhänger der Signifika interessierten sich nicht so sehr für die Analyse der Bedeutungen von Aussagen sondern mehr für die Theorie „der psychischen Assoziationen, die der Anwendung des Sprechens der Menschen zu Grunde liegen". Sie nahmen einen psychologistischen Standpunkt ein. Die Sprache wurde als ein Mittel betrachtet, mit dem man versucht, andere zu beeinflussen.

Als Anhänger der Signifika meinte Mannourry, dass eine mathematische Formel eine Bedeutung nicht *per se* besitzt sondern nur durch und in der Folge des Zweckes, für das sie formuliert und verwendet wird. Seine Ansicht war, dass die Auswahl der Axiome in der Mathematik nur erklärt werden kann, wenn man das mit der Mathematik verbundene psychologische und emotionale Element berücksichtigt.

In einer solchen philosophisch-psychologistischen Umgebung entwickelten sich die Ansichten Brouwers über die Mathematik. Zum ersten Mal fanden sie ihren Ausdruck in seiner Dissertation *Over de Grondslagen der Wiskunde* (Über die Grundlagen der Mathematik) aus dem Jahre 1907. Er propagierte und begründete dort die intuitionistische Konzeption der Mathematik. Seine Philosophie der Mathematik war Teil seiner allgemeinen philosophischen Ansichten, die in seinem Buch *Leven, Kunst, Mystiek* (Leben, Kunst, Mystik) aus dem Jahre 1905 zu finden sind. Seine Doktorarbeit war auf Niederländisch geschrieben und ihr Einfluss war daher gering. Sie enthielt aber bereits alle fundamentalen Thesen des Intuitionismus. Seine Ansichten hat Brouwer dann in seiner Antrittsvorlesung *Intuitionisme en formalisme* ([28]) entwickelt, die er im Jahr 1912 an der Universität in Amsterdam gehalten hat. Außerdem sind sie in dem Aufsatz *Consciousness, Philosophy and Mathematics* ([29], 1949) zu finden.

Eines der Ziele des Intuitionismus war der Versuch, die Gefahr von Widersprüchen in der Mathematik zu vermeiden. Brouwer hat hier Maßnahmen vorgeschlagen, die sich als sehr radikal erwiesen haben und die Mathematik zu einem tiefen Umbau gezwungen hätten.

Brouwer widersprach entschieden dem Platonismus, der den mathematischen Objekten eine Existenz zuschreibt, die unabhängig von Zeit, Raum und erkennendem Subjekt ist. Stattdessen verkündet der Intuitionismus die Thesen des Konzeptualismus. Darin ist Mathematik eine Funktion des menschlichen Intellekts und eine freie Aktivität des Verstandes. Mathematisches Wissen ist ein Produkt dieser lebendigen Tätigkeit und nicht eine Theorie, d. h. ein System von Regeln und Sätzen. Mathematische Objekte sind Denkkonstruktionen des (idealen) Mathematikers. In der Mathematik also gibt es nur das, was im menschlichen Intellekt konstruiert oder konstruierbar ist. A. Heyting schreibt in dem Aufsatz *Die intuitionistische Grundlegung der Mathematik*,

> „dass wir den ganzen Zahlen, und ähnlicherweise anderen mathematischen Gegenständen, eine Existenz unabhängig von unserem Denken nicht zuschreiben. [...] Die mathematischen Gegenstände, wenn auch vielleicht unabhängig vom einzelnen Denkakt, sind ihrem Wesen nach durch das menschliche Denken bestimmt. Ihre Existenz ist nur gesichert, insoweit sie durch Denken bestimmt werden können; ihnen kommen nur Eigenschaften zu, insoweit diese durch Denken an ihnen erkannt werden können. Diese Möglichkeit der Erkenntnis offenbart sich uns aber nur durch das Erkennen selbst. Der Glaube an die transzendente Existenz, der durch die Begriffe nicht gestützt wird, muss als mathematisches Beweismittel zurückgewiesen werden." ([94], S. 106 f)

Eine der Konsequenzen des konzeptualistischen Standpunktes ist die Ablehnung der axiomatischen Methode für den Aufbau und die Begründung der Mathematik. Es ist nicht zulässig, die Existenz irgendwelcher Objekte zu postulieren, wie man es in der Axiomatik tut, ohne zu zeigen, wie man sie konstruiert. Das gleiche trifft auf die Eigenschaften der mathematischen Objekte zu. Daher lehnte der Intuitionismus speziell die Peanosche Axiomatik der Arithmetik der natürlichen Zahlen sowie die Zermelosche Axiomatik der Mengenlehre ab. Besonders griffen die Intuitionisten das Auswahlaxiom an. Dieses Axiom sei, so sagten sie, ein Beispiel des reinen Postulierens der Existenz einer Menge, die unser Verstand gar nicht im Stande ist, präzise zu bestimmen oder vorzustellen.

Ein andere Konsequenz der konzeptualistischen Auffassung ist die Ablehnung des aktual Unendlichen. Der menschliche Intellekt kann spezielle Objekte konstruieren, z. B. Zahlen, aber er ist nicht in der Lage, unendlich viele Konstruktionen durchzuführen. Also kann man eine unendliche Menge nur als eine Regel oder ein Gesetz verstehen, das angibt, wie immer neue Elemente gebildet werden. Solche potentiell unendliche Mengen aber sind abzählbar. Überabzählbare Mengen sind undenkbar. Es gibt daher keine anderen transfiniten Kardinalzahlen als $\aleph_0$. Der Begriff der Menge bei den Intuitionisten ist ein komplett anderer als der, mit dem in der Cantorschen Mengenlehre operiert wird.

Der Konzeptualismus der Intuitionisten führt auch zur Ablehnung aller so genannten nichtkonstruktiven Existenzbeweise, d. h. solcher Beweise, in denen keine Konstruktion der postulierten Objekte angegeben wird. In Beweisen dieser Art sah Brouwer die Quelle der Antinomien, Paradoxien und anderer grundlegender Probleme in der Mathematik. Die Ablehnung nichtkonstruktiver Beweise führte zwangsläufig zur Ablehnung der klassischen Logik, in der jeder Satz entweder wahr oder falsch ist.

Diese Logik nämlich ist die Grundlage für solche Beweise. Das Gesetz des ausgeschlossenen Dritten $p \vee \neg p$ (*tertium non datur*) sowie das Gesetz der Doppelnegation $\neg\neg p \longleftrightarrow p$ (*duplex negatio affirmat*) mussten daher abgelehnt werden. Denn wären diese Gesetze gültig, dann hätten wir z. B. für jede Eigenschaft $\varphi(x)$

$$\exists x \varphi(x) \vee \neg \exists x \varphi(x).$$

Nehmen wir z. B. an, dass die Eigenschaft $\varphi(x)$ derart ist, dass aus der Voraussetzung $\neg\exists x \varphi(x)$ ein Widerspruch folgt. Dann wäre der zweite Teil der eben gegebenen Alternative richtig, d. h. $\exists x \varphi(x)$. Wir erhielten also die Existenz des Objektes x, ohne es konstruiert zu haben.

Beweise dieser Art kommen sehr oft in der klassischen Mathematik vor. Brouwer und die Intuitionisten erkannten sie nicht an. Für sie bedeutete die Existenz eines Objektes x mit der Eigenschaft φ, dass ein solches Objekt konstruierbar ist. Denn es existiert nur das, was (in Gedanken) konstruiert werden kann. Die Widerlegung des Satzes $\neg\exists x \varphi(x)$ ist daher noch kein Beweis des Satzes $\exists x \varphi(x)$.

Die Tatsache, dass die klassische Logik nicht mit einer Mathematik im intuitionistischen Sinne vereinbar ist, hat Brouwer schon kurz nach der Beendigung seiner Dissertation bemerkt. In dem Jahre 1908 veröffentlichte er das erste Beispiel einer Schlussfolgerung, die man heute in der Literatur „schwaches Gegenbeispiel" nennt. Ihr Ziel ist es zu zeigen, dass einige Aussagen, die vom Standpunkt der klassischen Logik und Mathematik akzeptiert werden, nicht haltbar sind, wenn man sie intuitionistisch betrachtet. Brouwer präsentierte solche Beispiele, um zu begründen, dass eine Revision der klassischen Theorien notwendig ist. Speziell zeigten sie, dass es Definitionen gibt, die zwar klassisch äquivalent sind, die aber vom intuitionistischen Standpunkt aus nicht zu äquivalenten Begriffen führen.

Ein Brouwersches Beispiel sah so aus: Wir betrachten die Menge

$$X = \{x | x = 1 \vee (x = 2 \wedge \varphi)\},$$

wo φ irgendeine nicht entschiedene mathematische Hypothese ist, z. B. die Riemannsche Hypothese. Die Menge X ist dann eine Teilmenge der endlichen Menge $\{1, 2\}$. In der klassischen Mathematik ist X endlich. In der intuitionistischen Mathematik kann man darüber gar nicht sprechen. Denn um die Behauptung der Endlichkeit von X aufstellen zu können, müsste zuvor entschieden sein, welche Elemente X besitzt, d. h. man müsste φ entscheiden. Auf diese Weise erhalten wir ein schwaches Gegenbeispiel zur Aussage, das eine Teilmenge einer endlichen Menge endlich ist. Auf ähnliche Weise konstruiert man ein schwaches Gegenbeispiel zur Aussage : „Für jede reelle Zahl x gilt $x < 0 \vee x = 0 \vee x > 0$".

Wir zitieren ein weiteres Beispiel. Betrachten wir die folgenden zwei Definitionen zweier natürlicher Zahlen: (a) Sei k die größte Primzahl, für die auch $k - 1$ Primzahl ist, oder, wenn es eine solche Zahl nicht gibt, sei $k = 1$. (b) Sei l die größte Primzahl, für die auch $l - 2$ Primzahl ist, oder, wenn es eine solche Zahl nicht gibt, sei $l = 1$. Vom klassischen Standpunkt haben beide Definitionen die gleiche Struktur. Im intuitionistischen Sinne ist das aber nicht so. Denn in der intuitionistischen Mathematik kann man berechnen, dass $k = 3$ ist, aber man kann nicht sagen, was l ist, da man nicht weiß, ob es unendlich viele Primzahlzwillinge gibt. Für einen Intuitionisten ist die Definition (b) keine Definition, weil eine Zahl zu definieren bedeutet, die Konstruktion anzugeben, die ermöglicht, ihren genauen Wert zu berechnen.

Das nächste Beispiel wird zeigen, dass in der intuitionistischen Mathematik die Unmöglichkeit der Unmöglichkeit einer Eigenschaft kein Beweis dieser Eigenschaft ist, also das aussagenlogische Gesetz $\neg\neg p \longrightarrow p$ nicht immer gilt. Betrachten wir nämlich die dezimale Entwicklung der Zahl π und schreiben wir darunter den Dezimalbruch $\varrho = 0{,}3333\ldots$ so lange, bis in der Dezimalentwicklung von π von einer Stelle k an die Ziffernfolge $777\ldots7$ mit der Länge k auftritt. Für dieses k sei

$$\varrho = \frac{10^k - 1}{3 \cdot 10^k}.$$

Die klassische Mathematik sagt, dass die Zahl ϱ rational ist. In der Tat, nehmen wir an, ϱ ist nicht rational. Dann ist die Gleichung

$$\varrho = \frac{10^k - 1}{3 \cdot 10^k}.$$

falsch und es gibt in der Dezimalentwicklung von π von keiner Stelle k an die Ziffernfolge $7777\ldots7$ mit der Länge k. Dann aber ist $\varrho = 0{,}3333\ldots$ eine unendliche Reihe und damit $\varrho = 1/3$, also rational. Das ist aber ein Widerspruch zur Annahme, ϱ sei nicht rational. Damit ist gezeigt, dass die Zahl ϱ rational ist.

Kein Intuitionist aber wird diese Aussage akzeptieren. Man kann noch nicht einmal annehmen, dass ϱ rational ist, da das bedeutet, dass man natürliche Zahlen p und q finden kann, sodass $\varrho = \frac{p}{q}$ ist. Dazu müsste man aber entweder Stelle der Ziffernfolge $7777\ldots7$ der Länge k in der Dezimalentwicklung von π finden oder aber beweisen, dass es diese Folge von Ziffern nicht gibt. Wir können aber weder das eine noch das andere. Also dürfen wir nicht behaupten, dass die Zahl ϱ rational ist.

Alle diese Beispiele zeigen, dass klassisch logische Argumentationen in der intuitionistischen Mathematik partiell nicht funktionieren. Für die Intuitionisten ist darüber hinaus Logik gar nicht Basis und Ausgangspunkt für die Mathematik. Das Umgekehrte ist der Fall. Brouwer meinte, dass Logik für die Mathematik sekundär sei und vielmehr Logik sich auf die Mathematik stütze.

Der Mathematik liegt – so die Intuitionisten – die Urintuition der apriorischen Zeit zugrunde. Brouwer hat von Kant die Auffassung der Zeit als reine, apriorische Form der Anschauung übernommen (die Idee des apriorischen Raumes aber zugleich abgelehnt). Brouwer spricht von den natürlichen

> Zahlen als „inhaltlose Abstraction des Zeitempfindens".

Mit der Annahme der apriorischen Zeit sind arithmetische Sätze synthetische Sätze *a priori*. In *Intuitionisme en formalisme* [28] schrieb Brouwer

> „Der Intuitionist betrachtet das Zerfallen der Momente des Lebens in qualititativ verschiedene Teile, die durch Zeit getrennt werden und die erst

wieder zusammengefügt werden müssen, als fundamentales Phänomen des menschlichen Verstandes, das – durch die Abstraktion von seinem emotionalen Inhalt – in ein fundamentales Phänomen des mathematischen Denkens übergeht, in die Intuition der nackten Zweieinigkeit. Diese Intuition der Zweieinigkeit [...] erschafft nicht nur die Zahlen Eins und Zwei, sondern auch alle endlichen Ordinalzahlen, weil eines der Elemente dieser Zweieinigkeit wieder als eine neue Zweieinigkeit gedacht werden kann – und dieses Verfahren kann unbegrenzt wiederholt werden [...]. Schließlich führt diese fundamentale Intuition der Mathematik – die in ihr das Zusammenhängende und das Getrennte, das Stetige und das Diskrete vereinigt – direkt zur Entstehung der Intuition des linearen Kontinuums [...]. Auf diese Weise verursacht die Apriorität der Zeit, dass nicht nur die Gesetze der Arithmetik sondern auch die Gesetze der Geometrie – nicht nur der elementaren zwei- und dreidimensionalen sondern auch der nicht-euklidischen und n-dimensionalen – synthetische Urteile *a priori* sind."

Die Aussage, dass Mathematik eine freie Aktivität des Verstandes ist und nicht ein System von Axiomen, Regeln und Gesetzen, führt zu dem Schluss, dass mathematische Konstruktionen gänzlich unabhängig von jeder Sprache sind. Heyting schrieb dazu in dem Aufsatz *Die intuitionistischen Grundlagen* der Mathematik:

„Die Sprache, sowohl die gewöhnliche wie die formalistische, gebraucht er [der Intuitionist – Anm. der Autoren] nur zur Mitteilung, d. h. um andere oder sich selbst zum Nachdenken seiner mathematischen Gedanken zu veranlassen." ([94], S. 106)

Und Brouwer behauptete (siehe *Intuitionisme en formalisme*, [28]):

„Deswegen kann ein Intuitionist sich nie sicher fühlen, dass eine mathematische Theorie exakt ist, durch derartige Garantien wie den Beweis der Widerspruchsfreiheit, die Möglichkeit, alle ihre Begriffe durch endlich viele Worte zu definieren, oder die praktische Sicherheit, dass sie nie zu öffentlichen Missverständnissen in gesellschaftlichen Beziehungen führen wird."

Danach ist es unsinnig – vom Standpunkt eines Intuitionisten, wenn man die mathematische Sprache analysiert und nicht das mathematische Denken. Diese Ansicht unterscheidet den Intuitionismus nicht nur vom Logizismus (s. o.) und Formalismus (s. u.) sondern auch von all den Philosophen – von Platon über Leibniz bis zu Wilhelm von Humboldt und Ernst Cassirer, für die die Sprache dem abstrakten Denken vorausgeht oder Denken sprachlich ist.

Die Intuitionisten behaupten zudem, dass es eine Sprache für die Mathematik nicht geben kann, die wirkliche Sicherheit gäbe und die Möglichkeit von Widersprüchen und Paradoxien ausschlösse. Sie stellten sich damit gegen die Formalisten, die die Widerspruchsfreiheit der Mathematik durch eine Rekonstruktion der Mathematik in einem formalisierten System mit sicheren finiten Methoden beweisen wollten. Die Intuitionisten propagierten vielmehr, die Korrektheit der Mathematik nicht „auf dem Papier" sondern „im menschlichen Verstande" zu suchen.

Die oben beschriebenen Thesen von Brouwer, die den Kern seiner Doktrin bilden, führten ihn zu der Forderung, die ganze Mathematik aus den intuitionistischen Prinzipien zu rekonstruieren. Bisweilen spricht man vom „Brouwerschen Programm". Er begann im Jahr 1912 voller Energie, dieses Program zu realisieren. Begonnen hat er mit der Revision des Begriffs des Kontinuums. Bis 1928 hatte er einen Teil der Topologie, der Mengenlehre mit Urelementen und der Funktionentheorie rekonstruiert, eine Theorie der abzählbaren Wohlordnungen entwickelt und – zusammen mit seinem Schüler B. de Loor – einen intuitionistischen Beweis des Fundamentalsatzes der Algebra geführt. Von dem Jahr 1928 an war Brouwer mathematisch kaum mehr produktiv. Sein Werk wurde von seinen Schülern fortgeführt, vor allem von Maurits Joost Belifante und Arend Heyting, später von Heytings Schülern. Belifante arbeitete an einer intuitionistischen Theorie der komplexen Zahlen, Heyting an einer intuitionistischen projektiven Geometrie und Algebra, die Schüler von Heyting in der intuitionistischen Topologie, Maßtheorie, Theorie der Hilbertschen Räume und der affinen Geometrie.

Für die Entwicklung des Intuitionismus waren die Untersuchungen und Werke von Heyting wichtig, ja entscheidend. Er war es, der versuchte, die Brouwerschen Ideen zu erläutern, zu verbreiten und zu popularisieren. Man kann behaupten, dass ohne diese Heytingschen Bemühungen der Intuitionismus in den dreißiger Jahren des 20. Jahrhunderts von der Bildfläche verschwunden wäre. Die folgende Generation intuitionistischer Schüler wandte sich vorwiegend metamathematischen Problemen zu, die mit dem Intuitionismus verbunden sind. Sie zogen sich weitgehend von der Weiterführung des Brouwerschen Programms zurück, wie sie Heyting eigentlich angestrebt hatte.

Das Hauptproblem, das vor allen anderen gelöst werden sollte, war die Entwicklung eines Systems der Logik, das den intuitionistisch-philosophischen Ansprüchen genügen sollte. Andrej N. Kolmogorov (1925) und Walerij I. Glivenko (1928) haben eine Formalisierung eines Teiles des intuitionistischen Aussagenkalküls angegeben und A. Heyting hat im Jahr 1930 das erste vollständige System dieses Kalküls vorgestellt. Dieses ermöglichte es unter anderem, die klassische (aristotelische) Logik mit der intuitionistischen zu vergleichen.

Es hat sich herausgestellt, dass die folgenden Formeln keine Sätze des intuitionistischen Systems sind:

$$\neg\neg p \longrightarrow p,$$

$$\neg(p \wedge q) \longrightarrow \neg p \vee \neg q,$$

$$(p \longrightarrow q) \longrightarrow (\neg p \vee q).$$

Dagegen kann man die folgenden Formeln in dem intuitionistischen System ableiten:

$$p \longrightarrow \neg\neg p,$$

$$\neg\neg(\neg\neg p \longrightarrow p),$$

$$\neg\neg\neg p \longleftrightarrow \neg p.$$

Das intuitionistische System der Aussagenlogik ist ein Teilsystem des klassischen Systems. Glivenko hat gezeigt, dass die Formel $\neg\neg\varphi$ in dem intuitionistischen System der Aussagenlogik beweisbar ist genau dann, wenn die Formel φ in dem klassischen System bewiesen werden kann. Kolmogorov (1925), Kurt Gödel (1933) und Gerhard Gentzen (1933, veröffentlicht erst 1965) haben einige Sätze über die Einbettung der klassischen Logik in die intuitionistische Logik bewiesen. Als wichtig haben sich die von Gentzen (1935) entwickelten Sequenzenkalküle LK und LJ erwiesen. Sie ermöglichten eine strukturelle Unterscheidung der klassischen und intuitionistischen Aussagenlogik.

Man hat für den intuitionistischen Aussagenkalkül verschiedene Semantiken entwickelt. Im Jahre 1932 bewies Gödel, dass dieses System nicht mit Matrizen mit endlich vielen Werten auskommt. Im Jahr 1935 hat der polnische Logiker Stanisław Jaśkowski eine Reihe passender Matrizen (mit unendlich vielen Werten) für die intuitionistische Logik angegeben. Im Jahr 1938 hat eine anderer polnischer Logiker, Alfred Tarski, eine topologische Interpretation des intuitionistischen Aussagenkalküls vorgeschlagen.

Interessant ist auch die beweistheoretische Interpretation, die am Anfang der dreißiger Jahren des 20. Jahrhunderts von Brouwer, Heyting und Kolmogorov präsentiert wurde. Nach dieser Interpretation ist die Bedeutung eines Ausdruckes φ durch den Beweis von φ gegeben. Dabei wird der Begriff des Beweises einer komplexen Aussage durch die Rückführung auf die Beweise ihrer Teilformeln geklärt. Speziell wird festgelegt:

1. Der Beweis der Formel $\varphi \wedge \psi$ ist ein Beweis von φ und ein Beweis von ψ,

2. der Beweis der Formel $\varphi \vee \psi$ ist ein Beweis von φ oder ein Beweis von ψ,

3. der Beweis der Formel $\varphi \longrightarrow \psi$ ist eine Konstruktion, die jeden Beweis der Formel φ in einen Beweis der Formel ψ umwandelt,

4. die Absurdität $\bot$ („Widerspruch") hat keinen Beweis; der Beweis der Formel $\neg\varphi$ ist eine Konstruktion, die jeden angenommenen Beweis von φ in einen Beweis von $\bot$ umwandelt.

Wir erwähnen noch die von Stephen C. Kleene stammende Interpretation aus den vierziger Jahren des 20. Jahrhunderts. Sie zeigt die Beziehungen zwischen dem Begriff der berechenbaren (rekursiven) Funktion und der intuitionistischen Logik. (Diese Interpretation ist unter dem Namen *realisability interpretation* bekannt.) Es gibt Modelle auch von Beth (1956–1959) und Modelle von Kripke (1965).

Wir bemerken, dass das Heytingsche System des intuitionistischen Aussagenkalküls von Brouwer selbst nicht als eine Interpretation der intuitionistischen Logik angesehen wurde, die der Lehre des Intuitionismus wirklich entspricht. Der Grund für diese skeptische Position Brouwers war seine Überzeugung, dass es unmöglich ist, in einem Kalkül alle möglichen korrekten Denkprozesse erschöpfend erfassen zu können. Die menschliche mathematische Tätigkeit könne nie angemessen durch ein System dargestellt werden. Denn die mathematische Tätigkeit sei immer dynamisch, ein System dagegen statisch. Daher ist es unmöglich, dass ein formales System eine vollständige und angemessene Beschreibung der intuitionistischen Mathematik sei.

Die intuitionistische Mathematik ist ärmer als die klassische Mathematik. Man verliert in ihr einen Teil der Analysis, es fehlt fast die gesamte Mengenlehre. Zudem ist sie weit komplizierter und eignet sich daher kaum für die Anwendungen. Und weitere Vorwürfe den Intuitionisten gegenüber wurden laut. Man hob hervor, dass sich die Ablehnung der klassischen Mathematik auf eine eigentlich unbegründete Variation der Bedeutung von logischen und mathematischen Begriffen stützt. Man bemängelte vor allem, dass der von ihnen verwendete Grundbegriff der Intuition nicht präzise ist, dass die Ableitung der arithmetischen Gesetze aus der Intuition der „Zweieinheit" (s. o.), der Einheit und des Verhältnisses, eigentlich eine Pseudobegründung ist.

Paul Lorenzen (1915–1994) versucht dieser letzten Kritik zu begegnen, indem er die nur psychologistische Art der Beschreibung der Zahlenreihe im Intuitionismus durch *operative Konstruktionsregeln* für Zählzeichen ersetzt, die *Christian Thiel* (geb. 1938) in seinem Buch *Philosophie und Mathematik* ([191], S. 114) so darstellt:

$$\mathbb{N} \left\{ \begin{array}{rcl} & \Longrightarrow & | \\ n & \Longrightarrow & n\,| \end{array} \right.$$

Nach diesem einfachen Kalkül $\mathbb{N}$ entstehen die *Zählzeichen*

$$|,\; ||,\; |||,\; ||||,\; \ldots\ldots,$$

die auch Hilbert (s. u.) an den Anfang seines Programms stellte. Thiel geht einen Schritt weiter und kommt durch eine Abstraktion von den Zählzeichen zu „fiktiven Gegenständen", den „Zahlen" (loc. cit., S. 135). Er nennt Zählzeichen n und n' – im gleichen oder in verschiedenen Zählzeichensystemen — „zähläquivalent", wenn es allein um die Konstruktionsschritte in den zu n bzw. n' gehörenden Kalkülen geht und deren Abfolgen in der Konstruktion von n bzw. n' übereinstimmen (loc. cit., S.115). Nach dieser Relation wird abstrahiert von allem, was für Zeichensysteme irgendwie zeichenspezifisch ist, und erlaubt, von der *Zahl n* zu sprechen und zu sagen, dass n und n' *dieselbe Zahl darstellen*. Diese Abstraktion führt als „ein rein logischer Prozeß" (loc. cit., S. 131) von den Zählzeichen zu den Zahlen und zu den *arithmetischen Aussagen*, die in allen Zählzeichensystemen gleichermaßen gelten. Kurz:

Zahlen sind fiktive Gegenstände, die durch Abstraktion von den Zählzeichen in unterschiedlichen Zählzeichensystemen entstehen.

Der Intuitionismus hatte und hat nicht viele konsequente Anhänger gefunden, obwohl er einen großen Einfluss auf die Grundlagenforschungen ausgeübt hat. Es hat sich gezeigt, dass die intuitionistische Logik ein wertvolles Instrument in verschiedenen Bereichen der Mathematik sein kann, z. B. in der Theorie der Topoi oder in der theoretischen Informatik.

2.19　Konstruktivismus

Der Intuitionismus ist einer der Repräsentanten der großen konstruktivistischen Strömung in der Philosophie der Mathematik. Diese Strömung ist nicht homogen, es gibt unterschiedliche konstruktivistische Lehrmeinungen, die sich im Verständnis des Begriffs „konstruktiv/konstruktivistisch" unterscheiden. Konstruktivistische Strömungen tauchten in dem letzten Viertel des 19. Jahrhunderts auf als eine Reaktion auf die Entwicklung hoch abstrakter mathematischer Begriffsbildungen und Methoden, die vor dem Hintergrund der Cantorschen Mengenlehre entstanden.

Ganz allgemein ausgedrückt ist der Konstruktivismus eine normative Haltung, die postuliert, dass man nicht nach Grundlagen und Rechtfertigungen für die existierende Mathematik Ausschau halten, sondern Mathematik mit bestimmten, eben konstruktivistischen Methoden und Instrumenten entwickeln und betreiben sollte. Beispiele konstruktivistischer Theorien sind – neben dem Intuitionismus – der Finitismus, der Ultraintuitionismus (auch Ultrafinitismus oder Aktualismus genannt), der Prädikativismus, die klassische und konstruktive rekursive Mathematik.

Die Hauptprinzipien des Finitismus sind: (1) Gegenstände der Mathematik sind nur konkret (und endlich) gegebene Strukturen – Prototyp sind hier die natürlichen Zahlen, (2) alle Operationen auf solchen Strukturen sollen kombinatorischen Charakter haben, also „effektiv" sein, (3) abstrakte Begriffe wie z. B. der Begriff einer beliebigen Menge, Operation oder Konstruktion sind in der (finiten) Mathematik nicht zugelassen. Als Begründer des Finitismus kann man Leopold Kronecker ansehen (s. o.).

Der Ultraintuitionismus beginnt in der Beobachtung, dass schon der Begriff der natürlichen Zahl mit einer Idealisierung verbunden ist. Normal in der Mathematik ist, alle natürlichen Zahlen als gleichberechtigt und gleichartig anzusehen. Sie sind Objekte des gleichen Typs, unabhängig davon, ob man über 1, 2, 10 oder über $10^{10^{10}}$ spricht. Aber schon E. Borel hat bemerkt, dass sehr große finite Objekte ähnliche Schwierigkeiten bereiten wie unendliche, und D. van Dantzig hat (im Sinn von G. Mannourry) wirklich die Frage gestellt: „Ist $10^{10^{10}}$ eine endliche Zahl?" Hieraus entstand die Vorstellung, die Mathematik allein aus den aktualen, realen Erkenntnismöglichkeiten des Menschen heraus zu entwickeln. – Daher stammt der manchmal verwendete Name „Aktualismus". – In dieser Auffassung ist z. B. die Operation der Exponentiation beschränkt, d. h. nur partiell. Wenn man die einzelnen natürlichen Zahlen als Reihen von Einheiten auffasst, dann kann man daran zweifeln, ob $10^{10^{10}}$ wirklich eine reale Zahl ist. Denn, so schätzt man, die Anzahl der Atome im Weltall beträgt weniger als 10^{80}.

Aus solchen Ideen heraus werden unterschiedliche theoretische Ansätze des Umbaus der Mathematik begründet. Dies tun unter anderem die Konzeptionen von A. S. Esenin-Volpin, R. J. Parikh, C. Wright, R. O. Gandy, E. Nelson, die man alle ultraintuitionistisch nennen kann.

Vorläufer des Prädikativismus sind H. Poincaré und B. Russell. Sie behaupteten, dass die Ursache der Probleme und Schwierigkeiten in der Mathematik in den nicht-prädikativen Definitionen liegt (s. o.). Daher kommt der Gedanke, in der gesamten Mathematik nur prädikative Definitionen und Konstruktionen zuzulassen. Dieser wurde von Hermann Weyl (1885–1955) in der Monographie *Das Kontinuum* ([196], 1918) ausgeführt. Weyl zeigte, dass man große Bereiche der Analysis mit derart eingeschränkten Mitteln entwickeln kann. Dieser Ansatz wurde auch von anderen verfolgt und angewandt, u. a. von P. Lorenzen, M. Kondô, A. Grzegorczyk, G. Kreisel, S. Feferman und K. Schütte.

In der klassischen und konstruktiven rekursiven Mathematik verwendet man den Begriff der rekursiven Funktion. Er wurde in den dreißiger Jahren des 20. Jahrhunderts eingeführt, um den vagen Begriff der effektiven oder effektiv berechenbaren Funktion zu klären. In der klassischen rekursiven Mathematik untersucht man nur die so genannten berechenbaren reellen Zahlen, das sind diejenigen reellen Zahlen, deren Dezimalentwicklungen durch rekursive, effektiv gegebene Reihen dargestellt werden können. Über dem Bereich der rekursiven reellen Zahlen entwickelt man dann die Analysis. Das wurde u. a. von Stefan Banach und Stanisław Mazur in den dreißiger Jahren des 20. Jahrhunderts ausgeführt.

Die zweite Strömung hier, die konstruktive rekursive Mathematik, ist mit dem Namen des Sowjetischen Mathematikers Andriej A. Markov und mit der von ihm begründeten konstruktivistischen Schule (P. Nivikov, D. Botschvar, N. Schanin) verbunden. Wir bemerken, dass diese Schule philosophisch eine nominalistische Position einnahm.

Wie wir gesehen haben, gibt es für die konstruktivistischen Konzeptionen keine einheitliche philosophische Basis. Sie beziehen sich vielmehr auf oft sehr unterschiedliche philosophische, insbesondere ontologische Positionen und gehen von ganz unterschiedlichen Voraussetzungen aus. Betrachtet man die ontologischen Voraussetzungen, so kann man grob folgende Typen des Konstruktivismus unterscheiden:

– Objektivismus, der davon ausgeht, dass mathematische Gegenstände objektive Ergebnisse von Konstruktionsprozessen sind und dass sie unabhängig vom Subjekt, das sie konstruiert, existieren.

– Intentionalismus, der den konstruierten Objekte eine intentionale Existenz zuschreibt, d. h. eine Existenz, wie sie für kulturelle Objekte typisch ist.

– Mentalismus, der behauptet, dass die mathematischen Gegenstände Erzeugnisse von Denkprozessen sind und nur in diesen Denkakten existieren.

– Nominalismus, d. h. eine Spielart desselben, für den mathematische Objekte nichts als Zeichen sind – gegeben als konkrete raum-zeitliche Gegenstände (z. B. als Kreidehaufen auf der Tafel).

Die konstruktivistischen Strömungen haben vieles zur Präzisierung der Grundlagen verschiedener Bereiche in der Mathematik beigetragen und tun dies noch. Ihre Resultate sind auch für die Informatik relevant. Diese Strömungen also sind von grundlagenmathematischem Interesse. Andererseits, das darf man nicht vergessen, führten

sie, wenn man ihre Ideen realisierte, zu einer weitreichenden Reduktion und Einschränkung der Mathematik.

2.20   Formalismus

Der Begründer des Formalismus war der deutsche Mathematiker *David Hilbert* (1862–
1943). Er hat seine Ansichten zur Philosophie der Mathematik in Aufsätzen dargestellt, die in den Jahren 1917–1931 veröffentlicht wurden. Andere Repräsentanten
dieser Richtung, die die Ideen von Hilbert weiter entwickelten, waren *Paul Bernays*
(1888–1977), *Wilhelm Ackermann* (1896–1962), *Gerhard Gentzen* (1909–1945), *John
von Neumann* (1903–1957) sowie auch *Haskell B. Curry* (1900–1982) und *Abraham
Robinson* (1918–1974).

   Hilbert war der Meinung, dass die bisherigen Versuche einer Fundierung der Mathematik nicht befriedigend waren. Er wandte sich speziell gegen den Intuitionismus.
Dessen Versuche nämlich, so Hilbert, führten zu einer Verarmung und Einschränkung
der Mathematik bis zur Ablehnung vieler ihrer Gebiete speziell derjenigen, die mit
transfiniten Begriffen arbeiten. Hilbert meinte:

> „Was Weyl und Brouwer tun, bedeutet in der Tat, Kronecker nachzu-
> folgen! Sie versuchen die Mathematik zu retten, in dem sie alles, was
> Schwierigkeiten bereitet, entfernen. [. . .] Wenn wir ihrem Reformvor-
> schlag folgten, dann würden wir riskieren, einen großen Teil der wert-
> vollen Schätze zu verlieren." (zitiert nach [162], S. 155)

Hilbert war vor allem Mathematiker und – so charakterisiert es C. Smoryński –
„zeigte nur wenig Geduld, wenn es um philosophische Fragen ging. Seine eigene philosophische Grundhaltung kann man vielleicht als naiven Optimismus beschreiben –
als den Glauben daran, dass der Mathematiker im Stande ist, jedes Problem, das sich
stellt, zu lösen" (vgl. [182]). Sein Ziel, das Hilbert zum ersten Mal in seinem Vortrag
auf dem 2. Internationalen Mathematiker-Kongress in Paris im Jahr 1900 formuliert
hatte, war es, die Integrität der modernen Mathematik zu retten, die mit dem aktual
Unendlichen operiert. Das sollte so geschehen, dass man nachweist, dass die Mathematik sicher und zuverlässig ist. Hilbert war der Meinung, dass diese Aufgabe über
den Rahmen der Mathematik selbst hinausweist, da

> „die endgültige Aufklärung über das *Wesen des Unendlichen* weit über
> den Bereich spezieller fachwissenschaftlicher Interessen vielmehr zur *Eh-
> re des menschlichen Verstandes* selbst notwendig geworden ist." (*Über
> das Unendliche* ([98]), S. 163)

Hilbert hat ein Programm – das „Hilbertsche Programm" – formuliert, das der Kern
des Formalismus ist. Ziel dieses Programmes war, die klassische Mathematik zu be-

gründen und zu rechtfertigen. Es knüpfte an die gleichen philosophischen Traditionen wie der Logizismus an. Die Formalisten verwendeten, das ist wichtig zu bemerken, die Resultate der Logizisten, speziell die von Russell und Whitehead. Auf der anderen Seite bezog sich Hilbert, wie es auch Brouwer tat, auf Ideen von Kant. Der Unterschied besteht nur darin, dass die Intuitionisten sich auf die kantische Auffassung von Zeit und Raum beriefen, d. h. also auf die transzendentale Ästhetik, während Hilbert die kantische Konzeption der Ideen der Vernunft heranzog, die Kant im Rahmen der transzendentalen Dialektik erläutert hatte.

In dem Aufsatz *Über das Unendliche* schrieb Hilbert (S. 170–171):

> „Schon Kant hat gelehrt – und zwar bildet dies einen integrierenden Bestandteil seiner Lehre –, dass die Mathematik über einen unabhängig von aller Logik gesicherten Inhalt verfügt und daher nie und nimmer allein durch Logik begründet werden kann, weshalb auch die Bestrebungen von Frege und Dedekind scheitern mußten. Vielmehr ist als Vorbedingung für die Anwendung logischer Schlüsse und für die Betätigung logischer Operationen schon etwas in der Vorstellung gegeben: gewisse, außer-logische konkrete Objekte, die anschaulich als unmittelbares Erlebnis vor allem Denken da sind. Soll das logische Schließen sicher sein, so müssen sich diese Objekte vollkommen in allen Teilen überblicken lassen und ihre Aufweisung, ihre Unterscheidung, ihr Aufeinanderfolgen oder Nebeneinandergereihtsein ist mit den Objekten zugleich unmittelbar anschaulich gegeben als etwas, das sich nicht noch auf etwas anderes reduzieren läßt oder einer Reduktion bedarf. Dies ist die philosophische Grundeinstellung, die ich für die Mathematik wie überhaupt zu allem wissenschaftlichen Denken, Verstehen und Mitteilen für erforderlich halte. Und insbesondere in der Mathematik sind Gegenstand unserer Betrachtung die konkreten Zeichen selbst, deren Gestalt unserer Einstellung zufolge unmittelbar deutlich und wiedererkennbar ist."

Solche konkreten Objekte, die den Ausgangspunkt bilden, sind die natürlichen Zahlen, die der Formalist als Zahlwort, Ziffern und Zahlzeichen versteht, also als Systeme von Zeichen.

In seinem Vortrag *Über das Unendliche*, aus dem auch die obigen Zitate stammen, sagte Hilbert:

> „In der Zahlentheorie haben wir die Zahlzeichen
>
> $$1, 11, 111, 1111, \ldots,$$
>
> wo jedes Zahlzeichen anschaulich dadurch kenntlich ist, dass in ihm auf 1 immer wieder 1 folgt. Diese Zahlzeichen – selbst Gegenstand unserer Betrachtung – haben an sich keinerlei Bedeutung." ([98], S.89)

Zahlen also sind für Hilbert als Zeichen konkret und unmittelbar gegeben und sind im Prinzip nichts anderes als Zeichen. Kurz:

Zahlen sind bedeutungslose Zeichen.

Weitergehende Erklärungen über das Wesen natürlicher Zahlen finden wir bei Hilbert nicht. An anderer Stelle ([97], S. 18) bekennt Hilbert

„die feste philosophische Einstellung, die ich zur Begründung der reinen Mathematik – wie überhaupt zu allem wissenschaftlichen Denken, Verstehen und Mitteilen – für erforderlich halte: Am Anfang [...] ist das Zeichen.“

Wenn die Mathematik nur über diese konkreten Objekte, die Zeichen spräche, dann wäre sie ohne Weiteres eine sichere und widerspruchsfreie Wissenschaft, denn in der Tat, sichtbar vorliegende Tatsachen können einander nicht widersprechen. Aber die Mathematik spricht auch über das Unendliche, und gerade dieser Teil der Mathematik ist unverzichtbar und spielt eine wesentliche Rolle, da

„das Unendliche *in unserem Denken* einen wohlberechtigten Platz hat und die Rolle eines unentbehrlichen Begriffes einnimmt.“ ([98], S. 165) Aber „das Unendliche findet sich nirgends realisiert; es ist weder in der Natur vorhanden, noch als Grundlage in unserem verstandesmäßigen Denken zulässig – eine bemerkenswerte Harmonie zwischen Sein und Denken.“ ([98], S. 190)

Der Begriff des Unendlichen ist daher nicht *a priori* sicher. Er kann zu Paradoxien und Antinomien führen.

In dieser Situation sind zwei Wege möglich: Entweder man lehnt die ganze klassische Mathematik ab, die über das aktual Unendliche spricht, und man bildet eine neue sichere, aber auch ärmere Mathematik – das haben Brouwer und die Intuitionisten vorgeschlagen, oder man findet eine Begründung und Rechtfertigung für die aktuelle Mathematik. Hilbert hat den zweiten Weg gewählt. Denn für ihn als professionellen Mathematiker war ein Verzicht auf die Mathematik, die über das Endliche hinausgeht, undenkbar. Das betont er in dem berühmt gewordenen Satz: „Aus dem Paradies, das Cantor uns geschaffen hat, soll uns niemand vertreiben können“ ([98], S. 170).

Die von Hilbert vorgeschlagene Begründung der Mathematik hatte explizit kantischen Charakter. Sätze über das Unendliche haben für Hilbert keine reale Bedeutung. Sie haben keinen Wirklichkeitswert und sind daher weder wahr noch falsch. Sie können nicht Teil korrekt gebildeter Aussagen sein. Das aktual Unendliche ist eine Idee der reinen Vernunft im kantischen Sinne, d. h. es handelt sich um einen Begriff, der in sich widerspruchsfrei ist, in der Wirklichkeit aber nicht realisierbar, da er jede Erfahrung überschreitet. Auf der anderen Seite ist dieser Begriff in der Mathematik (wie im Denken) unentbehrlich, da er das Konkrete und Endliche ergänzt und abschließt.

Hilbert hat zwischen finitistischer und infinitistischer Mathematik unterschieden. Die finitistische Mathematik, zu der der Bereich der Zeichen und Zeichenreihen gehört, ist *per se* begründet, weil sie über konkrete Objekte spricht, die unmittelbar und klar gegeben sind. Die infinitistische Mathematik dagegen bedarf einer Grundlage. In der finitistischen Mathematik hat man es mit „realen Sätzen" zu tun. Diese sind real und sinnvoll, weil sie sich auf konkrete Objekte beziehen. Die infinitistische Mathematik dagegen enthält „ideale Sätze", die sich auf unendliche, ideale Objekte beziehen. Hilbert war überzeugt, dass man für jeden realen Satz einen finitistischen Beweis geben kann. Die infinitistischen Objekte und Methoden haben in der Mathematik nur eine dienende Funktion. Sie dienen der Erweiterung und Entwicklung des Systems der realen Sätzen. Sie ermöglichen unter anderem einfachere, kürzere und elegantere Beweise. Jeder solche Beweis kann jedoch durch einen finitistischen Beweis ersetzt werden. Für Hilbert war die Konsistenz eine hinreichende Bedingung für die Existenz mathematischer Objekte. Existenzbeweise, die keine Konstruktion der postulierten Objekte angeben, sind für ihn die Ankündigung der Möglichkeit einer Konstruktion.

Der von Hilbert verwendete Begriff „finitistisch" und seine Ableitungen sind leider nicht klar. Hilbert hat keine genaue Definition oder Erläuterung gegeben. Deswegen sind verschiedene Interpretationen möglich. Oft wird angenommen, dass eine finitistische Argumentation eine solche ist, die *primitiv rekursiv* im Sinne von Skolem ist und in dem System (der primitiv rekursiven Arithmetik) der Skolemschen Arithmetik formalisiert werden kann. Reale Sätze sind von der Form $\forall x \varphi(x)$, wo φ nur atomare Formeln, logische Junktoren und beschränkte Quantoren enthält. Solche Sätze werden von den Logikern als Π_1^0-Sätze bezeichnet.

Die infinitistische Mathematik soll und kann, so meinte Hilbert, auf der Basis finitistischer Methoden begründet und rechtfertig werden. Denn nur diese Methoden können die notwendige Sicherheit gewährleisten. Hilbert hat vorgeschlagen, die infinitistische Mathematik durch die von ihm geschaffene Beweistheorie auf die finitistische Mathematik zurückzuführen. Sein Hauptziel war es zu zeigen, dass Beweise in der infinitistischen Mathematik mit idealen Objekten immer zu korrekten Resultaten führen.

Man kann dabei zwei Probleme unterscheiden: (1) das Problem der Widerspruchsfreiheit und (2) das Problem der Konservativität. In einigen seiner Veröffentlichungen spricht Hilbert beide Probleme an, oft jedoch wird nur einseitig das Problem der Widerspruchsfreiheit hervorgehoben (vgl. z. B. Band I der Monographie *Grundlagen der Mathematik* [101] von D. Hibert und P. Bernays). Die Lösung des Problems der Widerspruchsfreiheit besteht darin, dass man durch finitistische Methoden zeigt, dass die infinitistische Mathematik widerspruchsfrei ist. Um das Problem der Konservativität zu lösen, ist zu zeigen – wieder mit finitistischen Methoden –, dass jeder reale Satz, der in der infinitistischen Mathematik bewiesen werden kann, auch finitistisch bewiesen werden kann. Mit anderen Worten: Es ist zu zeigen, dass die infinitistische Mathematik relativ zur finitistischen Mathematik *konservativ* ist, wenn es um reale Sätze geht. Man sollte darüber hinaus zeigen, dass es eine finitistische Methode gibt, die es ermöglicht, jeden infinitistischen Beweis eines realen Satzes in einen finitistischen Beweis umzuwandeln. Beide Probleme, d.h. das Problem der Widerspruchsfreiheit und das Problem der Konservativität, hängen eng miteinander zusammen. In der Tat, wenn man reale Sätze mit den Sätzen der Klasse Π_1^0 identifiziert, dann liefert, wie G. Kreisel zeigte, die Lösung des Problems der Widerspruchsfreiheit eine Lösung des Problems der Konservativität.

Hilbert hat sein Programm entwickelt, um diese Probleme zu lösen. Die Lösung sollte in zwei Etappen geschehen. Die erste Etappe ist die Formalisierung der gesamten Mathematik, d.h. eine Rekonstruktion der infinitistischen Mathematik als ein großes, im Detail beschriebenes formalisiertes System. Dieses sollte u.a. die klassische Logik, die Mengenlehre, die Arithmetik der natürlichen Zahlen und die Analysis umfassen. Um dieses Ziel zu realisieren, musste eine künstliche Symbolsprache eingeführt und mussten Regeln festgelegt werden, nach denen komplexe Aussagen konstruiert werden können. Weiter waren Axiome und Schlussregeln anzugeben. Diese Regeln sollten sich allein auf die *Form* und nicht auf den Inhalt oder die Bedeutung von Aussagen beziehen. In einer solchen Umgebung sind Theoreme der Mathematik nur solche Aussagen, die in der Formelsprache des formalisierten Systems formulierbar sind und für die es einen formalen Beweis gibt, der nur die vorausgesetzten Axiome und Regeln verwendet. Dabei waren die Axiome und Regeln so zu wählen, dass sie die Lösung jedes Problems ermöglichen, das in der Formelsprache als realer Satz formuliert werden kann. In der Logik sagt man, dass die Axiome und Regeln ein vollständiges System bilden sollten.

Die zweite Etappe des Hilbertschen Programms war der Nachweis der Widerspruchsfreiheit und Konservativität der infinitistischen Mathematik. Dieser musste mit finitistischen Methoden geführt werden. Das war möglich, weil durch die Formalisierung der Mathematik in der ersten Etappe es jetzt einfach um finite Formeln eines Systems ging, die von jedem Inhalt abstrahieren. Diese Formeln waren endliche Reihen von Zeichen und die Beweise der Sätze endliche Reihen von Formeln, also wieder endliche Reihen von Symbolen. Die Formeln waren so konkrete, klar und unmittelbar gegebene Objekte, die mit sicheren fininistischen Methoden untersucht werden konnten. Um die Widerspruchsfreiheit der Mathematik zu beweisen, genügte es zu zeigen, dass es keine zwei formale Beweise, d.h. keine zwei endliche Reihen von Formeln gibt, an deren Ende einmal eine Formel φ und das andere Mal ihre Negation $\neg\varphi$ steht. Und um die Konservativität zu beweisen, genügte es zu zeigen, dass jeder Beweis eines realen Satzes in einen Beweis dieses Satzes umgewandelt werden kann, der sich nicht auf ideale Objekte bezieht. Um diese Aufgaben zu lösen, hat Hilbert die Theorie begründet, die man Beweistheorie oder Metamathematik nennt. Sie sollte formalisierte Theorien mit mathematischen Methoden untersuchen.

In den metamathematischen Untersuchungen abstrahiert man vom Inhalt aller mathematischen, auch der realen Sätze. Das ist ein *methodisches* Vorgehen der Metamathematik. Die Brouwersche Kritik, Hilbert betrachte Mathematik nur als ein Spiel mit Symbolen und Formeln ohne Inhalt, war nicht ganz gerecht. Für die Formalisten war die Formalisierung nur ein Mittel, mit dem man gegebene mathematische Objekte untersucht. Der eigentliche Unterschied zwischen Hilbert und Brouwer und damit zwischen Formalisten und Intuitionisten lag in der Entscheidung, was Grundlage der Mathematik sein und welche Methode des Schließens als fundamental und legitim angesehen werden kann, d. h. in der Entscheidung zwischen der finitistischen Methode bei Hilbert und der intuitionistischen Methode bei Brouwer. Die wesentliche Differenz war und blieb, dass Intuitionisten jede nicht-konstruktive Mathematik strikt ablehnten.

Um genau zu sein, müssen wir ergänzen, dass später verschiedene radikale Versionen des Formalismus auftauchten, speziell der strikte Formalismus von H. B. Curry in seinem Buch *Outlines of a Formalist Philosophy of Mathematics* ([38]), in dem man in der Tat Mathematik als Wissenschaft über formalisierte Systeme vorfindet. Mathematik wird hier reduziert auf die Untersuchung rein formaler Theorien, in denen allein Symbole vorkommen, die das gegebene System konstituieren. Für Hilbert waren Motiv und Sinn der formalisierten Theorien nur die Verteidigung, die Begründung und Rechtfertigung der klassischen, speziell der infinitistischen Mathematik gewesen, während für Curry die formalisierte Systeme ein Abbild der klassischen Mathematik bildeten und sie völlig ersetzen sollten. Daraus ergeben sich weitere Unterschiede. Der Nachweis, dass ein System widerspruchsvoll ist, bedeutete für Hilbert, dass dieses System ohne Sinn und Zweck ist. Für Curry war das nicht so. Curry behauptete, dass „der Beweis der Widerspruchsfreiheit weder notwendig, noch ausreichend ist" (vgl. [38], p. 61), um ein System als akzeptabel und nützlich ansehen zu können. Zur Begründung dieser These zitierte er Beispiele widerspruchvoller Theorien, die sich als nützlich erwiesen haben und breit angewandt wurden. Solche Theorien kann man sowohl in der Physik als auch in der Mathematik selbst finden. Als klassisches Beispiel wird die Differential- und Intergralrechnung von Leibniz genannt. Leibniz und vor allem seine Schüler verwendeten den Grundbegriff des Differentials als einer unendlich kleinen Größe, d. h. einer positiven Größe, die kleiner ist als jede positive reelle Zahl. Das schien damals ein in sich widerspruchsvoller Begriff zu sein. Trotzdem hätte sich die Differential- und Intergralrechnung über Jahrhunderte entwickelt und wäre erfolgreich angewandt worden. (Erst die so genannte Nicht-Standard-Analysis, die in der zweiten Hälfte des 20. Jahrhunderts von Schmieden und Laugwitz sowie von Abraham Robinson begründet wurde, hat ein angemessenes theoretisches Fundament für Prinzipien der Leibnizschen Analysis, speziell für die Verwendung unendlich kleiner Größen, gegeben.)

Wir fügen noch hinzu, dass Hilbert – im Unterschied zu den Intuitionisten – das Denken eng mit der Sprache verbunden sah. Er schrieb, dass das Denken, ähnlich wie das Sprechen und das Schreiben, im Bilden und Reihen von Sätzen verläuft.

Hilbert bezog eine deutlich antilogizistische Position. Er betonte, dass die Mathematik nicht aus der Logik allein deduziert werden könne, dass Logik allein nicht ausreicht, um die Mathematik zu begründen (vgl. Zitat oben). Die Resultate von Frege und Russell hat Hilbert daher für eher nebensächlich eingeschätzt.

Hilbert und seine Schüler haben einige Erfolge in der Realisierung des oben beschriebenen Programms erreicht. W. Ackermann z. B. hatte im Jahre 1924 mit finitistischen Mitteln die Widerspruchsfreiheit eines Teils der Arithmetik der natürlichen Zahlen (ohne Induktion) gezeigt. Bald aber geschah etwas, das das Hilbertsche Programm (und in gewissem Sinne auch die Grundlagen der Mathematik insgesamt) erschüttern sollte. Im Jahre 1930 hat der junge Wiener Mathematiker Kurt Gödel (1906–1978) bewiesen, dass jedes formalisierte System, das die Arithmetik der natürlichen Zahlen enthält und widerspruchsfrei ist, unvollständig sein muss. D. h. es gibt immer Sätze in der Sprache eines solchen Systems, die weder bewiesen noch widerlegt werden können. Solche Sätze nennt man unentscheidbar. Gödel hat ein konkretes Beispiel eines solchen Satzes gegeben. Dieses Resultat von Gödel nennt man heute den ersten Gödelschen Unvollständigkeitssatz. Er wurde im Jahre 1931 in dem Aufsatz *Über formal unentscheidbare Sätze der 'Principia Mathematica' und verwandter Systeme. I* ([79]) veröffentlicht. Am Ende dieses Aufsatzes kündigte Gödel einen weiteren Satz[8] an, den man heute den zweiten Gödelschen Unvollständigkeitssatz nennt. Er besagt, dass es keinen Beweis der Widerspruchsfreiheit irgendeiner formalisierten und widerspruchsfreien Theorie geben kann. Vorausgesetzt wird, dass die Theorie die Arithmetik der natürlichen Zahlen enthält und dass keine Mittel außerhalb dieser Theorie verwendet werden. Kurz: Keine solche Theorie kann ihre eigene Widerspruchsfreiheit beweisen. Eine besondere Konsequenz ist: Das Unendliche kann nicht aus dem Endlichen rechtfertigt werden.

Die Gödelschen Sätze haben die erkenntnistheoretischen Grenzen der deduktiven Methode aufgezeigt. Sie haben gezeigt, dass die klassische Mathematik nicht von einem widerspruchsfreien formalisierten System umfasst wird, das auf der Logik der ersten Stufe basiert. In einem solchen System sind zudem nicht alle wahren Sätze über die natürlichen Zahlen enthalten. Der unentscheidbare Satz, den Gödel konstruierte, war ein Beispiel eines realen Satzes, der nur über natürliche Zahlen spricht, in ihrer Arithmetik aber nicht bewiesen werden kann. Mit infinitistischen Methoden jedoch, die sich auf Mengenlehre und Modelltheorie stützen, ist der konstruierte Satz beweisbar, also wahr.

Der unentscheidbare Satz, den Gödel angab, hatte eigentlich keinen direkten mathematischen sondern einen metamathematischen Inhalt. Der Satz lautete vereinfacht: „Ich (der Satz) bin nicht beweisbar".[9] Man hatte zunächst die Hoffnung, dass im Bereich der streng mathematischen Sätze (oder besser gesagt: im Bereich der mathematisch interessanten Sätze) die Mathematik doch vollständig sei, d. h. dass alle solche Sätze entscheidbar sind. Resultate von Jeff Paris, Leo Harrington und Laury Kirby haben jedoch diese Hoffnung zunichte gemacht. Im Jahre 1977 haben J. Paris

---

[8]Gödel hat dort diesen Satz nicht bewiesen und auch später keinen Beweis geliefert. Der erste Beweis wurde von D. Hilbert und P. Bernays in dem zweiten Band der Monographie *Grundlagen der Mathematik* (1939) gegeben.

[9]Mit einer Kodierung arithmetischer Formeln, die Gödel entwickelte und die seitdem Gödelisierung heißt, kann man diesen Satz in einen Satz über natürliche Zahlen übersetzen.

und L. Harrington ein Beispiel eines unentscheidbaren Satzes mit kombinatorischem Inhalt angegeben, und im Jahre 1982 waren es J. Paris und L. Kirby, die ein Beispiel eines Satzes mit zahlentheoretischem Inhalt angaben, der unentscheidbar in der Arithmetik der natürlichen Zahlen war. Das sind also Beispiele realer, über natürliche Zahlen sprechende und mathematisch interessante Sätze, die keine finitistischen, rein arithmetischen Beweise haben. Wieder mit infinitistischen Methoden kann man jedoch zeigen, dass sie wahr sind.

Die Gödelschen Resultate, die von den Resultaten von Paris, Harrington und Kirby gestützt und erweitert wurden, haben das Hilbertsche Programm erschüttert. Sie haben gezeigt, dass dieses Programm nicht realisiert werden kann. Sie haben jedoch nicht die gesamte Konzeption Hilberts widerlegt. Denn es war nicht ganz klar, was man unter „finitistisch" oder „real" verstehen sollte. Hilbert und Gödel stimmten darin überein, dass angesichts der Unvollständigkeitssätze der Bereich der Mittel und Methoden, die als finitistisch anerkannt werden können, erweiterbar ist. Außerdem bedeutete die Tatsache, dass das Hilbertsche Programm für ein bestimmtes formalisiertes System der Arithmetik unrealisierbar ist, noch nicht, dass dieses Programm für die nichtformalisierte, naive elementare Zahlentheorie prinzipiell nicht realisiert werden kann. Denn man kann nicht ausschließen, dass die elementare Arithmetik in einem System formalisierbar ist, das finitistisch rechtfertigt und begründet werden kann.

In dieser Situation versuchte man, das Hilbertsche Programm mit erweiterten Mitteln und Methoden zu verfolgen. Man akzeptierte nicht nur die finitistischen Methoden sondern auch alle „konstruktiven" Methoden – von denen auch wieder nicht ganz klar war, was damit eigentlich genau gemeint ist. Eine Begründung für diese Erweiterung war wohl der Beweis, dass die Peanosche Arithmetik, also die klassische Arithmetik der natürlichen Zahlen, auf ein intuitionistisches System der Arithmetik von Heyting zurückgeführt werden kann. Dieser Beweis wurde unabhängig voneinander von Gödel und von Gentzen im Jahre 1933 gegeben. Ein weiterer Grund kann auch der Gentzensche Beweis aus dem Jahre 1936 über die Widerspruchsfreiheit der Peanoschen Arithmetik mit Hilfe der ε_0-Induktion[10] gewesen sein. Die Untersuchungsrichtung, die daraus entstand, ist das *verallgemeinerte Hilbertsche Programm*. Sie hat sich intensiv entwickelt, und in ihrem Rahmen sind viele interessante Resultate entstanden. Wir erwähnen hier die Werke von Kurt Schütte, Gaisi Takeuti, Solomon Feferman oder Georg Kreisel. Wir heben aber hervor, dass vom philosophischen Standpunkt die Tatsache, dass in diesem Programm alle konstruktiven Methoden (und nicht nur finitistische Methoden) erlaubt sind, die Situation gravierend verändert hat. Die finitistischen Methoden und Objekte haben nämlich einen klaren physischen, konkreten Bezug und sind unentbehrlich für jedes wissenschaftliche Denken. Die vorgeschlagenen konstruktiven Methoden können aber nicht als finitistisch angesehen werden. Das verallgemeinerte Hilbertsche Programm folgt zwar der reduktionistischen Philosophie des Begründers des Formalismus, die in seinem Rahmen gewonnenen Resultate aber sind keine Beiträge zur Realisierung des originalen Hilbertschen Programms.

---

[10]Das ist eine Induktion, die nicht nur für die natürlichen Zahlen in der Standardordnung – man spricht hier von der ω-Ordnung – gilt sondern auch für eine Ordnung vom transfiniten Typus ε_0.

Eine andere Konsequenz, die man aus den Gödelschen Unvollständigkeitsresultaten zog, war, das Hilbertsche Programm auf ein „relativiertes" Programm einzuschränken. Wenn schon die ganze Mathematik nicht finitistisch begründet und rechtfertigt werden kann, dann kann man immerhin fragen: Für welchen Teil der Mathematik ist dies möglich? Anders gesagt: Welche Bereiche der infinitistischen Mathematik können in formalisierten Systemen rekonstruiert werden, die konservativ relativ zur finitistischen Mathematik hinsichtlich realer Sätze sind?

Zum *relativierten Hilbertschen Programm* hat wesentlich die so genannte reverse Mathematik (English: *reverse mathematics*) beigetragen. Die reverse Mathematik ist ein Forschungsprogramm, das von Harvey Friedman auf dem Mathematiker-Kongresse in Vancouver in 1974 initiiert wurde. Man kann es folgendermaßen beschreiben: Die klassische Mathematik muss nicht unbedingt mengentheoretisch formalisiert werden. Viele Disziplinen der Mathematik, z. B. die Geometrie, die Zahlentheorie, die Analysis, Differentialgleichungen, die komplexe Analysis, usw. kann man in einem schwächeren System der Arithmetik der zweiten Stufe rekonstruieren. Sein Hauptaxiom ist ein Komprehensionsschema, das die Existenz von Objekten, genauer von Mengen natürlicher Zahlen fordert, die mit Formeln spezieller Klassen definiert werden können. Dabei sind auch nicht-prädikative Definitionen erlaubt. Die Hauptaufgabe der reversen Mathematik ist, die Rolle und die Formen dieses Komprehensionsschemas zu untersuchen. Insbesondere stellt man die Frage: Sei ein konkreter mathematischer Satz τ gegeben. Welche Form des Komprehensionsschemas ist dann notwendig, um den Satz τ zu beweisen? Um diese Frage zu beantworten, sucht man ein Fragment $S(\tau)$ der Arithmetik der zweiten Stufe, sodass τ in $S(\tau)$ bewiesen werden kann und fragt weiter, ob $S(\tau)$ das schwächste Fragment mit dieser Eigenschaft ist. Um wieder diese Frage zu beantworten, zeigt man, dass das Komprehensionsschema der Theorie $S(\tau)$ equivalent mit dem Satz τ ist. Dabei ist diese Äquivalenz in einem schwächeren System zu zeigen, in dem man τ nicht beweisen kann.

Vom philosophischen Standpunkt aus ist die reverse Mathematik ein weiteres Beispiel eines reduktionistischen Programms. In seinem Rahmen hat man viele interessante Ergebnisse erzielt.[11] Wir können diese Ergebnisse hier nicht im Einzelnen schildern, weil sie technisch meist sehr kompliziert sind. Für uns ist interessant, dass sie zeigen, wie große und wichtige Bereiche der klassischen Mathematik finitistisch begründet werden können. Das ursprüngliche Hilbertsche Programm also ist zwar nicht voll, aber doch partiell realisierbar.

2.21 Philosophie der Mathematik von 1931 bis zum Ende der fünfziger Jahre

Hauptziel der klassischen Theorien in der Philosophie der Mathematik, die um die Wende des 19. zum 20. Jahrhundert entstanden sind, d. h. des Logizismus, Intuitionismus und Formalismus, war, Antinomien aus den Grundlagen der Mathematik zu

---

[11]Vgl. das Buch von S. G. Simpson *Subsystems of Second Order Arithmetic* ([181]) oder den Aufsatz von R. Murawski *Reverse Mathematik und ihre Bedeutung* ([129]).

eliminieren und eine feste und sichere Basis zu schaffen, insbesondere zu zeigen, dass die Mathematik widerspruchsfrei ist und ungefährdet weiter entwickelt werden kann. Die Gödelschen Unvollständigkeitssätze aus dem Jahre 1931, über die wir eben berichtet haben, waren für die mathematischen Grundlagen ein harter Rückschlag. Hier liegt auch einer der Gründe dafür, dass nach dem Jahre 1931 in der Philosophie der Mathematik eine bis zum Ende der fünfziger Jahren dauernde Stagnation beobachtet werden kann. Seit Anfang der sechziger Jahre gibt es eine Renaissance der Philosophie der Mathematik. Wir berichten hier über die Philosophie der Mathematik in den Jahren von 1931 bis zum Ende der fünfziger Jahre und weiter unten von einer zum Teil sehr veränderten Philosophie der Mathematik nach 1960. Diesem letzten Teil dieses Kapitels über die neueren und neuesten Auffassungen werden wir die Vorstellung einer neuen philosophischen Grundposition vorausschicken, die im Hintergrund einiger neuerer Konzeptionen in der Philosophie der Mathematik erkennbar ist.

In der Periode von 1931 bis etwas 1960 entstehen zwar weitere Konzeptionen, sie haben jedoch nicht die grundlegende Bedeutung des Logizismus, des Intuitionismus oder des Formalismus. Wir werden in erster Linie die Beiträge von Willard Van Orman Quine, Ludwig Wittgenstein und Kurt Gödel vorstellen. Über Haskell B. Curry, der in diese Periode gehört, und dessen strenge Version des Formalismus haben wir bereits berichtet.

Willard van Orman Quine (1908–2000) arbeitete vornehmlich in der Wissenschaftstheorie. Er war Autor vieler Arbeiten im Bereich der Semantik und Begründer einer originellen Auffassung über Logik und Mengenlehre, die sich auf Prinzipien des Logizismus stützte. In dem Aufsatz *New Foundations for Mathematical Logic* ([156], 1937) hat er ein neues System der Mengenlehre vorgeschlagen. Diesem System liegen zwei Ideen zugrunde, die mengentheoretischen Antinomien zu vermeiden: die Zermelosche Idee der Begrenzung der Möglichkeit, „sehr große" Mengen zu bilden, und die Russellsche Idee, die Aussagen der Sprache zu typisieren (vgl. Typentheorie). Im Quineschen System, das man „New Foundation" (NF) nennt, kann man den klassischen Aussagenkalkül, die Theorie der Relationen, die Arithmetik und einige Fragmente der klassischen Mengenlehre entwickeln. Im Jahre 1940 hat Quine ein weiteres System vorgestellt, das man „Mathematical Logic" (ML) nennt und das eine Erweiterung von NF ist.

Für die Fragen der Philosophie der Mathematik ist die Position Quines bedeutsam, dass die Kriterien, nach denen man mathematische Theorien akzeptieren oder ablehnen kann, den gleichen Kriterien entsprechen, die man physikalischen Theorien gegenüber anwendet. Nur weil es in der Mathematik keine Experimente gibt, sollte sie deswegen nicht anders betrachtet werden als andere Wissenschaften. Mathematik ist ein Element in der Gesamtheit aller Theorien, die versuchen, die Welt zu erklären (vgl. die Aufsätze *Two Dogmas of Empiricism* ([158], 1951), *On Carnap's Views on Ontology* ([159], 1951) und *On What There Is* ([161], 1953)). Ein solcher ganzheitlicher Zugang zu den Wissenschaften führte ihn zur Formulierung des so genannten

„Unentbehrlichkeitsprinzips" (*indispensability argument*). Es ist heute in der ontologischen Diskussion in der Philosophie der Mathematik eines der wichtigsten Argumente für den Realismus. Es besagt Folgendes: Da wir Realisten in physikalischen Theorien sind, in denen Mathematik ein wichtiges Instrument ist, müssen wir konsequenterweise auch Realisten sein hinsichtlich der mathematischen Objekte in mathematischen Theorien. Weil Mathematik unentbehrlich z. B. in physikalischen Theorien ist, *gibt es* mathematische Objekte wie Mengen, Zahlen, Funktionen – wie es Elektronen gibt, die physikalisch ebenso unentbehrlich sind. Quine kennt nur eine Art der Existenz. Man findet also bei ihm nicht die Unterscheidung in physikalische, mathematische, ideale, intentionale, konzeptuale usw. Existenz. Er widerspricht zudem der Aufteilung einer wissenschaftlichen Theorie in einen „analytischen", d. h. formalen und einen „synthetischen" Teil, der außerlogische, reale Voraussetzungen und Bezüge hat.

Wir bemerken, dass das Unentbehrlichkeitsprinzip es nach sich zieht, anzunehmen, dass Mathematik zumindest partiell in der Lage ist, die reale Welt zu beschreiben und zu verstehen nämlich dort, wo sie Instrument in Theorien ist, die die reale Welt zum Gegenstand haben.

Eine ähnliche Position wie Quine nahm auch Hilary Putnam ein (vgl. seinen Artikel *What Is Mathemtaical Truth?* ([154])). Deswegen nennt man heute das Unentbehrlichkeitsprinzip auch das Prinzip von Quine und Putnam.

Quines Argumentation gegen Antirealismus und Antiempirismus hat den Weg für einen neuen Empirismus in der Philosophie der Mathematik geebnet. Ein Beispiel eines solchen Zuganges ist die Konzeption von Putnam, über die wir unten sprechen.

Die philosophischen Ansichten *Kurt Gödels* (1906–1978) über die Mathematik waren eng mit seinen formalen Resultaten in der mathematischen Logik und den Grundlagen der Mathematik verbunden. Der Einfluss war wechselseitig, d. h. seine philosophischen Ansichten waren auch Inspiration für seine formalen Untersuchungen.

Die wichtigsten Arbeiten Gödels, die es erlauben, Einblick in seine philosophische Ansichten zu nehmen, sind die zwei Aufsätze *Russell's Mathematical Logic* ([81], 1944) und *What is Cantor's Continuum Problem?* ([82], 1947; erweiterte und verbesserte Version – 1964). Drei weitere, nach seinem Tod veröffentlichte Arbeiten, geben weiteren Aufschluss: *Some Basic Theorems on the Foundations of Mathematics and Their Implications* ([83], 1951), *Is Mathematics a Syntax of Language?* ([84], 1953) und *The Modern Development of Foundations of Mathematics in the Light of Philosophy* ([85], 1970).

Die philosophische Position Gödels kann man als Realismus, genauer als platonischen Realismus bezeichnen. Gödel nahm an, dass die mathematischen Gegenstände real außerhalb von Raum und Zeit und unabhängig vom erkennenden Subjekt existieren. – Er hat aber nie und nirgendwo erklärt, was mathematische Gegenstände sind und wie sie existieren. – Eine solche Annahme ist nach Gödel unentbehrlich, um überhaupt eine Vorstellung des Systems der Mathematik bilden zu können – ähnlich wie die Annahme der Existenz der physischen Gegenstände notwendig ist, um Sinnesempfindungen erklären zu können. Gödel betonte die Analogie zwischen Logik und Mathematik auf der einen und Naturwissenschaften auf der anderen Seite. Er berief sich hier auf Russell (vgl. [81], S. 137).

Gödels Ansicht war, dass „Logik und Mathematik sich [...] auf Axiome mit einem realen Inhalt" („*with a real content*") stützen (loc. cit., S. 139), so wie die Physik von Hypothesen über die Realität ausgeht. Er lehnte rein linguistische und syntaktische Interpretationen der Mathematik ab. Nach ihm sind mathematische Sätze wahr „durch die in ihnen verwendeten Begriffe", selbst wenn deren Bedeutungen nicht definierbar sind, d. h. nicht reduzierbar auf einfachere Begriffe. Er widersprach der Auffassung, dass Wahrheit mathematischer Sätze auf Konventionen beruht oder auf syntaktischen Sprachregeln. Mathematik hat einen realen Inhalt, sie ist ein System mathematischer Tatsachen (vgl. [84], S. 358).

Die mathematischen Gegenstände sind etwas anderes als ihre Repräsentanten in mathematischen Theorien. Sie sind im Vergleich mit letzteren transzendent. Dies folgt aus der objektiven Existenz der mathematischen Gegenstände, die den „Dingen an sich" in der Erkenntnistheorie Kants ähneln. Axiome beschreiben die Eigenschaften der mathematischen Objekte nur unvollständig. Anders als bei Kant aber prägt das erkennende Subjekt – etwa über seine Organisation seines Denkens oder seiner Wahrnehmung – den Objekten keinerlei Strukturen auf.

Gödel präsentierte und erläuterte seine philosophische Sicht auf die Mathematik vor allem im Zusammenhang mit den Problemen der Mengenlehre, insbesondere mit der Kontinuumshypothese. Als Realist war er überzeugt, dass diese Hypothese einen bestimmten logischen Wert hat, d. h. dass sie entweder wahr oder falsch ist. Die Mathematik ist nur aktuell nicht in der Lage, sie zu entscheiden. Gödel postulierte die Existenz eines absoluten Universums der Mengen, das man axiomatisch zu beschreiben versucht. Die Tatsache, dass wir die Kontinuumshypothese auf der Basis angenommener Axiome heute nicht entscheiden können, zeigte nur, dass die Axiome „die vollstängige Beschreibung dieser Wirklichkeit nicht enthalten" ([82]). Deswegen sei es notwendig, jetzt – und immer wieder neu – neue Axiome in der Mathematik allgemein und speziell in der Mengenlehre aufzustellen. Sie sollten neue Eigenschaften des Universums der Mengen beschreiben. Ein Ziel sollte es sein, die Kontinuumshypothese entscheiden zu können. Gödel schlug vor, neue starke Unendlichkeitsaxiome anzugeben und zu untersuchen, die die Existenz sehr großer Kardinalzahlen voraussetzen. Er erwartete, dass sie nicht nur die Kontinuumshypothese entscheiden, sondern auch interessante arithmetische und zahlentheoretische Konsequenzen haben könnten. Er machte diesen Vorschlag, obwohl es damals und bis heute nicht gelungen ist, starke mengentheoretische Axiome für die Lösung des Kontinuumproblems oder neuer und alter zahlentheoretischer Probleme zu finden (vgl. [83], S. 307). Auf der Suche nach der Lösung der Kontinuumshypothese schlug Gödel auch vor, nach neuen Axiomen zu suchen, die sich auf ganz neue, komplexe Ideen stützen und nicht unmittelbar plausibel sein müssten.

In der Frage nach der Möglichkeit der Erkenntnis hält Gödel die Intuition für die Quelle des mathematischen Wissens. Die Objekte der Mengenlehre sind zwar weit von der Sinneserfahrung entfernt, dennoch nehmen wir sie irgenwie wahr. „Die Axiome drängen sich uns als wahr auf", sagt er in der Arbeit [82] (Version 1964, S. 271). In [83] spricht Gödel über die mathematische Wirklichkeit, die „von dem menschlichen Verstand wahrgenommen wird" und in [84] sagt er über Begriffe und abstrakte mathematische Objekte, dass sie „mit Hilfe eines speziellen Typus der Erfahrung erkannt werden". Er sieht auch keinen Grund, weniger Vertrauen in das intuitive mathematische Empfinden zu setzen als in die sinnliche Wahrnehmung (vgl. [82], S. 271).

Die mathematische Intuition ist ausreichend, um einfache mathematische Begriffe und Axiome zu finden und zu begründen. Man darf sie jedoch nicht so verstehen, als gäben sie uns schon ein direktes, unmittelbares und abgeschlossenes mathematisches Wissen. Die Ergebnisse der ersten Intuitionen müssen weiter entwickelt werden durch tiefere Untersuchungen, die dazu führen können, dass wir neue Aussagen als Axiome formulieren. Das mathematische Wissen ist also nicht allein das Werk einer passiven Kontemplation intuitiver Mitteilungen aus einer transzendenten Welt sondern ebenso das Resultat der Aktivitäten des Verstandes, die dynamisch und kumulativ sind.

Gödel erläuterte nirgendwo, was mathematische Intuition ist und wie sie vor sich geht. Daher ist es schwer, mehr und Näheres darüber zu sagen.

Unsere mathematische Intuition entwickelt sich in der Analyse der Begriffe und im mathematischen Tun. Gerade die Analyse der Begriffe ist ein Fundament unserer mathematischen Aktivität. Besonders wichtig ist hier die Analyse des Mengenbegriffs. Ein tieferes Verstehen dieses Begriffes können wir phänomenologisch erreichen. Hier sollte man bemerken, dass Gödel sich etwa vom Jahr 1959 an für Husserl und seine Phänomenologie interessierte. Das hatte wahrscheinlich Einfluss auf seine Anschauung und die Aussagen über die Rolle der mathematischen Intuition.

Die Intuition gibt uns wie gesagt ein Wissen über einfache Begriffe und Axiome. Die theoretischeren und komplexeren Hypothesen und Postulate werden eher von außen rechtfertigt, z.B. durch interessante Folgerungen, durch die Tatsache, dass sie Probleme erlauben zu lösen, die bis dahin unlösbar waren, oder durch die Möglichkeit, Beweise zu vereinfachen. Entscheidend also ist hier die Wirkung. Wir fügen hinzu, dass Gödel dabei nicht nur an Konsequenzen in der Mathematik selbst denkt sondern auch an Folgerungen z.B. für die Physik. Hier sieht er ein zweites Kriterium für die Wahrheit mathematischer Sätze – neben der Intuition.

Ein weiterer Autor, der wichtig für die Entwicklung der Philosophie der Mathematik in dieser Periode war, ist *Ludwig Wittgenstein* (1889–1951). Wir müssen von vornherein sagen, dass es schwer ist, seine Ansichten zur Philosophie der Mathematik klar und eindeutig darzustellen und zu bewerten. Der Grund liegt vor allem in seiner Art zu schreiben, die mehrdeutig, unpräzise und eher aphoristisch als treffend war. Ein weiterer Grund ist die Tatsache, dass Wittgenstein immer wieder – besonders in den späteren Werken – seine eigenen Aussagen in Frage stellt. Das erlaubt eine Vielfalt von Interpretationen seiner Äußerungen. Seine Philosophie der Mathematik wird sowohl als strenger Konventionalismus als auch als eine Form des Behaviourismus oder sogar als strikter Formalismus verstanden.

Wittgenstein hat kein in sich geschlossenes Werk im Bereich der Philosophie der Mathematik hinterlassen. Seine Ansichten drückte er in vielen, sich oft widersprechenden Bemerkungen aus, die er in verschiedenen Lebensperioden gemacht hatte. Man findet sie vor allem in dem nach seinem Tode veröffentlichten Werk *Philosophical Investigations* ([205], 1953) und in den auf der Basis seiner hinterlassenen Manuskripte veröffentlichten *Remarks on the Foundations of Mathematics* ([206], 1956).

Wittgenstein war ein entschiedener Gegner des Logizismus, insbesondere der Versuche von Russell, die Arithmetik und die gesamte Mathematik auf Logik zurückzuführen. Er war der Meinung, dass dabei der kreative Charakter des mathematischen Beweises und die Vielfalt der Techniken des Beweisens unberücksichtigt blieben. Ein mathematischer Beweis könne nicht auf Axiome und Schlussregeln des logischen Kalküls reduziert werden. Denn im Prozess des Beweisens können neue Begriffe und Methoden entstehen (vgl. [206], III.41). Der Logizismus schreibt der Logik die fundamentale Funktion in der Mathematik zu, in der mathematischen Wirklichkeit aber spiele sie nur eine Nebenrolle. Wittgenstein spricht über einen fatalen „Einbruch" der Logik in die Mathematik (vgl. [206], V.24). Seine aphoristische Kunst nutzt er, um seine Kritik am Logizismus zusammenzufassen: Die Logik läge der Mathematik so wenig zugrunde, „wie der gemalte Fels die gemalte Burg trägt".

Er unterstrich die Eigenartigkeit und Unabhängigkeit des mathematischen Erkennens gegenüber der Logik. Seine Auffassung ist, dass mathematische Sätze apriorisch, synthetisch und konstruktiv sind. Man kann hier eine eindeutige Übereinstimmung mit den Ansichten Kants und Brouwers erkennen. Ähnlich wie Kant unterstreicht Wittgenstein den Charakter der Notwendigkeit des mathematischen Wissens. Der Mathematiker erschafft die Zahlen und ihre Reihe und entdeckt sie nicht. Im Gegensatz zu Kant sagt Wittgenstein, dass die Widerspruchsfreiheit nicht *a priori* eine unentbehrliche Bedingung einer sinnvollen Begriffskonstruktion ist. Er stellt auch – ähnlich wie Brouwer – die Richtigkeit der Anwendung des Prinzips des ausgeschlossenen Dritten in Sätzen über unendliche Mengen in Frage. Wittgenstein betont die Spontaneität im Schaffen des Mathematikers. Man sieht, dass die Ansichten Wittgensteins einen kantischen Anstrich haben und in vielen Aspekten den Ansichten der Intuitionisten, insbesondere denen von Brouwer ähneln.

Die klassischen Konzeptionen in der Philosophie der Mathematik, Logizismus, Intuitionismus und Formalismus, waren nicht nur Inspiration und Ausgangspunkt der neuen Konzeptionen in der Philosophie der Mathematik, sie haben auch tiefe und wichtige Untersuchungen in der Logik und den Grundlagen der Mathematik selbst verursacht und beeinflusst. Diese Untersuchungen wurden vom Jahr 1931 an intensiviert. Wir weisen besonders auf Alfred Tarski (1901–1983) hin und die von ihm geschaffene mengentheoretische Semantik. Sie war der Anfang der Modelltheorie, die heutzutage ein fundamentales Instrument in den Untersuchungen der elementaren und infinitistischen Sprachen sowie der mathematischen Theorien und Strukturen ist. Tarski entwickelte sie in seinen Untersuchungen über den Begriff der Wahrheit und führt dort den für die Semantik fundamentalen Begriff der Erfüllung (bei gegebener Interpretation) ein (s. Abschnitt 5.1). Seine Semantik entstand unter dem Einfluss des Logizismus und Platonismus.

Sehr intensiv wurde auch die von Hilbert begonnene Beweistheorie, d. h. die finitistische Metamathematik weiter entwickelt. Nach den Gödelschen Unvollständigkeitssätzen, die gezeigt hatten, dass das Hilbertsche Programm in seiner ursprünglichen Form nicht realisierbar ist, blieb es das Ziel, die klassische Mathematik im Sinne der Hilbertschen Philosophie zu begründen. Dazu wurde ein erweiterter technischer Apparat für die Beweistheorie aufgebaut.

Unter dem Einfluss des Intuitionismus wurden unterschiedliche Systeme der konstruktiven Mathematik entwickelt – wir haben bereits über sie gesprochen. Die intuitionistische Mathematik und Logik wurden selbst zum Gegenstand der Untersuchungen.

Zwischen der Philosophie der Mathematik und den Mathematischen Grundlagen gab es gegenseitige Einflüsse. Logische und grundlagentheoretische Resultate haben speziell die philosophischen Konzeptionen beeinflusst. Hier kann man z. B. die Entwicklung der Theorie der rekursiven Funktionen erwähnen, die die konstruktivistischen Konzeptionen in der Philosophie der Mathematik beeinflusst haben, oder die Gödelschen (1938) und Cohenschen (1963) Sätze über die Widerspruchsfreiheit und Unabhängigkeit des Auswahlaxioms und der Kontinuumshypothese. Sie zeigten, dass die Axiome der Mengenlehre für die Entscheidung solcher Fragen nicht stark genug sind und die Natur der Mengen nicht hinreichend erfassen. Man kann wesentlich voneinander abweichende Mengenlehren formulieren und damit ganz unterschiedliche Grundlagen der Mathematik erhalten. Wir verweisen dafür auf das Kapitel 4.

2.22   Der evolutionäre Standpunkt – eine neue philosophische Grundposition

Wir haben bis hierher mathematikphilosophische Autoren, Positionen und Richtungen vorgestellt, die man als klassisch bezeichnen kann. Sie alle beziehen sich in der einen oder anderen, oft sehr differenzierten Weise auf die klassischen philosophischen Grundpositionen, die wir zu Anfang dieses Kapitels knapp charakterisiert haben, und nehmen im Bereich zwischen diesen einen manchmal nur kompliziert bestimmbaren Platz ein.

Die zuletzt vorgestellten Autoren und Richtungen – beginnend etwa bei Dedekind – gehören in eine Zeit, in der eine neue philosophische Grundposition sich beginnt auszubilden, die schnell an Bedeutung gewinnt. Manche neuere mathematikphilosophische Konzeptionen, die auf die eben geschilderten Richtungen folgen und die wir etwa vom Ende der 50er Jahre des 20. Jahrhunderts an beobachten können, entstehen vor dem Hintergrund dieses neuen philosophischen, von der Evolutionstheorie beeinflussten Standpunktes. Von ihm aus rückt vor allem der Gedanke der *Entwicklung* in den Vordergrund.

Wir stellen den evolutionären Standpunkt hier vor, um auf neue und ihm verwandte Gesichtspunkte vorzubereiten, die bei einigen Repräsentanten der neueren Philosophie der Mathematik zu beobachten sind. Auch wenn diese Gesichtspunkte neu sind und die klassischen Richtungen relativieren und ergänzen, so sind ihre Wirkungen, wie wir meinen, doch eingeschränkt und eher peripher für die Grundfragen der Philosophie der Mathematik. Die evolutionäre Position wirkt eher indirekt als neue philosophische Grundhaltung, die neue Sichtweisen auf die Mathematik und ihre Praxis mit sich bringt. Es scheint so, als ob es über den Zahlbegriff hinaus keine substantiellen Beiträge aus einer evolutionären Position gibt, die mathematikphilosophisch für die Grundlagenprobleme relevant wären. Über Beiträge zum Zahlbegriff berichten wir nach der Charakterisierung des evolutionären Standpunktes.

Wir erweitern zuerst unser Bild von den Grundpositionen.

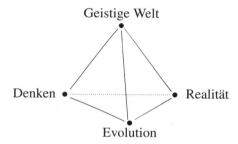

Die Theorie, besser die Entdeckung der Evolution durch Darwin vor 150 Jahren hat nicht nur die Biologie umgewandelt. Sie hat auch die Philosophie radikal herausgefordert, hat seitdem längst das Denken der Menschen erreicht und bis in den Alltag hinein verändert. Fast jeder, oft ohne dass er es weiß, nimmt heute den evolutionären Standpunkt der Welt und dem Menschen gegenüber ein. Die Evolutionstheorie und ihre zunehmende Akzeptanz hat das philosophische Umfeld verändert, was nicht ohne Einfluss auch auf manche Repräsentanten der neueren Philosophie der Mathematik war.

Hinter dem Entwicklungsgedanken aus der Evolutionstheorie erscheinen in der neueren Philosophie der Mathematik neben den rein begrifflichen und methodologischen Aspekten die *Bedingungen* der Entwicklung – und ihre Akteure. Der konkrete Mathematiker gerät stärker ins Blickfeld, die Praxis der mathematischen Arbeit, die Wissenschaftsgemeinschaft der Mathematiker, das kulturelle und wissenschaftliche Umfeld. Die Mathematik, die heute noch gern als absolut, universell und festgefügt angesehen wird, wird wie andere Wissenschaften als historisches, kulturelles und soziologisches Phänomen betrachtet.

Stellen wir uns auf den evolutionären Standpunkt, so bietet sich eine neue Perspektive für den Blick auf das Denken des Menschen. Wir schauen von *außen* auf das Denken – wie auf einen äußeren Gegenstand. Die Innenperspektive ist aufgehoben. Es ist nicht mehr das Denken allein, auf das das Denken über das Denken angewiesen ist. Denn vom evolutionären Standpunkt aus können wir die Entwicklung des Menschen in seiner Evolution verfolgen. Vor unserem Blick entfalten sich die frühen Zeugnisse seiner Intelligenz, seiner frühen Kunst und Kultur und ihrer Entwicklung bis zur heutigen Zivilisation mit ihrer Technik und ihren Wissenschaften.

Erkenntnistheoretisch bedeutet der Gedanke der Evolution eine Wende, die die alten Grundpositionen in Frage stellt. Zum ersten Mal in der Philosophiegeschichte besteht die Möglichkeit, mit der biologischen und psychologischen Entwicklung des Menschen auch die Entwicklung des Denkens zu beobachten. Es gibt Philosophen, die vorgeben, auf dem Weg zu dem Zeitraum in der Evolution und zu den Bedingungen zu sein, in denen das Denken, der menschliche Geist, das Geistige entstanden ist.

Wir versuchen, diesen evolutionären Standpunkt kurz zu charakterisieren.

Die „biologische" oder „evolutionäre Erkenntnistheorie" wurde von *Konrad Lorenz* (1903–1989) begründet und wurde bzw. wird z. B. von Rupert Riedl (1925–2005) und Gerhard Vollmer (geb. 1943) vertreten. Eine ihrer Schlüsselaussagen ist:

– Leben ist ein erkenntnisgewinnender Prozess. Dieser führt kontinuierlich von der Evolution der Moleküle bis zur Zivilisation.

Hieraus resultiert:

– Denken ist wie ein höheres Organ, das sich in einer „zweiten Stufe" der Evolution ausbildete. Die Strukturen des Denkens sind Abbilder der Muster der Natur.

– Erkenntnis (im klassischen Sinn) ist die aktuelle Spiegelung der Realität in den Strukturen des Denkens.

Das Erkenntnisproblem der Philosophie wird zum biologischen, anthropologischen, historischen, schließlich psychologischen und soziologischen Problem.

Leben ist Erkenntnis. Vom Standpunkt der Evolution verschmelzen die früheren Grundpositionen: Denken, Geist und Realität sind Phänomene ein und desselben Lebens. Die erste Aufgabe ist das Studium der Evolution und der Entwicklung des Menschen. Dieses Studium ist prinzipiell in der Lage, die uralten Rätsel der Philosophie zu lösen. Die künstliche Spaltung von Materie und Geist, Subjekt und Objekt, Denken und Sein, Idee und Realität ist im Prinzip aufgehoben. Blicken wir auf unseren Gegenstand, die Mathematik, so verschwindet das Problem der Anwendung der Mathematik und die Differenz zu anderen Wissenschaften, speziell zu den Naturwissenschaften.

Was heißt es – gemessen an den alten Grundpositionen, den Standpunkt der biologischen Evolution einzunehmen?

– Die evolutionäre Erkenntnistheorie ist *empiristisch*.

   Denn Biologie ist Naturwissenschaft. Das Denken spiegelt in seinen Strukturen die Strukturen der Welt wider, die in diesem Vorgang natürlich primär ist.

– Die evolutionäre Erkenntnistheorie ist *antirationalistisch*.

Das Denken ist Produkt der Natur, auf deren Gegenstände und Vorgänge es daher „passt". Jeder rationalistische Rest, der Denken und Erkenntnis von den Gegenständen isolieren wollte, verschwindet. Die Gegenstände der Welt sind dem Denken – durch seine evolutionäre Biographie – unmittelbar gegeben. Das Ding an sich ist metaphysischer Unsinn.

– Die evolutionäre Erkenntnistheorie ist *antiidealistisch*.

Evolution wird betrieben von äußeren Prozessen: Zufall, Mutation, Anpassung, Auslese etc. Höhere Geistige Prinzipien, die die Evolution lenken, sind so unnötig wie unsinnig. Vielmehr: Zum ersten Mal besteht die Möglichkeit, die Entstehung von Geist zu beobachten – und zu beschreiben, was Geist ist. Vorsichtige Versuche gibt es in [56]. Zwei Beispiele: Geist ist das Medium zwischen Erwerb und Entwurf von Welt. Und: Was sich als Geistigkeit entwickelt, ist an die Operationalität des Zentralnervensystems gebunden.

Es ist interessant, jetzt einen Versuch zu machen. Wir richten unseren Blick vom evolutionären Standpunkt auf die Zahlen und versuchen an diesem kleinen Element im Denken die Konsistenz und Reichweite des neuen Standpunktes zu prüfen.

Was bedeutet es für die Zahlen, Produkte der Evolution zu sein? – Offenbar hat nicht mehr „der liebe Gott die Zahlen gemacht" sondern

Zahlen sind ein Produkt der Evolution und nunmehr genetisch bedingt.

Dieser Standpunkt ist inzwischen durchaus populär:

– Gibt es so etwas wie ein „Zahlenzentrum" oder „Rechenzentren" im menschlichen Hirn, dessen Entwicklung sich durch die biologische Ahnenreihe des Menschen verfolgen lässt?

– Gibt es Zahlen-Gene?

Die zweite Frage ist noch unentschieden, die erste wird z.Zt. negativ beantwortet.

Evolution ist ein Prozess in der Zeit, der zufällig verläuft. Die folgende Frage drängt sich auf:

– Ist auch die genetische Entwicklung zu den Zahlen zufällig verlaufen – und ist es vorstellbar, dass, wäre die genetische und anthropologische Entwicklung des Menschen *zufällig* anders verlaufen, die Zahlen heute anders aussähen als 1, 2, 3, …?

Man ist geneigt, diese Frage zu verneinen, und glaubt, dass die Evolution genau zu den natürlichen Zahlen führen *musste*. Aber wo ist der Ursprung der Zahlen dann? Diese Frage berührt die Grenzen der Möglichkeiten einer evolutionären Erkenntnistheorie:

– Wie weit in die Vor- und Frühgeschichte, die Evolution oder die kosmologische Entwicklung lassen sich die Zahlen oder ihre Ursprünge zurückverfolgen?

– Die Frage nach der Evolution der Zahlen enthält die Frage nach ihrer Zeitlichkeit. Ist die Frage nach der Zeitlichkeit der Zahlen unsinnig, wenn deren Begriff von der Zeit nicht zu trennen ist?

- Sind Zahlen Dinge, die ganz *unabhängig* von der Evolution gedacht werden müssen?
- Schließlich: Ist es eventuell notwendig, einen geistigen Ursprung oder eine vorgegebene Struktur der Evolution anzunehmen? Sind Zahlen Elemente dieser Struktur?

Sind Zahlen Ideen, Formen, göttliche Gedanken? So revolutionär und wesentlich der Standpunkt der Evolution ist, es scheint so, als weist die kleine Frage nach den Zahlen in die alte Philosophie zurück.

Wir schildern hier abschließend zwei erkenntnistheoretische Positionen, die wir als *genetische Positionen* bezeichnen können und die besonders eng mit dem evolutionären Standpunkt verbunden sind. In ihnen finden wir interessante Aussagen speziell zum Begriff der Zahl. Diese Positionen gehören nur am Rande zur Philosophie der Mathematik – und sind dort bisher auch kaum zur Kenntnis genommen worden. Beide kommen aus ganz anderen Richtungen: Aus der Psychologie und der Kulturanthropologie – letztere im Rahmen einer modernen philosophischen Anthropologie ([56], 1994).

Der psychologische Beitrag kommt aus der Schule des bedeutenden Psychologen *Jean Piaget* (1896–1980), der Grundgedanken der Evolutionstheorie in seine Entwicklungspsychologie übertragen hat. Zum Zahlbegriff suchte er Aufklärung in der Mathematik und orientierte sich am logizistischen Versuch Freges und Russells. Er kritisierte zugleich ihre kardinale Auffassung als einseitig. Das Wesen der Zahl erklärte er aus einer komplexen und unlösbaren Verknüpfung von kardinaler Klassifikation und ordinaler Reihenbildung (die er zu den „logischen Operationen" rechnet):

> „Die finiten Zahlen sind also zwangsläufig Kardinal- wie Ordinalzahlen; das ergibt sich aus der Natur der Zahl selbst, die ein in ein einziges operatorisches Ganzes verschmolzenes System von Klassen und asymmetrischen Relationen ist." ([146], S. 208)

Von diesem – mathematisch nicht präzisierten – Standpunkt aus kritisierte Piaget „die oft künstlichen Ableitungen, [...] die die logistische Forschung so gründlich von der psychologischen Analyse losrissen, obgleich beide so geeignet sind, sich wie Mathematik und Experimentalphysik gegenseitig zu stützen" ([146], S. 11). Wir erinnern dagegen an die tief antipsychologische Haltung Freges.

Bedeutsamer als die Zahlauffassung selbst ist der *Entwicklungsgedanke*, mit dem Piaget seine Auffassung verknüpft. Grundlage der psychologischen Entwicklung sind die biologische Organisation des Menschen und seine sich anpassende und gestaltende Auseinandersetzung mit der Welt. Zahlen sind nach Piaget das Ergebnis einer jeweils individuellen *Konstruktion* und Neuschöpfung, die ausgeht von Handlungen an konkreten Objekten und von diesen ihre Begriffe ablöst. (Den Entwicklungsgedanken trafen wir so deutlich nur bei Dedekind an, dessen Schrift *Was sind und was sollen die Zahlen?* Piaget offenbar nicht kannte.) Seine Hypothesen über seine Zahlauffassung und die Stadien der Entwicklung zu den Zahlen gewann und bestätigte Piaget in berühmt gewordenen Experimenten, in denen er Kinder bei der Lösung von Problemen in genauen Versuchsanordnungen beobachtete.

Wir fassen die Auffassung Piagets so zusammen:

> *Zahlen sind – ordinale Bestandteile umfassende – Anzahlen. Sie sind individuelle kognitive Konstruktionen ausgehend von Handlungen an konkreten Objekten.*

Bemerkenswert in Piagets Zahlauffassung ist, dass trotz der Hervorhebung des Ordinalen das Zählen in der Entwicklung des Zahlbegriffs eher eine Begleiterscheinung ist. Das Zählen erhält eine nachrangige Bedeutung in dieser Entwicklung zugewiesen.

> „Auf letzteres [das Zählen – Anm. der Autoren] braucht hier nicht näher eingegangen zu werden, da der Gegenstand dieses Buches die Untersuchung der Konstituierung des Zahlbegriffs ist [...].“ ([146], S. 100)

Das Zählen selbst als inneres begriffsbildendes Schema, wie es Dedekind auffasste und mathematisch in der Struktur der natürlichen Zahlen beschrieb, scheint Piaget nicht wahrgenommen zu haben.

Die anthropologische und entwicklungsgeschichtliche Position versteht Entwicklung – zusätzlich – historisch. Zwischen Ontogenese und Historiogenese siedelt *Peter Damerow* (geb. 1939) seinen Versuch an, den Zahlbegriff zu verstehen. Seine „konstitutiven Grundannahmen“ sind

> „erstens, dass logisch-mathematische Begriffe abstrahierte Invarianten von Transformationen sind, die durch Handlungen realisiert werden, und

> zweitens, dass solche Abstraktionen durch kollektive, externe Repräsentationen tradiert werden [...].“ ([43], S. 271)

Zur ersten Grundannahme setzt er voraus, „dass Piagets theoretische Rekonstruktion der Entwicklung des Zahlbegriffs in der Ontogenese diesen Prozess im wesentlichen korrekt wiedergibt“ (loc. cit., S. 255).

Ontogenese und Historiogenese sind für Damerow grundsätzlich unterschiedliche Prozesse: Die eine ist nicht Nachbildung der anderen. Die externen Repräsentationen, z. B. arithmetische Symbolsysteme sind Momentaufnahmen aus der Historiogenese. Einerseits sind sie Produkte der psychologischen *Konstruktionen* von Einzelindividuen in ihrer *gesellschaftlichen* Geschichte. Anderseits werden sie zu jedem Zeitpunkt Gegenstand der ontogenetischen *Rekonstruktion* der Individuen.

Damerow sieht die Entwicklung des Zahlbegriffs vor dem Hintergrund „arithmetischer Aktivitäten“, das sind „Vergleichs-, Korrespondenz-, Vereinigungs- und Wiederholungshandlungen“ (loc. cit., S. 280). In einer 0. „präarithmetischen Stufe“ gibt es solche Aktivitäten im eigentlichen Sinne noch nicht. Die genannten Handlungen bleiben gebunden an die konkreten Situationen und Objekte. Es fehlen gänzlich die „kollektiven, externen Repräsentationen", das sind Symbole und Symbolsysteme.

In der nächsten, der „protoarithmetischen Stufe" (loc. cit., S. 285) gibt es „Zählobjekte" als gegenständliche Symbole für Einzelgegenstände wie Kerben oder Calculi und Wörter oder symbolische Handlungen in standardisierten „Zählfolgen" (loc. cit., S. 286), die durch Iteration Quantitäten darstellen. In der 2. Stufe der „symbolischen Arithmetik" (loc. cit., S. 293) tauchen kontextabhängige, abstrakte Symbole auf, Repräsentationen 2. Stufe, die neben der Symbolisierung von Quantitäten zum Rechnen nach Regeln dienen. Es entstehen Fachausdrücke, die sich auf den Umgang mit Symbolen und Gegenständen beziehen.

Die arithmetischen Techniken bilden eine neue Ebene arithmetischer Aktivitäten, von denen her die 3. und letzte Stufe der Entwicklung, die „theoretische Arithmetik" (loc. cit., S. 302) erreicht wird. Dies ist eine Ebene von Aussagen über abstrakte Zahlen in deduktiven Systemen, die allein durch mentales Operieren gewonnen werden. Solange die Deduktionen noch arithmetische Bedeutungen verwenden, sind sie „sprachlich". Lösen sich diese in beliebig interpretierbaren Axiomensystemen auch davon, sind sie „formal".

Damerow sieht in seinem Ansatz eine Grundlage für die theoretisch nicht entscheidbare

> „Antwort auf die Frage nach der historischen oder ahistorischen Natur des logisch-mathematischen und insbesondere des arithmetischen Denkens."
> (loc. cit., S. 314, vgl. [45], S. 51)

Er spricht vom möglichen „Anteil des arithmetischen Denkens", der auf „kulturelle Errungenschaften zurückgeht", und vom möglichen „Umfang", in dem „Strukturen und Prozesse des arithmetischen Denkens [...] historisch nicht veränderbare Universalien der Natur des *homo sapiens* darstellen". In den historischen externen Repräsentationen sieht er den Schlüssel für „historisch-kulturvergleichende" Untersuchungen, die Fragen in diesem Bereich beantworten können.

Durch die Bindung an Piaget ist naturgemäß der Zahlbegriff geprägt, der die Überlegungen Damerows begleitet. Wir fassen die vielschichtige Auffassung Damerows so zusammen:

> *Zahlen sind – ordinale Bestandteile umfassende – Anzahlen. Sie sind individuelle und soziale kognitive Konstruktionen und Rekonstruktionen, die sich in der psychologischen Entwicklung der Individuen und in der historischen Entwicklung der Gesellschaften ausbilden bzw. ausgebildet haben. Das Bindeglied zwischen individueller, sozialer und historischer Entwicklung bilden die externen Repräsentationen. Der Zahlbegriff beinhaltet ahistorische universelle und kulturabhängige historische Anteile.*

Wir bemerken, dass Damerow die elementaren Zählstrukturen, die notwendig zum Zahlbegriff gehören, zwar postuliert, aber ihre Herkunft und frühe Entwicklung selbst nicht zum Gegenstand der Untersuchung macht. Sie scheinen Handlungssystemen zu entspringen, die zur natürlichen Ausstattung des Menschen gehören und den präarithmetischen und arithmetischen Aktivitäten vorangehen. Möglicherweise gehören sie zu den „logisch-mathematischen Universalien des Denkens".

2.23 Philosophie der Mathematik nach 1960

Seit Anfang der sechziger Jahre kann man eine Renaissance der Philosophie der Mathematik beobachten. In ihr wirken einerseits die alten Ansätze, anderseits erscheinen neue Strömungen, unter denen einige Elemente der neuen philosophischen Grundposition aufnehmen, die wir eben (Abschnitt 2.22) geschildert haben. Die alten, klassischen Konzeptionen sind der Logizismus, Intuitionismus, Formalismus und der Platonismus. Die neuen Strömungen sind eine Reaktion auf gewisse Einseitigkeiten und Begrenzheiten der klassischen Richtungen. Denn der Logizismus, Intuitionismus und Formalismus wie auch der Platonismus sind Resultate radikaler reduktionistischer Tendenzen in der Philosophie der Mathematik. Sie haben daher einen deutlich monistischen und exklusiven Charakter.

Intuitionismus und Formalismus blieben im Allgemeinen den Ansichten und Ideen ihrer Begründer treu, obwohl die Entwicklung der Logik und der Grundlagen der Mathematik und die dort gewonnenen Resultate nicht ohne Einfluss auf die Gestalt dieser Konzeptionen waren. Unter dem Einfluss der Gödelschen Unvollständigkeitssätze, entstanden das verallgemeinerte Hilbertsche Programm und das relativierte Hilbertsche Programm (vgl. Abschnitt 2.20). Dieses zweite Programm bekam, wie wir oben andeuteten, in letzter Zeit einen starken Impuls von Seiten der so genannten reversen Mathematik (*reverse mathematics*), deren Resultate zeigen, dass das Hilbertsche Programm teilweise realisiert werden kann. Der Logizismus taucht heute auf in der Form eines pluralistischen Logizismus und wird vor allem von Henryk Mehlberg und Hilary Putnam repräsentiert. Nach dieser Konzeption ist es das Hauptziel der Mathematik, Beweise in axiomatischen Systemen zu führen. Der Deduktionssatz sagt, wenn ein Satz φ ein Theorem einer axiomatischen Theorie T ist, dann gibt es Axiome $\varphi_1, \varphi_2, \ldots, \varphi_n$ dieser Theorie, sodass die Subjunktion $\varphi_1 \wedge \varphi_2 \wedge \ldots \wedge \varphi_n \longrightarrow \varphi$ ein rein logischer Satz ist, der allein aus den logischen Axiomen abgeleitet werden kann. Man kann also annehmen, dass die einzelnen mathematischen Theorien quasi „Schatzkammern" logischer Sätze sind. Es ist unwichtig, welche Axiome angenommen werden. Man kann nicht von besseren und schlechteren Theorien sprechen. Wichtig sind nur die logischen Beziehungen zwischen Axiomen und Sätzen. Als spezielle Konsequenz erhält man, dass – vom Gesichtspunkt der reinen Mathematik – z. B. die euklidische Geometrie und die nichteuklidische Geometrie gleichwertig sind.

In der Tat findet man die Idee des pluralistischen Logizismus schon bei Russell im Jahre 1900. Er hat aber später seine Auffassungen modifiziert. Wir bemerken zudem eine Verbindung dieser Konzeption zu den Ansichten des Aristoteles. Wir haben oben auf dessen Ansicht hingewiesen, dass es nicht um die Wahrheit, Sicherheit und Notwendigkeit einzelner Sätze sondern um die logischen Beziehungen zwischen Sätzen geht, die man – modern gesprochen – als Subjunktion ausdrückt.

Typisch für die klassischen Konzeptionen der Philosophie der Mathematik und ihre später entwickelten Versionen ist, dass sie eine sichere Grundlage für die Mathematik als Wissenschaft suchen. Ihr Ziel ist zu zeigen, dass die Mathematik widerspruchsfrei und ihre Resultate damit unwiderlegbar und sicher sind. Dazu führen diese Konzeptionen die in Lehre und Forschung praktizierte Mathematik auf unterschiedliche Grundlagen zurück. In den Rekonstruktionen der Mathematik verwendet man dann unterschiedliche Instrumente und Methoden aus der mathematischen Logik und den Grundlagen der Mathematik. Aus diesen Gründen bezeichnet man die klassischen Konzeptionen auch als *grundlagentheoretische Konzeptionen*.

Diese Konzeptionen sind reduktionistisch und monistisch, d. h. sie reduzieren Mathematik jeweils unter einem gesonderten Aspekt. Der Logizismus behauptet, dass Mathematik auf Logik (und Mengenlehre) reduziert werden kann. Der Intuitionismus sagt, dass die Intuition der natürlichen Zahlen die Mathematik begründet, die wieder auf der Intuition der apriorischen Zeit beruht. Der Formalismus sieht die Rettung in formalisierten Sprachen, in die alle mathematischen Theorien zurückgeführt werden können. Als Resultat entsteht jeweils ein idealisiertes Bild der Mathematik, das weit von der Praxis der Mathematik und der Arbeit des realen Mathematikers entfernt ist. Die grundlagentheoretischen Konzeptionen vermitteln eindimensionale, statische Bilder der Mathematik als Wissenschaft. Sie versuchen, sichere Grundlagen für die Mathematik festzulegen und sie ein für allemal zu begründen, und betrachten Mathematik dabei als Wissenschaft, die mechanisch und fortwährend wahre und bewiesene Sätze ansammelt. Dabei verlieren sie die Komplexität des Phänomens der Mathematik aus den Augen. Die historische Entwicklung der Mathematik als Wissenschaft und die Entwicklung des mathematischen Wissens des einzelnen Mathematikers spielen keine oder eine untergeordnete Rolle.

In den sechziger Jahren entstanden Konzeptionen, die gegen solche Auffassungen opponierten. In der englischen Literatur nennt man sie *anti-foundational*. Ihre Vertreter richteten und richten ihren Blick auf die reale Mathematik und die aktuelle Forschungspraxis der Mathematiker und nicht auf Rekonstruktionen der Mathematik aus diversen Grundlagen. In den *Anti-Foundational*-Strömungen ist die real existierende und praktisch betriebene Mathematik der Ausgangspunkt aller Untersuchungen – und das Ziel der Untersuchungen ist, diese Mathematik zu beschreiben und zu verstehen.

Bei einem solchem Zugang rückt notwendig der historische Aspekt der Mathematik und ihre Entwicklung ins Blickfeld. Mathematik ist keine absolute, unveränderliche Erscheinung, die immer gleich war und ist. Sie hat ihre eigene Geschichte. Sie ist variabel und beeinflusst von der Epoche und der Kultur, in deren Rahmen sie sich entwickelt. Die Forschungspraxis der Mathematik findet nicht isoliert statt, sie hat vielmehr vieles gemeinsam mit der Forschungspraxis anderer Wissenschaften, speziell der Naturwissenschaften. Das bedeutet, dass die mit der Mathematik verbundenen philosophischen Fragen nicht ohne Beziehung zu anderen Disziplinen sind, in denen die Mathematik eine Rolle spielt. Es ist zudem nicht angemessen, die Mathematik von vornherein als Wissenschaft eigener Art anzusehen, sie von anderen Wissenschaften abzugrenzen und ihren Objekte einen anderen ontologischen und erkenntnistheoretischen Status zuzuschreiben.

Diejenigen Konzeptionen, die von der Forschungspraxis der Mathematik ihren Ausgangspunkt nehmen und versuchen, das Phänomen der wirklich betriebenen Mathematik zu erfassen statt „nur" Rekonstruktionen zu liefern, nennt man quasi-empirisch.

Quasi-empirische Konzeptionen

Ein erster wichtiger Versuch in dieser Richtung war die Konzeption von *Imre Lakatos* (1922–1974). Sie ist unter dem Einfluss der Philosophie Karl Poppers entstanden und wurde vorgestellt in der Arbeit *Proofs and Refutations. The Logic of Mathematical Discovery* ([113], 1963).

Lakatos Einstellung ist, dass Mathematik keine sichere und unwiderlegbare Wissenschaft ist. Mathematik ist vielmehr fehlbar wie andere Wissenschaften auch. Mathematik entwickelt sich aus der Kritik und den Korrekturen alter Theorien heraus, die nie frei von Unklarheiten waren und sind und in denen es Fehler und Versehen geben kann. Wenn ein Mathematiker versucht, ein Problem zu lösen, so formuliert er eine Hypothese und sucht zu gleicher Zeit einen Beweis und Gegenbeispiele. Lakatos schreibt:

> „Mathematik wächst nicht durch die andauernde Vermehrung der Zahl unbezweifelbar begründeter Sätze, sondern durch fortgesetzte Verbesserung von Vermutungen, durch Spekulation und Kritik, durch die Logik der Beweise und der Widerlegungen." (vgl. [113])

Neue Beweise heben alte Gegenbeispiele auf, neue Gegenbeispiele widerlegen alte Beweise. Wenn Lakatos hier von Beweisen spricht, dann meint er „normale", nicht-formalisierte Beweise aus dem mathematischen Alltag. Er analysiert nicht die idealisierte formale Mathematik, sondern die nicht-formalisierte Mathematik, die von den „normalen", wirklichen Mathematikern getan wird. Der ganze Text *Proofs and Refutations* ist in der Tat eine Kritik an den dogmatischen Konzeptionen der Philosophie der Mathematik, insbesondere des Logizismus und des Formalismus. Lakatos kritisiert, dass sie die reale Praxis der Mathematik nicht ausreichend berücksichtigen. Er versucht, eine Poppersche Philosophie dagegen zu stellen.

Lakatos erklärt, dass Mathematik eine Wissenschaft im Popperschen Sinne ist, d. h. dass sie sich durch sukzessive Kritik, durch stetige Verbesserung der Theorien und durch die Bildung immer neuer und miteinander rivalisierender Theorien entwickelt, in einer Art mathematischer Evolution. Was aber sind in der Mathematik – so zwei Schlüsselbegriffe bei Popper – die „Basissätze" und die „möglichen Falsifikatoren"? Lakatos beantwortet diese Frage in *Proofs and Refutations* nicht. Eine partielle Antwort kann man in seinem Aufsatz *A Renaissance of Empiricism in the Recent Philosophy of Mathematics* ([114]) finden.

Lakatos sagt dort, dass nicht-formalisierte Theorien potentielle Falsifikatoren für formalisierte mathematische Theorien sind. Zum Beispiel: Sucht man ein System von Axiomen für die Mengenlehre, so berücksichtigt man, wie und in welchem Ausmaß dieses Axiomensystem die nicht-formalisierte Theorie realisiert oder wiederspiegelt, die wir in der Praxis verwenden. Was aber ist der Gegenstand der nicht-formalisierten Mathematik? Wovon reden wir eigentlich, wenn wir über Zahlen, Dreiecke oder andere Objekte sprechen? Man findet in der Geschichte der Mathematik und Philosophie der Mathematik verschiedene Antworten. Lakatos vermeidet hier eine Aussage. Er schreibt: „Es ist unwahrscheinlich, dass hier eine einzige Antwort gegeben werden kann. Genaue historisch-kritische Studien werden zu einer komplexen (*sophisticated and composite*) Lösung führen." In der Geschichte also liegt die Antwort. Lakatos kritisiert, dass die Trennung der Geschichte der Mathematik von der Philosophie eine der größten Sünden gerade des Formalismus ist. In der Einführung zu *Proofs and Refutations* schreibt er – Kant paraphrasierend:

> „Die Geschichte der Mathematik, die der Führung durch die Philosophie mangelt, ist blind geworden, während die Philosophie der Mathematik, die den fesselndsten Erscheinungen in der Geschichte der Mathematik den Rücken zuwendet, leer geworden ist."

Lakatos zeigte, dass die klassischen Theorien in der Philosophie der Mathematik der Forschungspraxis der Mathematik nicht gerecht werden. Er stellte sein eigenes, ein praxisnäheres Modell vor. Es ist zu bedauern, dass er sein Programm der Revision der Philosophie der Mathematik im Rahmen seiner Erkenntnistheorie nicht vollständig ausarbeiten konnte. Wir merken an, dass das von ihm vorgeschlagene Schema vom Beweisen und Widerlegen nicht alles in der Entwicklung der Mathematik erklären kann. So kann man etwa die Entstehung und Entwicklung der Gruppentheorie angemessen nur als ein Ergebnis des Bestrebens deuten, mathematische Bereiche zu verbinden und Zusammenhänge zu erkennen. Lakatos war sich der Begrenzung seines Programms bewußt. Sein Verdienst war es zweifellos, dass er seine Philosophie an ein neues, anderes Bild der Mathematik geknüpft hat, an das Bild einer Mathematik, die sich entwickelt und lebt und die man nicht in den Rahmen eines formalen Systems pressen kann, an ein Bild, in dem auch Platz für den realen Mathematiker ist und das nicht nur idealisierte Rekonstruktionen sondern auch wirkliche Forschungsmethoden berücksichtigt.

Ein weiterer Versuch, die Begrenzungen der klassischen Konzeptionen der Philosophie der Mathematik zu überwinden, ist die Theorie von *Raymond L. Wilder* (1897–1982). Er hat vorgeschlagen, Mathematik als kulturelles System aufzufassen. Ein Anlass für diese Idee waren vielleicht seine Interessen, die er für die Anthropologie zeigte. (Seine Tochter Beth Dillingham war Professorin für Anthropologie an der University of Cincinnati.)

Wilder präsentierte seine Ideen in zahlreichen Aufsätzen und Vorlesungen. Die vollständige Fassung findet man in seinen Büchern *The Evolution of Mathematical Concepts* ([202], 1968) und *Mathematics as a Cultural System* ([203], 1981).

Die Hauptthesen von Wilder lauten: Mathematik ist ein kulturelles System, Mathematik ist Teil der gesellschaftlichen Kultur, mathematisches Wissen gehört zur kulturellen Tradition der Gesellschaft, mathematische Aktivitäten haben sozialen Charakter. Das Wort „Kultur" versteht er als „eine Kollektion unterschiedlicher Elemente, die ein Netz sozialer Kommunikation bilden" (vgl. [203], S. 8). Diese Auffassung ermöglicht es Wilder, die Entwicklung der Mathematik zu verstehen und in der Entwicklung allgemeine Gesetze zu entdecken, die auch den Wandel der Kulturen steuern. Sie macht es möglich, Verbindungen zwischen den Komponenten einer Kultur zu sehen, wechselseitige Einflüsse zu erkennen und ihre Wirkung auf die Entwicklung der Mathematik zu erforschen. So erscheint die Entwicklung der Mathematik wie der Prozess einer Evolution. Deren Mechanismen aufzudecken, ist mathematikphilosophische Aufgabe. Im Hintergrund der Wilderschen Konzeption erkennen wir Gesichtspunkte aus der „evolutionären Erkenntnistheorie" (s. Abschnitt 2.22). Sie verlangt, Mathematik nicht nur unter dem Gesichtspunkt der Logik und der Reduktion auf unterschiedliche Grundlagen zu sehen, sondern auch mit Methoden der Anthropologie, Soziologie, Psychologie und der Geschichts- und Kulturwissenschaften zu untersuchen.

In der Evolution der Mathematik kann man Phänomene beobachten, die sich regelhaft zu entwickeln scheinen. Z. B. stoßen wir in der Geschichte auf das Phänomen der gleichzeitigen aber unabhängigen Entdeckungen. Das klassische Beispiel ist hier die Entdeckung des Differential- und Integralkalküls durch Leibniz (1676) und Newton (1671) oder die Entdeckung des Systems der nicht-euklidischen Geometrie (Bolyai 1826–1833, Gauß vor 1816 und Lobatschewski 1836–1840). Andere Beispiele sind: die Erfindung der Logarithmen (Napier und Briggs 1614, Bürgi 1620), die Entdeckung des geometrischen Dualitätssatzes (Plücker, Poncelet – Anfang des 19. Jahrhunderts). Heute häufen sich solche gleichzeitigen und voneinander unabhängigen Entdeckungen.

Wilder erklärt dieses Phänomen folgendermaßen: Mathematiker, die natürlich Mitglieder einer Gesellschaft sind, arbeiten an Problemen, die in der Gesellschaft als wichtig angesehen werden. D. h. es gibt kulturelle Tendenzen, die die Kräfte für die Lösung dieses oder jenes Problem bündeln. Wenn man voraussetzt, dass die mathematischen Fähigkeiten und die kulturellen Kräfte gleichmäßig in der Gesellschaft verteilt sind, kann man erwarten, dass die Lösungen mehr oder weniger gleichzeitig an unterschiedlichen Orten auftauchen. Das ist nicht Zufall sondern Regel. Wenn die Entwicklung eines kulturellen, wissenschaftlichen Systems an einen Punkt kommt, in dem die Lösung eines Problems, das Auftauchen eines neuen Terminus oder einer neuen Theorie wahrscheinlich wird, dann kann man erwarten, dass diese auch wirklich kommen und nicht nur an einem Ort sondern unabhängig in der Arbeit verschiedener Wissenschaftler.

Die Theorie von Wilder ermöglicht es, die Evolution der Mathematik im Rahmen einer Kultur oder zwischen verschiedenen Kulturen zu untersuchen und die Entwicklung der Mathematik– in gewissem Sinne – vorherzusagen. Wenn man die Regeln und Gesetze der Veränderungen in einem kulturellen System durchschaut, kann das gelingen.

Die Vorzüge der Konzeption von Wilder erkennt man, wenn man sie mit anderen Konzeptionen vergleicht.

Für E. T. Bell ist Mathematik wie „ein lebendiger Bach", mit Nebenarmen aber auch mit Gegenströmungen oder sogar mit Stellen stehenden Wassers. Für ihn war z. B. die Mathematik der Araber wie ein Damm, der notwendig war, um die Leistungen der griechischen Mathematik zu bewahren und weiter zu tragen. Die Araber selbst aber hätten nichts Neues geschaffen. (vgl. *The Development of Mathematics* ([12], 1945))

Für O. Spengler ist Mathematik pluralistisch, jede Kultur besitzt ihre eigene Mathematik, die zusammen mit dieser Kultur vergeht (vgl. *Der Untergang des Abendlandes*, 1918 u. 1922, [183]). Die griechische Mathematik z. B. wurde nach dem Zerfall der altgriechischen Kultur und dem Auftauchen der arabischen Mathematik eine andere, ganz neue Mathematik. Die griechische Mathematik war abstrakt und spekulativ, die arabische Mathematik konkret und praktisch. Die Mathematik wandelte sich, weil sie in eine andere Kultur geriet, in eine Kultur von Nachkommen der Nomaden, die unter harten, schweren und sicherlich schwierigeren Bedingungen als die Griechen gelebt hatten. Spengler charakterisierte die arabische Mathematik als eine einfache Fortsetzung der griechischen Mathematik, er verurteilte sie – anders als Bell – nicht.

Für Wilder ist Kultur – und insbesondere die mathematische Kultur – nicht ein Organismus, der entsteht, sich entwickelt und stirbt, wie es bei Spengler der Fall ist, sondern wie eine sich immer und stetig entwickelnde Art. Deswegen sieht er nicht eine sterbende griechische Mathematik und eine neu entstehende arabische Mathematik. Die Mathematik wechselte nur in eine andere Kultur, in der andere kulturelle Kräfte auf sie wirkten. Sie entwickelte sich dadurch in eine andere Richtung als in der Zeit zuvor. Aber es war die gleiche Mathematik, die sich weiterentwickelt hatte.

Wilder formuliert einige Gesetze, die die Evolution der Mathematik steuern. Hier sind einige Beispiele:

1. Neue Begriffe tauchen auf als Resultat eines inneren Stresses (*hereditary stress*) oder eines äußeren Druckes aus der gegebenen Kultur. Man spricht hier vom Umweltsstress (*environmental stress*).

2. Die endgültige Akzeptanz eines Begriffes hängt von seinem Nutzen ab. Ein Begriff wird nicht abgelehnt, nur weil er auf z. B. unkonventionelle Weise eingeführt wurde oder weil ihn gewisse metaphysische Kriterien für „irreal" erklären. – Man denke an die negativen Zahlen, die komplexen Zahlen oder die Cantorsche Theorie der unendlichen Mengen.

3. Bei der Einführung eines neuen Begriffes sind der Ruf und die Bedeutung der Person, die ihn einführt, wichtig oder sogar entscheidend für die Akzeptanz speziell dann, wenn der neue Begriff mit der Tradition bricht. – Man denke an die nicht-euklidischen Geometrien, die Lobatschewski und Bolyai entdeckten. Ihre epochalen Entdeckungen blieben 30 Jahre lang fast unbemerkt. Erst als bekannt wurde, dass Gauß ähnliche Ideen entwickelt hatte, wurden ihre Entdeckungen gewürdigt. – Für die Einführung neuer Symbole gilt das Gleiche. Man denke an die Einführung von π, e, i durch Euler.

4. Anerkennung und Erfolg eines neuen Begriffes oder einer neuen Theorie hängen nicht allein von ihrem Nutzen ab, sondern auch von der Symbolik, die bei ihrer Einführung verwendet wird. – Man denke an Frege und seine komplizierte logische Symbolik. Sie war so schwer zu lesen, dass sie von den Mathematikern seiner Zeit nicht akzeptiert wurde. Seine Logik wurde daher zunächst kaum wahrgenommen. Als Freges Symbolik durch eine neue, bessere Symbolik ersetzt wurde, wurden seine Ideen, die unverändert blieben, und seine Arbeiten in ihrer Bedeutung erkannt.

5. Zu jedem Zeitpunkt gibt es so etwas wie eine gemeinsame „kulturelle Intuition", die die Mehrheit der Mitglieder der mathematischen Gemeinschaft und ihre Arbeit bestimmt.

6. Durchlässigkeiten und Verbindungen zwischen verschiedenen Kulturen oder zwischen unterschiedlichen Gebieten im Rahmen einer Kultur führen zur Entstehung neuer Begriffe und zur Beschleunigung der Entwicklung der Mathematik. – Beispiele hierfür sind die Beeinflussungen der arabischen Mathematik durch die italienische und spanische Kultur im Mittelalter, die Auswanderung bedeutender Mathematiker aus Europa in der Zeit des Nationalsozialismus und die Verbindungen zwischen den Gebieten der Topologie und Algebra bzw. Analysis.

7. Die Entdeckung von Widersprüchen in existierenden Theorien oder in existierenden Begriffssystemen führt zur Einführung neuer Begriffe, Theorien oder Methoden. – Man denke an die Krise der griechischen Mathematik, die ein Ergebnis der Entdeckung der inkommensurablen Größen war und die Theorie der Proportionen von Eudoxos hervorbrachte, oder an die Antinomien der Mengenlehre und die darauf folgende Entwicklung unterschiedlicher Mengenlehren.

8. Revolutionen, Brüche kann es in den Grundlagen, der Symbolik oder Methodologie der Mathematik geben, aber nicht im Kern der Mathematik.

9. Mathematische Systeme entwickeln sich durch Prozesse der Abstraktion, der Verallgemeinerung und der Konsolidierung, die durch einen inneren Druck hervorgerufen werden.

10. Der einzelne Mathematiker ist vom jeweils gegenwärtigen Stand der Mathematik, von ihrem Begriffssystem und ihrer Sprache abhängig und durch diese begrenzt. – Man denke an die mathematische Logik. Mathematiker konnten sie nicht entwickeln, solange eine Algebra und ein System von algebraischen Symbolen fehlte. Eine weitere,

begriffliche Voraussetzung war die Loslösung von der Intentionalität ihrer Ausdrücke, ihr Bezug auf beliebige Objekte und Eigenschaften und das Verständnis für ihre Formalität.

11. Die primäre Basis für die Mathematik einer jeden Epoche ist eine Art kultureller Übereinkunft in der mathematischen Gemeinschaft, die vage und atmosphärisch sein kann. Ohne eine Übereinkunft in der Bedeutung mathematischer Gegenstände und Theorien verliefen mathematische Forschungen chaotisch und isoliert.

12. In der Geschichte der Mathematik wurden die jeweils noch verborgenen Voraussetzungen sukzessiv aufgedeckt und formuliert – und dann akzeptiert oder abgelehnt. Die Akzeptanz solcher Voraussetzungen ist abhängig von ihrer klaren Analyse und ihrer mathematischen Rechtfertigung. Beispiel: Das Auswahlaxiom.

13. Da die Mathematik ein kulturelles Phänomen ist, gibt es in ihr so wie in anderen Wissenschaften nichts Absolutes. Jeder mathematische Begriff steht in enger Beziehung zu der Kultur, in der er eingeführt wurde. Es gibt kein allgemeines, eindeutiges Modell der Exaktheit. Was Exaktheit ist, ist eine kulturelle Übereinkunft der jeweiligen wissenschaftlichen Gesellschaft. Daher kann es nicht angemessen sein zu sagen, dass die Mathematik dieser oder jener Epoche nicht exakt war. Eine absolute Bestimmung von Exaktheit setzte zudem absolute mathematische Objekte voraus, die es nicht gibt. Die einzige Existenz, die mathematische Gegenstände besitzen, ist die, wie sie auch andere Elemente einer Kultur haben: eine kulturelle Existenz. Mathematische Begriffe werden von Mathematikern geschaffen, also von Menschen ihrer Zeit und Kultur. Begriffe werden natürlich nicht willkürlich gebildet, sondern entstehen auf dem Boden schon existierender Begriffe. Der Impuls zu ihrer Bildung kann eine innere Spannung sein z. B. angesichts ungelöster Probleme oder eine Herausforderung von außen durch praktische Probleme oder Probleme anderer Wissenschaften (vgl. Punkt 1 oben). Selbst der Begriff der Zahl, dem gewöhnlich eine Universalität und Absolutheit zugeschrieben wird, wird als kulturelles Objekt aufgefasst und muss als solches untersucht werden.

Kurz: Nach Wilder gehören mathematische Begriffe in die Poppersche „dritte Welt" der geistigen und kulturellen Inhalte. Mathematik beschäftigt sich nicht mit absoluten, zeit- und raumlosen Objekten. Man kann sie nicht losgelöst von der Kultur verstehen, in deren Rahmen sie entstanden und sich entwickelten. So gesehen gibt es manche Übereinstimmung zwischen Mathematik und Philosophie, Ideologie, Religion oder Kunst. Sie unterscheidet sich von ihnen nur darin, dass sie eine Wissenschaft ist, in der man Sätze in logischen Beweisen und nicht nur durch allgemeine, gesellschaftliche Akzeptanz begründet.

Eine interessante Synthese der Konzeptionen von Lakatos und Wilder enthält der Aufsatz von R. Hersh *Some proposals for reviving the philosophy of mathematics* ([93], 1979). Zuallererst konstatiert Hersh, dass die Annahme, dass Mathematik eine sichere und unwiderlegbare Wissenschaft ist, schlicht falsch ist. Die reale Forschungspraxis der Mathematiker belege das. Wir haben es in der Mathematik nicht mit absoluter Gewissheit zu tun. Mathematiker irren sich, machen Fehler und korrigieren sich vielleicht später. Sie sind oft nicht sicher, ob ein vorliegender Beweis richtig ist oder nicht. Der Mathematiker hat es in seiner Forschungsarbeit mit Gedanken zu tun. Er benutzt Symbole nur, um seine Gedanken notieren zu können und damit anderen die

Resultate seiner Überlegungen mitteilen zu können – so wie man in der Musik Noten schreibt und andere Symbole verwendet. Axiome und Definitionen sind nur Versuche, die Haupteigenschaften der mathematischen Ideen zu beschreiben. Es ist aber grundsätzlich so, dass nicht alle Eigenschaften in den Axiomen erfasst sind. Hersh sagt in [93], dass

> „die Welt der von Menschen geschaffenen Ideen existiert, sie existiert in unserem gemeinsamen Bewußtsein. Diesen Ideen kommen verschiedene objektive Eigenschaften zu – ähnlich wie es bei den materiellen Objekten der Fall ist. Beweise zu formulieren und Gegenbeispiele zu konstruieren, das ist die Methode, die die Aufdeckung der Eigenschaften der Ideen erst ermöglicht. Und das ist gerade das Wissensgebiet, das man Mathematik nennt."

Die Hypothese der Apriorität, der absoluten Sicherheit und Unwiderlegbarkeit des mathematischen Wissens kritisiert auch *Hilary Putnam* (vgl. seinen Aufsatz *What Is Mathematical Truth?*, [154]). Er bemerkt, dass in der Mathematik schon immer unterschiedliche quasi-empirische Methoden angewandt wurden und natürlich auch heute angewandt werden. Diese Methoden ähneln den Methoden der empirischen Wissenschaften. Der Unterschied ist, dass in der Mathematik einzelne Sätze einer Theorie durch Beweise oder Rechnungen und nicht durch Experimente und Beobachtungen verifiziert werden. In der Mathematik aber spielen experimentelle Methoden im Kontext einer mathematischen Entdeckung eine heuristische Rolle. Man experimentiert z. B., wenn man auf der Grundlage nur einzelner Fälle allgemeine Gesetze formuliert. Experimente können auch Argumente liefern für die Auswahl von Axiomen oder für Hypothesen als Teilbegründungen dienen, die man nicht vollständig beweisen kann. Das Wahrheitskriterium in der Mathematik ist – ähnlich wie in der Physik – der Erfolg und die Verwendbarkeit der mathematischen Ideen in der Praxis in einem weiten Sinn, insbesondere in der Forschungspraxis der Physik und anderer Naturwissenschaften.

Dieser letzte Punkt ist eng mit einem anderen Problem verbunden, das von Beginn an Philosophen der Mathematik beschäftigte. Es geht um das Problem der Anwendbarkeit der Mathematik in der Beschreibung der realen Welt oder das Problem des Verhältnisses zwischen reiner und angewandter Mathematik. Dieses Problem ist gerade heute interessant. Man verwendet z. B. in der Physik viele hoch abstrakte mathematische Begriffe und Theorien, die vor Jahren ohne irgendeine Beziehung zur Praxis oder jede praktische Motivation entwickelt und eingeführt wurden. Man wendet Mathematik und Mathematisierungen erfolgreich auch in Disziplinen wie Biologie, Soziologie oder Psychologie und Linguistik an. Man muss eingestehen, dass es eine eindeutige Erklärung für diese rätselhafte Anwendbarkeit der Mathematik nicht gibt. In der Philosophie der Mathematik wurden verschiedene Hypothesen formuliert, z. B.: (1) Mathematik ist keine Wissenschaft *a priori*, es gibt eine tiefe ontologische

Verwandtschaft zwischen mathematischen und physischen Begriffen, und der Unterschied zwischen ihnen besteht nur in dem Grad der Allgemeinheit, (2) die Gegenstände der Mathematik sind einfach mathematische Formen der physischen Erscheinungen (vgl. N. D. Goodman, *Mathematics as a Natural Science*, [89]), (3) historisch-soziologisch-psychologische Erklärungen, in denen Begriffe, und auch mathematische Begriffe das Resultat von Ablösungen aus der Realität und deren Tradierungen sind (vgl. oben Lorenz, Damerow, Wilder), (4) das Phänomen der Anwendbarkeit der Mathematik ist und bleibt mysteriös und hat keine rationale Erklärung (vgl. E. P. Wigner, *The Unreasonable Effectiveness of Mathematics in the Natural Siences*, [201]). Wigner verknüpft diese Ansicht mit der These, dass Mathematik keinen realen Inhalt hat sondern nur ein „formales Spiel" ist. Der Mathematiker besitzt kein Wissen, er hat nur eine spezielle Geschicklichkeit, mit formalen Begriffen spielerisch zu operieren.

Das Problem der Anwendbarkeit quasi-empirischer oder sogar empirischer Methoden in der Mathematik hat neuerlich eine neue Dimension bekommen. Denn immer häufiger und immer vielfältiger, in immer neuen Feldern wird der Computer in der Mathematik eingesetzt. Dieses Phänomen stellt die Philosophie der Mathematik vor neue Probleme und Fragen.

Computer werden in der Mathematik wenigstens auf sechs unterschiedliche Weisen angewandt: (1) in numerischen Rechnungen, (2) in (z. B. näherungsweisen) Lösungen algebraischer Gleichungen oder Differentialgleichungen oder Systemen solcher Gleichungen, in der Berechnung von Integralen usw., (3) in automatischen Beweisen von Sätzen, (4) zur Verifikation der Richtigkeit mathematischer Beweise, (5) als Hilfsmittel in Beweisen mathematischer Sätze – man spricht dann von Beweisen mit Computerunterstützung, (6) zum Experimentieren mit mathematischen Objekten – z. B. in der Geometrie. Besonders kontrovers ist der Einsatz des Computers im Zusammenhang mit dem Typ (5). Das Problem, das hier auftaucht, betrifft den Status der mathematische Sätze, deren Beweis wesentlich auf dem Einsatz des Computers beruht, und damit die Frage nach dem Status des mathematischen Wissens allgemein.

Man diskutiert dieses Problem oft im Kontext des Vier-Farben-Satzes. Dieser Satz besagt, dass vier Farben genügen, um jede Landkarte in der Ebene oder auf der Kugel so zu färben, dass benachbarte Länder verschieden gefärbt sind. Dieser Satz wurde im Jahre 1976 bewiesen und ist der erste mathematische Satz, der wesentlich auf dem Einsatz des Computers beruht und für den man einen „normalen" Beweis bis heute nicht kennt. Das stellt die verbreitete Auffassung in Frage, dass mathematisches Wissen apriorisch ist. Es gibt zwei Möglichkeiten: entweder den Bereich der Methoden in mathematischen Beweisen zu erweitern und Computermethoden, also Experimente in gewissem Sinne zuzulassen, oder anzuerkennen, dass der Vier-Farben-Satz unbewiesen ist, in den Bereich der Hypothesen gehört und noch nicht Bestandteil des mathematischen Wissens ist.

Folgt man der ersten Möglichkeit, dann ist mathematisches Wissen allgemein nur quasi-empirisch und nicht apriorisch.

Wir bemerken zum Schluss dieser Überlegungen über quasi-empirischen Strömungen in der modernen Philosophie der Mathematik, dass diese nicht notwendig die Ablehnung der klassischen Konzeptionen voraussetzen, um dem erkennenden Subjekt, dem realen Mathematiker gerecht werden zu können. Es gibt Versuche, die alten, klassischen Konzeptionen so zu erweitern, dass das erkennende Subjekt einbezogen wird. Wir meinen hier die sogenannte „intentionale Mathematik". Das ist der Versuch, eine dualistische Grundlage für die Mathematik zu schaffen und Mathematik auf eine ähnliche Weise zu behandeln wie die Quantenmechanik, in der das erkennende Subjekt im Experiment berücksichtigt wird. Man schlägt vor, die klassische Mathematik um einige intentionale erkenntnistheoretische Begriffe anzureichern.

Man führt einen idealen Mathematiker ein, d. h. das idealisierte Bild des Mathematikers „als solchem", und einen erkenntnistheoretischen Operator $\Box\Phi$ (Φ ist erkennbar, Φ *is knowable*). Es wird vorausgesetzt, dass dieser Operator die folgenden Eigenschaften hat, die den Eigenschaften des Operators der Notwendigkeit in der Modallogik ähneln (vgl. [88]):

(1) $\Box\Phi \longrightarrow \Phi$,

(2) $\Box\Phi \longrightarrow \Box\Box\Phi$,

(3) $\Box\Phi \ \& \ \Box(\Phi \rightarrow \Psi) \longrightarrow \Box\Psi$,

(4) wenn $\vdash \Phi$, dann $\Box\Phi$.

Axiom 1 sagt, dass alles Erkennbare wahr ist. Axiom 2 fordert, dass wenn etwas erkannt werden kann, man erkennt, dass es erkannt werden kann. Kurz: Die Erkennbarkeit des Erkennbaren ist erkennbar. Axiom 3 besagt: Ist eine Subjunktion und ihr Antezedens erkennbar, dann auch ihr Sukzedens. Axiom 4 sagt einfach: Ist etwas beweisbar, dann ist es erkennbar. Kurz: Beweisbares ist erkennbar. Wir merken an, dass man $\Box\Phi$ nicht als „Φ ist bekannt" (Φ *is known*) interpretieren kann. Es gäbe dann Probleme mit dem Axiom 3.

Das erste System, das nach diesem Muster konstruiert wurde und das den erkenntnistheoretischen Aspekt berücksichtigte, war das System der Arithmetik von S. Shapiro (vgl. [178]). Später wurden andere Systeme konstruiert, z. B. ein System der Mengenlehre, der Typentheorie usw. (vgl. [179]).

Solche Systeme ermöglichen, konstruktive Aspekte in Beweisen und klassischen Schlussfolgerungen formal zu untersuchen. Sie ermöglichen es, die Weise zu berücksichtigen, in der uns mathematische Objekte gegeben sind. Philosophisch wird dadurch der platonistische Standpunkt mathematischen Objekten gegenüber verneint.

Es ist unmöglich, hier weitere technische Einzelheiten zu betrachten. Dennoch sind die Systeme der intentionalen Mathematik ein interessanter Versuch, Grundlagen der Mathematik zu schaffen, die eigentlich klassisch sind und gleichzeitig das erkennende Subjekt beachten. Gerade letztere Tendenz ist, wie wir oben gesehen haben, eine dominierende Tendenz in der modernen Philosophie der Mathematik.

Realismus und Antirealismus

In den letzten Jahren wurden in der Philosophie der Mathematik einige Konzeptionen entwickelt, deren Ausgangspunkt das Existenzproblem ist. Es geht speziell um den Streit zwischen Realismus und Antirealismus oder, in einer anderen Prägung, zwischen Realismus und Konstruktivismus. Sie alle beziehen sich – auf die eine oder andere Weise – auf den Platonismus von Gödel und den Realismus von Quine und Putnam. Über beide haben wir oben berichtet.

Eine der heute am meisten diskutierten Konzeptionen ist ein Nominalismus, der von Hartry Field in seinem Buch *Science without Numbers* ([66], 1980) vertreten wird. Er behauptet, dass Mathematik nur eine bequeme und nützliche Fiktion ist. Sie sei eine Sammlung von Gesetzen, die ermöglichen, Aussagen über die reale Welt zu formulieren und zu begründen, die aber keine Interpretation in der Wirklichkeit zulassen. Mathematik ist also nicht notwendig und nichts als eine brauchbare und schöne Fiktion.

Eine weitere neuere mathematikphilosophische Richtung ist strukturalistisch, die sich als „Strukturalismus" bezeichnet, vor allem in den USA vertreten ist und oft diskutiert wird. Wir können hier nicht auf technische Details eingehen. Wir wollen aber versuchen, diese Richtung zu charakterisieren. Wir beziehen uns auf Konzeptionen, die Geoffrey Hellman (in *Mathematics Without Numbers. Towards a Modal-Structured Interpretation*, [92], 1989), Michael Resnik (in seinem Buch *Mathematics as Science of Patterns,* [163], 1997), und Stuart Shapiro (vgl. *Philosophy of Mathematics. Structure and Ontology*, [180], 1997) entwickelt haben.

Dieser Strukturalismus hat seine Wurzeln in den Werken und Ideen von Dedekind, Russell, Hilbert und Bernays. In deren Nachfolge unternahm es in der Mitte des 20. Jahrhunderts die französische Mathematikergruppe Bourbaki, die mathematischen Disziplinen nach Grundstrukturen zu ordnen. Diesen allgemeinen Gedanken nimmt der Strukturalismus auf und führt ihn in aufwendiger Weise aus. Die Hauptthese des Strukturalismus ist, dass Strukturen – und nicht einzelne isolierte Objekte – Gegenstand der Mathematik sind: Mathematik ist Struktur von Strukturen. Die kleinsten Einheiten darin sind sogenannte *patterns*, Muster. Mathematische Objekte, speziell Zahlen sind Stellen in solchen *patterns*. Dies erinnert uns an die Beschreibung der Zahlen bei Dedekind, die dort Stellen in einer Reihenstruktur waren. Mathematische Objekte haben keine äußeren sie bestimmenden Eigenschaften. Ihre Identität wird allein durch ihre Beziehungen zu den anderen Stellen in einer Struktur bestimmt. Neu ist auch die Behandlung des Seinscharakters mathematischer Objekte. Der Strukturalismus schreibt den mathematischen Objekten, speziell den Zahlen nur noch eine mögliche, „modale Existenz" zu. Hellmann schlägt vor, Mathematik und darin an erster Stelle die Arithmetik nur als nominalistische Theorie aufzufassen, deren Begriffe nur Namen und Zeichen sind und keinerlei Bedeutung haben. Für die Zahlen bedeutete das:

Zahlen sind Stellen in Mustern. Sie haben eine „modale" Existenz und keine Bedeutung.

Die „modale Existenz" der Zahlen und anderer mathematischer Objekte wird mit Mitteln der Logik zweiter Stufe und den Modaloperatoren der Modallogik der zweiten Stufe beschrieben. Diese Beschreibung verwendet komplexe technische Details und verleiht dem Strukturalismus eine gewisse Künstlichkeit.

Kapitel 3
Über Grundfragen der Philosophie der Mathematik

Auf dem Weg zu den reellen Zahlen im Kapitel 1 haben sich mathematisch-philosophische Fragen ergeben, auf die wir in unserem Überblick über die Geschichte der Philosophie der Mathematik im Kapitel 2 immer wieder stießen. Sie gehören zu den Grundfragen der Philosophie der Mathematik. Wir wollen diese Fragen jetzt neu aufnehmen und Antworten suchen, in denen wir uns an den im Kapitel 2 geschilderten Positionen, Konzepten und Richtungen orientieren. So verschieden die Positionen waren, so verschieden werden die Antworten sein.

Wir gehen zuerst noch einmal zusammenfassend auf die Frage nach den Zahlen ein, über die wir diverse Ansichten kennengelernt haben, behandeln die unterschiedlichen Haltungen dem Unendlichen gegenüber, verfolgen historische und aktuelle Auffassungen zum klassischen Kontinuum, in denen die Frage nach dem unendlich Kleinen, den Infinitesimalien auftaucht, betrachten das Verhältnis von Größen und Zahlen und beobachten, wie das anschauliche Kontinuum und die Größen aus der Mathematik ihren Abschied nehmen. In einem Rückblick am Ende dieses Kapitels greifen wir noch einmal auf der Basis der gewonnenen Einsichten direkt die Fragen auf, die uns im Kapitel 1 begegneten.

3.1 Zum Zahlbegriff

Die erste fundamentale Frage war und ist die nach den natürlichen Zahlen. Bei ihnen beginnt der Weg zu den reellen Zahlen. Was sind diese natürlichen Zahlen, was ist ihr Wesen, was die Art ihrer Existenz? Wir haben die unterschiedlichen Ansichten über die natürlichen Zahlen, wenn diese erkennbar waren, in unseren Schilderungen der vielen mathematikphilosophischen Positionen im Kapitel 2 hervorgehoben. Wir haben so ein breites Panorama von Meinungen über diesen fundamentalen mathematischen Gegenstand vor uns, das von vieldeutiger Mystik bis in die völlige Bedeutungslosigkeit reicht.

Wir blicken noch einmal zurück, beschränken uns dabei auf einige wesentliche Ansichten, rekapitulieren in Kurzform die Charakterisierungen, über die wir berichtet haben, und ziehen schließlich vor diesem Hintergrund ein Resümee. Rationalistische Elemente, die Strukturen des Denkens berücksichtigen, heben wir im folgenden Abriss nicht gesondert hervor, da zumindest Spuren davon in fast allen Auffassungen zu finden sind.

3.1.1 Überblick über einige Ansichten

Zahlen waren bei den *Pythagoreern* Elemente einer *höheren Welt*, die auf die physischen Dinge wirkten und sie formten. Bei *Platon* stiegen sie ein wenig herab und vermittelten *zwischen* dem „Himmel der Ideen" und der materiellen Wirklichkeit. Bei *Aristoteles* waren sie vollends in der Wirklichkeit angekommen und wurden zu *Formkräften in den Dingen*, die der Mensch in einer Art Abstraktion erkennt. *Euklid* charakterisiert die Zahlen kurz und mathematisch knapp als aus Einheiten zusammengesetzte *Vielheiten*. Für *Nikolaus von Kues* waren sie durch Vergleich und Unterscheidung gewonnene *Rekonstruktionen* der Zahlen, die von Gott in die Dinge gelegt sind. *Kant* verlegt die Zahlen ganz in die rationalen Strukturen des menschlichen Verstandes: Sie sind *Schemata des Verstandes*, die in der Anschauungsform der Zeit gegebene Einheiten zusammenfassen, und arithmetische Sätze über sie sind synthetische Urteile *a priori*. Der Empirist *Mill* bezog eine extreme Gegenposition: Zahlen haben einzig und allein ihren *Ursprung in der Realität*. Sie sind das Resultat sukzessiv·wiederkehrender Empfindungen. *Gauß* verstand die Zahlen noch von den geometrischen Größen her. Sie waren ihre *Vervielfacher*. In *Cantors* Auffassung finden wir idealistische und empiristische Elemente: Zahlen sind einerseits *ideelle Realitäten* und andererseits *Projektionen von Mengen* und durch Abstraktion erworben. *Dedekind* denkt strukturell und hält Zahlen für *Abstraktionen von Stellen in unendlichen Zählreihen*. Für den Logizisten *Frege* sind Zahlen als *Anzahlen* Elemente der Logik, für den Intuitionisten *Brouwer inhaltslose Abstraktionen des Zeitempfindens*. Für den Konstruktivisten *Thiel* waren sie *fiktive Gegenstände*, die durch Abstraktion von den Zählzeichen in unterschiedlichen Zählzeichensystemen entstehen und für den Formalisten *Hilbert* im Grunde *bedeutungslose Zeichen*. *Piaget* und *Damerow* halten Zahlen für *ordinale Bestandteile umfassende – Anzahlen*, die in individuellen kognitiven Konstruktionen ausgehend von Handlungen an konkreten Objekten entstehen. In ihren Zeichensystemen, die auf die Zahlen zurückwirken, entdeckt Damerow Elemente einer sozialen und historischen Entwicklung.

Wir wollen versuchen, diese Auffassungen nach ihren Charakteristika zu ordnen und stellen dazu einige in ein Schema. Dazu vereinfachen wir und konzentrieren uns auf wenige und wesentliche Aspekte der Auffassungen. Wir unterscheiden die Positionen nach der Berücksichtigung oder Ausklammerung historischer Elemente im Begriff der Zahl (in der Eingangszeile) sowie nach Aspekten, die philosophischen Grundpositionen und dem Status der Zahlen zugeordnet werden können (in der Eingangsspalte). Wir erhalten natürlich keine Klassifikation. Einige Auffassungen finden wir an sich scheinbar widersprechenden Stellen wieder.

Die folgende Tabelle ist so zu lesen. Beispiel: Zahlen sind in der Auffassung von *Dedekind* (s. Feld) *strukturell* (s. Eingangsspalte) begründet, *ahistorisch* und *universell* (s. Eingangszeile).

	historisch bedingt	ahistorisch, universell
transzendent	—	Pythagoreer, Platon, N. v. Kues, Aristoteles
transzendental	—	Kant, Brouwer
Abstraktionen	Mill, Damerow	Euklid, Aristoteles, Brouwer, Cantor, Piaget, Frege
Größen, Operatoren	—	Euklid, Gauß
formal	—	Frege, Hilbert, Peano
semiotisch	Damerow	Hilbert, Weyl, Lorenzen, Thiel
strukturell	—	Dedekind, Peano, Strukturalismus
genetisch	Damerow	Dedekind, Piaget, Damerow

3.1.2   Resümee

Vor diesem Hintergrund versuchen wir, eine differenzierte Haltung den Zahlen gegen-über zu formulieren, die die Aspekte der vorgestellten Ansichten berücksichtigt, und wollen eine *Summe aus den Antworten* zur Frage nach den Zahlen ziehen. Die Zahlen werden dabei in einer Wechselbeziehung von Konstruktion, Struktur und Abstrakti-on erscheinen. Wir berichten dazu aus unserem Aufsatz über historische und aktuelle Ansichten über die Zahlen ([10]) und beziehen selbst eine mathematikphilosophische Position.

Wir nehmen zunächst eine genetische Position ein und schauen von ihr aus nicht nur auf die Entwicklung der Zahlen als Einzelobjekte sondern auch und zuerst auf die Entwicklung der *Struktur*, die die Zahlen bilden. Wir sehen dann – wie Dedekind – Zahlen zunächst einmal als *Zählzahlen*. D. h.

> Zahlen sind Stellen in einer elementaren Zählstruktur,

also als Elemente eines eventuell sehr elementaren, endlichen, zählartigen kognitiven Schemas. In dem Buch *Zählen – Grundlage der elementaren Arithmetik* ([9]) heißen solche Strukturen „Zählreihen". Zu den so verstandenen Zahlen gehören notwendig interne oder externe Repräsentationen, wie Damerow (s. o.) sie als wesentliche Ele-mente in der Entwicklung annimmt. Um diese Festlegung zu verstehen, muss man versuchen zu klären, was *Zählen* ist. Mathematisch ist das – auch für den denkbar elementarsten endlichen Fall – in dem Buch *Zählen* geschehen.

Schon im einfachen Zählen kommt etwas sehr Fundamentales zum Ausdruck: Das *Vermögen der Reihung*, d. h. die Fähigkeit, Reihenfolgen bilden zu können – die in den geschilderten genetischen Positionen bei Piaget und Damerow nicht thematisiert wird. Zählen ist im allgemeinsten Sinne

> Begriff von Reihenfolge – durch bewusste Reihenfolge.

Dahinter steht die Fähigkeit, bewusst, antizipierend und rezipierend in der Zeit Punkte und Intervalle zu setzen. Das ist übrigens Bedingung jeder bewussten Handlung. Diese Punkte können mit Handlungen, Wahrnehmungen, Raumpunkten, schließlich Zeichen verbunden sein. Diese Fähigkeit entwickelt sich psychologisch und historisch. Zeichensysteme werden tradiert und rekonstruiert. Wir können sagen:

> Zählen in standardisierten Reihenfolgen von Zahlzeichen ist externe, kollektive Repräsentation des Begriffs von Reihenfolge.

Im Prinzip ist die innere Konstruktion der Schemata des Zählens frei von Abstraktionen aus der Realität und jeder Anwendung. In diesem Sinne kann man von einem *reinen Zählen* sprechen. Diese Konstruktion steht in enger Verbindung mit der inneren Zeit – vergleichbar mit der Form der reinen Anschauung im Sinne Kants. Arithmetische Inhalte sind *a priori* und analytisch, da sie rückführbar sind auf die einfachsten Prinzipien des reinen Zählens. Zahlen sind so wie für Dedekind und Cantor „geistige Schöpfungen" oder „immanente Realitäten", die in der psychologischen Konstruktion der Schemata des Zählens entstehen.

In der realen psychologischen, prähistorischen und historischen Entwicklung aber findet die innere Konstruktion des Zählens und der Zahlen in der Regel und von Beginn an in ständigem Austausch mit der äußeren Realität statt. Sie ist von vornherein Instrument des Subjektes für die Erfassung und Bewältigung der Außenwelt. Aus der Auseinandersetzung mit der Außenwelt empfangen die Schemata des Zählens Impulse zur Ausbildung, Differenzierung und Organisation.

Die innere Konstruktion der Zahlen trifft in diesem Prozess auf Abstraktionen, die den inneren Zahlen u. a. die Bedeutungen von Anzahlen, Ordnungszahlen, Größen und Operatoren verleihen. Durch sie erhalten die inneren Zahlen eine äußere Spiegelung, an ihnen werden die inneren Zahlen explizit und benötigen externe Repräsentationen durch Zeichen, die wesentlich auf die innere Konstruktion zurückwirken. Durch interne und externe Zeichen kann das Zählen sich auf sich beziehen:

> Zahlen zählen Zahlen.

Das ist charakteristisch für das Zusammenspiel von Zählen und Zahlen und notwendige Grundlage für die Entwicklung einer Arithmetik.

Diese Auffassung ist erkennbar zuerst durch die genetischen Positionen geprägt. Den radikalen Standpunkt der biologischen Erkenntnistheorie nehmen wir hier nicht ein. Er hebt andere philosophische Grundpositionen auf. Die jetzt formulierte Position ist gleichermaßen *rationalistisch*, soweit es um die Konstruktion der inneren Schemata des Zählens geht, wie *empiristisch* – in der Betonung der Abstraktion von äußeren Bedingungen bei der Ausbildung der Zählschemata und der Zahlbedeutungen.

Wir neigen dazu, Zahlen als Zählzahlen für ahistorische Universalien zu halten. Sie entspringen Handlungssystemen, die vor den „arithmetischen Aktivitäten" liegen, wie sie Damerow voraussetzt. Die psychologische und die prähistorische wie historische Entwicklung ist wie wir meinen auf die Zahlen als ahistorische Universalien ausgerichtet. Das ist unsere Auffassung.

Wie sieht es mit den Ideen, den Formen aus? Geschieht durch das innere Zahlendenken eine Strukturierung der äußeren Wirklichkeit, stehen den inneren Zahlen äußere Zahlen gegenüber, die unabhängig vom Denken existieren, ihrerseits die Welt strukturieren und die Entwicklung des Zählens und der Zahlen bedingen? Nun, das sind *meta*metaphysische Fragen. Wir tendieren zu einer Auffassung, die aristotelische, platonistische und rationalistische Elemente integriert und die Zahlen gleichzeitig als äußere Formen und innere Formen akzeptiert. Im Wechselspiel zwischen innerer Konstruktion, Anwendung auf äußere Formen und Rückwirkung auf die innere Konstruktion sehen wir Impulse für die Entwicklung der Zahlen und Einflüsse auf die Interpretation der äußeren Wirklichkeit. Will man diese Auffassung kurz charakterisieren, so lässt sie sich am besten als „objektiven Idealismus" bezeichnen, wie ihn z. B. Schiller in seinen ästhetischen Briefen charakterisiert.[1]

Zahlen können nach dem Vorhergehenden nicht bloße Zeichen und auch nicht Abstraktionen davon (s. o. Thiel) sein. Die innere Konstruktion der Zählschemata ist angewiesen auf die Repräsentation durch interne und externe Zeichen. Hinzu kommt die Abstraktion von der äußeren Unterschiedlichkeit der Zeichen, die den Zahlbegriff komplettiert. Wir meinen, dass innere Zählschemata und äußere Zeichenrepräsentationen untrennbar miteinander verbunden sind. Hier liegt für das Denken eine wichtige Schnittstelle zwischen innerer und äußerer Wirklichkeit vor.

Zahlen schließlich sind auch nicht bloße Abstraktionen (mit ordinalen Anteilen), die vor dem Hintergrund „arithmetischer Aktivitäten" (s. Damerow) entstehen. Denn der strukturelle ordinale Aspekt, der sich im Zählen ausdrückt und substantiell für den Zahlbegriff ist, reicht hinter diese arithmetischen Handlungen zurück, die immer schon Reihenfolgen von Handlungen sind. Die ordinale Struktur der Zahlen als Anzahlen aus Abstraktionen von arithmetischen Aktivitäten ist darum keine Konsequenz der Abstraktion. Sie geht ihr voraus und begleitet sie. Sie ist Bedingung in Systemen arithmetischer und bereits „präarithmetischer" Handlungssysteme (vgl. Damerow in Abschnitt 2.22). Ihr elementarster Begriff ist „Zählen".

Unsere Überlegungen legen nahe, den Begriff „arithmetisch" weiter zu verstehen. Denn Zählen und Zählzahlen sind im besten Sinne arithmetisch. Aus ihnen ist im Prinzip – ohne jede weitere Zutat – die komplette Arithmetik ableitbar.

An unsere Formulierung einer viele Aspekte berücksichtigenden Position schließen sich notwendig weitere mathematikphilosophische Fragen an.

Wir haben bereits im Kapitel 2 (Abschnitt 2.22) bemerkt, dass in der moderneren Philosophie der Mathematik den genetischen Auffassungen über die Zahlen wenig

---

[1] „Die Wahrheit ist nichts, was so wie die Wirklichkeit oder das sinnliche Dasein der Dinge von außen empfangen werden kann; sie ist etwas, das die Denkkraft selbsttätig und in Freiheit hervorbringt, und diese Selbsttätigkeit, diese Freiheit ist es ja eben, was wir bei dem sinnlichen Menschen vermissen." Da „der Gedanke einen Körper braucht und die Form nur an einem Stoff realisiert werden kann", wird er „also die letztere schon in sich enthalten, er wird zugleich leidend und tätig bestimmt, das heißt, er wird ästhetisch werden müssen." ([169], 23. Brief)

oder keine Aufmerksamkeit geschenkt wird. Dort haben wir Beiträge aus der Psychologie und der philosophischen Kulturanthropologie geschildert. Es gibt eine Reihe von Gründen, die die mathematikphilosophische Zurückhaltung diesen Beiträgen gegenüber erklären. Wir haben solche Gründe im Abschnitt 2.22 angedeutet.

Metamathematik und Philosophie der Mathematik haben weitgehend eine Mathematik zum Gegenstand, die heute wie selbstverständlich mit unendlichen Mengen operiert. Es geht logisch und philosophisch um die Untersuchung oder Begründung transfiniter Begriffe und Methoden der bewährten und alltäglichen „Unendlichkeitsmathematik". Gesichtspunkte, die die Genese des elementaren Zahlbegriffs betreffen, liegen weit entfernt von dieser Welt des Unendlichen. Der Zahlbegriff ist Grundbegriff. Wenn es in der Philosophie der Mathematik um Entwicklung geht, dann um die Entwicklung abgeleiteter mathematischer Begriffe, der Methoden und der Mathematik als Wissenschaft.

Reflexionen über den Zahlbegriff beginnen in der Philosophie der Mathematik mit dem Begriff der natürlichen Zahl. Natürliche Zahlen werden mathematisch transfinit beschrieben und begründet. Entweder liegt eine Mengenlehre zugrunde, die das Axiom der Unendlichkeit postuliert: Die natürlichen Zahlen bilden eine Menge. Oder es geht um die Peano-Arithmetik (PA) und deren Modelle, die notwendig transfinit sind. Dies ist der Ausgangspunkt. Er liegt praktisch dort, wo die Genese des elementaren Zahlbegriffs endet.

Hinzu kommt eine oft platonistische Auffassung über mathematische Begriffe. Diese sind ahistorische Universalien, die das Ziel jeder psychologischen wie historischen Entwicklung bestimmen. Nur ihre Auswahl, ihre sprachliche Ausprägung und ihr Niveau liegen im psychologischen, soziologischen und historischen Einflussbereich, was mathematisch im Wesentlichen irrelevant ist. Der Antipsychologismus Freges ist nach wie vor präsent.

Liegt die Genese des Zahlbegriffs und der elementaren Arithmetik *notwendig* außerhalb des Interessenbereichs der Philosophie der Mathematik? Wir haben gezeigt, dass dies nicht der Fall ist, und führen weitere Gründe an.

Es ist nicht angemessen, Zahlen, die selbst endlich sind, von Vornherein an das Unendliche zu binden. Dem oben genannten Lehrbuch [9] liegt eine finite Grundlage (NBG-Mengenlehre ohne Unendlichkeitsaxiom, vgl. Abschnitt 4.3.2) zugrunde. So können das Zählen und die Zahlen in elementaren endlichen Strukturen ([9], S. 9) erfasst werden. Der finite Ansatz dort ist vergleichbar dem transfiniten Ansatz Dedekinds ([48].)

Modelle solcher endlichen Zählstrukturen sind in der Regel nicht isomorph – im Gegensatz zu den Modellen der natürlichen Zahlen, die durch eine mengentheoretische Fassung der Peano-Axiome gegeben sind. An die Stelle der Isomorphie der Modelle dieser Strukturen tritt deren gegenseitige isomorphe Einbettbarkeit (loc. cit., S. 68).

Endliche Zählstrukturen bieten die Möglichkeit, einen mathematischen Aufbau der elementaren Arithmetik zu entwickeln, der die psychologische Entwicklung der elementaren Arithmetik aus dem Zählen in Stufen begleitet. Das ist der didaktische Zweck des Ansatzes in dem genannten Lehrbuch.

Eine rein logische Axiomatik für endliche arithmetische Strukturen – der Peanoarithmetik vergleichbar – ist im übrigen nicht möglich, wie der Satz von Tarski zeigt (s. Abschnitt 5.1). Ein solcher Ansatz wäre auch uninteressant, da er nur arithmetische Zustände registrierte und nicht deren Entwicklung nachzeichnen kann (vgl. [9], S. 234 f).

Die endliche mengentheoretische Beschreibung der endlichen Zahlen und ihrer arithmetischen Genese ist aus einem weiteren Grund von mathematikphilosophischem Interesse. Denn finite mathematische Standpunkte jedenfalls erlauben, Erkenntnissen über die Genese des Zahlbegriffs zu begegnen und den Zahlbegriff neu und weitergehend zu diskutieren. Eine fundierte endliche Grundlage bietet die Möglichkeit, die elementare strukturelle Entwicklung der Zahlen aus dem Endlichen ins Transfinite zu verfolgen. Beispiele dazu finden sich im Kapitel 4 des Lehrbuches [9], die zeigen, wie eine neue Position dem Phänomen des Unendlichen – wie des Endlichen – gegenüber entsteht.

Ein Beispiel sei angeführt. Der Satz 4.5.1 in [9] bedeutet umgangssprachlich ausgedrückt Folgendes: Ein Zählschema, das in der Lage ist, jede endliche Menge auszuzählen, hat die Struktur der natürlichen Zahlen. – Die *universelle Verwendung* also der Zahlen als Auszählinstrumente zur Bestimmung von Anzahlen führt ins Unendliche.

Wir schließen unsere Betrachtungen über die natürlichen Zahlen endgültig mit einem nüchternen Resümee, das wir durch eingestreute Bemerkungen schon vorbereitet haben.

Wenn wir *zurückschauen* auf die vielen möglichen Auffassungen über die Zahlen, so stellen wir fest, dass es keine endgültige Klärung der Natur der Zahlen gibt und geben wird. Zu allerletzt kann und soll die Mathematik selbst über das Wesen der Zahlen aufklären. Andererseits bemerken wir, dass sich die Mathematik unbehindert von solchem Defizit bis zur heutigen Blüte entwickeln konnte, dass wir die Mathematik früherer Jahrhunderte verstehen können und speziell unser Zahlbegriff anscheinend dem früheren zumindest ähnlich ist. Bedeutet dies, dass die philosophische Reflexion ihrer Grundlagen für die Mathematik irrelevant ist?

Dies scheint so zu sein, wenn man isoliert an den internen Prozess der Entwicklung der Mathematik denkt. Keineswegs irrelevant ist die philosophische Reflexion der wechselnden Grundlagen und Grundbegriffe, wenn es um das Verstehen von Mathematik – z. B. in der Lehre – und um ihre *Bedeutung* geht. Die Bedeutung ist in den verschiedenen Epochen der Mathematik offenbar fundamental verschieden gewesen. Das zeigen im Kapitel 2 und in diesem Punkt die so unterschiedlichen Charakterisierungen der Zahlen in den so verschiedenen Konzeptionen und Richtungen.

Wir haben die Entwicklung gesehen

> von den Zahlen der Pythagoreer und den Ideen bei Platon, die metaphysische Kräfte in der Ausbildung der Welt waren,

> von den Zahlen als Formen und Formkräfte in den Dingen bei Aristoteles,

> über die Zahlen im Schatten der griechischen Größenlehre,

> zu den Zahlen vor dem Hintergrund der aktual unendlichen Mengen,

> bis zu den Zahlen als bedeutungslose Zeichen.

Die Auffassungen, die die Entwicklung des Zahlbegriffs berücksichtigen, zeigen, wie die scheinbar bedeutungslosen Zeichen wieder mit Subjekt und Welt verbunden werden können.

3.2   Unendlichkeiten

Wir sprechen hier nicht über die Stufen des Unendlichen und auch nicht über das unendlich Kleine. Zum Letzteren kommen wir im nächsten Punkt, über die Ersteren sprechen wir im folgenden Kapitel. Hier geht es um das potentiell und das aktual Unendliche und ein Resümee der Auffassungen des Unendlichen in unterschiedlichen philosophischen Positionen.

3.2.1   Über die Problematik des Unendlichen

Über Unendlichkeit haben wir vieles in Kapitel 2 gehört. Sie begegnete uns im Kapitel 1 auf dem Weg von den rationalen zu den reellen Zahlen unter verschiedenen Aspekten. In ihrer Auffassung liegt (neben der des Kontinuums) der Schlüssel zu den reellen Zahlen.

Zuerst liegt Unendlichkeit in der Reihe der natürlichen Zahlen selbst vor. Dann verbirgt sie sich hinter dem Begriff der rationalen Zahl. Das werden wir unten im letzten Abschnitt 3.4 kurz ansprechen. Fundamental und aktual und differenziert in ihrer Problematik erscheint sie uns in der Erweiterung von den rationalen Zahlen zu den reellen Zahlen und in diesen selbst. Das haben wir im Kapitel 1 erfahren.

Bevor wir uns den Unendlichkeiten in dieser Erweiterung zuwenden, wollen wir uns etwas plastischer als im Kapitel 1 die uralte Unterscheidung zwischen potentieller und aktualer Unendlichkeit vor Augen führen, die auf Aristoteles zurückgeht.

Zählen beginnt endlich. Es besitzt zuerst durch die Zahlworte, die wir *sprechen*, natürliche Grenzen. Dennoch liegt von Anfang im Prinzip der Nachfolgerbildung die Kraft der Erweiterung der Grenzen, ihrer Aufhebung und damit der Keim des Unendlichen. Die Zahlzeichen schließlich, ihr System und ihre Projektion in den Zählprozess dokumentieren die Unendlichkeit der Zahlenreihe $1, 2, 3, \ldots$. Die Pünktchen „$\ldots$" verdeutlichen, dass der Zählprozess nie abgeschlossen ist. Er ist prinzipiell offen. Das ist die *potentielle Unendlichkeit*, der wir gar nicht ausweichen *können*. D. h. das Denken hat es notwendig mit dem Phänomen des Unendlichen zu tun, auch wenn wir es in der materiellen Natur, im Kosmos nicht vorfinden. Es ist ein Phänomen des Denkens. – Wir erinnern aber daran, dass wir philosophische, sogar empiristische Positionen vorstellten, für die die unendlichen Mengen reale Tatbestände waren. Das diskutieren wir gleich.

Es ist ein gewagter, großer Schritt, den offenen Zählprozess abgeschlossen zu denken. Aristoteles hatte diesen Schritt für unmöglich erklärt und quasi verboten. Cantor war der erste, der den Schritt explizit und konkret tat. Seine Suche nach wirklichen Vorgängern kann man als fast gescheitert betrachten. Platon z. B. oder Kant ließen die philosophische Spekulation über das aktual Unendliche zu. Nikolaus Cusanus sah die mathematischen Gegenstände gedanklich vom Standpunkt der aktualen Unendlichkeit her. Leibniz hat zu Ehren des Schöpfers aktual unendliche Mengen einmal gepriesen – abstrakt und schlicht aus Gründen eines universellen Rationalismus. Zumeist aber hat er sie verdammt. Nur Bolzano kann man als wirklichen Vorgänger bezeichnen, zumindest als einen Vorbereiter des großen Cantorschen Schrittes. Er hatte, so kann man sagen, den ersten Ansatz gemacht. Auf ihn beruft sich dann auch Cantor vornehmlich. Der Aufruhr in der Mathematik, Philosophie und Theologie gegen Cantor war erheblich (s. Abschnitt 2.14 über Cantor). Heute regt sich nirgends mehr Widerstand, auch in der Schule nicht. Warum? Weil der mutige Schritt die mathematischen Möglichkeiten in immenser Weise erweitert hat. Hilbert sprach vom „Paradies, das uns Cantor geschaffen hat".

Wie soll das gehen, der Zahlenreihe $1, 2, 3, \ldots$ Grenzen zu setzen und sie als abgeschlossenes Ganzes zu betrachten? Man beginnt, die gezählten Zahlen einzusammeln und symbolisiert dies durch die Setzung der linken Mengenklammer „$\{$". Das sieht so aus: $\{1, 2, 3, \ldots$ – Irgendwann tut man so, als ob man sie alle „in der Tasche" hätte, *setzt* die rechte Mengenklammer „$\}$" und hat $\{1, 2, 3, \ldots\}$. Diese Setzung von „$\}$" ist die praktische Ausführung des Unendlichkeitsaxioms der Mengenlehre, das heute mathematischer Alltag ist. Der Term „$\{1, 2, 3, \ldots\}$" ist eigentlich paradox, denn die Pünktchen „$\ldots$" sagen, dass der Prozess des Zählens ohne Ende weitergeht, $\}$ aber setzt gerade dieses Ende. Das Gleiche gilt für Schreibweisen wie „$\{2, 4, 6, 8, \ldots\}$" „$\{1, \frac{1}{2}, \frac{1}{3}, \frac{1}{4}, \frac{1}{5}, \ldots\}$", die heute eine Selbstverständlichkeit sind.

Wie aber passt das mit Cantors eigener „Mengendefinition" zusammen:

> „Unter einer „Menge" verstehen wir jede Zusammenfassung M von bestimmten wohlunterschiedenen Objekten $m \ldots$"

Wo kommt für Cantor die Zusammenfassung her dieser bestimmten wohlunterschiedenen Zahlen $1, 2, 3, \ldots$? Wie kann er zusammenfassen, während ihm die Zahlen mit den Pünktchen „$\ldots$" doch „davonlaufen"?

So paradox es klingt, es ist gerade dieses Davonlaufen, es sind diese Pünktchen „$\ldots$", die für ihn die Zusammenfassung ermöglichen. Denn die Pünktchen „$\ldots$"

zeigen das „Gesetz" an, durch das die Zahlen „zu einem Ganzen verbunden werden können". Das sind Worte aus der zweiten Version Cantors zum Begriff der Menge, die wir im Abschnitt 2.14 zitierten. Das „Gesetz der Zählung", das in den Pünktchen „ ..." sich zeigt, ist die Nachfolgerbildung, die von einer Zahl zur nächsten führt. Dieses „bestimmte Gesetz" sieht er auch in beliebigen anderen Mengen realisiert, wenn deren Elemente richtig geordnet sind. Er festigt seine Auffassung philosophisch dadurch, dass er für seinen Mengenbegriff den Status einer Idee im Sinne Platons reklamiert. ([32], S. 204)

Cantor sieht die Notwendigkeit eines Unendlichkeitsaxioms *nicht*. Es gibt – neben seiner platonistischen Haltung – noch einen zweiten Grund für Cantor, das Problem der Setzung von } hinter die Pünktchen „ ...", das Problem unendlicher Mengen und die Notwendigkeit eines Unendlichkeits*axioms*, einer Forderung *nicht* zu sehen. Dies hängt mit einer anderen Frage zusammen, der Frage nach dem Kontinuum. Auch hier folgen wir heute fast ausnahmslos seiner Haltung. Wir nehmen ein alltägliches Beispiel:

Wir wählen zwei Punkte auf einer Geraden, die wir mit 0 und 1 bezeichnen, und betrachten das Intervall $[0, 1]$ „aller" Punkte zwischen 0 und 1. Da liegt die Menge dieser Punkte doch vor uns. Man kann diese bekanntlich überabzählbar unendliche Menge *sehen*! Wo ist das Problem?

Es ist das Sehen! Wir sehen das stetige Intervall. Sehen wir Punkte? – Nein! Wir *denken* Punkte. So hat auch Cantor gedacht – und daher Punktmengen gesehen. Er geht das Problem des Kontinuums wie selbstverständlich vom Begriff der Punkt*menge* aus an. Für ihn ist das Kontinuum als zusammenhängende und perfekte Punktmenge mathematisch präzise und wie er sagt „hinreichend" charakterisiert. Andere Auffassungen erklärt er als Ausfluss eines antimathematischen, „religiösen Dogmas", nach dem das Kontinuum ein unzerlegbares „Mysterium" ist ([32], S. 191). Auf das tiefe Problem des Kontinuums, das eines der Probleme des Kapitel 1 ist, werden wir im nächsten Punkt eingehen.

Das Problem unendlicher Mengen ist aus dem heutigen Bewusstsein fast verschwunden. Die mengentheoretische Denkweise mit den unendlichen Mengen, die das Kontinuum ersetzen, hat sich durchgesetzt. Mengen gehören überall zum selbstverständlichen Repertoire der Mathematiker und Mathematiklehrer, die dieses oft nicht hinterfragt an ihre Studenten und Schüler weitergeben.

Poincaré hat diese Art, mengentheoretisch zu denken, einmal als „Krankheit" bezeichnet. Das empfinden wir heute als absurd. Wenn wir uns aber die dargestellte Problematik des Unendlichen vor Augen führen, können wir diese Polemik und manche Schärfe anderer Kollegen gegen Cantor, nicht zuletzt die seines Lehrers Kronecker ein wenig verstehen. Es ging nicht nur um Mathematik, es ging um philosophische, weltanschauliche Kontroversen, die bekanntlich bisweilen heftig ausfallen können.

Wir müssen noch ein ganz anderes Motiv verfolgen, das über die Jahrhunderte die Akzeptanz von aktual unendlichen Mengen ver- oder behindert hatte. Heute ist für uns die Mathematik im Wesentlichen von Zahlen geprägt. Das ist ein Ergebnis der Arith-

metisierung der Mathematik, die im 19. Jahrhundert begann und für die die Mengenlehre die Grundlage wurde. Bis dahin, seit die Zahlen der Pythagoreer den Größen des
Eudoxos und Euklid die führende Rolle überlassen mussten, haben die Mathematik
wesentlich Größen und Größenvorstellungen geprägt. Das hat z. B. bis ins 19. Jahrhundert hinein die Akzeptanz negativer Zahlen in der Mathematik behindert. Denn
negative Größen und damit negative Maßzahlen gab es nicht. – Auch dies können wir
heute, im Zeitalter der Schulden und Defizite kaum nachvollziehen.

Die begriffliche Trennung zwischen Menge und Größe, d. h. der Anzahl ihrer Elemente, wie sie heute so klar vor uns liegt, ist lange Zeit nicht so präsent und deutlich
gewesen. Größen waren reale und vor allem *nur* anschauliche Dinge. Deshalb sind sie
der „reinen" Mathematik der Zahlen in der Arithmetisierung zum Opfer gefallen, die
von jeder „unreinen" Anschauung frei sein sollte (s. u. Abschnitt 3.3.7). Die Mengenlehre, eine bis dahin undenkbare Disziplin, ist das Zeugnis der endgültigen Scheidung
der Mengen von ihren Größen.

Mengen also waren eng mit ihren Größen, den Anzahlen verbunden. Für Größen
gilt das uralte Axiom des Euklid: „Das Ganze ist größer als der Teil." Da dieses Axiom
im Unendlichen aufgehoben ist, können unendliche Mengen nicht mit einer Größenvorstellung verbunden sein. Sie haben daher auch nicht deren Grad der Realität. Sie
sind nicht real und können daher nicht aktual sein. Schon bei Proklos z. B. finden wir
diese Argumentation. – Wenn wir in der Lehre zum ersten Mal über die paradoxe
Eigenschaft unendlicher Mengen berichten, die so groß sind wie manche ihrer echten Teilmengen, treffen wir bei Schülern und Studenten auch heute auf Widerstand,
da ihre Vorstellungen nach wie vor mit der klassischen Auffassung endlicher Größen
verbunden sind.

Wir wollen uns nun erneut der Problematik des Unendlichen nähern, indem wir
nacheinander einige ausgewählte Positionen, speziell Grundpositionen aus der Geschichte der Philosophie der Mathematik einnehmen.

3.2.2   Die Auffassung des Aristoteles

Zuerst wenden wir uns *Aristoteles* zu, der so apodikitsch die aktuale Unendlichkeit untersagt hatte. Im Abschnitt 2.3 haben wir über dieses Verbot berichtet. Wir ergänzen
die Bemerkungen zu Aristoteles Haltung hier durch drei Erläuterungen zur Unendlichkeit, die Aristoteles in seinen Büchern zur Physik gibt.

Dass es in seiner philosophischen Position Schwierigkeiten mit der aktualen Unendlichkeit geben muss, können wir leicht verstehen. Mathematische Objekte bei
Aristoteles sind verbunden mit Abstraktionen von realen Dingen im Denken des Menschen, die aber nicht losgelöst von den Dingen existieren. Sie sind Formen in diesen
Dingen, die in einer Abstraktion zum Begriff im Denken werden. Da es in der Realität
keine unendlichen Dinge gibt, liegt es nahe, dass der Begriff des aktual Unendlichen
bei Aristoteles nicht möglich ist. Er kommentiert dies im 3. Buch der *Physik* z. B.
so:

„[...], das Unendliche aber existiert teils durch ein Hinzusetzen [z. B. bei den natürlichen Zahlen – Anm. der Autoren] teils durch ein Wegnehmen [z. B. beim Kontinuum – Anm. der Autoren]. Da aber die Größe nicht aktual unendlich ist, [...] bleibt nur übrig, dass das Unendliche der Potenz nach sei."

Im Buch 8 sagt Aristoteles:

„[...], in dem Kontinuierlichen aber sind allerdings unendlich viele Teilpunkte, aber nicht der Verwirklichung nach, sondern nur potentiell."

Und die Art der Existenz des Unendlichen beschreibt Aristoteles in einem Vergleich so: Das Unendliche kann man nicht wie ein gewöhnliches Objekt wie z. B.

„einen Menschen oder ein Haus nehmen, sondern so, wie man von Tag oder von Festspiel spricht, für welche das Sein nicht in dem Sinne eines Wesens da ist, sondern immer in einem Entstehen oder Vergehen."

3.2.3 Die idealistische Auffassung

Die *idealistische Grundposition*, in der Ideen eine reale Existenz haben, haben wir schon bei Cantor festgestellt. Man kann schlecht abstreiten, dass der allgemeine Begriff der Menge, der auch unendliche Mengen zulässt, eine Idee ist. Ist sie aber wie eine platonische Idee, wie real ist sie? Cantor unterschied, wie wir oben darstellten, „immanente" und „transiente", wir würden heute sagen „subjektive" und „objektive" Realität. Er ging so weit, zu sagen, dass aus einer immanenten Realität *im Prinzip* immer eine transiente Realität würde und daher in der Mathematik keinerlei Verbindlichkeit bestehe, die letztere nachzuweisen. Zur Begründung dieser Auffassung zieht er die „*Einheit* des *Alls*" heran (vgl. [32], S. 181 f).

Das ist alles sehr metaphysisch. Heute verstehen wir eine solche Auseinandersetzung über Grade von Realität kaum noch. Denn wir denken meist axiomatisch, setzen Begriffe in Relation zu vorgegebenen Axiomen und Grundbegriffen und sehen bescheiden in ihrer Konsistenz eine hinreichende Begründung für ihre nur theoretische Existenz. Zu Cantors Zeiten war das noch sehr anders. Im Verzicht auf die Verbindlichkeit, Realitäten zu begründen, den er für eine „freie" Mathematik reklamiert, bereitete Cantor die heutige Haltung vor. Bolzano hatte den Nachweis von Existenz mathematischer Objekte schon 30 Jahre vor Cantor aus der Mathematik deutlich in die Philosophie, eigentlich in die Theologie verwiesen.

Im Zusammenhang mit unendlichen Mengen aber geht es für Cantor sehr wohl noch sehr idealistisch und sogar empirisch (s. u.) um Realität, um „Sein oder nicht Sein". Und das ist nicht nur der Fall, weil er sich in einer philosophischen Auseinandersetzung mit seinen Kollegen befand. Für Cantor waren unendliche Mengen und transfinite Kardinalzahlen so real, dass für ihn etwa in der Frage der Kontinuumshypothese nur eine der Alternativen in Frage kam: Die Kardinalzahl der reellen Zahlen *ist* $\aleph_1$ oder *nicht*. Dass man mengentheoretisch seit 1963 dieses oder jenes annehmen kann, hätte er in seiner platonistischen Haltung nicht akzeptieren können. – Im Jahr 1963 wurde durch Cohen die Unabhängigkeit der Kontinuumshypothese von den üblichen Axiomen der Mengenlehre bewiesen, nachdem Gödel 1938 ihre relative Widerspruchsfreiheit (vgl. [80]) gezeigt hatte.

Was tun Platonisten, die es auch noch nach 1963 gibt, in diesem Fall? Gödel z. B. war ein klarer platonistischer Realist und forderte – darüber berichteten wir – eine neue, erweiterte oder veränderte Mengenlehre, die die Welt der Mengen besser, nämlich so beschreibt, dass in ihr die Kontinuumshypothese entschieden werden kann. Dies wäre sicherlich auch Cantors Auffassung gewesen. Das Problem der idealen Realität der transfiniten Kardinalzahlen und ihrer Ordnung wird zum Problem der Angemessenheit, der „Qualität" der Axiome, die den gesetzten Ansprüchen genügen müssen. Es ist und bleibt in der idealistischen Auffassung die mathematische Aufgabe, die reale Welt der unendlichen Mengen, die ein wirklicher Platonist annehmen *muss*, axiomatisch angemessen zu beschreiben.

3.2.4   Der empiristische Standpunkt

Wir nehmen jetzt den *empiristischen Standpunkt* ein und rekapitulieren kurz, wie Empiristen zu den mathematischen Gegenständen stehen. Für sie, Posititvisten und Materialisten, kommen die mathematischen Begriffe aus der Realität. Sie werden über die Sinne durch eine Art Abstraktion, Verallgemeinerung (Induktion), Isolierung oder Idealisierung aus realen Gegenständen gewonnen und sind bloße Abbilder von ihnen. Wenn dies so ist, so gibt es Unendliches in der Mathematik nur, insofern es Unendliches in der Realität gibt oder Unendliches aus der Realität sich durch die genannten Prozesse im mathematischen Denken ergibt.

Gibt es aktual Unendliches in der Realität? Da gibt es empiristisch offenbar verschiedene Standpunkte. Die, wir würden sagen, gewöhnliche Auffassung ist wohl die, dass es reales aktuales Unendliches nicht gibt. Für diese Ansicht erinnern wir an Mill und geben ein Zitat einer Aussage Hilberts, der sicher nicht zu den Empiristen zu zählen ist, aber eine Haltung prägnant ausspricht, die auch Empiristen gerecht wird:

> „das Unendliche findet sich nirgends realisiert; es ist weder in der Natur vorhanden, noch als Grundlage in unserem verstandesmäßigen Denken zulässig [. . .]." ([98], S. 190)

Den letzten Teilsatz versteht der Empirist natürlich anders als Hilbert, nämlich so: Das aktual Unendliche kann überhaupt nicht zum Repertoire der Mathematik gehören, da man es in der Wirklichkeit nicht vorfindet. Aus endlichen Gegebenheiten ist es weder durch Abstraktion noch durch Verallgemeinerung oder Idealisierung zu gewinnen.

Für das potentiell Unendliche, das bei Mill etwa als Idealisierung und Verallgemeinerung aus dem Zählen realer Mengen verstanden werden kann, können wir die
Frage nach einem Ort in der Mathematik natürlich positiv beantworten. Dieser ist in
der Bestimmung von Anzahlen von Mengen realer Gegenstände, also im angewandten Zählprozess zu finden, von dem wir in reiner Form die Denknotwendigkeit seiner
potentiellen Unendlichkeit oben bemerkt haben, die auch für den Empiristen gilt.

Jetzt gibt es Empiristen, die das aktual Unendliche sehr wohl in der Mathematik,
mehr noch in der Wirklichkeit vorfinden. Das waren und sind, wie wir es kurz im
Abschnitt 2.11 beschrieben haben, die dialektischen Materialisten. Wie kann man das
verstehen? Unter dem Druck der Entwicklung der Mathematik scheint hier eine Art
Kompromiss vorzuliegen. Es wurde ein eigener Typ der Abstraktion zur Etablierung
des aktual Unendlichen formuliert. Dahinter steht wohl einerseits die Denkweise, die
wir oben schon bei Cantor entdeckten: Man betrachte reale Kontinua wie Raum- und
Zeitintervalle und diese aufgelöst in Raum- oder Zeitpunkte. Dann sind dies reale
unendliche Punktmengen. Von hier aus kommen durch Abstraktion Intervalle auf Geraden als überabzählbare, aktual unendliche Mengen in die Mathematik. Andererseits
kann durch Abstraktion vom zeitlichen Prozess im Zählen die potentiell unendliche
Reihe der Zahlen zur aktual unendlichen Menge der natürlichen Zahlen $\mathbb{N}$ quasi „ge-
rinnen".

Auch Cantors Denken über Mengen besaß einen empiristischen Aspekt. Neben und
hinter den idealen Mengen sah Cantor durchaus reale Mengen konkreter Objekte und
dies auch hinter unendlichen Mengen. Die Menge der Atome im Weltall hielt er für
abzählbar unendlich. Der Äther im Raum, den man damals physikalisch als Träger
des Lichts annahm und den Cantor als Menge von Ätheratomen ansah, war für ihn
überabzählbar unendlich.

3.2.5   Unendlichkeit bei Kant

Wir kommen zum *rationalistischen Standpunkt*, der in der neueren mathematikphilosophischen Geschichte in differenzierter Form auftaucht. Wir beziehen uns hier auf
die klassische Haltung von Kant.

Grundlagen der Mathematik sind für Kant, wie wir im Abschnitt 2.10 berichtet haben, die reinen Anschauungsformen des Raumes und der Zeit. Über die Anschauungsformen ordnet der Mensch die Erscheinungen des „Mannigfaltigen", des Vielen in der
Welt. Hierzu liefert der Verstand die mathematischen Begriffe wie z. B. den Begriff
der Zahl, die über die „Synthesis", d. h. die Zusammenfassungen des Mannigfaltigen
die synthetische Erkenntnis *a priori* leisten. Die Synthesis des Mannigfaltigen wird
z. B. in den „Mannigfaltigkeiten", wie auch Cantor zunächst die Mengen bezeichnete,
konkret. Können diese Mengen aktual unendlich sein?

Kant sagt einerseits: Nein! Denn weder in den reinen Anschauungsformen noch
im Mannigfaltigen der Erscheinungen liegt etwas Unendliches aktual vor. Im Prozess
aber, im „Regressus" (Rückwärtsgehen) wie im „Progressus" (Vorwärtsgehen) finden

wir das potentiell Unendliche. Als Beispiel verwendet Kant (vgl. *Kritik der reinen Vernunft*, [107], B 552) die Teilung eines räumlichen „Ganzen in der Anschauung, das ins Unendliche teilbar ist". Der Prozess des Teilens ins Unendliche ist für ihn klar bestimmt. Aber es ist von diesem Ganzen „keineswegs erlaubt [. . .], zu sagen: es bestehe aus unendlich vielen Teilen". Die Teile sind zwar

> „in dem gegebenen Ganzen als *Aggregate* enthalten, aber nicht die ganze *Reihe der Teilung*, welche sukzessivunendlich und niemals ganz ist, folglich keine unendliche Menge, und keine Zusammennehmung derselben [Aggregate – Anm. der Autoren] in einem Ganzen darstellen kann".

Dennoch, und das stellt Kant als antinomisch hin, gibt es daneben auch das aktual Unendliche, auf einer streng getrennten, höheren Ebene, der Ebene der Vernunft. Kant spricht von einer „kosmologischen Idee" der Totalität und von einem „Weltbegriff". Im Verstand und der Anschauung der Erscheinungen ist nur potentiell Unendliches möglich. Die Vernunft aber ist veranlasst, sie „fordert" (vgl. [107], B 440), dieses nicht Ganze, die offene Reihe der Teilung dennoch als Ganzes, als „absolute Totalität" zu denken. Aktual unendliche Mengen haben bei Kant, so kann man sagen, eine *prinzipielle Existenz*.

Endliche bzw. potentiell unendliche Mengen einerseits und aktual unendliche Mengen andererseits sind also bei Kant mathematische Gegenstände unterschiedlichen Niveaus. Erstere gehören in den Bereich transzendentaler Schemata oder ergeben sich notwendig daraus. Die aktuale Unendlichkeit gehört in den Bereich der „transzendentalen Ideen", und Kant bemerkt, dass „diese schlechthin vollendete Synthesis [. . .] nur eine Idee" ist ([107], B 444). Das Konzept einer solchen strengen Unterscheidung von Zusammenfassungen verschiedener Art finden wir im Kapitel 4 über Mengenlehren wieder.

3.2.6   Die intuitionistische Unendlichkeit

Bei den *Intuitionisten* finden wir neben anderen Verwandtschaften Aspekte dieser kantischen Position wieder. Endliche Mengen waren natürlich unproblematisch. Unendliche Mengen zerfallen in potentiell unendliche Mengen und „unendliche Unmengen", d. h. solche, die gar nicht denkbar sind. Beispiele für letztere sind irgendwie angenommene, unbestimmte Teilmengen der Reihe der natürlichen Zahlen. Das sind Elemente der Potenzmenge der natürlichen Zahlen, die damit intuitionistisch ebenso undenkbar war. Solche für Intuitionisten undenkbare Mengen sind nicht potentiell unendlich, da ihnen ein Bildungsgesetz fehlt, nach dem sie konstruierbar wären.

Mathematisch akzeptierten Intuitionisten also allein potentiell unendliche Mengen, die in einer gesetzmäßigen Reihenfolge gegeben waren. Sie hielten diese Mengen, die ja in einer Abzählung vorliegen, für abzählbar unendlich. Andere, etwa überabzählbare Mengen waren dagegen undenkbar. Potentiell unendliche Mengen hatten für die

Intuitionisten keine volle gegenständliche Realität. Das dokumentiert sich mathematisch darin, dass sie nicht mathematische Objekte waren, die Elemente von Mengen hätten sein können.

Aber ganz irreal waren potentiell unendliche Mengen auch nicht. Sie waren – ähnlich wie die Vernunftideen bei Kant – *Denkelemente* anderer Art und so doch irgendwie gegeben. Denn sie hatten z. B. die Eigenschaft, abzählbar zu sein. Dann waren sie verbunden mit einem Gesetz, nach der die Abzählung ihrer Elemente verlief. Schließlich gehörten zu gewissen potentiell unendlichen Mengen, den Folgen – und das ist im Hinblick auf die reellen Zahlen wichtig – Grenzwerte, gegebenenfalls irrationale oder transzendente Zahlen, die dadurch als konstruierbar galten. Alles dies verleiht den potentiell unendlichen Mengen in der Rückwirkung eine gewisse Identität, die über die reine Potentialität hinaus geht.

Dass es überabzählbar unendliche Mengen nicht gibt, diese Auffassung haben Intuitionisten mit allen *Konstruktivisten* gemein. Denn die Existenz mathematischer Gegenstände wird an ihre Konstruierbarkeit geknüpft. Dazu gehören dann im Prinzip potentiell, also abzählbar unendliche Mengen. Alle weiteren Stufen des Unendlichen sind nicht vorstellbar. Die abzählbare Unendlichkeit aber wird wie eben geschildert in den weniger streng konstruktivistischen Auffassungen in der gleichen ambivalenten Weise aufgefasst, wie wir sie eben bei den Intuitionisten geschildert haben. Konstruierbare unendliche Mengen, so kann man sagen, haben eine *eingeschränkte Existenz*.

3.2.7   Die logizistische Hypothese des Unendlichen

Der Logizismus ist das Programm, die gesamte Mathematik – inklusive reeller Zahlen und unendlicher Mengen – auf die Logik zurückzuführen. Diese Logik resultierte für Frege aus dem reinen Denken. Unendliche Mengen also sollten Elemente des reinen Denkens werden. Frege hatte den unendlichen Mengen gegenüber eine platonistische Haltung, Russell war eher nominalistisch gestimmt und versuchte die Mengen aus der Logik herauszuhalten. Unendliche Mengen waren für ihn reine Bezeichnungen, die man zudem durch Eigenschaften ersetzen konnte. Diese Eigenschaften, die als logische Aussagefunktionen auftraten, hatten allerdings wieder den gedanklichen Status von Ideen.

Ein großes, das größte Problem des strengen Logizismus aber war gerade die Unendlichkeit selbst. Sie ließ sich rein logisch nicht erfassen sondern musste, um sie zu erfassen, in einer Art Unendlichkeitsaxiom gefordert werden. Die Auffassung dieser unendlichen Mengen oder ihrer logischen Stellvertreter haben wir gerade beschrieben. Wie man es auch wandte, ein solches Unendlichkeitsaxiom hatte keinen rein logischen, sondern mengentheoretischen Charakter. Wir haben im Kapitel 2 beschrieben, wie logizistisch versucht wurde, dem Unendlichkeitsaxiom auszuweichen, um die reine Logik zu retten. Man eliminierte es und fügte es als Voraussetzung dort ein, wo man es benötigte. Man forderte also nicht die Existenz unendlicher Mengen, sondern fügte sie als reine Hypothese ein. Der Existenzcharakter unendlicher Mengen in der logizistischen Auffassung ist dadurch etwas seltsam: Unendliche Mengen haben eine *hypothetische Existenz.*

3.2.8 Unendlichkeit und die neuere Philosophie der Mathematik

Bevor wir eine Bemerkung über die entscheidenden Wirkungen des Formalismus auf die heutige Haltung dem Unendlichen gegenüber machen, äußern wir uns kurz über die neuere Philosophie der Mathematik. Hier tritt uns der Gesichtspunkt der Entwicklung der Mathematik entgegen. Das Problem der Unendlichkeit durchzieht die gesamte Geschichte der Mathematik und der Philosophie der Mathematik und ist so ein besonderes Exempel für die Bedeutsamkeit dieses Gesichtspunktes. Ein anderer Gesichtspunkt ist, die Praxis der Mathematik in die Philosophie der Mathematik einzubeziehen. Unendliche Mengen gehören heute zum selbstverständlichen Repertoire der mathematischen Arbeit und Forschung.

Auch wenn die neueren Strömungen zum Teil gegen den Reduktionismus in den klassischen Konzeptionen des Platonismus, Logizismus, Intuitionismus und Formalismus angetreten sind, tragen sie zu den Auffassungen des Unendlichen nicht viel Neues bei. Es bleibt bei den Grundhaltungen, die in der Geschichte der Mathematik und speziell in den Konzeptionen des Logizismus, Intuitionismus und Formalismus aufgetreten sind. Im Vordergrund steht eine rationalistische Tendenz, die den Aspekt der Entwicklung und der realen mathematischen Arbeit mit einbezieht. Aus der täglichen Verwendung in der mathematischen Arbeit erhält das Unendliche ein *praktische Existenz.*

Ein zusätzlicher Aspekt, der im Prinzip auch den Begriff des Unendlichen trifft, ist die Kulturabhängigkeit mathematischer Begriffe. Dem Unendlichen, speziell dem aktual Unendlichen müsste man dann eine Art *kultureller Existenz* zuschreiben. Wir bemerken aber, dass ähnlich wie der Begriff der natürlichen Zahl auch der Begriff des Unendlichen, seit er bei Platon und Aristoteles aus dem Mystischen befreit wurde, mathematisch praktisch unverändert ist. Unendlichkeit scheint ein Phänomen des reinen Denkens zu sein, das wie der Zahlbegriff wohl zumindest partiell Universaliencharakter hat und einer Entwicklung nicht unterworfen ist. Allein die Ausformung des Begriffs – die im 19. Jahrhundert durch Cantor ein ganz neues Ausmaß erreicht hat–, die Haltungen der Mathematiker den Erscheinungen des Unendlichen gegenüber und ihre Handhabung des Unendlichen haben eine wirklich historische Dimension.

3.2.9 Formalistische Haltung und heutige Tendenzen

Wir erinnern an das obige prägnante Zitat von Hilbert, dem Begründer des Formalismus. Aktual Unendliches ist für ihn weder „in der Natur vorhanden" noch als Grundlage im „Denken zulässig". Die Betonung liegt bei Hilbert auf *Grundlage.* Hilbert relativiert diese Haltung mit diesen Worten:

„Die Rolle, die dem Unendlichen bleibt, ist [. . .] lediglich die einer Idee –
wenn man, nach den Worten Kants, unter einer Idee einen Vernunftbegriff
versteht, der alle Erfahrung übersteigt und durch den das Konkrete im
Sinne der Totalität ergänzt wird." ([98], S. 190)

Auch wenn er hier das Wort „Idee" mit der Abschwächung „lediglich" versieht: Für
Hilbert hat das Unendliche einen „wohlberechtigten Platz" im Denken und ist mathematisch „unentbehrlich". Hauptaufgabe des Formalismus ist, das aktual Unendliche
und damit die Unendlichkeitsmathematik zu sichern. Geschehen soll das durch die „finitistische" Rückführung dieser Mathematik in den „finiten", endlichen Bereich der
Zeichen und Formeln.

Der Formalismus ist eng verknüpft mit der axiomatischen Methode, die seit Euklids
Elementen und – im strengeren Sinne (vgl. Abschnitt 5.2.2) – Hilberts *Grundlagen der
Geometrie* in der Mathematik überall implizit präsent ist. In den axiomatisierten Theorien hat das aktual Unendliche heute seinen fast unumstrittenen Platz. Mathematik ist
heute, wie man gern und etwas salopp sagt, Mengenlehre. Einen wichtigen Hintergrund (für weite Bereiche) bildet also die Theorie der Mengen, deren Axiomatisierung
die Entwicklung des Formalismus begleitet hat. Wichtig daher ist die formalistische
Begründung der Mengenlehre, die alle weiteren Disziplinen, speziell die Arithmetik
prinzipiell umfasst. In den Axiomen der Mengenlehre steht das Unendlichkeitsaxiom,
das die Existenz aktual unendlicher Mengen fordert.

Die Akzeptanz aktual unendlicher Mengen hängt mit diesem Unendlichkeitsaxiom im Kontext mit den übrigen Axiomen zusammen. Von hierher erhalten die aktual unendlichen Mengen nicht nur ihre Berechtigung sondern auch sozusagen ihre
Existenz. So fasst man heute – formalistisch geprägt – zumeist Existenz von Begriffen überhaupt auf: Konsistenz der Begriffe im Rahmen einer Theorie ausgehend von
Axiomen. Das gilt auch für die unendlichen Mengen. Wir können daher zuerst von der
theoretischen Existenz unendlicher Mengen in der formalistischen Auffassung sprechen. Ob man unendliche Mengen dann zusätzlich platonistisch, konzeptualistisch,
nominalistisch o.ä. begegnet, bleibt jedem überlassen.

Bis heute hat man keine Widersprüche in der axiomatisierten Mengenlehre entdeckt. Man weiß, dass das Problem der Widerspruchsfreiheit der Mengenlehre wesentlich mit dem Unendlichkeitsaxiom zusammenhängt. So problematische Aussagen
wie das Auswahlaxiom oder die Kontinuumshypothese sind unabhängig von den übrigen mengentheoretischen Axiomen und (relativ) konsistent. Für Mengenlehren ohne
Unendlichkeitsaxiom kann man die Widerspruchsfreiheit begründen. Dazu sagen wir
mehr im Kapitel 4.

Da Widersprüche bisher fehlen, verwendet man in einer formalistischen Haltung
ohne Bedenken unendliche Mengen und glaubt an ihre Existenz. Das ist, so kann
man sagen, eine *pragmatische Existenz* des Unendlichen. Wir haben im Kapitel 2
allerdings gelernt, dass die Widerspruchsfreiheit der Mengenlehre streng genommen
nicht bewiesen werden kann. Unendliche Mengen besitzen also *keine sichere Existenz*.

Schließlich erhalten unendliche Mengen aus ihrem Erfolg in der Mathematik und aus der erfolgreichen Anwendung der Mathematik ihre Existenzberechtigung. Neben der Konsistenz der Theorie, so sagt Hilbert ([98], S. 163), sei „der Erfolg ... die höchste Instanz" für die Existenzberechtigung eines Begriffes, „der sich jedermann beugt". Den unendlichen Mengen sichert das sozusagen eine *utilitaristische Existenz*, die nicht ganz frei von individuellen und sozialen Einschätzungen ist.

Die beschriebene Situation beeinflusst heute – als Voraussetzung für weitere Haltungen und Handhabungen des Unendlichen – weitgehend die Auffassungen der aktual unendlichen Mengen. Sie beeinflusst damit zu einem wesentlichen Teil auch die Auffassung der reellen Zahlen, die in ihren Konstruktionen das aktual Unendliche repräsentieren. In der täglichen mathematischen Arbeit ist ein Bewusstsein dafür kaum präsent und soll es auch nicht sein. In der Reflexion der mathematischen Arbeit und in der Lehre aber sollten diese und andere Ansichten des Unendlichen nicht übersehen werden.

3.3   Das klassische Kontinuum und das unendlich Kleine

Die Problematik des Kontinuums ist nicht zuerst die berühmte Kontinuumshypothese, wie sie heute verstanden wird (vgl. Abschnitt 4.4). Diese ist vielmehr eine Folge eines vorgelagerten Problems des Kontinuums. Für dieses Problem gibt es eine eigene Hypothese, also eine frühere Kontinuumshypothese. Diese Hypothese lautet sehr kurz:

> Das Kontinuum ist eine Menge.

Diese Annahme wurde bald nach Cantor mathematischer Alltag und ist heute quasi mathematische Tatsache. Beispiel: Man identifiziert gewöhnlich das lineare Kontinuum mit der „Zahlengeraden", die als Menge der reellen Zahlen aufgefasst wird. Dass hier eine Hypothese und ein Problem vorliegt und es anders sein könnte, darüber spricht man kaum. In den Lehrbüchern geht man von dieser Hypothese aus, geht gewöhnlich über das Problem hinweg, erwähnt es nicht oder tut es als metaphysisch oder sogar als mystisch ab, so wie es schon Cantor tat. – Wir müssen das alte, „klassische" oder „anschauliche" Kontinuum vom neuen Kontinuum der reellen Zahlen unterscheiden.

3.3.1   Das allgemeine Problem

Was ist das Kontinuum und was könnte es anderes sein als eine Menge? – Ganz real, physisch, und anschaulich: Das Kontinuum ist der uns umgebende Raum, der Raum mit seinen drei Dimensionen, in dem wir stehen und uns bewegen, und der stetige Verlauf der Zeit. Teile des Raums, Abschnitte in der Zeit und Unterräume wie Flächen und Linien und vieles andere sind weitere Repräsentanten dessen, was wir als Kontinuum oder als kontinuierlich bezeichnen können.

Wenn wir in dieser ganz anschaulichen Auffassung des Kontinuums die Hypothese betrachten, geraten wir ins Nachdenken. Ist der Raum eine Menge von Punkten? Besteht der Raum aus Punkten? Sicherlich gibt es Punkte im Raum. Aber beschreibt die Zusammenfassung der Punkte den Raum? Wodurch sind die Punkte als Elemente bestimmt und unterschieden? Durch ihre Lage. Wo? Im Raum? Das ist ein Zirkel.

Noch deutlicher vielleicht wird das Zögern, wenn wir das stetige Fließen der Zeit betrachten. Wenn Zeit uns bewusst wird, erleben wir spezielle Momente oder wir setzen Punkte in den Verlauf der Zeit. Das tun wir z. B., wenn wir etwas planen oder das Wörtchen „jetzt" sagen. *Setzen* wir einen Zeitpunkt in den stetigen Verlauf der Zeit – oder *wählen* wir einen Zeitpunkt aus Zeitpunkten aus, die quasi digital an uns vorüber ziehen? Ist Zeit eine Ansammlung von Augenblicken, von Gegenwarten? Zerfällt die Zeit in solche Zeitpunkte? Wie sind die Zeitpunkte voneinander unterschieden? Durch die Zeit? – *Augustinus* (354–430) diskutiert ausführlich das Problem des Jetzt, der Gegenwart in seinen *Confessiones* und sagt einprägsam, wie rätselhaft das Phänomen „Zeit" ist:

> „Was also ist die Zeit? Wenn niemand mich fragt, so weiß ich es; wenn ich es einem Fragenden erklären will, weiß ich es nicht." (Zitiert nach [67], S. 251)

Wir stellen uns noch eine weitere, scheinbar naive Frage, wir müssen sie stellen: Was ist überhaupt ein Punkt, ein Raumpunkt oder ein Zeitpunkt? *Was sind Punkte?* Wir glauben an ihre Existenz und wissen nicht, was sie sind, und wollen es gar nicht wissen. Denn mathematisch hat man es – axiomatisch geschult – längst eingestellt, sich diese Frage zu stellen. Die alte philosophische Definition des Euklid – „Ein Punkt ist, was keine Teile hat" – wird heute mathematisch belächelt. Sie wirft aber ein weiteres Licht auf die Frage nach dem Kontinuum. Was keine Teile hat, ist nicht teilbar. Ein Punkt ist in dieser Definition wie ein Atom.

Das anschauliche Kontinuum ist gerade dadurch charakterisiert, dass es Teile hat und die Teile bei jeder Teilung wieder Kontinua sind. Punkte, die keine Teile haben, sind die Repräsentanten des Diskontinuierlichen, das dem Kontinuierlichen gegenübersteht. Sie können nur Diskontinierliches bilden. Punkte erscheinen in der Teilung nur als Grenzen von Kontinua und haben in dieser Auffassung gar keine eigenständige Existenz. Und es ist in dieser Auffassung undenkbar, dass gerade diese Punkte, deren Existenz von den Kontinua abhängt, eben diese konstituieren sollen. Das Teilende würde das Geteilte.

Wir haben grundsätzlich eine atomistische Auffassung, wenn wir Raum und Zeit als Mengen von Punkten ansehen, wenn Raum oder Zeit in getrennte Elemente zerfällt. Sie wird aus der atomistischen Auffassung der Materie in die Kontinua übertragen und ist uns deshalb so vertraut. Die Wirkung ist die: Das Kontinuum wird *im Prinzip* diskontinuierlich. Was wir tun und welche Folgen es hat, beschreibt prägnant ein Zitat aus Kants *Kritik der reinen Vernunft* (B 555):

„Die unendliche Teilung bezeichnet nur die Erscheinung als quantum continuum [kontinuierliche Größe – Anm. der Autoren] und ist von der Erfüllung des Raumes unzertrennlich; weil eben in derselben der Grund der
unendlichen Teilbarkeit liegt. Sobald aber etwas als quantum discretum
[abgesonderte Größe – Anm. der Autoren] angenommen wird: so ist die
Menge der Einheiten darin bestimmt; daher jederzeit einer Zahl gleich."

Die Annahme *endlich* vieler Atome oder Momente, die den Raum und die Zeit
erfüllen, ist ausgeschlossen. Sie widerspricht der unbegrenzten Teilbarkeit des Kontinuierlichen. Es kommt notwendig das Unendliche ins Spiel. Die „Zahl der Einheiten",
der Atome muss unendlich sein. Wir müssen also, wenn wir die Mengenauffassung
des Kontinuums haben, nach Kants Einsicht notwendig aufsteigen zu ganz neuen, unendlichen Zahlen. Der „Preis", den man für die Mengenauffassung des Kontinuums
„zahlen" muss, ist die Überabzählbarkeit der reellen Zahlen – und die *neue* Kontinuumshypothese. Den Weg zu den transfiniten Zahlen hat uns Cantor gezeigt.

Die Auffassung der Kontinua als Mengen von Punkten erzwingt das Programm der
Mengenlehre (s. Kapitel 4). Denn das Diskontinuierliche, das in den Punkten gegeben
ist, muss quasi „wieder gut gemacht" werden. Es müssen aktual unendliche Mengen
gesetzt werden (Unendlichkeitsaxiom), es müssen Verfahrensweisen aus dem Endlichen ins Unendliche übertragen werden (Potenzmengenaxiom, Ersetzungsaxiom,
Auswahlaxiom) und es werden mengentheoretische Stellvertreter für die Eigenschaften des Kontinuierlichen gesucht, die man aus der Anschauung des Kontinuums ab-
liest (Vollständigkeit, Zusammenhang). Deutlich beschreibt das Dedekind bei seiner
Erfindung der nach ihm benannten Schnitte ([47], 1872).

3.3.2   Gliederung des Problems

Wir versuchen, das Problem des klassischen Kontinuums zu gliedern. Welche möglichen Denkansätze gibt es, um das Spezifische des Kontinuums zu erfassen?

Das neue Kontinuumproblem ist, wie wir gesehen haben, eng mit der Vorstellung
seiner inneren Struktur und seines Aufbaus aus Elementen verbunden. Wir haben bisher z.B. von Atomen gesprochen, die unteilbar sind und daher in der lateinischen Version auch *Indivisiblen* oder *Indivisibilien* genannt werden, den Vorläufern der Infinitesimalien. Geometrisch sind dies kleine Linienstücke auf Linien, linienartige Streifen
in Flächen und flächenartige Schichten in Körpern. Wir müssen uns diese unendlich
klein, schmal und dünn, also *infinitesimal* vorstellen.

Denn die Möglichkeit der *Zusammensetzung des Kontinuums aus endlich vielen
Atomen* haben wir schon ausgeschlossen. Das hängt mit der potentiell *unbegrenzt aus-
führbaren Teilung des Kontinuierlichen* zusammen. Diese ist eine alte Einsicht in das
Wesen des Kontinuums. Schon Anaxagoras (ca. 500–428 v. Chr.) hat sie formuliert.
Er, der den leeren Raum als nicht existent annahm, sagte z. B.:

> „Denn es ist unmöglich, dass das Seiende durch Teilung bis ins Unendliche aufhört zu sein." (Fragmente 3, zitiert nach [36], S. 267)

Es gab aber eine *endlich-atomistische Auffassung*, die dieser Einsicht entgegenstand. Die Atome waren dann als Teile der Kontinua zwangsläufig von der gleichen Art wie die Kontinua, die sie zusammensetzten. Die linearen Atome waren die Punkte auf der Linie. D. h. Punkte waren kleinste Strecken oder Linienstücke. Flächen schichteten als ebene Atome Körper auf. Demokrit (ca. 460–ca. 370 v. Chr.), der Hauptvertreter der Atomistik, hat offenbar so gedacht. Ein gewisser Aetius (ca. 50 v. Chr.) charakterisiert die Auffassung der Atomisten so:

> Sie „behaupten, dass die Zerteilung der Stoffe bei den teillosen ,Stoffteilchen' zum Stehen komme und sich nicht bis ins Unendliche fortsetzen lasse." (zitiert nach [36], S. 396)

Von Demokrit, dessen mathematischen Werke fast vollständig verloren gegangen sind, stammt die Überlegung, dass ein Kegel eigentlich kein Kegel sein kann, da er in seiner Zusammensetzung aus zur Basis parallelen Schnitten viele „stufenartige Einschnitte und Vorsprünge erhält" (zitiert nach [77], S. 232).

Es kann sein, dass die Auffassung der frühen Pythagoreer, dass alles, speziell alles Kontinuierliche durch natürliche Zahlen oder ihre Verhältnisse erfasst werden kann, einen endlich-atomistischen Hintergrund hatte. Die Pythagoreer besaßen ein Verfahren – die sogenannte Wechselwegnahme (s. Abschnitt 1.2), heute „euklidischer Algorithmus" genannt. Dieses bestimmte im Prinzip zu je zwei kontinuierlichen Strecken die größte Strecke, das größte gemeinsame Maß, mit der beide Strecken gemessen werden konnten und jeder eine natürliche Maßzahl zugeordnet wurde. Das Verhältnis dieser Zahlen war das Verhältnis der Strecken. Hinter dem Glauben an die Zahlen stand der Glaube an die endliche Ausführbarkeit der Wechselwegnahme, der möglicherweise gestützt wurde durch den Glauben an kleinste, atomare Strecken.

Die Entdeckung der Inkommensurabilität durch die Pythagoreer setzte dem *endlichen Atomismus* ein Ende. Er kam im antiken Griechenland auch nicht wieder auf, wie wir gleich lesen werden, wenn wir die dominierende Haltung des Aristoteles kennen lernen werden. Im frühen Mittelalter aber kam der finite Atomismus noch einmal zum Vorschein. Es wird berichtet (vgl. [65], Band II, S. 165), dass man z. B. eine Stunde für aus 22 560 Momenten bestehend ansah.

Wenn wir jetzt davon ausgehen, dass die unendliche Teilbarkeit ein Spezifikum des Kontinuierlichen ist, dann gibt es mindestens noch drei Auffassungen des Kontinuums. Wir beschreiben sie am Beispiel der Linien. Die *erste* Möglichkeit ist ein *transfiniter Atomismus*:

(1) Eine Linie zerfällt in unendlich viele unendlich kleine Linienstücke. Diese kleinen Linienstücke sind nicht mehr teilbar. Die unendliche Menge dieser „atomaren Linien" ist aktual gegeben. Punkte sind die atomaren Linienstücke.

Vor der Cantorschen Entdeckung einer Hierarchie des Unendlichen war das Unendliche ein absoluter, allenfalls theologisch differenzierter Begriff. Die Unteilbarkeit der
unendlich kleinen Linien war praktisch eine Folge der aktual gedachten Ausführung
der unendlichen Teilung der Linie. Eine weitere Teilung unendlich kleiner Linienteile
war nicht denkbar.

Eine Variante dieser ersten Auffassung *unterscheidet* zwischen Punkten und unendlich kleinen Linienstücken.

Die *zweite* Denkmöglichkeit ist *streng dualistisch*:

(2) Linien sind weder Zusammensetzungen von unendlich kleinen Linienstücken
    noch Mengen von Punkten. Linien oder Teile dieser Linien und Punkte sind
    Gegenstände grundsätzlich unterschiedlicher Art. Zwischen ihnen besteht eine
    nur äußere Beziehung.

Die *dritte* Version praktizieren wir täglich. Es ist die heute praktizierte Mengenauffassung des Kontinuums:

(3) Linien bzw. Teile dieser Linien und Punkte sind Gegenstände grundsätzlich un-
    terschiedlicher Art. Linien und Teile dieser Linien sind Mengen von Punkten.

Wir erkennen im Kontrast zu den anderen Auffassungen noch einmal, wie schwer
gerade die dritte Version zu denken ist. Wie kann ein Kontinuum als Menge von Elementen gedacht werden? Die Elementbeziehung verbindet die Elemente ja nicht, im
Gegenteil, die Elemente sind in der Elementbeziehung voneinander unterschieden und
getrennt. Wie kann dennoch eine Mengenauffassung des Kontinuums entstehen?

Das kann nur passieren in einer *historischen Denkumkehr*: Primär ist die Mengenauffassung – wie sie heute überall selbstverständlich ist. Die Welt besteht aus Mengen.
Damit eine Menge ein Kontinuum ist, braucht sie Eigenschaften, die man axiomatisch
fordert (s. Abschnitt 1.4). Oder man benötigt (transfinite) Konstruktionen, um aus einer Menge ein Kontinuum zu machen, das wieder eine Menge ist. In jedem Fall aber
liegt eine *Menge* vor, die, so kontinuierlich sie auch ist, in ihre Elemente zerfällt. Im
Prinzip widerspricht der Mengenbegriff der klassischen Kontinuumsvorstellung.

Zur letzten, modernen Denkweise kommen wir gegen Schluss dieses Abschnittes
und dann, wenn wir noch einmal einen Blick auf den Weg zu den reellen Zahlen werfen. Die ersten beiden Denkansätze wollen wir jetzt kurz studieren, indem wir wieder
in die Geschichte schauen. Die Auffassungen zum Kontinuum sind von den philosophischen Standpunkten nicht so stark geprägt wie die Auffassungen zum Zahlbegriff
oder zum Unendlichen in den vorigen Abschnitten. Die Auffassungen zum Kontinuum und des unendlich Kleinen aber sind eng verbunden mit den Unendlichkeitsauf-
fassungen des vorigen Punktes.

3.3.3 Die Auffassung des Aristoteles – Hintergrund für die Mathematik bis in die Neuzeit

Aristoteles hatte, wie wir wissen, den Weg zum Kontinuum, das aus Punkten besteht, verweigert und für lange Zeit versperrt. Er repräsentiert die *zweite Auffassung zum Kontinuum*. Was waren seine Argumente? Seine Argumente gegen das aktual Unendliche, die notwendig auch eine Mengenauffassung des Kontinuums betreffen, kennen wir bereits. Wir fügen ihnen die Argumente hinzu, die aus seiner Auffassung des Kontinuums kommen. Diese findet man vor allem im 8. Buch der *Physik*.

Unter das Kontinuierliche fallen bei Aristoteles Zeit, Größe, Linie, räumliche Körper und Bewegung. Er bestimmt die Eigenschaft des Kontinuierlichen, wörtlich übersetzt des „Zusammenhaltenden" oder „Zusammenhängenden" so:

> Es ist das, „dessen Grenzen Eines sind" (231 a 22), und das, das „teilbar in immer wieder Teilbares" (231 b 16) ist.

Und er folgert:

> „Es ist unmöglich, dass etwas Kontinuierliches aus Unteilbarem besteht."
> (231 a 24)

Er unterscheidet Kontinuierliches von sich Berührendem und vom Benachbarten.

Wir halten uns an das Beispiel der Linie. Eine Linie ist dadurch kontinuierlich, dass sie einerseits durch Punkte begrenzt ist. Diese Punkte sind das „Eine" im obigen Zitat. Andererseits ist sie unbegrenzt oft teilbar. Die Teile, die entstehen, sind wieder Kontinua. Punkte sind etwas anderes:

> „Denn etwas anderes ist das Begrenzte und das nicht Begrenzte." (231 a 28 f)

Punkte können schlechterdings nicht begrenzt werden und sind dadurch nicht teilbar.

Wir bemerken, dass aus der Situation des Kontinuierlichen die griechische Bestimmung des Begriffs des Punktes entsteht. Was ist ein Punkt? Punkte sind Grenzen einer Linie. So steht es in der 3. Definition im 1. Buch der *Elemente* bei Euklid. Das 1. Postulat bei Euklid fordert die Verbindung zweier Punkte durch eine kontinuierliche Linie, nämlich eine Strecke. Sie hängen durch diese Linie zusammen. Kontinuierlichkeit ist so gesehen eine Beziehung zwischen Punkten, eine Relation. Das entspricht auch den Bedeutungen des Begriffs im Griechischen wie im Lateinischen und Deutschen. Die Eigenschaft der Unteilbarkeit, die sich aus der Gegenüberstellung von Linie und Punkt ergibt, wird zur 1. euklidischen „Definition" des Punktes, der „keine Teile hat".

Kann eine Linie aus Punkten bestehen, eine Menge von Punkten sein?

In der 4. Definition im 1. Buch bei Euklid lesen wir:

„Eine gerade Linie (Strecke) ist eine solche, die zu den Punkten auf ihr gleichmäßig liegt."

Was „gleichmäßig" hier heißen soll, sei jetzt einmal ausgeklammert. Jedenfalls liegen Punkte auf einer Linie z. B. als Teilpunkte, und die Linie „liegt" zu diesen Punkten. In dieser Formulierung erscheint das „Liegen" als eine symmetrische und äußere Beziehung zwischen unterschiedlichen, fremden Gegenständen. Aristoteles sagte (s. o.):

„Es ist unmöglich, dass aus Unteilbarem etwas Zusammenhängendes ist."
(231 a 24)

Im Beispiel der Linie sind das die Punkte. Warum? Sie können nicht benachbart sein, da dann zwischen ihnen Linie, also etwas andersartiges wäre. Und sie können sich nicht berühren, da sie dann zusammenfielen. Kurz: *Punkte können als Nichtkontinuierliches nicht Kontinuierliches bilden.*

Damit schließt Aristoteles endgültig aus, dass Linien aus Punkten bestehen können. Die Vorstellung der potentiell unendlichen Erschöpfung einer Linie durch Punkte hat zudem für ihn dadurch keinen Bestand, dass bei ihm die Potentialität streng verstanden wird, d. h. die Teilung der Linie durch Teilpunkte immer im Werden begriffen und nie in irgendeiner Weise als Ganzes gedacht werden kann.

Mit diesem Argumenten kann Aristoteles leicht mancher der Zenonschen Paradoxien widersprechen. Sie sind vordergründige Trugschlüsse. Nehmen wir das Paradoxon des fliegenden Pfeils, der sich nach Zenon nicht bewegt, da er zu jedem Zeitpunkt ruht. In dieser Argumentation macht Zenon gerade die Voraussetzung, dass zeitliche Kontinua aus Zeitpunkten bestehen. Diese Annahme hat Aristoteles schlüssig als falsch widerlegt.[2]

Zuletzt ist auch die Zusammensetzung von Linien aus „Linienatomen" für Aristoteles ausgeschlossen. Denn die Annahme solcher Atome, wie sie Platon angeblich dachte, war für Aristoteles nicht möglich. Sie wären einerseits das Ergebnis eines aktual unendlichen Teilungsprozesses, den zu denken ausgeschlossen ist. Andererseits wäre eine Linie ein aktual unendliche Zusammensetzung aus Linienstücken. Und das Wort „Linienatom" schließlich vermittelt eine in sich widersprüchliche Vorstellung. Denn „Linie" ist ein Kontinuum, dessen Charakteristikum die Teilbarkeit ist, und „Atom" ist das Unteilbare.

Es ist dieser Hintergrund, den Aristoteles gegeben oder zusammengefasst hat, der die griechische Mathematik im Grundsatz bestimmte und über Jahrtausende gültig blieb. Das gilt für den Umgang mit dem Unendlichen wie mit der Auffassung des Kontinuierlichen. Seit der Entdeckung des Phänomens der Inkommensurabilität war die griechische Mathematik verwiesen auf die kontinuierlichen Größen und ihre Ver-

---

[2]Vgl. hierzu den Aufsatz von H.-G. Bigalke *Über den Unendlichkeitsbegriff* ([19], S. 327 f).

hältnisse, da die (natürlichen) Zahlen und ihre Verhältnisse nicht reichten. Der Weg
zurück zu den Zahlen hätte, wie wir gesehen haben, eine andere Auffassung des Kontinuierlichen und einen anderen Umgang mit dem Unendlichen bedeutet. Die Mathematik der Größen und die geometrische Algebra, die die Griechen geschaffen haben, eliminierte das Problem des Unendlichen und gab eine Antwort auf die Frage
nach dem Kontinuum. Diese Mathematik, die in den Grundzügen in den *Elementen* des Euklid dargestellt ist und die bis Descartes die Mathematik bestimmte, ist
eine bewundernswerte wissenschaftliche Erscheinung in einer erstaunlichen geistes-
geschichtlichen Epoche.

3.3.4   Die transfinite atomistische Auffassung

Wenn eine Linie aus unendlich vielen unendlich kleinen Linienstücken zusammengesetzt ist, dann ist ein Kreis z. B. ein Polygon mit unendlich vielen unendlich kleinen
Seiten. Solche Auffassungen haben in der Geschichte der Mathematik eine bedeutsame Rolle gespielt und waren z.T. sehr produktiv. Sie waren eine zumindest nützliche
Begleitung und bestimmten die Vorstellungen, wenn es z. B. um die Näherung von
Bögen durch Streckenzüge oder des Kreises durch Polygone ging. Und sie sind philosophisch interessant.

Man spekuliert bisweilen darüber, ob die Pythagoreer nach der Entdeckung der Inkommensurabilität von Strecken Zuflucht gesucht hätten in unendlich kleinen Linienstücken. In diesen Linienatomen könnten dann die unendlichen Wechselwegnahmen
enden. Sie wären das unendlich kleine gemeinsame Maß inkommensurabler Strecken
gewesen und dies wäre die Auflösung der Inkommensurabilität im Unendlichen gewesen. Man spekuliert weiter, dass diese Flucht ins Transfinite an den Zenonschen
Paradoxien scheiterte. Denkbar ist beides, gesichert ist dies nicht.

Wichtig für die atomistische Auffassung ist der große griechische Mathematiker
und Physiker *Archimedes* (etwa 287–212 v. Chr.). Bei ihm treffen wir die Vorstellung des unendlich Kleinen an, auch wenn sie durch Aristoteles widerlegt und quasi
verboten war (s. o.). Er vergaß dieses Verbot, als er gerade ein weiteres Verbot des
Aristoteles übertrat, nämlich Krummliniges und Geradliniges zu vergleichen. Es ging
um das Verhältnis der Flächen unter einem Parabelsegment und eines Dreiecks mit
gleicher Basis und Höhe, das er als 4 : 3 bestimmte. In einem Beweis formulierte
Archimedes an einer Stelle so:

> „Und weil aus den Strecken im Dreieck $\gamma\zeta\alpha$ das Dreieck $\gamma\zeta\alpha$ besteht und
> aus den im Parabelsegment der Strecke ξo entsprechend Genommenen das
> Segment $\alpha\beta\gamma$, so wird das Dreieck [...] im Gleichgewicht sein mit dem
> Parabelsegment, [...] ." (*Archimedis opera* [1] Bd. II, S. 436, zitiert nach
> [175], S. 113)

Uns interessiert hier die Formulierung, dass das Dreieck „aus den Strecken besteht". Archimedes war wieder ganz aristotelisch, als er selbst – vielleicht wegen des Bezuges zum „Mechanischen" („Gleichgewicht", „Schwerpunkt") im Beweis, aber wohl auch wegen dieser atomistischen Auffassung der Flächen – seinen Beweis nicht für mathematisch hielt. Einen strengen Beweis in euklidischer Manier lieferte er nach. Ähnliche Beobachtungen wie im Fall des Parabelsegmentes kann man auch bei seiner Bestimmung des Kugelvolumens und der Kugeloberfläche machen (vgl. [211], S. 172–176).

Die atomistische Auffassung war bei Archimedes ein wichtiges Element seiner Heuristik, die er vielleicht aus der damals verbreiteten (finiten) atomistischen Vorstellung der Materie in der Physik übernahm. Und man weiß, dass Archimedes oft aus technischen Vorstellungen, z. B. aus Wägeversuchen heraus, auf die oben das Wort „Gleichgewicht" hinweist, seine mathematischen Sätze gewann. Über die Heuristik speziell des Archimedes berichtet B. Zimmermann ausführlich in [211] (S. 170–221).

Berühmt ist Archimedes auch für seine Näherung von π, die er durch Umschreiben und Einbeschreiben von Polygonen beim Kreis gewann. Ob dabei im Hintergrund die Vorstellung, dass der Kreis ein Polygon mit unendlich vielen unendlich kleinen Seiten sei, eine Rolle spielte, ist unklar. Hier ging es primär um den Prozess der Näherung, der streng potentiell unendlich war – gemäß der Auffassung des Aristoteles, die die griechische Mathematik bestimmte.

Die wohl bekannteste Erscheinung der transfiniten atomistischen Auffassung des Kontinuums ist sicherlich das Cavalierische Prinzip. *Bonaventura Cavalieri* (1598–1647) übernimmt die atomistische Auffassung des Demokrit. Aus dessen endlich vielen finiten Atomen werden bei Cavalieri die transfiniten *Indivisibilien* (Unteilbaren): Linien sind aus unendlich vielen unendlich kleinen Linienstücken – den Punkten – zusammengesetzt, Flächen aus unendlich vielen Linien und Körper aus unendlich vielen Flächen. Das *Cavalierische Prinzip* besagt in seiner einfachsten Variante: Sind alle zu einer Grundfläche parallelen Schnittflächen zweier Körper gleicher Höhe inhaltsgleich, so haben die beiden Körper das gleiche Volumen.

Blaise Pascal (1623–1662) lernte die Indivisibilienmethode Cavalieris kennen und wandte eine lineare Variante u.a. auf den Viertelkreis an. Die Vorstellung der unendlich kleinen Strecken z.B. am Kreis, deren Verlängerungen Tangenten waren, verband er mit unendlich kleinen Dreiecken, die die Steigung der Tangenten bedeuteten.

Über die Indivisibilien aber äußert er sich folgendermaßen:

> „Eine Indivisibilie ist eine, die keine Teile hat. Und der Raum ist das, was diverse Einzelteile hat. Dieser Definitionen wegen sage ich, dass zwei Indivisibilien, die gleich sind, keinen Raum ergeben." ([139], 1658, R 493–495)

Er leitet daraus wieder die Haltung ab, die den transfiniten Atomismus negiert. Die endlichen Größen sind beliebig oft teilbar und nicht aus Indivisibilien zusammengesetzt. Infinitesimalien, unendlich kleine Größen, dagegen sind eine neue Art von Größen neben den gewöhnlichen finiten Größen. Pascals Schrift aus dem Jahr 1658 las Leibniz 1673 während eines Parisaufenthaltes.

Gottfried Wilhelm Leibniz (1646–1716) übernahm den Ansatz Pascals und übertrug ihn auf Kurven allgemein. Er betrachtete neben den unendlich kleinen Dreiecken – mit den Seiten dx, dy und ds – zugleich unendlich kleine Streifen unter den Kurven und deren unendliche Summe, die er mit „$\int$" bezeichnet, und entwickelte aus diesem Ansatz heraus den Differential- und Integralkalkül. In diesem Kalkül finden und verwenden wir bis heute seine Symbole. In seinen Briefwechseln mit Mathematikern seiner Zeit und in seinen mathematischen Schriften äußerte sich Leibniz wiederholt in unterschiedlicher, manchmal scheinbar sich widersprechender Weise über Wesen und Funktion der Infinitesimalien.

Leibniz verwendet unterschiedliche Bezeichnungen für die Infinitesimalien. Er spricht von „unendlich kleinen Größen", vom „Unvergleichbarkleinen", von „unbestimmbaren (inassignabiles) Größen", von „unendlich kleinen Linienstückchen" usw. Dabei *unterscheidet* Leibniz zwischen Punkten und unendlich kleinen Linienstücken:

> „Man muss aber wissen, dass eine Linie nicht aus Punkten zusammengesetzt ist, auch eine Fläche nicht aus Linien, ein Körper nicht aus Flächen, sondern eine Linie aus Linienstückchen (ex lineolis), eine Fläche aus Flächenstückchen, ein Körper aus Körperchen, die unendlich klein sind (ex corpusculis indefinite parvis). Das heißt, es wird gezeigt, dass zwei ausgedehnte Größen verglichen werden können (und zwar auch dann, wenn sie inkommensurabel sind), indem man sie in gleiche oder kongruente Teile zerlegt, die beliebig klein sind, [...]." (Mathematische Schriften ([117]), Bd. 7, S. 273)

Eine wesentliche Funktion der Infinitesimalien ist, dass sie in der Lage sind, Verhältnisse in Momenten oder Punkten zu beschreiben, indem man

> „beachtet, dass man dx, dy, dv, dw, dz proportional zu den augenblicklichen Differenzen, d. h. Inkrementen [Zuwächsen – Anm. der Autoren] oder Dekrementen [Verminderungen], der x, y, v, w, z [...] betrachten kann." (zitiert nach [7], S. 162)

Wie wir Verhältnisse zwischen gewöhnlichen Größen vorfinden, so treffen wir sie auch im Bereich unendlich kleiner Größen an. Inkommensurabilität im Endlichen wird für ihn ausdrücklich zur transfiniten Kommensurabilität.

Auch *Isaac Newton* (1642–1727) stützt sich zumindest in seinen frühen Schriften auf die Vorstellung von Infinitesimalien: Die Momente „fließender" Größen sind für ihn

„unendlich kleine Zuwächse, um welche jene Größen in den unendlich
kleinen Zeitintervallen vermehrt werden." (ca. 1670, zitiert nach [104],
S. 97)

Für Zweifler charakterisiert *Leibniz* die Infinitesimalien so:

„Man kann somit die unendlichen und die unendlich kleinen Linien –
auch wenn man sie nicht in metaphysischer Strenge und als reelle Dinge zugibt – doch unbedenklich als ideale Begriffe brauchen, durch welche
die Rechnung abgekürzt wird, ähnlich den imaginären Wurzeln in der gewöhnlichen Analysis." (zitiert nach [7], S. 165 ff)

Ein Ausweichen, das auf eine Grenzwertvorstellung und die spätere Epsilontik hinweist, finden wir in einer Erklärung gegen potentielle Gegner seiner Infinitesimalien
wenige Zeilen zuvor (loc. cit.):

„[...], so zeigt unser Kalkül, dass der Irrtum geringer ist als irgendeine
angebbare Größe, da es in unserer Macht steht, das Unvergleichbarklei-
ne – das man ja immer so klein, als man will, annehmen kann, zu diesem
Zwecke hinlänglich zu verringern."

Und noch deutlicher:

„Denn anstelle des Unendlichen oder des unendlich Kleinen nimmt man
so große oder so kleine Größen wie nötig ist, damit der Fehler geringer
sei, als der gegebene Fehler, [...]." (Zitiert nach [104], S. 125)

Infinitesimalien also sind für Leibniz mindestens nützliche Fiktionen oder besser
Idealisierungen oder Übertragungen aus finiten Verhältnissen, wie wir auch gleich im
letzten Leibnizschen Zitat erfahren. Die „mathematische Analysis" jedenfalls braucht
man „von metaphysischen Streitigkeiten nicht abhängig zu machen".

Insgesamt haben für Leibniz selbst die Infinitesimalien eine Existenz, die sich aus
und in seinem universellen Rationalismus ergibt. Für ihn sind sie „gegeben":

„Gegeben sind auch unbestimmbare Größen, und zwar unendlich klein
und infinitesimal" (Dantur et quantitates inassignabilis ...) ([119], Bd. 7,
S. 68).

In einem Brief an Varignon vom 2. Februar 1702 schreibt er (zitiert nach [7], S. 167):

„Die Regeln des Endlichen behalten im Unendlichen Geltung, wie wenn
es Atome – d. h. Elemente der Natur von angebbarer fester Größe – gäbe,
obgleich dies wegen der unbeschränkten, wirklichen Teilung der Materie
nicht der Fall ist, und umgekehrt gelten die Regeln des Unendlichen für

das Endliche, wie wenn es metaphysische Unendliche gäbe, obwohl man ihrer in Wirklichkeit nicht bedarf, und die Teilung der Materie niemals zu solchen unendlich kleinen Stücken gelangt. Denn alles untersteht der Vernunft, und es gäbe sonst weder Wissenschaft noch Gesetz, was der Natur des obersten Prinzips widerstreiten würde.“

Bei *Kant* finden wir hingegen eine Form des transfiniten Atomismus vor – in philosophischem Zusammenhang ohne direkten mathematischen Bezug.

Für Kant sind Raum und Zeit Formen der Anschauung, die die Erscheinungen bedingen. Er unterscheidet z. B. die Teilung des Materiellen im Raum von der Teilung des Raumes selbst. Eine *Form* der Anschauung zu teilen, ist undenkbar, „da der Raum kein Zusammengesetztes aus Substanzen [. . .] ist“. Und

„so muss, wenn ich alle Zusammensetzung in ihm aufhebe, nichts, auch nicht mal der Punkt übrigbleiben, denn dieser ist nur als die Grenze eines Raumes, (mithin eines Zusammengesetzten) möglich. Raum und Zeit bestehen also nicht aus einfachen Teilen“. ([107], B 467 f)

Sie sind

„*quanta continua*, weil kein Teil derselben gegeben werden kann, ohne ihn in Grenzen (Punkten oder Augenblicken) einzuschließen, mithin nur so, dass dieser Teil selbst wieder ein Raum, oder eine Zeit ist“. ([107], B 211)

Anders ist die Situation des Materiellen *im* Raum. Wie bei der Unendlichkeit gibt es einen Widerstreit zwischen der nur potentiell unendlichen Teilung eines Ganzen und der bloßen Idee, diese unendliche Teilung als vollendet anzusehen, „deren absolute Totalität die Vernunft fordert“ (B 440). In der vollendeten Teilung gibt es dann ein Erstes „in Ansehung der Teile, eines in seinen Grenzen gegebenen Ganzen, das Einfache“ ([107], B 445). Das ist als Unbedingtes notwendig unteilbar. Aus dem Einfachen ist das Ganze zusammengesetzt:

„Ich rede übrigens nur von dem Einfachen, sofern es notwendig im Zusammengesetzten gegeben ist, indem dieses darin, als in seine Bestandteile, aufgelöst werden kann.“ ([107], B 468)

3.3.5 Das Ende der Infinitesimalien und ihre Wiederentdeckung

In der dynamischen Entwicklung der Mathematik und in den Anwendungen in der Physik in dem Leibniz und Newton folgenden Jahrhundert – u. a. bei den Bernoullis und bei Euler – finden wir die Infinitesimalien in regem Gebrauch. Ihre Vorstellung im Hintergrund ist hilfreich und man geht pragmatisch, bisweilen sorglos mit ihnen um. Courant charakterisiert und kritisiert diese Epoche der Analysis 1941 so:

> „In der mathematischen Analysis des 17. und fast des ganzen 18. Jahrhunderts wurde das griechische Ideal der klaren und strengen Schlussfolgerungen vernachlässigt. Ein unkritischer Glaube an die Zauberkraft der neuen Methoden herrschte vor." ([40], S. 303)

Auch bei *A. Cauchy* (1789–1857), der eher für das Grenzwert-Denken bekannt ist, finden wir die Infinitesimalien vor. Sie werden im folgenden Zitat in einem Atemzug mit dem Grenzwert genannt:

> „Wenn die ein und derselben Veränderlichen nach und nach beigelegten numerischen Werte beliebig so abnehmen, dass sie kleiner als jede gegebene Zahl werden, so sagt man, diese Veränderliche wird unendlich klein oder: sie wird eine unendlich kleine Zahlgröße. Eine derartige Veränderliche hat die Grenze 0." (Cauchy 1821, S. 3, zitiert nach [122], S. 196)

Es ist interessant, wie hier eine Veränderliche einerseits eine feste Infinitesimalie ungleich Null wird, die traditionell das aktuale Ergebnis eines unendlichen Prozesses ist, und zugleich den Grenzwert Null zugeschrieben erhält. Für Cauchy scheint diese Verbindung, die häufiger bei ihm zu beobachten ist, ganz natürlich zu sein: Der Grenzprozess erzeugt Infinitesimalien, die Infinitesimalien erklären den Grenzwert 0. Diese Haltung ist ihm oft als Pragmatismus oder mathematisch verwerfliche Liberalität vorgeworfen worden.

Die Notwendigkeit einer Begründung der Methoden der Analysis wird im 19. Jahrhundert immer deutlicher. Cauchy hat wesentlich zu dieser Begründung beigetragen. Die Begründung der Analysis geht einen Weg, der von den Infinitesimalien wegführt. Sie sucht finite Mittel und findet sie gerade in der Beschreibung der Prozesse, die auch die Infinitesimalien hervorrufen: in den Prozessen gegen einen Grenzwert. „Der Grenzprozess trug den Sieg davon", stellt Weyl ([198], 1928, S. 36) nüchtern fest und begründet dies so:

> „Denn der Limes ist ein unvermeidlicher Begriff, dessen Wichtigkeit von der Annahme oder der Verwerfung des Unendlichkleinen nicht berührt wird. Hat man ihn aber einmal gefasst, so sieht man, dass er das Unendlichkleine überflüssig macht." (loc. cit.)

Man räumte die Infinitesimalien quasi beiseite, die vor den wahren Grenzwerten standen und sie verstellten. Das bedeutete eine radikale Vorstellungsumkehr. Es traten neue Probleme auf und alte grundlegende Probleme wurden deutlicher: Was sind diese unendlichen Grenzprozesse, wie handhabt man sie, was sind die Grenzwerte selbst, wie ist das Verhältnis von Prozessen und Grenzwerten? Das Problem des Unendlichen also trat vehement in den Vordergrund, die Frage nach dem Grund, dem Kontinuum, auf dem die Grenzprozesse ablaufen, wurde lauter. Die Frage nach dem Status der allgegenwärtigen kontinuierlichen Größen stellte sich drängender. Im Kapitel 1 haben wir umrissartig den Weg verfolgt, der zu Beginn des 19. Jahrhunderts von diesen Fragen ihren Ausgang nahm und über manche Hindernisse zu den reellen Zahlen führte.

Die Infinitesimalien blieben auf der Strecke. Sie gerieten langsam in Verruf und wurden schließlich ganz vergessen. Cantor z. B. qualifizierte Infinitesimalien einmal als „Pest" ab. Er polemisierte gegen damalige Versuche, Infinitesimalien mathematisch zu rechtfertigen. An anderer Stelle bewies er sogar, dass, wenn man Infinitesimalien annähme, sie jedenfalls nicht in den Bereich der linearen Größen gehörten. Am Ende kommt heraus, dass das archimedische Axiom kein Axiom sondern ein Satz ist, der „aus dem linearen Größenbegriff mit logischem Zwang" folgt ([32], S. 409). Es ist klar, dass dieser Beweis nicht richtig sein kann. Denn es gibt Größenbereiche, in denen das Archimedische Axiom *nicht* gilt.

Hilbert ([98], S. 161) sieht in der neuen Analysis endlich die Mängel beseitigt, die aus den „verschwommenen Vorstellungen über das Infinitesimale" kommen, und damit die „aus dem Begriff des Infinitesimalen entspringenden Schwierigkeiten endgültig überwunden". Er spricht von einer „Emanzipation von dem Unendlichkleinen" (loc.cit., S. 164) .

Für Courant waren in voller Überzeugung die „‚Differentiale‘ als unendlich kleine Größen endgültig diskreditiert und abgeschafft" ([40], S. 331). Leibniz' Infinitesimalien führten für ihn nur in „Mystizismus und Konfusion" (loc. cit., S. 330).

> „So wurde der Gegenstand mehr als ein Jahrhundert lang durch Formulierungen wie ‚unendlich kleine Größen‘, ‚Differentiale‘, ‚letzte Verhältnisse‘ usw. verschleiert. Das Widerstreben, mit dem diese Vorstellungen schließlich aufgegeben wurden, war tief verwurzelt in der philosophischen Einstellung der damaligen Zeit und in dem Wesen des menschlichen Geistes überhaupt." (loc. cit., S. 329)

Irrationale Zahlen als Verhältnisse inkommensurabler Größen und Infinitesimalien hatten in der Mathematik des 18. Jahrhunderts einen vergleichbaren Status. Man operierte mit beiden in pragmatischer Weise, ohne recht zu wissen, womit man umging. Was Courant aber inkommensurablen Größen wie selbstverständlich zugebilligte, nämlich als reelle Maßzahlen zu legitimen mathematischen Individuen zu werden, diese Möglichkeit sprach er z. B. den Steigungen bei Kurven ab, die einmal Differentiale, d. h. Quotienten von Infinitesimalien gewesen waren. Dem „natürlichen psychologischen" Hang nach einer „Definition von Fläche und Steigung als *Dinge an sich*" solle, so Courant, „entsagt" werden. Der Grenzprozess, der für ihn bemerkenswerter Weise diese „Dinge an sich" offenbar nicht liefert, schien Courant die einzig mögliche Grundlage zu sein. (vgl. loc. cit.)

Auch heute noch belächelt man gerne die Vorstellung von Infinitesimalien. In einem recht neuen Lehrbuch der Analysis finden wir in einem Kasten hervorgehoben die Bemerkung:

> „[...], man muss wohl davon ausgehen, dass sich die Gründerväter [der Analysis – Anm. der Autoren] wirklich so etwas wie „unendlich kleine Größen" beim Arbeiten vorgestellt haben. [...] Sie sind in guter Gesellschaft, wenn Sie mit dieser Interpretation Probleme haben, heute kann man kaum glauben, dass unendlich kleine Größen bis in die Zeit von Cauchy und Weierstraß, also bis in die Mitte des 19. Jahrhunderts, zum Handwerkszeug der Mathematiker gehörten. Sie sollten [...] niemals (!) die Ausdrücke dy und dx als eigenständige Größen verwenden. (Jedenfalls so lange, bis beim Thema Integration [...].)" ([11], S. 237)

Die Einschränkung am Ende des Zitats ist vielsagend. – Also: Man verwende die Zeichen dx, dy usw. und betrachte sie aber allein als *façon de parler*, statt ihnen einen zumindest anschaulichen Sinn zuzugestehen, der vorübergehend sehr nützlich sein kann auch in der Limesmathematik. Es ist bemerkenswert, dass jeder heute an das Unendlichkeitsaxiom glaubt, das unendlich große Mengen und Zahlen produziert, dass das unendlich Kleine aber und infinitesimale Zahlen bisweilen geradezu entrüstet abgelehnt werden. Das geschieht, obwohl man – wie wir gleich sehen werden – *heute* weiß, dass diese unendlich kleinen Zahlen legitime mathematische Objekte sind. Bei Courant und speziell zu Cantors Zeiten kann man eine kritische, sogar polemische Haltung noch verstehen. Denn nicht zuletzt Cauchy war es gerade gelungen, die infiniten Infinitesimalien durch die finite Definition des Grenzwertes überflüssig zu machen, und Cantor selbst hatte soeben auf dieser Basis die reellen Zahlen über unendliche Folgen eingeführt. Dies wurde zurecht als Überwindung großer uralter Probleme empfunden, die die Infinitesimalien, so schien es, verursacht hatten.

Man kann sich seit geraumer Zeit auch in der Lehre vorsichtiger über Infinitesimalien äußern, als dies im obigen Zitat klingt. Denn was bei der Begründung der Analysis im 19. Jahrhundert nicht gelang oder nicht versucht wurde, nämlich den Umgang mit Infinitesimalien mathematisch zu rechtfertigen, das gelang vor einem halben Jahrhundert. In einem Aufsatz aus dem Jahre 1958 ([173]) erweiterten *C. Schmieden* (1905–1992) und *D. Laugwitz* (1932–2000) die zeitgenössische Infinitesimalrechnung um Infinitesimalien. 1961 folgte Robinson, der auf logischer Basis Nichtstandardmodelle der reellen Zahlen konstruierte ([164]) und 1966 ein Lehrbuch ([165]) über Nichtstandard Analysis publizierte. Inzwischen liegen zahlreiche, z.T. elementare Lehrbücher zur Nonstandard Analysis vor. Selbst Kurse für den Mathematikunterricht wurden entworfen, die erfolgreich erprobt wurden.

Grundlage sind in der Nichtstandard Analysis nicht die Grenzprozesse, die Weyl für unvermeidlich hielt (s. o.), sondern die Infinitesimalien. An die Stelle von Grenzwertbetrachtungen tritt eine Arithmetik mit Infinitesimalien. Dazu werden die reellen Zahlen erweitert zu einem nichtarchimedischen Körper der „hyperreellen Zahlen" mit unendlich großen und kleinen Zahlen. Das geschieht durch eine Art algebraischer Adjunktion einer unendlich großen Zahl oder mengentheoretisch über Folgenringe. Neben den unendlich großen und kleinen Zahlen gibt es in diesem Körper (genauer: Körpern) neben den reellen „Standardzahlen" in infinitesimalem Abstand Nichtstandardzahlen. Vor diesem arithmetischen Hintergrund ist die Vorstellung unendlich kleiner Größen nicht nur mehr erlaubt und nützlich sondern legitimiert. Elemente dieser Vorstellungen und der Infinitesimalarithmetik könnten ohne Gefahr in die Propädeutik der modernen Analysis integriert werden. Jedenfalls muss man die Infinitesimalien nicht mehr derart scheuen, wie das im obigen Lehrbuchzitat geschieht.

Eine Einführung in die „Infinitesimalmathematik" gibt Laugwitz in seinem Buch *Zahlen und Kontinuum* ([116], 1986), in dem er neben der praktischen Einführung und Anwendung tiefgehend methodische, historische und philosophische Probleme im Umfeld erörtert. Er diskutiert Stärken und Schwächen der Ininitesimalmathematik und zeigt, wie Denkweisen bei Leibniz und seinen Schülern und Mathematikern im folgenden Jahrhundert legitimiert und ihre alten umstrittenen Methoden z.T. rechtfertigt werden können. Ein Beispiel: Laugwitz zeigt ([116], S. 77 ff), wie der Summensatz von Cauchy über stetige Funktionen, der in der Literatur von der Position der Grenzwertmathematik oft zu unrecht als falsch qualifiziert wurde, infinitesimalmathematisch richtig wird. Zum Vorwurf wurde Cauchy die Unkenntnis der gleichmäßigen Stetigkeit gemacht, der in seinem Beweis aber gerade infinitesimal argumentierte. Auf der Basis einer infinitesimalen Definition der Stetigkeit entfällt – für theoretische Zwecke – die Notwendigkeit der Definition der gleichmäßigen Stetigkeit. Die infinitesimale, „qualitative" Definition der Stetigkeit ist gegenüber der üblichen, „quantitativen" ε-δ-Definition überaus anschaulich – wenn man bereit ist, sich Infinitesimalien vorzustellen: f ist stetig, wenn eine infinitesimale Änderung von x eine höchstens infinitesimale Änderung von $f(x)$ bewirkt. Diese Definition der „Cauchy-Stetigkeit" geht auf Cauchy zurück.[3]

Seit 150 Jahren bilden die Grenzwerte für die Analysis die Grundlage. Die Infinitesimalien blieben in der Symbolik, verschwanden aber aus dem Denken. Die Analysis wird seitdem überall als Grenzwertmathematik betrieben und dargestellt. Diese Grenzwertmathematik hat sich bewährt, und selbst wenn man meinen sollte, dass eine Infinitesimalmathematik der bessere Weg für die Analysis hätte sein können, kommt man an den längst geschaffenen Tatsachen nicht vorbei. Die Literatur ist in den Worten der Grenzwertmathematik geschrieben und Lehre und Unterricht müssen auf die

---

[3]Laugwitz bezeichnet die ε-δ-Definition der Stetigkeit als „quantitativ", da sie auf einer quantitativen Abschätzung mit reellen „Maßzahlen" beruht, die infinitesimale Definition als „qualitativ", da sie andere, qualitative Aspekte des Kontinuums einbezieht und für die „reine" Mathematik genügt ([116], S. 29 ff). Ein Problem ist dabei die ε-δ-Stetigkeit einer vorgegebenen „Cauchy-stetigen" Funktion f. Dahinter steht das Problem der Fortsetzung reeller Funktionen auf hyperreelle Zahlen, zu dessen Behebung man sogenannte „interne" Mengen hyperreeller Zahlen und „interne" Funktionen einführt, auf die die Betrachtung der Fortsetzungen eingeschränkt wird.

Arbeit mit dieser Literatur vorbereiten. „War dann aber die Wiederaufnahme der Infinitesimalmathematik in der zweiten Hälfte des 20. Jahrhunderts gerechtfertigt?", fragt Laugwitz ([116], S. 236) daher auch kritisch.

Eine optische aber doch wichtige Begründung liegt in der infinitesimalen Schreibweise, die heute wie zu Leibniz' Zeiten geübt wird und die sicherlich niemand ändern kann und will. Laugwitz bemerkt:

> Die infinitesimale Schreibweise „nicht nur als Schreibweise für Ableitungen und Integrale, sondern als eine sinnvolle Darstellung mathematischer Objekte von vornherein zu begründen, kommt besonders den Bedürfnissen des Benutzers entgegen." ([116], S. 242)

Ihr Nutzen, der sie so lange am Leben erhielt, ist unübersehbar. Auch im Unterricht und in der Lehre könnte die Einführung der Infinitesimalien und ihrer Arithmetik, die nur wenig Aufwand benötigt (vgl. loc. cit. und Kap. 1: Propädeutik), durchaus zu Einsichten beitragen. Man denke an den Begriff der Stetigkeit, an Differentialquotienten und Integrale, die mit Infinitesimalien zu greifbaren und begreifbarem arithmetischen Objekten werden können.

In Letzterem deutet sich ein Grund der Beschäftigung mit der Infinitesimalmathematik an, der allgemein mit den Bedürfnissen des Denkens zusammenhängt. Unendliche Prozesse sind durch ihre Unendlichkeit schwer zu erfassen. Sie führen zu keinen handhabbaren „Dingen an sich", wie Courant sich ausdrückte (s. o.). Wir variieren eine Bemerkung von Leibniz aus einem Brief nur in einem Wort, das wir hervorheben: „Der Geist aber ist mit dem *Grenzprozess* nicht zufrieden, er sucht eine Identität, ein Ding, das wahrhaft dasselbe wäre, und er stellt es sich wie außerhalb der Subjekte vor." (Zitiert nach [198], S. 10)

Eine neue Akzeptanz der Infinitesimalien bietet die Möglichkeit einer Entscheidung an, in Grenzprozessen und Grenzwerten oder in Infinitesimalien zu denken, die jeder für sich fällt – oder je nach Lage, so wie es Cauchy gehalten hat. Das kann oberflächlich gesehen, zu Schwierigkeiten führen. Beispiel: Es ist eine immer wieder große Frage, ob $0,999\ldots$ gleich 1 ist oder vielleicht doch kleiner. Die unvoreingenommene Mehrheit ist übrigens für „kleiner". Das ist richtig – in der nichtarchimedischen Anordnung der hyperreellen Zahlen, die man im Prinzip als Folgen denken kann. Denkt man in Grenzwerten, so ist auch $0,999\ldots = 1$ richtig. Kann man solche Konflikte riskieren?

Weitere Gründe, die hier genannt werden können, für eine Wiederbelebung der Infinitesimalmathematik liegen in ihr selbst. Sie ist eine mathematische Herausforderung, sie bereichert das Repertoire der Methoden, Begriffe und Aussagen und so das mathematische Denken, sie ist wichtig im Hinblick auf die Grundlagen der Analysis, trägt zum Verständnis der historischen Mathematik bei und sie ist nicht zuletzt von philosophischem Interesse für die Auffassung des Kontinuums.

Eine wirkliche Fundierung der Infinitesimalmathematik, das muss man noch bemerken, ist relativ komplex und setzt starke mengentheoretische und algebraische Mittel voraus. Dies zeigt, dass eine mathematische Begründung der Infinitesimalmathematik zu Cauchys Zeiten undenkbar war. Es fehlten die mengentheoretischen und algebraischen Instrumente, die die damals entstehende Grenzwertmathematik erst in der Folge forderte – und beförderte.

Gehört eine fundierte Infinitesimalmathematik in die Lehre? Wenn es um einen ernsthaften Einstieg in die Infinitesimalmathematik geht, natürlich ja. Sonst gilt die lapidare Erklärung Laugwitz':

> „Nicht alles was man lehren kann, sollte man auch lehren." ([116], S. 242)

Weitere tiefliegende Gründe, Infinitesimalmathematik zu lehren und zu studieren, sind grundsätzlicher und philosophischer Art und hängen mit dem Begriff des Kontinuums und der Auffassung von Größen zusammen. Wir werden einiges dazu in den beiden folgenden Punkten sagen.

3.3.6   Das mathematische Ende des klassischen Kontinuums

Wir sind zu Beginn von unseren ganz anschaulichen Vorstellungen über das Kontinuum ausgegangen und haben beobachtet, dass es sehr unterschiedliche Versuche gibt, das Kontinuum zu begreifen. Wir haben gesehen, wie es unbegrenzt und ohne Ende teilbar und aus keinen einfachen Teilen rekonstruierbar war, oder aber wie es mit finiten oder transfiniten Atomen ausgefüllt und erklärt werden sollte, wie Atome zu Punkten wurden und das Kontinuum zuletzt eine Punktmenge war. Geschichte gemacht haben die kontinuierlichen Größen der Griechen, dann die unendlich kleinen Atome – in der langen Zeit der Indivisibilien bzw. Infinitesimalien – und dann die Punkte und Punktmengen, die schließlich den mathematischen Sieg davon trugen. Das mathematische Kontinuum *ist* heute $\mathbb{R}$.

$\mathbb{R}$ ist nicht das anschauliche, klassische Kontinuum. Letzteres hat nicht mathematisch aber doch anschaulich, physikalisch und philosophisch überlebt. So sehen es nicht zuletzt auch manche Mathematiker. Courant z. B. beschreibt das Verhältnis zwischen anschaulichem und mathematischem Kontinuum so:

> „Die Idee eines Kontinuums und eines stetigen Fließens ist völlig natürlich. Aber man kann sich nicht auf sie berufen, wenn man eine mathematische Situation aufklären will; zwischen der intuitiven Idee und der mathematischen Formulierung, welche die wissenschaftlich wichtigen Elemente unserer Intuition in präzisen Ausdrücken beschreiben soll, wird immer eine Lücke bleiben. Zenons Paradoxien weisen auf diese Lücke hin." (1927, [39], S. 46)

Courant weist hier auf die mathematische Auffassung des Kontinuums als Menge hin. Solange das Kontinuum aus getrennten Elementen besteht, ist z. B. die Zenonsche Paradoxie der Unmöglichkeit der Bewegung nicht auflösbar. Darüber können auch viele gut gemeinte populäre Überzeugungsversuche nicht hinwegtäuschen. Selbst die Infinitesimalien helfen nicht recht weiter, die immerhin – und nur – dazu führen können, in den Standardpunkten eine infinitesimale Bewegung zu erkennen. Die Widerlegung der Paradoxie gelingt allein Aristoteles, der ihren Ursprung gerade in der Punktauffassung des Kontinuums erkennt. Die alte griechische Mathematik, deren Grundlage die kontinuierlichen Größen sind, war daher von dieser Art Paradoxien nicht betroffen. Diese Mathematik aber reichte mathematisch nicht aus. Über die Größen sagen wir etwas im nächsten Punkt.

Courants Bemerkung zeigt prägnant das mathematische Dilemma zwischen Anschauung und Präzisierung auf. Das Kontinuumproblem ist mit dem Problem des Unendlichen eng verbunden. Wie an letzterem entzündete sich die Auseinandersetzung zwischen Intuitionismus und Logizismus oder Formalismus auch am klassischen Problem des Kontinuums. Es stehen sich die anschauliche, intuitive Auffassung Brouwers und die Mengenauffassung unvereinbar gegenüber. Wir haben im Kapitel 2 über das „Brouwersche Programm" berichtet, das mit intuitionistischen Mitteln versuchte, speziell die Analysis zu rekonstruieren. Weyl ([198], 1928, S. 44) beklagt das Dilemma so:

> „Die Mathematik gewinnt mit Brouwer die höchste intuitive Klarheit. Die Anfänge der Analysis vermag er in natürlicher Weise zu entwickeln, den Kontakt mit der Anschauung viel enger wahrend als bisher. Aber man kann nicht leugnen, dass im Fortschreiten" die intuitionistische Mathematik mit ihren Einschränkungen „schließlich eine kaum erträgliche Schwerfälligkeit zur Folge hat. Und mit Schmerzen sieht der Mathematiker den größten Teil seines, wie er meinte, aus festen Quadern gefügten Turmbaus in Nebel zergehen."

Die Lücke, die zwischen mathematischer Beschreibung des Kontinuierlichen und der Anschauung des Kontinuums bleibt, sagt aus, dass mathematisch nur Aspekte des Kontinuums beschrieben werden können. Der Erfolg in den Anwendungen zeigt wohl, dass es immerhin wichtige oder *die* wichtigen Aspekte sind, die $\mathbb{R}$ erfasst. Ein Verdienst der Infinitesimalmathematik ist es aber, nachgewiesen zu haben, dass weitere Aspekte mathematisch dargestellt werden können. Dazu sagt Laugwitz:

> „Die sorgfältige und in mathematischen Konsequenzen ausgeführte Unterscheidung von Zahlen fürs Messen ($\mathbb{R}$) und Zahlen für den Kalkül ($^{\Omega}\mathbb{R}$) halte ich für einen wesentlichen Beitrag zur Klärung von mathematischen Aspekten des Kontinuums, die gegenüber dessen grobschlächtiger Identifikation mit $\mathbb{R}$ an Umfang und Gehalt gewonnen haben." ([116], S. 237)

($^{\Omega}\mathbb{R}$) sind die hyperreellen Zahlen oder Omega-Zahlen, wie sie Laugwitz auch nennt. Sein Resümee zum Kontinuumproblem ist:

> „Für mich ist, es sei wiederholt, das Kontinuum nicht identisch mit der Menge $\mathbb{R}$, [...].“ Und: „Wir haben gesehen, dass das anschauliche Linearkontinuum Platz lässt für die Omegazahlen und nicht als durch die reellen Zahlen ausgeschöpft angesehen werden muss.“ (loc. cit., S. 223)

Für Laugwitz ist durch die Einsetzung von $\mathbb{R}$ das anschauliche Kontinuum eliminiert.

Ist durch die Mathematik der Infinitesimalien das anschauliche, klassische Kontinuum mathematisch erfasst? Keineswegs. Darauf weisen höhere Differentiale ddx hin, die bei Leibniz vorkommen und gegenüber den Infinitesimalien dx infinitesimal sein sollen. Heute zeigt dies mathematisch die Mathematik der Infinitesimalien, deren zugrunde liegender nicht-archimedischer Körper, der durch eine Art Adjunktion eines transfiniten Elementes Ω entsteht, weiteren Adjunktionen unterworfen werden kann. Das (anschauliche) Kontinuum, so zeigt sich hier auch mathematisch, entspricht einer unerschöpflichen „kontinuierlichen Raumsoße“ (Brouwer, zitiert nach [7], S. 346) oder – nach einer appetitlicheren Charakterisierung Weyls – einem „Medium freien Werdens“ ([197], S. 49).

Die Methode der Infinitesimalien, das ist ein weiterer Verdienst der Infinitesimalmathematik, zeigt, dass das anschauliche Kontinuum sich in dem Moment dem vollständigen Zugriff entzieht, in dem wir versuchen, es zu erfassen. Auch die hyperreellen Zahlen bilden eine Menge. Das klassische Kontinuum ist mit mathematischen, zumindest mit mengentheoretischen Mitteln offenbar nicht zu begreifen – so wie der Zahlbegriff mathematisch nicht vollständig zu erfassen ist.

3.3.7   Das Verschwinden der Größen

Seit der Ersetzung der Zahlen der Pythagoreer durch die Größen bei Eudoxos und Euklid, bis in die Mitte des 19. Jahrhunderts hinein, war die Mathematik eine Wissenschaft der Größen gewesen. Größen bildeten das Fundament. Die alte „Sehnsucht“ nach den Zahlen aber blieb. Es waren und blieben die natürlichen Zahlen, die das Ansehen und den Schein der Reinheit und Abstraktheit hatten, die allein einer wirklich reinen Mathematik angemessen erschienen. Solange die griechische Mathematik den Zahlbegriff fest an den Begriff der natürlichen Zahlen band, war eine Erweiterung zu den reellen Zahlen – als wirklichen Zahlen – nicht denkbar. Der griechische Ersatz für reelle Zahlen waren die Verhältnisse von Größen vor dem Hintergrund der Geometrie. In Verhältnisgleichungen, d. h. in Proportionen wurden die mathematischen Erkenntnisse ausgedrückt. Leibniz bemängelt in einem Brief an Clarke das Vorgehen des Euklid,

„der, da er den Begriff des geometrischen Verhältnisses im absoluten Sinne nicht recht definieren konnte, bestimmte, was unter gleichen Verhältnissen zu verstehen ist." (Zitiert nach [198], S. 10)

Der mathematische Druck wuchs durch die Probleme, die z. B. in der Notwendigkeit der Konstruierbarkeit der Verhältnisse in der geometrischen Algebra lagen. Die geometrische Algebra war in der Lage, Verhältnisse zwischen Größen – kommensurabel oder nicht – als gleich zu erkennen. Ihr fehlte aber die Möglichkeit, diese Gleichheit im Fall der Inkommensurabilität von Größen durch ein eigenständiges mathematisches Objekt zu konkretisieren. Wenn es um Verhältnisse von Größen ging, ging es im Prinzip um das Messen der Größen. Waren sie inkommensurabel, so gab es kein gemeinsames Maß und keinen Messvorgang, der den Größen eine Maßzahl zuordnen konnte. Die Konsequenz war, dass viele Probleme ungelöst bleiben mussten – wie z. B. das Delische Problem der Verdoppelung des Würfels, da man die Strecke der Länge $\sqrt[3]{2}$ nicht bestimmen konnte. Leibniz beschreibt das Problem der Methode der Proportionen und das wachsende Bedürfnis nach mathematischen Individuen, nach neuen Zahlen so:

„Der Geist aber ist mit dieser Übereinstimmung nicht zufrieden, er sucht eine Identität, ein Ding, das wahrhaft dasselbe wäre, und er stellt es sich wie außerhalb der Subjekte vor." (loc. cit.)

Diese Problematik, die Jahrtausende bestand und mit der Entwicklung der Mathematik an Spannung gewann, rief nach den neuen Zahlen, deren Anerkennung allerdings lange umstritten war. Lange herrschte eine Art Zwischenstadium, eine Korrespondenz zwischen Zahlen und den Größen, die mal mehr Zahlen – wenn sie als deren Verhältnisse, also rational darstellbar waren – und mal mehr Größen waren, wenn sie irrational waren. Charakteristisch ist z. B. die Äußerung Stifels (1486–1567), der hilflos zwischen Anerkennung und Ablehnung irrationaler Zahlen schwankt:

„Mit Recht wird bei den irrationalen Zahlen darüber disputiert, ob sie wahre Zahlen sind oder fingierte (ficti). Weil nämlich bei Beweisen an geometrischen Figuren die irrationalen Zahlen noch Erfolg haben, wo die rationalen Zahlen uns im Stich lassen [...], deshalb werden wir veranlasst und gezwungen, zuzugeben, dass sie in Wahrheit existieren, nämlich auf Grund ihrer Wirkungen, die wir als real, sicher und feststehend empfinden.
Aber andere Gründe veranlassen uns zu der entgegengesetzten Behauptung, [...]. [...] Es kann nicht etwas eine wahre Zahl genannt werden, bei dem die Genauigkeit fehlt und was zu wahren Zahlen kein Verhältnis hat. So wie eine unendliche Zahl keine Zahl ist, so ist eine irrationale Zahl keine wahre Zahl, weil sie unter dem Nebel der Unendlichkeit verborgen ist; ist doch das Verhältnis einer irrationalen Zahl zu einer rationalen nicht

weniger unbestimmt als das einer unendlichen zu einer endlichen." (Zitiert nach [78], S. 245)

Geht es um Verhältnisse von Größen und um das Messen, so verwendet man in der Praxis rationale Zahlen, die im Lauf der Geschichte über den Status als Verhältnisse natürlicher Zahlen Zahlenstatus erlangt hatten und für die Anwendungen genügen. Geometrische Phänomene und mathematische Probleme aber verlangten nach den reellen Zahlen – mit der Betonung auf Zahlen. Wo aber sollten sie herkommen? Das Fundament aus natürlichen Zahlen allein reiche nicht aus. Die Folgen rationaler Zahlen, d. h. von Paaren natürlicher Zahlen, die gegen irrationale Größen strebten, waren nicht recht fassbar. Sie verschwanden im Unendlichen. Sie waren nur potentiell und nicht aktual greifbar. Der Ruf nach reellen Zahlen also war zugleich ein Ruf nach einem neuen Fundament, das das aktual Unendliche umfasste und noch zu Anfang des 19. Jahrhunderts nicht einmal in Umrissen erkennbar war. Es war Georg Cantor, wie wir ausführlich beschrieben haben und dessen gewaltige Leistung hier noch einmal überdeutlich wird, der den Schritt in das aktual Unendliche wagte. Es war kein Schritt in einer kontinuierlichen Entwicklung, es war ein revolutionärer Schritt.

Mit den unendlichen Mengen und den transfiniten Kardinalzahlen Cantors traten die Mengen allgemein und ihr Begriff erst klar in das mathematische Blickfeld. Sie und ihre Begründung wurden zur mathematischen Aufgabe. Den ersten Schritt in das, was man heute Mengenlehre nennt, in die Theorie der Mengen, machte Dedekind in seiner berühmten Schrift *Was sind und was sollen die Zahlen?* ([48], 1888). Hier erhielten die natürlichen Zahlen, die bis dahin unumstrittenes Fundament der *reinen* Mathematik gewesen waren, in den Mengen oder „Systemen", wie Dedekind sie nannte, selbst ein Fundament. Gerade auch der Abschied von dem Fundament der natürlichen Zahlen verursachte erheblichen Widerstand, der über Kronecker in den Intuitionismus führte.

Die Aufregung, die der Cantorsche Schritt verursachte, wird hier noch einmal deutlich und verständlich. Denn – das war jedem damaligen Mathematiker mehr oder weniger bewusst – er bedeutete im Endeffekt die Aufhebung der bis dahin gültigen Grundlage der Mathematik insgesamt: die Beseitigung der Größen. Der Boden geriet in Gefahr, auf dem man stand – nicht so sehr methodisch sondern „ideologisch". Die Vorstellungen und Denkgewohnheiten gerieten ins Wanken.

Der junge *Hermann Hankel* (1839–1873), der auch mathematikhistorisch engagiert war, hatte 1867 ein Buch über die neuen höheren Zahlsysteme (der komplexen und Hamiltonschen Zahlen) veröffentlicht, die den klassischen Größenbegriff eigentlich sprengten. Dennoch meinte er damals, als die mengentheoretischen Konstruktionen der reellen Zahlen und Formulierungen der Vollständigkeit noch unveröffentlicht waren, keinesfalls auf Größen verzichten zu können.

Seine Haltung ist für die Mathematiker dieser Jahre wohl repräsentativ. Unendliche Folgen zur Bestimmung irrationaler Zahlen waren für ihn

> „in ihrer Vollendung unfaßbar" und führten „jederzeit auf einen Widerspruch" (Hankel [90], 1867, S. 59, zitiert nach [65], Bd. II, S. 163).

„Ein solches Mittel" zur Erfassung der irrationalen Zahlen, davon ist Hankel überzeugt,

> „bietet nur die Geometrie in ihren von jedem Zahlbegriff unabhängigen Größenoperationen dar, aber nur in dem sie den Begriff des Stetigen, in dem eben jener Widerspruch versteckt ist, als einen gegebenen ansieht. Das reine von jeder Anschauung losgelöste Denken, kann das Unendliche nicht erfassen, die formale Zahlenlehre nicht das Irrationale." (loc. cit.)

Frege weigerte sich standhaft, z. B. die Dedekindsche Konstruktion der reellen Zahlen anzuerkennen. Er hielt an der Größenvorstellung fest und versuchte reelle Zahlen auf logischer Basis als deren Verhältnisse einzuführen. Dieser Versuch blieb unvollendet.

Welche Schwierigkeiten der Abschied von den Größen bedeutete, dokumentiert auch der engagierte Briefwechsel zwischen Dedekind und Lipschitz über die Dedekindschen Schnitte (vgl. [190], S. 86 f). R. Lipschitz (1832–1903) schienen reelle Zahlen ohne geometrische Vorstellungen völlig undenkbar, und er hielt die Überwindung des euklidischen Größenstandpunktes durch Dedekind für überflüssig, unverständlich und sogar für wieder euklidisch. Dedekind aber war bewusst, einen historisch bedeutsamen Schritt getan zu haben, und er zog alle Register mathematischer und historischer Überzeugungskunst, um Lipschitz zu bekehren.

Dedekind kleidete den latenten Druck nach den reellen Zahlen, der damals herrschte, im Vorwort seiner Schrift *Stetigkeit und irrationale Zahlen* ([47], 1872) treffend in Worte und erinnert dabei an eine Situation in einer Vorlesung über Differentialrechnung im Jahr 1858, im deren Folge er schon damals (am 24.11.1872) seine Dedekindschen Schnitte als Lösung entwarf:

> „Für mich war damals dies Gefühl der Unbefriedigung ein so überwältigendes, dass ich den festen Entschluss fasste, so lange nachzudenken, bis ich eine rein arithmetische und völlig strenge Begründung der Prinzipien der Infinitesimalanalysis gefunden haben würde." ([47], S. 4)

Das fundamentale Ziel für Dedekind war die Einführung irrationaler Zahlen, die als Maßzahlen mit einer Einheit inkommensurable Größen messen und wirkliche *Zahlen* sind und deren Begriff sich „nicht wie bisher auf Größen" beziehen (loc. cit., S. 9). Diese alte Korrespondenz zwischen Zahlen und Größen, die nur geometrisch ist, konnte für ihn „keinen Anspruch auf Wissenschaftlichkeit machen" (loc. cit.).

Seine Begründung konnte dann eine nicht allein arithmetische Begründung sein. Natürliche Zahlen und rationale Zahlen genügten nicht. Die arithmetische Begründung verlangte ein neues Denken und neue Begriffe, ein neues Fundament. Seine Konstruktion war wie die von Cantor und Weierstraß eine mengentheoretische und transfinite. Es ging um aktual unendliche Mengen. Er fasst – 1858, lange vor Cantors engagierter Verteidigung der aktualen Unendlichkeit – den Bereich der rationalen Zahlen als aktual gegebene Menge auf. Aus ihr konstruiert er durch Schnitte, die wieder aus aktual unendlichen Mengen rationaler Zahlen bestehen, den Bereich der reellen Zahlen – wieder als aktual unendliche Menge. Als wir oben über Kontinua sprachen, haben wir bemerkt, wie schwierig der Übergang von der Vorstellung einer stetigen Geraden zur Geraden als Menge ihrer Punkte ist. Das Ergebnis ist, wie wir sahen, im Prinzip paradox: Die Mengenauffassung des Kontinuums *zerlegt* das Kontinuierliche in Elemente. Das geometrische Kontinuum wurde zum Zahlenkontinuum.

Dedekind, der klar und durchgehend zwischen Punkten auf einer Geraden und Zahlen *unterscheidet*, macht diesen Übergang dennoch plausibel. Er beobachtet, wie rationale Zahlen als Punkte auf einer Geraden veranschaulicht werden können und wie lückenhaft die Menge der rationalen Zahlen gegenüber der stetigen Geraden ist. Die Schnitte, die in einer „geistigen Schöpfung" Zahlen erschaffen, sind nur *wie* Punkte auf einer Geraden, die die Gerade in zwei Hälften zerschneiden. Sie sind *neue* Elemente einer *neuen* Menge, der Menge der reellen Zahlen, die Stetigkeitseigenschaften vergleichbar denen der Geraden hat. Daher ist sie das *Zahlenkontinuum*, das das geometrische Kontinuum später verdrängen wird.

Wie wiederholt gesagt: Die Mengenauffassung widerspricht der anschaulichen Kontinuumsauffassung. Sie denkt sich das Kontinuum zerlegt in isolierte Elemente. Dies ist gerade der entscheidende, revolutionäre Schritt. Denn *gerade dadurch* werden Eigenschaften des Kontinuums, die zuvor in den Größen verborgen waren, explizit. In der mengentheoretischen *Rekonstruktion*, in dem Versuch, das zerlegte wieder zu verbinden, wie Punkte auf einer Geraden verbunden sind, werden sie erst sichtbar. Wie sagte Courant? Es war, es ist notwendiges mathematisches Schicksal, diesen großen Schritt in die Mengenauffassung zu tun, wenn wir Eigenschaften des Kontinuums verstehen wollen. Er wies aber auch auf Lücken hin, die selbst bei diesem gewaltigen Schritt in die Mengenauffassung bleiben.

Es ist das gleiche Schicksal, das die natürlichen Zahlen etwas später (1888) erreichte. Es war wieder Dedekind – wir berichteten darüber (s. Abschnitt 2.15), der ihnen einen mengentheoretischen Rahmen gab. Hierdurch wurden die Prinzipien der Reihe der natürlichen Zahlen explizit, die vorher im anschaulichen, zeitlichen Zählprozess verborgen waren.

$\mathbb{R}$ wurde der universelle Bereich der Maßzahlen für die Größen. Seine Eigenschaften, speziell die archimedische Eigenschaft, entstehen im Erweiterungsprozess aus den natürlichen über die rationalen Zahlen, der ursprünglich gesteuert wird durch die Bedürfnisse des Messens. Laugwitz ([116], S. 18) betont und hebt kursiv im Text hervor:

„Die archimedische Eigenschaft, welche unendlich kleine und unendlich große Zahlen ausschließt, ist eine Folge der Eigenschaften des Messvorganges und damit eine von den Maßzahlen ererbte Eigenschaft der reellen Zahlen des Kalküls."

Die Archimedische Eigenschaft der reellen Zahlen hat eine naheliegende aber keinesfalls notwendige oder gar logische Rückwirkung auf unsere Vorstellungen über Größen, die wir messen und uns dann ebenso angeordnet denken. Stellen wir uns aber unvoreingenommen auf die Seite der kontinuierlichen Größen, so ist dort das unendlich Kleine und Große *nicht* von Vornherein ausgeschlossen. Lässt man hier die nichtarchimedische Vorstellung zu, so erhalten im Messvorgang unterschiedliche Größen die gleiche reelle Maßzahl, wenn ihre Differenz unendlich klein, *unmessbar* klein ist.

Die Rückwirkung aber war stärker. Als die reellen Zahlen einmal mengentheoretisch fundiert in der Mathematik etabliert waren, trat diese Rückwirkung endgültig ein. Sie verdrängten das anschauliche, klassische Kontinuum aus der Mathematik und nahmen dessen Platz ein. Die neue Mengenauffassung des Kontiunuums erschien als eine Befreiung der Analysis aus der Geometrie, die bis dahin nicht von dem anschaulichen Kontinuum zu trennen war. Die Arithmetisierung der Mathematik, die bei Descartes mit algebraischen Zahlen als Koordinaten begonnen hatte, nahm ihren Lauf. Die Geometrie ging auf in reelle Zahlenräume, die auf der Basis mengentheoretischer Begriffsbildungen und einer neuen Algebra in Räume beliebiger und unendlicher Dimension verallgemeinert wurden.

Der Entfernung des anschaulichen Kontinuums und der Arithmetisierung der Mathematik fielen ganz zwangsläufig auch die Größen zum Opfer. Der Weg, der damals in der griechischen Mathematik von den Zahlen zu den Größen geführt hatte, zurück zu den Zahlen war gelungen. Der Zahlbegriff war endgültig von den Größen getrennt. Die Größen blieben auf der Strecke. Es ist nicht erkennbar, dass sie einmal als eigenständige Gegenstände in die Mathematik zurückkehren sollten.

Die philosophischen Fragen aber, die das Ende der Größenlehre und des anschaulichen Kontinuums zurückließ, blieben und bleiben ungeklärt. Gab es um die Jahrhundertwende vom 19. zum 20. Jahrhundert oft heftige Auseinandersetzungen, später speziell durch die Herausforderung des Intuitionismus noch eine von Mathematikern geführte Diskussion, so ist es schon lange und heute noch still. M. Epple (in [104], S. 410) kommentiert das Verschwinden der Größen im Hinblick auf die Analysis so:

„Die Elimination jener philosophischen Diskussion, die nach dem Ende der Größenlehre aufbrach, aus dem mathematischen Forschungs- und Lehrbetrieb hieß und heißt deshalb auch bis heute die Elimination eines grundsätzlichen und multipolaren Dissenses aus der modernen mathematischen Praxis."

3.4 Schluss

Wir schauen jetzt zurück auf den Weg zu den reellen Zahlen im Kapitel 1 und reflektieren mit den jetzt gewonnenen Mitteln die Probleme, denen wir im Kapitel 1 begegnet waren. Wir machen zunächst einige grundsätzliche Bemerkungen.

Die Probleme im Zusammenhang mit dem Begriff der reellen Zahl sind die Quelle für viele der Fragen, die heute die Philosophie der Mathematik beschäftigen. Es sind dies Fragen, die nicht unmittelbar die tägliche mathematische Arbeit und Forschung tangieren. Es geht um den Hintergrund, um die Entwicklung, um das Bewusstsein von Mathematik, ihrer Methoden und Begriffe, um Dinge also, die vor allem die Reflexion, die Lehre wie das Lernen von Mathematik betreffen.

Die grundsätzlichen Herausforderungen im Hinblick auf die reellen Zahlen liegen in den Entwicklungen, die im 19. Jahrhundert ihren Anfang nahmen und primär dazu führten, dass die reellen Zahlen als rein arithmetischer Zahlbereich etabliert wurden und das geometrische Kontinuum ersetzten. Diese Etablierung war die Voraussetzung der Arithmetisierung der Mathematik, die ihr heutiges Erscheinungsbild prägt. Die Grundfragen die mit der Arithmetisierung verbunden sind, sind nicht verschwunden. Die heutige Setzung der reellen Zahlen als Grundlage aber bedeutet die Entscheidung in manchen der fundamentalen Fragen. Die reellen Zahlen *sind* faktisch, wie wir verdeutlichen wollen, *die* Antwort auf diese Fragen.

Wir haben im Kapitel 2 verfolgt und in den vorhergehenden Abschnitten gesehen, wie damals ein Wechsel von der Jahrtausende alten Größenmathematik zur Zahlenmathematik geschah. Das geschah nicht in einem allmählichen Prozess der Entwicklung sondern war ein zum Teil dramatischer, ein im Prinzip revolutionärer Vorgang. In den Größen war bis dahin das Kontinuierliche, Stetige verborgen, das im Zuge der Begründung der Analysis nach einer expliziten Formulierung drängte. Voraussetzung dafür war – wir drücken es einmal krass aus – die „Zerstörung des Kontinuums" und die „Beseitigung" der stetigen Größen, die durch die Auffassung des Kontinuums als Menge und durch die Einführung aktual unendlicher Mengen geschah. Man spricht in solchen Übergängen gern – und hier etwas harmlos – von „Paradigmenwechseln". Der Übergang von der Größenmathematik zur Zahlen- und Mengenmathematik war eine *Revolution* – vergleichbar (und zeitgleich) mit dem Wechsel von der Schöpfungsbiologie zur Evolutionsbiologie. Sie war eine Revolution nicht nur in der Methode sondern im *Denken*.

Dieses Denken ist noch heute eine *Herausforderung* für den Lernenden, auf dessen Standpunkt wir uns im Kapitel 1 begeben haben, und für den Lehrenden, der diese Herausforderung erkennen und in der Lehre berücksichtigen muss. Sie liegt im *Abschied vom Anschaulichen*. Dieser war notwendig, um Eigenschaften des Kontinuums explizit machen zu können – genauso, wie für die natürlichen Zahlen der Abschied vom zeitlichen Zählprozess notwendig war, um dessen Prinzipien erkennbar zu machen. Der Lehrende weiß, dass er den Lernenden aus dem Anschaulichen „abholen" muss, wie man heute so gerne sagt. Dedekind hielt „ein solches Heranziehen geometrischer Anschauung bei einem ersten Unterrichte in der Differentialrechnung vom didaktischen Standpunkt aus für außerordentlich wichtig" ([47], S. 4). Es geschieht in der Lehre aber oft nicht ein bloßes Heranziehen sondern leicht eine irreduzible Vermischung von abstraktem Zahlbereich und anschaulichem, geometrischem Kontinuum, die ein „Gefühl der Unbefriedigung" (loc. cit.) bei Dedekind hervorrief. Heute wird diese Vermengung oft als unvermeidlich und als didaktisch notwendig verteidigt und der Bezug zur „Grundvorstellung" des anschaulichen Kontinuums als „phänomenologisch" oder gar „genetisch" angesehen. Wie axiomatische, konstruktive und geometrische Elemente zusammenwirken, wird in [21] kurz und übersichtlich dargestellt. Hintergrund ist jedoch auch hier die Auffassung des geometrischen Kontinuums als Punktmenge und deren Vollständigkeit.

Es besteht neben der Arithmetisierung des Kontinuums eine weitere grundlegende Wendung im Denken: die axiomatische Methode. Das klingt zuerst überraschend, denn im Prinzip bestimmt die Axiomatik seit Platon, Aristoteles und Euklid die Mathematik. Im Verein mit den Mengen aber bekommt die axiomatische Methode einen neuen Zug. Wir haben das im Abschnitt 2.15 im Zusammenhang mit Dedekinds Schrift *Was sind und was sollen die Zahlen?* ([48]) angedeutet. Ein weiterer Schritt in diese neue Qualität war die Axiomatik der reellen Zahlen, die Hilbert gab ([95]). Zum neuen Abstraktionsgrad der modernen Axiomatik verweisen wir auf das Kapitel 5.

Neu in der neuen (mengentheoretischen) Axiomatik ist ihr Anfang. Er lautet so oder ähnlich: Gegeben sei eine Menge. Diese Menge wird – im Falle der reellen Zahlen – in der Regel gleich mit „$\mathbb{R}$" bezeichnet. In ihr sind Elemente, die „reelle Zahlen" heißen. Über die Elemente wird anschließend in den Axiomen gesprochen. Neu hier gegenüber der alten Axiomatik ist: Von Vornherein ist mit der Vorgabe einer Menge ein Rahmen quasi „abgesteckt". Es geht nicht mehr wie in der alten Axiomatik um Konstruktionen und Prozesse in einem offenen Bereich, aus denen Objekte, z. B. Größen *entstehen* und ein Bereich von Objekten sich *ausbildet*. Aus einem offenen Konstruktionsbereich ist ein geschlossener „Redebereich" geworden.

Auch hier liegt für den Lernenden eine Herausforderung. Er hat sie noch gar nicht konstruiert, er weiß nichts von ihrer Existenz, da wird schon über reelle Zahlen, und zwar gleich über *alle* gesprochen. Die Herausforderung an dieser Stelle liegt in der Abstraktion von der Konstruktion, damit von der handelnden Erfahrung und wieder von der Anschauung.

3.4.1   Von den natürlichen zu den rationalen Zahlen

Unser Blick geht zuerst etwas vor das 1. Kapitel zurück. Wir haben immer wieder bemerkt, dass der Weg zu den reellen Zahlen nicht bei den rationalen sondern bei den natürlichen Zahlen beginnt. Über die Erweiterung zu den rationalen Zahlen müssen wir wenigstens eine Randbemerkung machen. Eine kurze historische Notiz dazu machen wir am Anfang des folgenden Punktes.

Nehmen wir die rationale Zahl $\frac{2}{3}$. Was ist das? Statt des Bruches $\frac{2}{3}$ können wir auch die Brüche $\frac{4}{6}, \frac{6}{9}, \frac{8}{12}, \ldots$ setzen. Was macht unverzüglich der heutige Mathematiker, der mit den aktual unendlichen Mengen ausgestattet ist? Er schreibt

$$\frac{2}{3} := \left\{ \frac{2}{3}, \frac{4}{6}, \frac{6}{9}, \frac{8}{12}, \ldots \right\}.$$

Das sieht so nicht gut aus, da Bruch und „Bruchzahl" nicht unterschieden sind. Ein Bruch ist nur ein Paar natürlicher Zahlen. Deshalb schreibt man genauer

$$\frac{2}{3} := \{ (2,3), (4,6), (6,9), (9,12), \ldots \}.$$

Links steht die Bruchzahl, rechts stehen die Brüche in einer unendlichen Folge als fertig vorliegende, aktual unendliche Menge gedacht. Ist das nicht im Prinzip das Gleiche, wie $\sqrt{2}$ als eine Folge (a_n) zu setzen? Keinesfalls.

Zuerst braucht es für den Begriff der rationalen Zahl nicht der aktual unendlichen Mengen. Man braucht nicht die Extension. Es reicht die Intension und damit die potentielle Unendlichkeit. Man identifiziert über ihre Bedeutung die Folgenglieder in der potentiell unendlichen Folge $\frac{2}{3}, \frac{4}{6}, \frac{6}{9}, \frac{8}{12}, \ldots$. Jedes der Elemente der Folge repräsentiert $\frac{2}{3}$ und das Operieren mit rationalen Zahlen wird ein Operieren mit solchen Repräsentanten. Zudem sind die Repräsentanten Paare natürlicher Zahlen. Dies ist der Grund, weshalb oft zwischen einer Rückführung der reellen Zahlen auf rationale oder natürliche Zahlen gar nicht unterschieden wird.

Bei $\sqrt{2}$ und den reellen Zahlen ist die Situation natürlich völlig anders. Nicht die Folgenglieder a_n repräsentieren $\sqrt{2}$ sondern die *Folge als Ganzes*, also die Folge als aktual unendliche Menge. Ist dieser Schritt ins aktual Unendliche getan, ist es nur konsequent, $\sqrt{2}$ als aktual unendliche Menge aller zu (a_n) äquivalenten Folgen zu definieren.

3.4.2 Inkommensurabilität und Irrationalität

Nach den natürlichen Zahlen und ihren Verhältnissen kamen historisch die Größen, die kein Verhältnis natürlicher Zahlen und damit gar *kein Verhältnis* hatten. Denn der Versuch der Bestimmung ihrer Verhältnisse verschwand, so zeigten es die Wechselwegnahmen, im Unendlichen. Die zu einer vorgegebenen, wörtlich „bestimmten" Strecke ([63], Buch X, Definition 3) inkommensurablen Strecken heißen bei den Pythagoreer und bei Euklid dann auch „ἄλογοι" (alogoi), d. h. übersetzt „Strecken *ohne Verhältnis*".

Der *große mathematische Schritt* der Griechen war, Verhältnisse solcher Größen dennoch anzunehmen und überzugehen von einer Zahlenmathematik zur Größenmathematik. Elemente der Größenmathematik untergeordneten, besser nebengeordneten Zahlenmathematik blieben ausschließlich *natürliche Zahlen und ihre Verhältnisse*. Der rechnerische, algebraische Umgang mit Verhältnissen natürlicher Zahlen und

Verhältnissen von Größen, die in einem Verhältnis natürlicher Zahlen standen, verlieh den Verhältnissen allmählich Zahlencharakter. Sie wurden zu *rationalen Zahlen*. Inkommensurable Verhältnisse von Größen *zu einer gesetzten Einheitsgröße* erschienen ihnen gegenüber als *irrational*. Der rechnerische, algebraische Umgang mit solchen irrationalen Verhältnissen verlieh auch ihnen zunehmend den Charakter von Zahlen, deren Begriff aber dunkel blieb. Der mathematische Begriff der irrationalen Zahl, der im 19. Jahrhundert gegeben wurde, ist das Ergebnis einer Entwicklung von 2300 Jahren.

$\mathbb{R}$ ist die *Antwort* auf das Problem der Inkommensurabilität. Denn mit der Konstruktion der reellen Zahlen, dem *zweiten großen mathematischen Schritt* zurück in den Bereich der Zahlen, gibt es sie nicht mehr. „Inkommensurabilität" wird zur „Irrationalität" und kann aus dem mathematischen Vokabular gestrichen werden. Und sie ist gestrichen. Man spricht heute z. B. von irrationalen Verhältnissen selbst dann, wenn man über Größen bei Euklid berichtet. Das ist legitim, aber verheerend für das Verständnis der griechischen Mathematik, der begrifflichen Entwicklung und für die Lehre. Man erschlägt mit einem Schlag die lange und große Entwicklung und übergeht eine didaktische Notwendigkeit.

Hier ist wichtig anzumerken, dass selbst in der meist verwendeten Übersetzung der *Elemente* des Euklid ([63], Buch X, z. B. Definition 3) von „irrationalen" Strecken und Flächen gesprochen wird, statt ἄλογος (alogos) treu als *ohne Verhältnis* zu übersetzten. Auch den Begriff „rationale Strecken" finden wir in der Übersetzung für Strecken, die mit einer „Ausgangsstrecke" kommensurabel sind. Im Griechischen steht dort das Wort „ρηταί", was nicht „die rationalen" sondern „die bestimmten" Strecken heißt. Der Übersetzer, wohl beeindruckt von dem Fortschritt der reellen Zahlen, wählt hier sehr unglückliche Aktualisierungen, die natürlich die Euklid-Leser und -Lehrenden beeinflusst. So konnte und kann z. B. der Gedanke befördert werden, die alten Griechen hätten kurz vor dem Begriff der Irrationalität gestanden oder hätten ihn vielleicht schon gehabt. Wie wenig dies der Fall war, haben wir mehrfach betont.

Wir haben im Kapitel 1 dafür plädiert, im Unterricht und in der Lehre erst dann von irrationalen Zahlen zu sprechen, wenn zuvor über Inkommensurablität gesprochen worden ist. Die Stationen der historischen Entwicklung stehen in einer engen Beziehung zu den Stationen des systematischen Aufbaus der Zahlbereiche. Wie in der Geschichte der Mathematik kann es und sollte es in der Lehre auf dem Weg von den rationalen Zahlen zu den reellen Zahlen sein, an dessen Anfang die Inkommensurablität steht. Dann kann die Einsicht entstehen, was bei der Einführung von $\mathbb{R}$ passiert und wie besonders dies ist. Der Lernende braucht auf dem Weg zu den reellen Zahlen die Brücke der Inkommensurabilität, braucht das *Staunen* bei der Erfahrung, dass *nicht alles Zahl ist*, er braucht die herausfordernde Frage: Wie geht es weiter, was kann man mathematisch machen, was hat man getan? Nur so wird der neue, große mathematische Schritt, die Erfahrung des kognitiven Abenteuers und der theoretischen Leistung erkennbar, die in der Konstruktion der reellen Zahlen, in ihrer Axiomatik und in der algebraischen Adjunktion liegt.

Da man an der Zahlengeraden nicht vorbeikommt, drängt es sich eigentlich auf, in der Lehre die Inkommensurabilität zu thematisieren. Es herrscht aber – in der Schule wie im Studium – die so bequeme, bedauerliche und ständige gegenseitige Verwechslung von Zahlen und Punkten bzw. Größen, von Zahlbereich und geometrischer Gerade vor. In der Lehre sind wir oft nicht weiter als die Zeit Stifels, den wir oben zitiert haben. Wir leben von der intuitiven, unbewussten Korrespondenz von Zahlen und Größen. Stifel unterschied beide klar und kämpfte mit der Vermischung von Größen und Zahlen. Heute kämpft man nicht mehr. Man bemerkt die Problematik nicht oder stuft sie als erledigt ein. Denn die reellen Zahlen sind da und es gibt keine Inkommensurabiltät mehr. Mehr: Die Größen sind verschwunden. Was soll da inkommensurabel sein? Die Setzung der reellen Zahlen ist die *Antwort auf das Problem der Inkommensurabilität* – durch seine Entfernung.

Statt die begriffliche Entwicklung zu thematisieren, entscheidet man sich für den schnellen und effektiven Weg und präsentiert irrationale Zahlen, als wenn sie vorlägen. Es ist jedoch abstrakt und technisch, die reellen Zahlen als gegeben vorauszusetzen. Hinzu kommt die eben genannte Identifikation der reellen Zahlen mit den Punkten auf einer Geraden und umgekehrt. Beides hat traurige Folgen. Es wird unsichtbar, welch ein *Kunst*werk – im wahren Sinne des Wortes – die reellen Zahlen sind, welch einen gewaltigen Schritt die Mathematik – und die Menschheit, ist man verleitet zu sagen – mit $\mathbb{R}$ getan hat. Bei allen Erfolgen der Standardmathematik, der die reellen Zahlen zugrunde liegen, darf man nicht vergessen, dass mit $\mathbb{R}$ nur Aspekte des Kontinuums eingefangen sind. Wir haben es schon oben gesagt: $\mathbb{R}$ ist eigentlich *nicht* das Kontinuum (s. u.). Es ist nur ein mathematisches *Modell*.

3.4.3 Adjunktion

Wenn nur rationale Zahlen da sind, wenn *alles rationale Zahl ist*, hat $\sqrt{2}$ keinen Sinn. Wir können nur sagen: Es gibt keine Zahl, die quadriert 2 ergibt, es gibt keine Maßzahl, die die Diagonale des Einheitsquadrates misst. Solange bleibt „$\sqrt{2}$" ein *formaler Term ohne Bedeutung*. Das ist wichtig festzustellen. Nur wenn man dies tut, kann wieder die wichtige Frage entstehen: Was kann man tun?

Um rechnen zu können, adjungiere man $\sqrt{2}$ an $\mathbb{Q}$. Was das heißt und wie das Rechnen dann geht, kann man nicht begreifen, wenn man es sich nicht *ausdenkt*. Die ganz und gar *formale Konstruktion* muss erkennbar werden. Zuerst darf man nicht vergessen, dass man $\sqrt{2} \cdot \sqrt{2} := 2$ setzt. Dann muss das Rechnen mit den formalen Termen $b \cdot \sqrt{2}$ und $a + b \cdot \sqrt{2}$ festgelegt werden. – Wenn $\sqrt{2}$ ein formaler Term ist, macht z. B. das Multiplikationszeichen davor keinen Sinn. – Begleitet wird dies von Veranschaulichungen, die geometrische *Interpretationen* sind und *nicht* Definitionen. Man kann erkennen, dass ein neuer Rechenbereich, ein Körper entsteht, der $\mathbb{Q}$ umfasst.

Eine solche bewusst formale Konstruktion ist im Mathematikunterricht möglich – und wichtig. Nur so wird begreiflich, dass hier etwas rein Theoretisches passiert, dass der aktive Mathematiker im Schüler gefragt ist. Im Studium sollte die formale Konstruktion ohne den Term $\sqrt{2}$ ausgeführt werden.

Die Realität im Studium und im Unterricht ist meist anders. In der Lehre der Algebra kommen natürlich formale Adjunktionen vor, selten aber im Zuge der Einführung der reellen Zahlen. Legitimiert ist das durch die Axiomatik, die die reellen Zahlen rechnerisch beschreibt – und gleich komplett liefert. Kommentarlos wird also das Rechnen mit reellen Zahlen vorausgesetzt und die Adjunktion verschwindet innerhalb des Rechnens in $\mathbb{R}$. Was dabei an Bewusstmachung des mathematischen Tuns verschenkt wird, haben wir deutlich gemacht.

Die Präsenz der reellen Zahlen, die zumeist sofort gesetzt werden, ist die radikale *Antwort auf das Problem der Adjunktion*: Es gibt das Problem nicht.

3.4.4　Das lineare Kontinuum

Das größte „Kunststück" hinter dem Kunstwerk der reellen Zahlen ist dieses: $\mathbb{R}$ ist als Menge das „Gegenteil" dessen, was anschaulich das Kontinuum ist. Denn $\mathbb{R}$ zerfällt in Elemente, das Kontinuum ist homogen. Aber: $\mathbb{R}$ *ist* heute das Kontinuum. Ausführlicher:

Wir können Punkte in Kontinua setzen, sie aber mit ihren eigenen Mitteln nicht unterscheiden. Eine Unterscheidung wird erst möglich, wenn wir die gesetzten Punkte mit Zahlen belegen oder wenn wir Koordinaten in den Raum projizieren. Das ist aber wohlgemerkt eine *Projektion*. Koordinaten bilden nicht das Kontinuum. Das Kontinuum ist das *Medium*, das für solche Projektionen da ist. Auch wenn $\mathbb{R}$ als Menge ursprünglich nichts Kontinuierliches an sich hat, verhalten sich seine Elemente wie die ins lineare Kontinuum gesetzten Punkte. Das fordern Axiome oder liefern die artifiziellen Konstruktionen.

Trotz des Gesagten: $\mathbb{R}$ ist heute nicht nur eine *Antwort auf die Frage nach dem Kontinuum*. Wie gesagt: $\mathbb{R}$ *ist* das Kontinuum. Das Medium wird durch das ersetzt, für das es Medium war. Das hat weitreichende Folgen. Man denke z. B. an die Problematik der Kontinuumshypothese (Abschnitt 4.4).

Die Anschauung wird mathematisch ignoriert. Auch dies wieder verschüttet die mathematische Entwicklung, in der das anschauliche Kontinuum bis weit ins 19. Jahrhundert im Vordergrund stand. Für die Lehre ist auch dies eine Hürde. Ein Bewusstsein für das mathematische Fundament der reellen Zahlen, für das, was es ist und leistet, kann nur entstehen, wenn die Gleichsetzung von Kontinuum und $\mathbb{R}$ aufgelöst wird. Dieser Mühe unterzieht man sich ungern.

Wenn $\mathbb{R}$ das Kontinuum ist, dann ist dies die Identifikation mit der geometrischen Geraden. Damit sind schnell in der Lehre Zahlen und Punkte das Gleiche. Geometrisch werden Geraden die Mengen ihrer Punkte. In diesem Umfeld werden die Probleme unsichtbar, die wir im Kapitel 1 offengelegt haben. Man verdrängt sie. Wir befinden uns in einem Zirkel, der sich schon lange dreht: Die Mengenauffassung des Kontinuums, die Nichtunterscheidung von Zahlen und Punkten, die Auffassung der

Geraden als Zahlengerade geht unbemerkt von den Lehrenden auf die Studierenden und künftigen Mathematiklehrer, von ihnen auf die Schüler über, aus denen einige Lehrende werden, die wieder .... Schon für den lehrenden Hilbert ([98], S. 167) waren „Punkte der Strecke 0 bis 1 ... dasselbe" wie „die Gesamtheit der reellen Zahlen zwischen 0 und 1".

3.4.5 Das unendlich Kleine

Die Vorstellung des Kontinuums wurde von Beginn an, zuerst von kleinen Atomen, dann sehr bald vom unendlich Kleinen, dem Infinitesimalen begleitet. Aristoteles hatte es zwar verboten, was Archimedes aber nicht daran hinderte, es dennoch zu denken. Erst im 19. Jahrhundert nach einer Blüte der Infinitesimalien in der Analysis wurde es aus der Mathematik regelrecht „verwiesen". Man hatte die Lösung gefunden, den Grenzwert, der das unendlich Kleine erübrigte. Dass das unendlich Kleine seit 50 Jahren (durch Schmieden, Laugwitz und Robinson) mathematisch rehabilitiert ist, wird heute nicht wahr- oder nicht wirklich ernstgenommen. Es passt nicht in die Vorstellungswelt, die von den reellen Zahlen geprägt ist. Diese Vorstellungswelt aber trifft bei dem Lernenden, der unvoreingenommen und unverbildet ist, auf Vorstellungen und Denkweisen, denen das unendlich Kleine nicht notwendig fremd sondern vielleicht verwandt ist. Was 2000 Jahre gedacht werden konnte und gedacht wurde, kann nicht plötzlich aus dem Denken der Menschen verschwunden sein. Verfolgt man die Reihe der großen Mathematiker, die Jahrhunderte mit infinitesimalen Elementen gearbeitet haben, so erscheint es überheblich, aus der heutigen Perspektive der Limesmathematik infinitesimale Methoden nicht wahrzunehmen oder sie gar als unsinnig hinzustellen.

Man *setzt* mathematisch im Vollständigkeitsaxiom für die reellen Zahlen, das der Situation auf einer geometrischen Geraden nachempfunden ist, genau eine Zahl – z. B. im Inneren einer Intervallschachtelung. Andere Vorstellungen schließt man aus und widerlegt sie – mit Fakten aus der Grenzwertmathematik. Es wird nicht berücksichtigt, dass andere Repräsentationen von Zahlen und andere Anordnungsvorstellungen möglich sind, die mit dem unendlich Kleinen verbunden sind. Man kann bisweilen beobachten, wie solche Vorstellungen negiert werden, weil man offenbar die neue Infinitesimalmathematik nicht kennt oder verdrängt.[4]

Lange Zeit war der Umgang mit Infinitesimalien vergleichbar mit dem der irrationalen Zahlen. Man wusste von beiden nicht, was sie eigentlich sind. Dennoch hat man

---

[4]Repräsentativ und besonders schön ist eine Geschichte, die in den Mitteilungen der DMV 2/2003 steht. Ein 12-jähriges Mädchen wendet sich über das Internet verzweifelt an die „MathematikerInnen", weil ihre Lehrerin sagt, dass 0,999... gleich 1 sei, wo es doch „ein Unendlichstel" kleiner wäre. Es findet sich ein Mathematiker in den Mitteilungen 3/2003, der meint, dass das Mädchen „eine Antwort verdient" hätte. Ausführlich argumentiert er – über die Standard-Berechnung des arithmetischen Mittels von 0,999... und 1 –, ohne das Unendlichstel mit einem Wort zu würdigen. Zum Schluss kommt dann der „Trost" – „so er denn überhaupt nötig ist": „Später wirst Du lernen, dass ein Unendlichstel gleich Null ist".

mit ihnen gerechnet. In der Praxis ist es heute noch mit den irrationalen Zahlen wie früher. Im Unterricht weiß man nicht, was sie sind. In der alltäglichen mathematischen Arbeit will man es gar nicht wissen. Wie sagte Dedekind? „... weil außerdem die Sache so wenig fruchtbar ist" ([48], S. 4) . (Dies war eine Begründung dafür, dass er seine Dedekindschen Schnitte nicht 1858, sondern erst 1872 veröffentlichte.)

Wenn das so ist, warum ist es heute (noch) so strikt verboten und quasi unanständig, das unendlich Kleine zu Denken? Man kann mit wenigen propädeutischen Vorbereitungen auch mit Infinitesimalzahlen rechnen – in nicht-archimedischer Weise – wie mit den ungeklärten Irrationalzahlen. Wir haben oben einige Bemerkungen dazu gemacht. Stattdessen versucht man sie den Lernenden auszutreiben wie den Beelzebub.

Das ist leicht zu verstehen. Denn die *Antwort*, die das überall präsente ℝ *auf die Frage nach dem unendlich Kleinen* gibt, ist: Es gibt es nicht.

3.4.6   Konstruktion, Unendlichkeit, unendliche nichtperiodische Dezimalbrüche

Es sind die Konstruktionen der reellen Zahlen, die das aktual Unendliche sichtbar und substantiell als Mittel einsetzen. Es gäbe ℝ nicht, wenn es nicht das aktual Unendliche gäbe. Das unbestrittene Faktum ℝ also ist die eindeutige *Antwort auf die Frage nach dem aktual Uendlichen.*

Man nimmt die Konstruktionen mathematisch kaum wahr, da man allenfalls einmal Kenntnis von ihnen nimmt und dann zum Alltag des Rechnens übergeht, der axiomatisch gesichert ist. Auch die Axiomatik lebt, wie wir bemerkt haben, vom aktual Unendlichen – in der Praxis aber eher unmerklich als Rahmen des Kalküls. Die Frage, was reelle Zahlen sind, ist nicht mehr relevant.

In der Lehre kommt die Konstruktion der reellen Zahlen allenfalls am Rande, in der Schule aus guten Gründen gar nicht vor. Sie bleibt im Hintergrund. Dennoch werden gerade hier – im Einstieg in eine ganz neue Welt – die Ansprüche sehr deutlich, die das aktual Unendliche an das Denken stellt. Sie hängen mit dem Grenzwertbegriff zusammen. Dabei geht es nicht um die logisch komplexe Definition des Grenzwertbegriffs. Es geht um den Anspruch, unendliche Folgen als vollendet, als aktual gegebenes Ganzes zu denken. Selbst die geometrisch anschauliche Vorgabe des Grenzwertes einer Folge, z. B. $\sqrt{2}$, hilft da nicht richtig weiter. In den unvermeidlichen Diskussionen, ob $0,999\ldots$ gleich 1 ist, wird das deutlich. Man diktiert, aber überzeugt nicht. Man lernt, aber versteht nicht. Der tiefere Grund dafür ist die latente Setzung des Problems des Grenzwertes einer Folge quasi als seine Lösung (vgl. Abschnitt 1.5). Was ist der Grenzwert der Folge, was ist $\sqrt{2}$? Er ist die unendliche Folge selbst, die Intervallschachtelung, genauer: Er wird repräsentiert durch diese, die daher notwendig als unendliches Ganzes gedacht werden *muss*. Das ist mathematisch elegant, psychologisch aber schwierig. Vor 100 Jahren hat das Mathematikern Kopfzerbrechen bereitet.

Heute in der Lehre stellen wir an die Lernenden – vielleicht ohne es zu bemerken und trotz anschaulicher Unterstützung – im Begriff der reellen Zahl *implizit* diese doppelte Anforderung: Das aktual Unendliche zu denken und Folgen als ihre Grenzwerte anzunehmen. Dass dabei das Denken im Bereich des Unendlichen anders sein kann, als wir uns das standardmathematisch vorstellen, haben wir dabei gar nicht berücksichtigt.

Schwieriger noch und rätselhafter sind die sogenannten „nicht-periodischen unendlichen Dezimalbrüche" mit ihren unübersehbaren Ziffernfolgen. Diese Worte fallen, die Dezimalbrüche sind kategorisiert, alle reelle Zahlen sind da. Der Lernende ist überrumpelt. Er erhält nicht die Gelegenheit zu bemerken, welch ungeheurer Anspruch in den wenigen Worten liegt. „Nicht-periodisch" ist eine Negation und bietet nichts Greifbares. Konstruktive Gesetzmäßigkeiten, wie sie noch hinter den Folgen und ihren Grenzwerten stehen, werden gerade negiert. Ein Begriff dazu stellt sich schwerlich ein. Selbst eine vage Vorstellung für solche „nicht-periodischen unendlichen Dezimalbrüche" kann sich nicht einstellen. Wie soll eine Ziffernfolge komplett und bestimmt vorliegen, die per Definitionem unbestimmbar ist?

Was entsteht, ist ein grauer, wahrhaft irrationaler Bereich „nicht-periodischer unendlicher Dezimalbrüche", in dem die irrationalen Zahlen verborgen sind. Wir haben gesehen, wie sich an dieser Stelle noch einmal die mathematischen Geister scheiden. Folgen ohne Hintergrund einer Konstruktion werden von Intuitionisten und Konstruktivisten nicht akzeptiert. Wir haben im Kapitel 1 bemerkt, welche Entscheidungsprobleme entstehen, wenn man annimmt, die unendlichen Ziffernfolgen solcher „nicht-periodischen unendlichen Dezimalbrüche" lägen als Ganzes vor. Die Ziffern und die dahinter stehenden Zahlenfolgen sind weder nach einem Gesetz verbunden noch bestimmt, wie Cantor es in seinen Erläuterungen zum Mengenbegriff erwartet. Der Anspruch, etwas in dieser Art unbestimmtes Unendliches als Ganzes aufzufassen, ist eine weitere Herausforderung, die in der unbeschränkten Setzung des aktual Unendlichen liegt. Solange es um π oder $\sqrt{2}$ geht, kann man sich noch auf die Folgen und Reihen oder die konstruktiven Prozesse zurückziehen, die zu ihrer Näherung führen. Von dieser Art aber gibt es wenige – nämlich nur abzählbar viele – gemessen an den völlig willkürlichen, nicht an konstruktive Prozesse gebundenen Ziffernfolgen in „nicht-periodischen unendlichen Dezimalbrüchen".

Auch hier gibt $\mathbb{R}$ die *Antwort*: $\mathbb{R}$ wäre nicht überabzählbar, wenn nicht alle möglichen unendlichen nicht periodischen Ziffernfolgen – auch ohne Konstruktion im Hintergrund – zugelassen wären. Die Entscheidung liegt im Prinzip im Potenzmengenaxiom der Mengenlehre, das auch für unendliche Mengen alle möglichen Teilmengen zu bilden und zusammenzufassen erlaubt (s. Kapitel 4).

3.4.7 Schlussbemerkung

Wir haben in diesem Rückblick noch nicht die „philosophischste" aller Fragen gestellt, nämlich die Frage nach Wesen und Existenz der reellen Zahlen. Das Wesen der reellen Zahlen ist in ihrer Konstruktion verborgen, die die Frage nach ihrem Wesen und ihrer Existenz zuerst auf die Frage nach den natürlichen Zahlen zurückführt. Über die vielen Ansichten über die natürlichen Zahlen haben wir im Kapitel 2 und zusammenfassend zu Beginn dieses Kapitels berichtet. Die Mittel der Konstruktion geben Anlass zu weiteren Fragen.

Eigentlich erscheint es etwas wunderlich, die Frage nach der Existenz der reellen Zahlen zu stellen. Denn sie sind überall im Gebrauch und es gibt keine bessere Existenz als diese Faktizität. Dennoch ist gerade hier, dem Alltäglichen und Selbstverständlichen gegenüber, eine philosophische Nachfrage angesagt. Da der Begriff der reellen Zahlen wesentlich auf dem aktual Unendlichen ruht, ist die Frage nach ihrer Existenz verbunden mit der Frage nach der Existenz dieses aktual Unendlichen. Im Abschnitt über die Unendlichkeiten haben wir die unterschiedlichsten Auffassungen dazu geschildert und bemerkt, dass heute zumeist – formalistisch geprägt – die Existenzfrage im Prinzip als Frage nach der Konsistenz der Mengentheorie verstanden wird. Man zieht sich also auf eine Art *theoretischer Existenz* unendlicher Mengen und damit der reellen Zahlen zurück. Die Konsistenzfrage aber ist und bleibt im Prinzip unbeantwortet, wenn man an den zweiten Gödelschen Unvollständigkeitssatz denkt (vgl. Kapitel 2 und 5). Damit ist auch die Existenzfrage in der Sicht der Konsistenz offen – auch für die reellen Zahlen. Da bisher in den Axiomatiken keine Widersprüche aufgetaucht sind, setzt man ohne Bedenken die Arbeit mit unendlichen Mengen fort. Die Existenz der reellen Zahlen erhält so einen im Prinzip *pragmatischen* Zug. Es kommt aber ein starkes *utilitaristisches* Argument hinzu, das diese Art der Existenz untermauert: der Erfolg in den Anwendungen. Wir bemerken immerhin: Für eine strenge, die strengste aller Wissenschaften ist es ein etwas eigenartiger Zustand, wenn sein Fundament nicht wirklich gesichert ist.

Hilbert spricht in seinem Aufsatz über das Unendliche ([98], S. 166) von der Analysis als einer „Symphonie des Unendlichen". Diese Symphonie beginnt mit den reellen Zahlen. Das „Paradies" des Unendlichen, aus dem uns „niemand mehr vertreiben soll", hat Cantor geschaffen. Erst in ihm konnten die reellen Zahlen zu reinen Zahlen werden. Das Unendliche in ihnen birgt, wie wir gesehen haben, Probleme. Die reellen Zahlen wurden also quasi „erkauft" mit der Problematik des aktual Unendlichen. Fast alle der Fragen, die sich im Kapitel 1 im Aufbau der reellen Zahlen stellten, haben direkt oder indirekt mit dieser Problematik zu tun. Wir haben gesehen, dass das heutige *Faktum* $\mathbb{R}$, das niemand im Ernst in Frage stellt, die klare *Antwort* auf viele philosophische Grundfragen ist. Die Bereitschaft in der Mathematik und in ihrer Lehre, überhaupt noch Fragen zu stellen, ist daher eher gering. Hieße das nicht, die Mathematik, wie sie ist, in Frage zu stellen? Nein, darum geht es nicht. Wir haben dargestellt, dass die Fragen aus der Philosophie der Mathematik für die Lehre von Mathematik und die Reflexion dessen, was man mathematisch tut, aus vielerlei Gründen relevant sind.

Kapitel 4
Mengen und Mengenlehren

Warum beschäftigen wir uns in einer Einführung in die Philosophie der Mathematik mit der Mengenlehre, genauer: mit unterschiedlichen Mengenlehren? Wir haben in den Kapiteln 2 und 3 verfolgt, wie die Mengenlehre als eigene mathematische Disziplin entstand und sich allmählich zum Rahmen für fast alle mathematischen Bereiche entwickelte. Es waren der Schritt in die aktuale Unendlichkeit und die im Prinzip grenzenlose Ausweitung der Möglichkeit, Mengen zu bilden, die vor einhundert Jahren eine mathematische Theorie der Mengen erforderten. Heute bildet die Mengenlehre zusammen mit der Logik die Mathematischen Grundlagen – als eigene mathematische Disziplin und als Grundlage im Sinne des Wortes für praktisch alle Bereiche der Mathematik. Wir wollen in diesem Kapitel die mengentheoretische Grundlage des mathematischen Denkens und Sprechens reflektieren und den mengentheoretischen Rahmen erkennbar machen, in dem Mathematik heute stattfindet. Wir weisen auf Grenzen und Probleme hin und stellen Fragen grundsätzlicher Art.

Wichtiger Gegenstand der Mengentheorien sind die unendlichen Mengen. Die Mengenlehre ist, so kann man sagen, die mathematische Theorie des Unendlichen. Der Begriff der Unendlichkeit war von Beginn an ein wichtiger Begriff der Mathematik und bereitete zugleich große Schwierigkeiten. Es bestand immer das Bestreben, ihn genauer zu untersuchen und zu klären. Dies, wir haben es verfolgt, fand bis ins 19. Jahrhundert im Rahmen der Philosophie und der Theologie statt. Dann wurde das Unendliche – durch den Mengenbegriff – Gegenstand der Mathematik. Der Begriff der Zahl löste den unklaren Begriff der Größe ab, der bis dahin der mathematische Grundbegriff gewesen war. Da der Begriff der Menge heute für die mathematischen Begriffe der natürlichen und der reellen Zahl den Hintergrund bildet, ist er der neue Grundbegriff der Mathematik.

Die Mengenlehre stellt eine präzise Sprache zur Verfügung, in der (fast) alle mathematischen Begriffe ausgedrückt werden können. Das hat nicht nur methodologische sondern auch ontologische Konsequenzen. Weil alle mathematischen Begriffe mit mengentheoretischen Begriffen definiert werden können, wird die Frage nach der Existenz und der Natur der mathematischen Objekte zur Frage nach der Existenz und der Natur der Objekte der Mengenlehre, also der Mengen. Auch hierin ist die Bedeutung der Mengenlehre als Gegenstand der Philosophie der Mathematik begründet. Es geht also nicht zuletzt auch um diese Rückführung der ontologischen Frage.

Wir werden hier weder die Geschichte der Unendlichkeit in der Mathematik noch die Entwicklung des Begriffs der Menge und der Mengenlehre selbst erörtern. Wir beschränken uns auf allgemeine Bemerkungen. In Kapitel 2, als wir über philosophische

Ansichten über die Mathematik und ihre Gegenstände berichteten, haben wir immer wieder und im Kapitel 3 systematisch über Ansichten zur Unendlichkeit berichtet.

Wir erinnern daran, dass von der Antike bis zum Ende des 19. Jahrhunderts die große Mehrheit der Mathematiker das aktual Unendliche ablehnte oder ihr zumindest kritisch gegenüber stand. Die potentielle Unendlichkeit schien für die Zwecke der Mathematik auszureichen. Die Unendlichkeit von Prozessen, Mengen oder Größen bestand allein darin, sie unbegrenzt fortsetzen oder vergrößern zu können.

Eine Folge dieser Einstellung war beispielsweise, dass die Mathematik des antiken Griechenland weit entfernt davon war, den Begriff der irrationalen Zahl zu bilden. Die Proportionenlehre und die Exhaustionsmethode des Eudoxos (ca. 408–355 v. Chr.) sind typisch für eine Methode, die Begriffe des Grenzwertes und der aktualen Unendlichkeit vermeidet. Wir bemerken, dass Exhaustion, also „Ausschöpfung" im alten Sinne keinesfalls bedeutete, dass unendliche Folgen von Polygonen als Ganzes aufgefasst werden und eine krummlinig begrenzte Figur schließlich durch sie „ausgeschöpft" ist. Man verwendete die Folgen vielmehr als *potentiell* unendliche Folgen. Um z. B. zu zeigen, dass die Fläche des Kreises proportional zum Quadrat des Radius ist, verwendete man solche Folgen, um dann einen indirekten Beweis zu führen und die Annahme der Nichtproportionalität in endlich vielen Schritten zu widerlegen (vgl. [211], 120–169).

4.1   Paradoxien des Unendlichen

Eine der Ursachen für die historische Ablehnung oder die Abneigung dem aktual Unendlichen gegenüber war der Respekt vor den Paradoxien, die mit ihm verbunden waren. Einige der Paradoxien schreibt man Zenon von Elea (ca. 490 – ca. 430 v. Chr.) zu. Wir kennen sie aus der *Physik* des Aristoteles. Unter ihnen finden wir das Paradoxon der Dichotomie (der fortgesetzten Halbierung) und das Paradoxon des fliegenden Pfeiles (über die Unmöglichkeit der Bewegung), das Paradoxon über Achilles und die Schildkröte (der sie nicht überholen kann) und das Stadion-Paradoxon (über die Relativität der Bewegung). Diese Paradoxa betreffen die Schwierigkeiten mit dem Unendlichen, wenn es um die Teilung in unendlich viele Teile und unendliche Summation geht. Sie zeigen auch die Schwierigkeit in der Vorstellung einer Kombination unendlich *vieler* unendlich *kleiner* Objekte.

Auf eine andere paradoxe Eigenschaft des Unendlichen hat Proklos Diadochus in seinem *Kommentar zum ersten Buch von Euklids „Elementen"* aufmerksam gemacht (vgl. Abschnitt 2.5). Er bemerkte nämlich, dass eine unendliche Menge genau so viel Elemente wie eine ihrer echten Teilmengen haben kann:

> „In zwei gleiche Teile teilt also der Durchmesser den Kreis. – Aber, wenn durch *einen* Durchmesser *zwei* Halbkreise entstehen und unendlich viele Durchmesser durch den Mittelpunkt geführt werden, wird es geschehen,

dass (die Halbkreise) doppelt so viele als unendlich viele der Zahl nach sein werden." ([153], 158)

Das war für ihn der Grund, die Existenz aktual unendlicher Größen abzulehnen und allein die potentielle Unendlichkeit zu akzeptieren. Er sah, dass

> „die Größen wohl bis ins Unendliche geteilt werden, aber nicht in unendlich viele Teile (*ad infinitum, sed non in infinita*). Dieses nämlich lässt die unendlich vielen Teile aktual sein, jenes aber nur potentiell; dieses gibt dem Unendlichen das (substantielle) Sein, jenes verleiht ihm nur ein Werden." (loc. cit.)

Die paradoxe Eigenschaft des Unendlichen, die Proklos hier beschreibt, war wahrscheinlich schon Plutarch (ca. 46–120) bekannt. Später taucht sie immer wieder auf. Sie kommt bei den Scholastikern des 14. Jahrhunderts vor, zum Beispiel bei Thomas Bradwardinus (ca. 1290–1349). Im 13. Jahrhundert lag diese Paradoxie Gedankengängen zugrunde, die die Unmöglichkeit der Existenz der ewigen Welt nachweisen sollten. Im Jahre 1638 formulierte Galileo Galilei (1564–1642) dieses Paradoxon, das man heute nach ihm benennt und das nach dem gleichen Muster verläuft. Galilei bemerkte, dass einerseits die Quadratzahlen $1, 4, 9, 16, \ldots$ einen echten Teil aller natürlichen Zahlen bilden, es andererseits aber ebenso so viele Quadratzahlen wie natürliche Zahlen gibt. Er beurteilt das wie folgt:

> „Das ist eine der Schwierigkeiten, die entstehen, wenn wir versuchen, mit unserem endlichen Verstand die Unendlichkeit zu betrachten und ihr die gleichen Eigenschaften zuzuschreiben, die man dem, was endlich und begrenzt ist, zubilligt; meiner Meinung nach ist das falsch – man kann über unendliche Größen nicht sagen, dass eine größer, kleiner oder gleich der anderen ist." (*Discorsi* [73], S. 33)

Ähnlich argumentiert auch Isaac Newton (1642–1727) in einem im Jahre 1692 geschriebenen Brief:

> „Die Unendlichkeiten, wenn man sie ohne irgendwelche Restriktionen oder Beschränkungen betrachtet, sind weder gleich noch ungleich, noch stehen sie in irgendwelchen Relationen zueinander."

Gottfried Wilhelm Leibniz (1646–1716), der das Paradoxon des Galileo Galilei kannte, schrieb:

> „Es gibt nichts, was absurder wäre als die Idee einer aktual unendlichen Zahl."

An anderer Stelle aber beteuerte er – ganz im Gegensatz dazu:

„Ich akzeptiere das aktual Unendliche in der Weise, dass ich – statt anzunehmen, dass die Natur es verabscheut, wie man oft dummer Weise sagt –
der Meinung bin, die aktuale Unendlichkeit ist in der Natur überall vorhanden, um so die Vollendung ihres Schöpfers zu unterstreichen.“

Bernard Bolzano fügt den Paradoxien des Typs von Proklos-Galilei in seinen *Paradoxien des Unendlichen* (1851) die Variante hinzu, dass man eine eindeutige und
umkehrbare Korrespondenz zwischen den reellen Zahlen des offenen Intervalls $(0, 5)$
und den reellen Zahlen eines größeren Intervalls herstellen kann (vgl. Abschnitt 2.12).
    Alle diese Paradoxien widersprachen dem Prinzip, das man bei Euklid in den *Ele-
menten* findet und das besagt, dass das Ganze größer als der Teil ist ([63], I. Buch,
Axiom 9). Richard Dedekind und Georg Cantor wendeten diese scheinbar negative
paradoxe Eigenschaft ins Positive. Sie betrachteten sie als *Eigenschaft* unendlicher
Mengen, die sie gerade von den endlichen unterscheidet, und erhoben sie zur Definition der Unendlichkeit von Mengen (vgl. Abschnitte 2.14 und 2.15). Dies machte den
Weg frei zur heutigen Mengenlehre, über die wir hier berichten wollen.

4.2   Über den Begriff der Menge

Wir machen einige Bemerkungen über das Wort „Menge“ und den Status des Mengenbegriffs. Das Wort „Menge“ kann zwei Bedeutungen haben: eine *kollektive* und
eine *distributive* Bedeutung, wie man sagt. In der kollektiven Bedeutung ist eine Menge als eine „Kollektion“ von Objekten eine vorgegebene *Ganzheit*. Das Ganze ist das
Primäre. In einer Art Teilung erscheinen dann ihre Elemente. Mit der kollektiven Bedeutung hat man z. B. zu tun, wenn man eine Bibliothek als eine Menge von Texten
auffasst oder eine Kette als Menge ihrer Glieder sieht. In dieser Bedeutung ist eine
Menge konkret sinnlich wahrnehmbarer Objekte selbst ein sinnlich wahrnehmbares
Objekt, das ihren Elementen quasi vorangeht. Der Ausdruck „x ist ein Element der
Menge A“ bedeutet hier soviel wie „x ist ein Teil von A“. Eine Theorie über Mengen im kollektiven Sinne wurde von dem polnischen Logiker Stanisław Leśniewski
(1886–1939) entwickelt. Sie heißt „Mereologie“, Lehre der Teile.
    Die zweite Bedeutung des Begriffs „Menge“ ist die distributive. In dieser Bedeu-
tung bedeutet der Satz „Venus ist ein Element der Menge aller Planeten des Son-
nensystems“ schlicht „Venus ist ein Planet“, der Satz „3 ist Element der Menge aller
natürlichen Zahlen “ nur „3 ist eine natürliche Zahl“. Hier sind die Planeten bzw. die
Zahlen primär und *bilden* die Menge der Planeten bzw. der natürlichen Zahlen. Die
Elemente gehen der Menge voran. Eine Menge im distributiven Sinne ist also *kein*
sinnlich wahrnehmbares Objekt selbst dann, wenn ihre Elemente konkrete Objekte
sind. Eine Menge hier ist ein Abstraktum.
    Beide oben beschriebene Bedeutungen sind grundverschieden. Das wird dadurch
zusätzlich deutlich, dass es Sätze gibt, die in der einen Bedeutung wahr, in der ande-

ren Bedeutung falsch sind. Da die Bezeichnung „Menge" heute fast durchgehend in ihrer distributiven Bedeutung verwendet wird, behelfen wir uns, um das zu sehen, einmal mit der Bezeichnung „Gesamtheit" für Menge. Wir betrachten z. B. den – etwas künstlichen – Satz „Das Kapitel 4 der Einführung in die Philosophie der Mathematik ist Element der Gesamtheit der hier liegenden Bücher." Dieser Satz kann richtig sein in der kollektiven Bedeutung, ist aber grundsätzlich falsch, wenn man distributiv denkt. Die Elementbeziehung in der kollektiven Bedeutung ist transitiv: Ist x ein Element der Menge y, die ein Element der Menge z ist, ist x Element der Menge z. Sie ist in der distributiven Bedeutung des Begriffs „Menge" in der Regel nicht transitiv.

Die Mengenlehre beschäftigt sich allein mit Mengen im distributiven Sinn, den Cantor in seiner berühmten „Mengendefinition" (s. Abschnitt 2.14) ausgedrückt hat. Dieser Mengenbegriff ist es, der fundamental für die Mathematik ist. Die mathematikphilosophische Frage, die sich sofort anschließt, ist: Wie und in welchem Sinne gibt es diese – distributiv verstandenen – Mengen. Diese Frage hängt mit dem alten Problem der „Universalien", der Allgemeinbegriffe zusammen.

4.2.1   Mengen und das Universalienproblem

Dem *Universalienproblem*, das im Mittelalter den sogenannten *Universalienstreit* hervorrief, begegnen wir zum ersten Mal bei Platon. Es handelt sich um die Frage: Was eigentlich entspricht den Allgemeinbegriffen wie „Gerade", „Zahl" oder „Mensch", „Schönheit", „Güte" usw. Die Antworten, die im Laufe der Philosophiegeschichte gegeben wurden, kann man in vier Gruppen einteilen. Die folgenden Charakterisierungen beschreiben zugleich die vier Hauptpositionen im Streit um die Universalien.

Platon ist Repräsentant und Begründer des *radikalen Realismus*. In dieser Position nimmt man an, dass die Universalien eigenständige Realitäten sind und unabhängig von Objekten und Subjekten existieren. In der Ontologie des Platon sind die Universalien die Ideen. Sie bilden eine eigene Welt über der materiell-physischen Welt. Eine Konsequenz ist: Neben z. B. den einzelnen Menschen gibt es den Menschen *als solchen*, d. h. den Menschen im Allgemeinen, bei Platon die Idee des Menschen.

Eine weniger extreme Position ist der *gemässigte Realismus*, der auf Aristoteles zurückgeht. Auch hier haben die Universalien eine eigene Existenz. Sie sind aber nicht selbstständig und unabgängig von der materiellen Welt. Sie existieren objektiv nur wie eine Eigenschaft konkreter Einzelobjekte. Der Mensch als solcher z. B., der Mensch im Allgemeinen hat keine eigenständige Existenz, sondern ist die Zusammenfassung der wesentlichen Eigenschaften, die spezifisch für die konkreten Menschen sind. Er ist die Einheit der charakteristischen Eigenschaften der Menschen.

Wir heben hervor, dass diese ersten beiden Positionen den Universalien eine externe Realität zuerkennen, die unabhängig vom erkennenden Subjekt ist.

Im Mittelalter, im Rahmen der christlichen Philosophie tauchte eine neue Position auf, die *konzeptualistisch* ist. Ihr Begründer war Johannes Roscelin (ca. 1050– ca. 1120), ein Mönch aus Compiègne. Nach dieser Konzeption existieren die Universalien nur im menschlichen Verstand, sie sind nur Begriffe. Daher kommt der Name dieser Position – von dem lateinischen *conceptus*, Begriff. Es gibt also keine realen Objekte wie *den Menschen als solchen* oder *die Gerade als solche*. Die Begriffe „Mensch" und „Gerade" sind Konstrukte des Verstandes und existieren nur in ihm.

Noch weiter ging Wilhelm Ockham (vor 1300–1349/1350). Seine Position nennt man *Nominalismus*. Nach ihm existieren die Universalien weder für sich noch als allgemeine Begriffe im Verstand. Reale Existenz haben allein die einzelnen konkreten Objekte. Die Annahme, es gäbe etwas außerhalb der Objekte, hat ihre Quelle in einer Überinterpretation der Sprache. Es gibt weder den Menschen als solchen noch den Begriff des Menschen, sondern allein den allgemeinen *Namen* (lateinisch: *nomen*) „Mensch" in der Sprache – als sprachliche Abkürzung für die Bezeichnungen der einzelnen Menschen. Universalien, Allgemeinbegriffe sind Fiktionen. Es gibt sie nicht.

Der Universalienstreit wurde im Mittelalter – insbesondere im Zusammenhang mit anderen, theologischen Problemen und Fragen – manchmal heftig geführt. Er schwelt auch heute noch in gemäßigter Form und ist durchaus nicht beigelegt. Ein Beispiel liefert gerade die Mathematik: Was erforscht sie? Ist es eine wirkliche Welt – unabhängig von den sinnlich wahrnehmbaren Dingen, bestehend aus idealen Objekten wie Zahlen, Funktionen usw., ist es eine rationale Welt von Begriffen oder gar nur ein fiktives sprachliches Spiel.

Da heute praktisch alle mathematischen Begriffe mengentheoretisch definiert werden können, sind sie auf den Begriff der Menge reduzierbar. Damit ist die ontologische Frage nach den mathematischen Objekten auf die Frage nach den Mengen und der mathematische Universalienstreit auf die Universalie „Menge" reduziert.

Drei von den vier der oben genannten Positionen zu den Universalien haben heute Entsprechungen, die das Problem der Existenzweise der Mengen betreffen. Es sind der Platonismus, der (Neo-)Konzeptualismus und der (Neo-)Nominalismus.

Die Hauptthese des mathematischen Platonismus lautet: Alles, was nicht widersprüchlich ist, existiert. Das bedeutet für die Mengen: Zu jeder korrekt formulierten, widerspruchsfreien Eigenschaft gibt es die Menge aller Objekte, die diese Eigenschaft haben. Die Menge dieser Objekte besitzt eine eigenständige Existenz genau so, wie ihre Objekte eigenständig existieren. Ihre Existenz ist dabei unabhängig von der Existenz ihrer Elemente. – Um Widersprüche zu vermeiden, schränkt man Eigenschaften falls nötig ein. Ein Beispiel dafür ist das Aussonderungsaxiom im Zermelo-Fraenkelschen System ZF der Mengenlehre – wir berichten gleich darüber – oder in der Typentheorie (vgl. Abschnitt 2.17). – Die Mengenlehre und in der Konsequenz die ganze Mathematik wird so eine Wissenschaft über solche legitimen und für sich existierenden Objekte und ihre Aufgabe ist, die Welt dieser Objekte zu beschreiben so, wie es die Aufgabe der Zoologie ist, die Welt der Tiere zu beschreiben.

Dieser (neue) Platonismus in der Mathematik, das müssen wir anmerken, bedeutet nicht, dass man Mengen für Ideen wie bei Platon hält. Die Existenzweise der Mengen hier entspricht nicht der Existenzweise ihrer Elemente. Ihre Existenz tritt zu den exis-

tierenden Elementen hinzu. Die Mengen führen eine andere, eigenständige Existenz –
eben als *Mengen* dieser Elemente. Beispiel: Die Menge der natürlichen Zahlen existiert getrennt von ihren Elementen, den natürlichen Zahlen. Mengen sind nicht wie
die Ideen bei Platon Formen für irgendwelche realen, konkreten Objekte.

Cantor war, wie wir im Kapitel 2 und 3 sahen, ein Vertreter dieser platonistischen
Position. Seine feste Überzeugung von der eigenständigen Existenz des Unendlichen
hat wesentlich dazu beigetragen, den Schritt in die aktuale Unendlichkeit zu wagen
und durchzusetzen. In der moderneren Philosophie der Mathematik repräsentiert die
platonistische Position z. B. Kurt Gödel, der in *Russell's Mathematical Logic* schrieb:

> „Klassen und Begriffe kann man als reale Objekte verstehen, die unab-
> hängig von unseren Definitionen und Konstruktionen existieren. [. . .] Es
> scheint mir, dass die Voraussetzung der Existenz solcher Objekte in glei-
> chem Maße gerechtfertigt ist wie die Annahme der Existenz physischer
> Objekte und es gibt viele Argumente dafür, dass man ihre Existenz an-
> nehmen sollte." ([81], S. 137)

Neokonzeptualisten billigen nur solchen Mengen und allgemein solchen mathematischen Objekten eine Existenz zu, die konstruierbar sind, genauer: solchen Objekten,
die aus erkennbar existierenden Objekten konstruiert werden können. Axiome, die
die Existenz nichtkonstruierbarer Mengen postulieren, werden daher abgelehnt. Diese
Haltung ist eng mit der des Konstruktivismus verwandt. Der Intuitionismus z. B. repräsentiert diese neokonzeptualistische Position (vgl. Kapitel 2 und 3). – Wir erinnern
daran, dass man in der Ontologie der Neokonzeptualisten vier Versionen des Konstruktivismus unterscheiden kann: (1) die objektivistische Version, in der die Existenz
der Konstruktionen unabhängig vom konstruierenden Subjekt ist, (2) die intensiona-
listische Version, in der die konstruierten Objekte eine intensionale Existenz haben,
(3) die mentalistische Version, in der Konstruktionen als gedankliche Produkte im
Verstand des konstruierenden Mathematikers existieren, und (4) die finitistische Version, in der eine Existenz der Konstruktionen nur in den realen, materiellen Zeichen
in z. B. Tafelanschriften oder Druckerzeugnissen gegeben ist (vgl. Abschnitt 2.19).

Der *Neonominalismus*, die dritte Position, nimmt allein die Existenz spezieller, in-
dividueller Einzelobjekte an. Aussagen über andere Objekte, z. B. über Mengen sind
Aussagen über diese Individuen. Damit stellt sich die Frage nach diesen Individuen
und ihrer Existenz. In den Antworten auf diese Fragen kann man einen formalen und
einen sachlichen Neonominalismus unterscheiden. Die erste Form des Nominalismus
repräsentiert z. B. N. Goodman (vgl. *A World of Individuals* ([87]), S. 17). Der formale Neonominalismus lehnt komplexe Mengen ab, die sich nicht unmittelbar dem
Verständnis erschließen. Er erlaubt Individuen beliebiger Art. Er verlangt nur, dass
alles, was als existent akzeptiert ist, als individuelles Objekt behandelt werden muss.
Der sachliche Neonominalismus zeichnet bestimmte Objekte aus und betrachtet nur
sie als existent. Andere – eventuell auch individuelle Objekte – werden ausgeschlos-

sen. Als Beispiel einer solchen Position kann der *Reismus* des polnischen Philosophen Tadeusz Kotarbiński (1886–1981) dienen, in dem ausschließlich physische Objekte (Körper) eine Existenz besitzen.

Wir stellen fest, dass es in der neuen Philosophie der Mathematik keine Entsprechung zur Position des gemäßigten Realismus gibt. Von dieser Position aus könnte man eine Menge intensional als Eigenschaft verstehen, als die ihren Elementen gemeinsame Eigenschaft. Dann würden Mengen als Eigenschaften ihrer Elemente existieren. Ihre Existenz also wäre abgeleitet von der Existenz ihrer Elemente und damit nicht eigenständig. Hier gibt es aber eine Schwierigkeit, die mit den so genannten „koextensiven" Eigenschaften zusammenhängt. Das sind Eigenschaften, die intensional verschieden sind, aber extensional die gleichen Mengen von Objekten bestimmen. Beispiel: Die Eigenschaften Φ_1 natürlicher Zahlen, durch 5 teilbar zu sein, und Φ_2, in der Dezimaldarstellung auf 0 oder 5 zu enden. Wollte man also die Position des gemäßigten Realismus einnehmen, dann müsste man alle koextensiven Eigenschaften finden und dann als gleich betrachten.

Wir erwähnen noch, dass es mindestens eine weitere, sehr praktische Position zur Existenz von Mengen und mathematischer Objekte gibt. Man betrachte die Existenzfrage einfach als philosophisches Pseudoproblem, das keinerlei Einfluss auf die Lehr- und Forschungspraxis in der Mathematik hat. Eine solche Position bezog z. B. Rudolf Carnap (1891–1970), und sie dürfte mathematisch sehr verbreitet sein. Wir erinnern dagegen z. B. an Georg Cantor, dessen Platonismus und feste Überzeugung von der realen Existenz unendlicher Mengen nicht ohne Einfluss auf die Entstehung der Mengenlehre, auf die Entwicklung der Mathematik und die Wandlung des mathematischen Denkens gewesen ist. Diese Wandlung beeinflusst nicht zuletzt das Denken in der Position, die gerade Existenzfragen für irrelevant hält.

4.3   Zwei Mengenlehren

Der Begründer der Mengenlehre als mathematischer Disziplin war Georg Cantor (vgl. Kapitel 2). In seinen Arbeiten, die er zwischen 1874 und 1897 veröffentlichte, hat er das Fundament der Mengenlehre formuliert. Er hat die fundamentalen Eigenschaften der Mengen beschrieben und die Hauptsätze bewiesen.

Die Anfänge der Mengenlehre, d. h. einige ihrer Aspekte finden wir schon früher. Einen frühen Text über Relationen und Relate finden wir bei Joachim Jungius (1587–1657) in seiner *Logica Hamburgensis* ([105], 1638). Auf Elemente der Algebra der Mengen stoßen wir schon bei Gottfried Wilhelm Leibniz. Seine Ideen wurden später von Johann Heinrich Lambert (1728–1777) und Leonhard Euler (1707–1783) weitergeführt. Euler hat insbesondere eine geometrische Interpretation der Zusammenhänge zwischen Mengen gegeben (Euler-Diagramme). William Hamilton (1788–1856) und Augustus De Morgan haben versucht, in formaler Weise Relationen zu untersuchen, und George Boole (1815–1864) war der Schöpfer der rein formalen Algebra der Mengen, die daher heute „Boolsche Algebra" heißt. Diese Theorie erlaubt unterschiedliche Interpretationen, nicht nur als Mengenalgebra. Auch Charles Sanders Peirce (1839–1914) und Ernst Schröder (1841–1902) entwickelten eine Theorie der Relationen und eine Algebra der Mengen. Einen eigenständigen Begriff der Menge, der nicht nur formales, sprachliches Mittel in anderen Zusammenhängen ist, treffen wir *explizit* erst in der ersten Hälfte des 19. Jahrhunderts an. Wir finden ihn bei Bernard Bolzano im ersten Band seines Werkes *Wissenschaftslehre* (1837) und später in seinen *Paradoxien des Unendlichen* (1851) (vgl. Abschnitt 2.12). Einige weitergehende Erörterungen über unendliche Mengen findet man in Werken von Richard Dedekind (vgl. Abschnitt 2.15) und von Paul Du Bois Reymond (1831–1889), die der Analysis gewidmet waren. In [48] entwickelte Dedekind eine Theorie der „Ketten". Alle diese Untersuchungen aber waren mengentheoretisch gesehen eher fragmentarisch. Erst Cantor hat eine Lehre der Mengen – im Sinn des Wortes – geschaffen.

Cantors Mengenlehre jedoch basierte auf einem intuitiven Mengenbegriff, der unklar blieb. Die unterschiedlichen Charakterisierungen (s. Abschnitt 2.14) zeigen dies in vielen Details. Abgesehen von der philosophischen Art der Formulierung, die den Begriff „Menge" mit anderen nicht definierten Begriffen in Beziehung setzt, tauchen Begriffe auf, die eine Hinterfragung und mathematische Präzisierung benötigen: Was bedeutet „bestimmt", „wohlunterschieden", „Gesetz", „Zusammenfassung"?

Die mit dem Begriff der Menge verbundenen Assoziationen und Intuitionen waren bei verschiedenen Autoren durchaus verschieden. O. Becker schreibt in den *Grundlagen der Mathematik in geschichtlicher Entwicklung* [7] auf S. 316, dass Emmy Noether über eine Anekdote berichtet, die dies in humorig-plastischer Weise verdeutlicht und die F. Bernstein bezeugt hat (vgl. [49], Bd. III, S. 449):

> „*Dedekind* äußerte sich, hinsichtlich des Begriffs der Menge: er stelle sich eine Menge vor wie einen geschlossenen Sack, der ganz bestimmte Dinge enthalte, die man aber nicht sehe, und von denen man nichts wisse, außer dass sie vorhanden und bestimmt seien. Einige Zeit später gab *Cantor* seine Vorstellung einer Menge zu erkennen: Er richtete seine kolossale Figur auf, beschrieb mit erhobenem Arm eine großartige Geste und sagte mit einem ins Unbestimmte gerichteten Blick: ‚Eine Menge stelle ich mir vor wie einen Abgrund'."

Die Verwendung eines intuitiven und unpräzisen Begriffs der Menge, die durch den Schritt ins Unendliche eine unregulierte und unbegrenzte Mengenbildung ermöglichte, führte zu Antinomien in Cantors Aufbau der Mengenlehre. Die wichtigsten Antinomien sind: die Antinomie der größten Ordinalzahl, die von C. Burali-Forte stammt, die Antinomie der Menge aller Mengen von Cantor und die Antinomie der irreflexiven Klassen von Russell. Über diese Antinomien haben wir im Kapitel 2 berichtet.

Die Entdeckung dieser Antinomien um die Jahrhundertwende vom 19. ins 20. Jahrhundert stellte die Cantorsche Mengenlehre in Frage. Es wurde deutlich, dass auf

Intuitionen allein eine Mengenlehre nicht begründet werden kann. Der Begriff der Menge verlangte nach seiner mathematischen Präzisierung. Das Mittel dafür konnte nur ein axiomatischer Aufbau der Mengenlehre oder eine logische Fundierung sein. Man suchte nach Systemen, die die bekannten Antinomien ausschlossen. Die Ergebnisse kann man in zwei Kategorien unterteilen: Axiomatische Theorien und Theorien im Rahmen der Theorie logischer Typen. Wir stellen zwei vom Denkansatz her sehr unterschiedliche Mengenlehren vor. Über die logische Typentheorie, die auf Russell und Whitehead zurückgeht und über die wir im Abschnitt 2.17 berichtet haben, machen wir hier und dort nur Bemerkungen und stellen Bezüge zu anderen Ansätzen her.

4.3.1   Die Mengenlehre nach Zermelo und Fraenkel

Die Erläuterungen Cantors zum Mengenbegriff verbinden die Begriffe „Menge", „Zusammenfassung" und „Element". Sie zeichnen die Aufgabe für eine Axiomatik vor, nämlich Zusammenfassungen von Elementen zu Mengen, also die zugelassenen Mengenbildungen – durch die Beziehung von Elementen zu Mengen – zu beschreiben und durch diese Beschreibungen den Mengenbegriff implizit zu klären. In seiner frühen Erläuterung des Mengenbegriff aus dem Jahr 1883 spricht Cantor vom „Inbegriff bestimmter Elemente, welche durch ein Gesetz zu einem Ganzen verbunden werden können". Diese Art der Zusammenfassung (lateinisch: *comprehensio*) nach einem „Gesetz" ist das allgemeine *Prinzip der Abstraktion*, nach dem Cantor und andere damals ohne klare Regeln, ohne Einschränkung – und ohne Bedenken – Mengen bildeten.

Prinzip der Abstraktion oder Komprehension:

Φ bezeichne eine Eigenschaft (die das „Gesetz" der Zusammenfassung bestimmt). Dann gibt es die Menge x der Elemente y, für die $\Phi(y)$ gilt.

Formal:
$$\exists x \forall y [\, y \in x \longleftrightarrow \Phi(y)].$$

In dieser Art der Mengenbildung sehen die zugehörigen Mengenterme so aus:

$$x = \{y \mid \Phi(y)\}.$$

In der in dieser Weise freizügigen, uneingeschränkten Art der Zusammenfassung sah Ernst Zermelo (1871–1953) die Ursache der Antinomien. Es konnten hierin sehr große Zusammenfassungen entstehen, die die Antinomien bewirkten. Er vermied die auftretenden Antinomien, in dem er die Mengenbildung einschränkte und damit eine *Einschränkung der Größe der Mengen* (*limitation of size*) erreichte. Diese Art der Einschränkung charakterisiert den Ansatz für die erste mengentheoretische Axiomatik überhaupt, die Zermelo im Jahr 1908 in [210] gab. Zermelo hat das Prinzip der uneingeschränkten Abstraktion durch das folgende Axiom ersetzt:

Aussonderungsaxiom:

$$\forall z \exists x \forall y [y \in x \longleftrightarrow y \in z \ \wedge \ \Phi(y)].$$

Das bedeutet:

> Φ bezeichne eine Eigenschaft. *Ist eine Menge z vorgegeben*, so gibt es die Menge x der *Elemente y aus z*, für die $\Phi(y)$ gilt.

Die Einschränkung der Mengenbildung ist sofort erkennbar: Nur in vorgegebenen Mengen z können Mengen x gebildet werden, indem aus ihnen Elemente y „ausgesondert" werden. Es soll klar sein, worüber man spricht. Mengen sind von Vornherein Teilmengen. Die zugehörigen Mengenterme sehen jetzt so aus:

$$x = \{y \in z \mid \Phi(y)\}.$$

In dieser Aussonderung aus vorgegebenen Mengen kann weder die Russellsche Menge aller Mengen, die sich nicht selbst als Element enthalten, noch in der Konsequenz die Menge aller Mengen entstehen. Das ist leicht zu sehen:

> Es geht um die Eigenschaft $y \notin y$. Wenn wir dem Aussonderungsaxiom folgend nach dieser Eigenschaft „$y \notin y$" eine Menge r bilden wollen, ist eine Menge z vorgegeben, aus der wir die Elemente y aussondern: $r = \{y \in z \mid y \notin y\}$. Wir fragen wieder wie im Kapitel 2: Hat r die Eigenschaft $r \in r$ oder ist $r \notin r$. Wir erhalten die Widersprüche: a) $r \in r \Rightarrow r \notin r$. Denn r hat als Element von sich die Eigenschaft $y \notin y$ seiner Elemente y. b) $r \notin r \Rightarrow r \in r$. Denn mit $r \notin r$ hat r die Eigenschaft $y \notin y$ der Elemente y von r, gehört also zu diesen Elementen. Die Situation ist aber jetzt nicht antinomisch. Denn wir folgern: $r \notin z$. – Machen wir jetzt die Annahme, es gäbe die Menge m aller Mengen, so können wir die Teilmenge $r = \{y \in m \mid y \notin y\}$ bilden. Für dieses r folgen die beiden Widersprüche a) und b) analog und damit können wir auf $r \notin m$ schließen. Das aber ist ein Widerspruch zu unserer Annahme, m wäre die Menge *aller* Mengen.

Das System von Zermelo, das er 1908 aufstellte, wurde von Abraham H. Fraenkel (1891–1965) und von Thoralf A. Skolem (1887–1963) später ergänzt und wird seitdem als Zermelo-Fraenkelsches System (ZF) der Mengenlehre bezeichnet. Tritt das Auswahlaxiom (s. u.) hinzu, verwendet man die Bezeichnung ZFC.

Wir geben jetzt die Axiome von ZF an und kommentieren sie kurz. Die Axiome stellen in pragmatischer Weise Forderungen im Umgang mit Mengen auf, die uns aus der Auffassung und im Umgang mit endlichen Mengen geläufig sind. Sie gelten in dem Moment auch für unendliche Mengen, in dem das Unendlichkeitsaxiom formuliert wird.

Wir bemerken, dass das System ZF der Mengenlehre mit den Mitteln des Prädikatenkalküls der 1. Stufe (s. Kapitel 5) formuliert wird, dessen Symbolik wir verwenden. Z. B. schreiben wir statt des im mathematischen Alltag üblichen Zeichens „$\Leftrightarrow$" für die logische Äquivalenz das Zeichen „$\longleftrightarrow$". Kleine lateinische Buchstaben sind die Mengenvariablen. Die einzige außerlogische Relation ist „$\in$", die Elementbeziehung. – Wir versuchen, allzu formale Formulierungen zu vermeiden, geben aber die

Axiome in einer formalen Fassung an, die wir manchmal vereinfachen, immer aber vorbereiten und erläutern.

Das erste Axiom drückt aus, dass Mengen durch ihre Elemente und nur durch sie bestimmt sind. Das bedeutet, Mengen sind gleich genau dann, wenn sie die gleichen Elemente haben – etwas umständlicher ausgedrückt: wenn sie sich über die gleichen Elemente „erstrecken", d. h. wenn sie die gleiche „Extension" haben.

Axiom 4.1 (Extensionalitätsaxiom).

$$\forall x \forall y [\forall z (z \in x \longleftrightarrow z \in y) \longrightarrow x = y].$$

Dieses Axiom bestimmt das Grundprinzip des mengentheoretischen Denkens, das nicht intensional sondern rein extensional, quantitativ ist. Käme noch eine intensionale Komponente hinzu, so wären Mengen nicht allein durch ihre Elemente unterscheidbar sondern auch durch die Bedeutungen, die sie tragen. Beispiel: Die Mengen $\{a\}$ und $\{m\}$, wobei a der Abendstern und m der Morgenstern ist, wären verschieden, obwohl $a = m$ ist. Oder: Die Menge der Teiler von 27 und der Potenzen von 3 kleiner als 80 ließen sich von der Bedeutung her unterscheiden, obwohl sie die gleichen Elemente besitzen. Solche Unterscheidungen aber sind unpraktisch und unzweckmäßig. Man müsste z. B. zahllose leere Mengen voneinander unterscheiden.

Das Extensionale im Mengenbegriff verleiht dem mengentheoretischen und in der Folge dem mathematischen Denken einen im Prinzip statischen und diskontinuierlichen Charakter. Letzteren haben wir ausführlich im Kapitel 3 im Zusammenhang mit dem Begriff des Kontinuums diskutiert. Der statische Charakter kommt zum Ausdruck, wenn wir z. B. Prozesse mathematisch darstellen. Denken wir etwa an den Zählprozess. Um ihn zu erfassen, gehen wir von einer Menge aus, in der Elemente statisch vorliegen. (In der Regel heißt die Menge $\mathbb{N}$.) Den Prozess simulieren wir mengentheoretisch, indem wir der Menge eine Nachfolgerbildung hinzufügen. Diese Nachfolgerbildung, die eine Zuordnung, eine Funktion ist, ist wieder eine Menge, ein statisches „Register" von Paaren. In dieser Menge von Paaren ist die Bewegung, die Aktivität aufgehoben, die ursprünglich im Begriff der Zuordnung und der Funktion enthalten ist. Oder denken wir an geometrische Abbildungen, etwa Drehungen im Raum, die als Funktionen des $\mathbb{R}^3$ in sich, d. h. als (unendliche) Wertetabellen festgelegt sind. Das ist weit entfernt von der anschaulichen Vorstellung einer Drehung.

Wir bemerken, dass wir im Folgenden *allein* über Mengen sprechen, wie es für eine *Mengen*lehre, einer *Theorie* der Mengen, naheliegt. Mengen sind durch ihre „bestimmten wohlunterschiedenen" Elemente *bestimmt*. Das drückt das Extensionalitätsaxiom aus. Gerade Mengen sind daher auch am besten geeignet, wieder Element zu sein. Die Mengenlehre weicht dem Problem unklarer „Objekte unserer Anschauung oder unseres Denkens" am besten aus, in dem sie als Elemente von Mengen nur Mengen zulässt. So genannte „Urelemente", die man mengentheoretisch einführen kann, verkomplizieren die Sprechweisen nur und sind mathematisch unnötiger Ballast. In außermathematischen Anwendungen kann die Annahme von Urelementen nützlich sein.

Das folgende Axiom legt etwas sehr Einfaches fest: Es verlangt, dass zwei Gegenstände zu einer Menge, d. h. zu einem neuen, abstrakten Gegenstand, einer „Paarmenge" zusammengefasst werden können.

Axiom 4.2 (der Paarmenge).

$$\forall x \forall y \exists z \forall u (u \in z \longleftrightarrow u = x \vee u = y).$$

Als Mengenterme sehen solche Mengen z so aus:

$$z = \{a, b\}.$$

Ist $a = b$, so haben wir die „Einerschachtel" $\{a\}$, die wir von a unterscheiden müssen. – Den Unterschied veranschaulicht sehr schön die Funktion eines Hutes, einmal außerhalb, dann in der Hutschachtel.

Das Axiom der Bildung von Vereinigungsmengen legt fest, dass, wenn zwei oder mehr Mengen vorliegen, wir die Menge y, die „Vereinigung" dieser Mengen bilden können, die die Elemente aller vorliegenden Mengen zusammenfasst.

Axiom 4.3 (der Vereinigungsmenge).

$$\forall x \exists y \forall z [z \in y \longleftrightarrow \exists u (z \in u \wedge u \in x)].$$

Ist $x = \{a, b\}$, so schreibt man

$$y = a \cup b.$$

Besteht x aus vielen Mengen, dann sieht der Term so aus:

$$y = \bigcup x = \{z \mid \exists u (z \in u \wedge u \in x)\}.$$

Das folgende Potenzmengenaxiom erlaubt, alle Teilmengen einer vorgegebenen Menge x zu einer neuen Menge $\mathcal{P}(x)$ zusammenzufassen. Es ist ein mächtiges Axiom. Ist n die Anzahl der Elemente von x, so besitzt $\mathcal{P}(x)$ 2^n Elemente. Man stelle sich die Wirkung vor, wenn x unendlich ist. Hier wird die Problematik der aktualen Unendlichkeit sehr deutlich, die uns immer wieder begegnet. Im Kapitel 2 haben wir dazu schon einige Bemerkungen gemacht, als es z. B. um die Kontinuumshypothese ging.

Axiom 4.4 (der Potenzmenge).

$$\forall x \exists y \forall z [z \in y \longleftrightarrow \forall u (u \in z \longrightarrow u \in x)].$$

y steht für die Potenzmenge

$$\mathcal{P}(x) := \{z \mid z \subseteq x\}.$$

Das Aussonderungsaxiom, von dem wir oben sprachen und das eine entscheidende Rolle im System ZF spielt, ist eigentlich ein *Schema* von Axiomen: Zu jeder Eigenschaft – gegeben durch einen Ausdruck φ – gehört ein eigenes Axiom.

Axiom 4.5 (Schema der Aussonderung).

$$\forall y \exists z \forall u (u \in z \longleftrightarrow u \in y \wedge \varphi(u)).$$

Eigenschaften entstehen in der Regel in Zusammenhang mit Relationen, die mehrstellig sein können und zu denen dann kompliziertere Ausdrücke gehören. Wir geben dieses Axiomenschema daher in aller Allgemeinheit noch einmal für $n+1$-stellige Ausdrücke φ an.

Axiom 4.5 (Schema der Aussonderung).

$$\forall x_1 \forall x_2 \ldots \forall x_n \forall y \exists z \forall u (u \in z \longleftrightarrow u \in y \wedge \varphi(u, x_1, x_2, \ldots, x_n)).$$

Hier ist φ ein Ausdruck der Sprache der Mengenlehre, in der die Variable z nicht frei (s. Abschnitt 5.1) vorkommt und die freien Variablen $x_1, x_2, \ldots, x_n$ in der Formel φ verschieden von u sind. Wir bemerken, dass dieses Axiom nicht-prädikative Mengenbildungen nicht ausschließt. Das sind Mengenbildungen, die sich auf Gesamtheiten beziehen, zu der die entstehende Menge selbst gehört. Über solche Mengenbildungen und deren Problematik haben wir im Kapitel 2 z. B. im Abschnitt 2.16 über Poincaré berichtet.

Das folgende *Unendlichkeitsaxiom* erhebt die für endliche Mengen plausiblen Beschreibungen des Umgangs mit Mengen und der Bildung von Mengen in eine neue Dimension, in den Bereich des Unendlichen.

Das Unendlichkeitsaxiom ist ein Existenzaxiom. Es wird die Existenz einer Menge x gefordert, die zwei Bedingungen erfüllt.

(1) Das „erste" und einfachste Element von x soll die leere Menge y sein. Sie ist durch die Eigenschaft ψ bestimmt, kein Element zu enthalten:

$$\psi(y) := \neg \exists z (z \in y).$$

Wir definieren:

$$\emptyset = y :\longleftrightarrow \psi(y).$$

$\emptyset$ ist eindeutig bestimmt, also *die* leere Menge. $\emptyset$ ist Teilmenge jeder Menge.

(2) In der Menge x soll eine Art mengentheoretischer Zählprozess ablaufen können: Ist $u \in x$, dann soll auch der „Nachfolger" $u \cup \{u\}$ in x sein.

Axiom 4.6 (Unendlichkeitsaxiom).

$$\exists x[\emptyset \in x \wedge \forall u(u \in x \longrightarrow u \cup \{u\} \in x)].$$

Die unendlichen Mengen x mit dieser Eigenschaft heißen *induktiv*. Mit x existiert auch das Element $\emptyset$, als nächstes Element $\emptyset \cup \{\emptyset\} = \{\emptyset\}$, dann $\{\emptyset\} \cup \{\{\emptyset\}\} = \{\emptyset, \{\emptyset\}\}$ und $\{\emptyset, \{\emptyset\}, \{\emptyset, \{\emptyset\}\}\}$ usw. usf. Die „kleinste" induktive Menge wird mit ω bezeichnet. Anschaulich besteht ω gerade in der eben angegebenen Reihe von Mengen:

$$\omega = \{\emptyset, \{\emptyset\}, \{\emptyset, \{\emptyset\}\}, \ldots\}.$$

Setzen wir

$$0 = \emptyset, 1 = \{\emptyset\} = \{0\}, 2 = \{0, 1\}, 3 = \{0, 1, 2\}, \ldots, m + 1 = m \cup \{m\}, \ldots,$$

so erkennen wir, dass ω eine Reihe von Mengen ist, die verläuft wie die Reihe der natürlichen Zahlen.

$\qquad\qquad$ ω ist *die* Menge der natürlichen Zahlen der Mengenlehre.

Im folgenden Schema formulieren wir die so genannten *Ersetzungsaxiome*. Ihre Notwendigkeit erkannten Skolem, D. Mirimanoff und Fraenkel erst im Jahr 1922 oder kurz davor. Die Ersetzungsaxiome beschreiben den Übergang von vorliegenden Mengen u zu neuen Mengen w, die entstehen, wenn Funktionen, genauer *mengentheoretische Operationen* F auf die Elemente x von u angewandt und die Bilder $F(x)$ zusammengefasst werden. Operationen sind eindeutige Zuordnungen auf dem Universum aller Mengen (das keine Menge ist) gegeben durch Ausdrücke $\varphi(x, y)$, die eindeutig Mengen x Mengen y zuordnen. Ein Beispiel ist die obige Potenzmengenbildung $\mathcal{P}$, die Mengen x ihre Potenzmenge $\mathcal{P}(x)$ zuordnet.

Die Eindeutigkeit solcher Operationen wird formal im ersten Teil der folgenden Formulierung festgelegt:

Axiom 4.7 (Schema der Ersetzung).

$$\forall u[\forall x \forall y \forall z (x \in u \wedge \varphi(x, y) \wedge \varphi(x, z) \longrightarrow y = z)$$
$$\longrightarrow \exists w \forall v(v \in w \longleftrightarrow \exists x(x \in u \wedge \varphi(x, v)))].$$

Das sieht ziemlich unübersichtlich aus. Übernehmen wir die Bezeichnung F für die Operationen, die hier durch φ gegeben sind, und verwenden wir Mengenterme, so erhalten wir die anschaulichere Formulierung

Axiom 4.7 (Schema der Ersetzung).

$$\forall u \exists w(w = \{F(x) \mid x \in u\}).$$

Die Bedeutung des Begriffs „Ersetzung" ist hier sichtbar: Liegt F vor, so können wir von der gegebenen Menge u zur Menge w der Bilder von Elementen aus u übergehen und „ersetzen" im Übergang u quasi durch w. Zum Beispiel $\mathcal{P}$: Zu ω liefert das Ersetzungsaxiom für $\mathcal{P}$ die Menge w, deren Elemente die Potenzmengen $\mathcal{P}(n)$ der Elemente $n \in \omega$ sind. Oder: Rekursiv können wir eine Funktion f auf ω definieren durch $f(0) = \omega$ und $f(n+1) = \mathcal{P}(f(n))$. Das liefert die Menge $\{\omega, \mathcal{P}(\omega), \mathcal{P}(\mathcal{P}(\omega)), \ldots\}$. Es war das Problem dieser Menge, an dem Fraenkel und Skolem die Notwendigkeit der Ersetzungsaxiome erkannten.

Wir kommen zum letzten Axiom der ZF-Mengenlehre, dem *Fundierungsaxiom*, das Zermelo im Jahre 1930 formulierte und an Ideen von Mirimanoff und von Neumann anschließt. Dieses drückt eine weitere natürliche Erwartung gegenüber den Mengen aus, die wir mit den bisherigen Axiomen bilden können. Wir erwarten, dass die Mengenbildung beginnt mit „einfachen" Gegenständen (die hier schon Mengen sind) und aufsteigt zu Mengen von Mengen, dann zu Mengen von Mengen von Mengen usw. Eine Menge kann dann Gegenstände, Mengen, Mengen von Mengen und beliebig „höhere" Mengen als Elemente haben. Liegt eine Menge vor, so können wir die Komplexität der Elemente zurückverfolgen und finden nach endlich vielen Schritten Elemente vor, die von einer relativ „einfachsten", „niedrigsten" Art sind. D. h. es gibt *keine* nicht abbrechende Kette von Elementbeziehungen der Art

$$\ldots \in x_n \in x_{n-1} \in x_{n-2} \in \ldots \in x_1.$$

Da Gegenstände, Elemente immer schon Mengen sind, können wir dies so sagen: In jeder nicht leeren Menge x gibt es Elemente y derart, dass kein Element von y Element von x ist. Dies drückt das Fundierungsaxiom aus.

Axiom 4.8 (der Fundierung).

$$\forall x[x \neq \emptyset \longrightarrow \exists y(y \in x \wedge \forall z(z \in y \longrightarrow \neg z \in x))],$$

oder

$$\forall x[x \neq \emptyset \longrightarrow \exists y(y \in x \wedge y \cap x = \emptyset)].$$

Da wir $\in$ als eine Relation (eingeschränkt) auf x auffassen können, bedeutet das: Jede nichtleere Menge x enthält ein $\in$-*minimales* Element.

Die sogenannte *von Neumannsche Hierarchie*, die in der Mengenlehre eine große Rolle spielt, zeigt den eben angedeuteten systematischen Aufbau der Mengen von Stufe zu Stufe. Welches sind die „einfachsten" Mengen? Da gibt es nur eine, die leere Menge $0 = \emptyset$. Mit dieser beginnt die Hierarchie in der ersten Ebene V_0. Dann kommt die Menge, deren Element eben diese leere Menge ist: $\{\emptyset\}$. Das ist die Potenzmenge der leeren Menge, also $\mathcal{P}(\emptyset)$. Sie bildet die nächste Stufe V_1. Durch Anwendung der Potenzmengenbildung steigen wir auf zu $V_2 = \mathcal{P}(\mathcal{P}(\emptyset))$, $V_3 = \mathcal{P}(\mathcal{P}(\mathcal{P}(\emptyset)))$ und so von Stufe zu Stufe. Haben wir V_n erreicht, so ist $V_{n+1} = \mathcal{P}(V_n)$. Diesen Aufstieg in der Hierarchie für die V_n mit endlichem n veranschaulicht das folgende Bild. Wir erinnern uns dabei an die mengentheoretischen natürlichen Zahlen $0 = \emptyset$, $1 = \{0\}$, $2 = \{0, 1\}$, usw. usf.

$$
\begin{array}{ll}
\vdots & \\
V_4 & \{0, 1, 2, 3, \{1\}, \{2\}, \{\{1\}\}, \{0, \{1\}\}, \{1, \{1\}\}, \{\{1\}, 2\}, \{0, 1, \{1\}\}, \cdots\} \\
V_3 & \{0, 1, 2, \{1\}\} \\
V_2 & \{0, 1\} \\
V_1 & \{0\} \\
V_0 & 0
\end{array}
$$

Anfang der Hierarchie der Mengen

Die ersten transfiniten Stufe nach allen endlichen n sind

$$V_\omega = \bigcup\{V_n \mid n \in \omega\}, \quad V_{\omega+1} = \mathcal{P}(V_\omega), \dots, V_{\omega+(m+1)} = \mathcal{P}(V_{\omega+m})$$

usw. bis zur transfiniten Stufe

$$V_{2\omega} = \bigcup\{V_{\omega+n} \mid n \in \omega\}, \quad V_{2\omega+1} = \mathcal{P}(V_{2\omega}), \dots, V_{2\omega+(m+1)} = \mathcal{P}(V_{2\omega+m})$$

usw. usf. unbegrenzt bis in hohe und immer höhere transfinite Stufen.

Man erwartet, dass so alle Mengen erfasst werden, d. h. dass jede Menge in einer dieser Stufen vorkommt und es keine „Exoten" gibt, die irgendwie von außen hinzukommen und nicht diesem systematischen Aufbau der Mengen bei $\emptyset$ beginnend entstammen. Das drückt das Fundierungsaxiom in einer äquivalenten Formulierung aus, die sich auf diese Hierarchie bezieht.

Axiom 4.8 (der Fundierung).

Jede Menge x liegt in einem V_α für eine Ordinalzahl α.

Allein die Stufung der V_n durch die endlichen $n \in \omega$ hindurch beansprucht unser Vorstellungsvermögen hart. Die weitere Stufung zu V_ω und darüber hinaus erfordert im Index ganz konkret das Denken des aktual Unendlichen und übersteigt in der Ausdehnung der Stufen jede Vorstellungskraft. Das Universum V der Mengen, das so vor unseren überforderten Augen systematisch aus der Anwendung der Mengenbildungsaxiome *entsteht*, ist unbeschreiblich groß. Der unbegrenzte Aufbau über die finiten in die transfiniten Stufen hinein zeigt drastisch, welch explosive Wirkung das Unendlichkeitsaxiom in Kombination mit dem Potenzmengenaxiom entfaltet.

Die Axiome bis hierher machen das Axiomensystem der ZF-Mengenlehre aus. Tritt das Auswahlaxiom AC (*Axiom of Choice*) hinzu, das gewöhnlich mit einer gewissen

Zurückhaltung behandelt wird, spricht man von der Mengenlehre ZFC. Wir werden in einem eigenen Punkt über einige Probleme berichten, die im Zusammenhang mit dem Axiom AC auftreten und die die Zurückhaltung begründen. Hier nur so viel:

Das Auswahlaxiom beschreibt wieder etwas sehr Gewöhnliches: Liegen wenige oder auch viele Mengen vor, so ist es unproblematisch, aus jeder vorliegenden Menge ein Element auszuwählen. Das Unendlichkeitsaxiom aber erlaubt, dass unendlich viele Mengen vorliegen. Wie soll man aus unendlich vielen Mengen je ein Element auswählen? Das ist schon bei sehr vielen Mengen aufwendig. Bei unendlich vielen Mengen ist es *praktisch* unmöglich. Hier wird noch einmal in neuer Weise sichtbar, welch großen *gedanklichen* Schritt das Unendlichkeitsaxiom bedeutet.

Axiom 4.9 (Auswahlaxiom).

$$\forall x [\forall y \forall z (y \in x \land z \in x \longrightarrow y \neq \emptyset \land z \neq \emptyset \land (y = z \lor y \cap z = \emptyset)) \longrightarrow$$
$$\longrightarrow \exists w \forall v (v \in x \longrightarrow \exists u (w \cap v = \{u\}))].$$

D. h.:

> Zu jedem System x nicht leerer disjunkter Mengen v gibt es die Menge w, die aus jeder Menge $v \in x$ genau ein Element enthält – und sonst keine.

4.3.2   Die Mengenlehre nach von Neumann, Bernays und Gödel

Auch in der BG- oder NBG-Mengenlehre, wie die auf von Neumann (1925 und 1928, [131], [132])[1], Bernays (1937, [14], [15]) und Gödel (1940, [80]) zurückgehende Theorie bezeichnet wird, geht es natürlich darum, die bekannten Antinomien zu vermeiden. Von Neumann sah nicht in der bloßen Existenz „sehr großer" Mengen deren Ursache, sondern in der Tatsache, dass solche „große Mengen" wie gewöhnliche Mengen behandelt werden. Es ging also nicht darum, von Vornherein die Mengenbildung einzuschränken und die Größe der mengentheoretischen Objekte zu beschränken, wie es die ZF-Mengenlehre im Aussonderungsaxiom tut, sondern die entstehenden Gesamtheiten zu sortieren.

Nehmen wir z. B. den Bereich V aller Mengen und nehmen wir an, V ist ein Gegenstand, d. h. eine Menge wie jede andere. Dann ist offenbar $V \in V$. Das ist seltsam. Denn die Bildung von V setzt voraus, dass V bereits gebildet ist. Dann sind auch $\{V\}$, $\{V, \{V\}\}, \dots$ Elemente in V und bereits gebildet, bevor V überhaupt „fertig" ist. Das passt nicht zu unserer Vorstellung von Mengenbildung. Es ist schwer, V wirklich als „bestimmt" und als „Ganzes", wie Cantor es von den Objekten der Mengenlehre for-

---

[1]Es ist interessant anzumerken, dass von Neumann nicht den Begriff der Menge mit der Elementbeziehung sondern den Begriff der Funktion mit der Argumentbeziehung als Grundbegriff wählte. Die Formulierungen der Axiome in [131] und [132] aber waren nur schwer nachvollziehbar und entsprachen kaum den intuitiven Vorstellungen über Mengen. Bernays und Gödel gaben dann den Axiomen eine einfachere Form, in der ihre Formulierungen zur Elementbeziehung zurückkehrten.

dert, zu akzeptieren. Man sollte also – wenigstens zunächst – vorsichtig sein, und V nicht als gewöhnliche Menge, nicht als Gegenstand wie andere behandeln. Welche einzige mengentheoretisch relevante Konsequenz hat das? Wir sollten V nicht ohne Weiteres als Gegenstand in der Mengenbildung, als potentielles Element einer Menge zulassen.

Was ist die Ursache der Russellschen Antinomie? Es ging um die Gesamtheit $R = \{y \mid y \notin y\}$. Die Widersprüche (a) $R \in R \Rightarrow R \notin R$ und (b) $R \notin R \Rightarrow R \in R$ entstehen nur, wenn wir die Frage $R \in R$ überhaupt stellen. Lassen wir sie nicht zu, gibt es keine Antinomie. D. h. wir sind hier *aufgefordert*, R als Gegenstand in der Mengenbildung auszuschließen.

Die Gegenstände der NBG-Mengenlehre heißen *Klassen*. Unter diesen gibt es die *Mengen*. *Mengen* sind genau die, die in einer Elementbeziehung zu anderen Klassen stehen können. *Echte Klassen* (oder *Unmengen*) sind solche, die nicht Element anderer Klassen sein können – wie z. B. R.

Definition. Eine Klasse x heißt *Menge*, wenn es eine Klasse K gibt mit $x \in K$. – Wir notieren dies als „$mg(x)$". – Eine Klasse K heißt *echte Klasse*, wenn K keine Menge ist.

Als Mengenvariable verwenden wir wie bisher kleine lateinische Buchstaben, für Klassen wählen wir Großbuchstaben. Das haben wir schon in der Definition berücksichtigt und als wir über V und R sprachen, die beide echte Klassen sind. Für R folgt das sofort aus unseren Vorüberlegungen: Angenommen R wäre eine Menge, so ergibt sich mit (a) und (b) (s. o.) der Widerspruch. Für V ergibt sich dies aus dem unten folgenden Aussonderungsaxiom der NBG-Mengenlehre.

Zuerst sichern wir die Bildung von Klassen. Da Klassen nur Mengen zusammenfassen, beschränken wir uns bei den Eigenschaften, nach denen wir zusammenfassen, auf solche für Mengen. Wenn in den Eigenschaften Quantoren vorkommen, sollen auch diese sich nur auf Mengen beziehen. (Die Mengenlehre, die die Einschränkung auf solche Eigenschaften nicht macht, ist die Mengenlehre QM nach Quine und Morse.) Zu jeder solchen Eigenschaft φ gehört ein Axiom. Es geht also wieder um ein Axiomenschema, das die Zusammenfassung, die „Komprehension" von Objekten zu Klassen beschreibt.

Axiom 4.0 (Schema der Komprehension).

$$\exists Z \forall u (u \in Z \longleftrightarrow mg(u) \wedge \varphi(u)).$$

Um die Einschränkung der Eigenschaften auf Mengen erkennbar zu machen, die wesentlich ist, geben wir dieses Axiomenschema noch einmal für $n+1$-stellige Eigenschaften φ an.

Axiom 4.0 (Schema der Komprehension).

$$\forall x_1 \ldots \forall x_n [mg(x_1) \wedge \ldots \wedge mg(x_n) \longrightarrow$$
$$\exists Z \forall u (u \in Z \longleftrightarrow mg(u) \wedge \varphi(u, x_1, \ldots, x_n))].$$

Für die Klasse Z schreiben wir den „Klassenterm" wie oben die Mengenterme:

$$Z = \{u \mid \varphi(u)\}.$$

Das Komprehensionsschema sichert z. B. die leere Klasse. Man nehme eine unerfüllbare Eigenschaft – z. B. $x \neq x$ – und erhält

$$\emptyset = \{x \mid mg(x) \wedge x \neq x\}.$$

Die Allklasse der Mengen ist

$$V = \{x \mid mg(x) \wedge x = x\},$$

die Russellsche Klasse ist

$$R = \{x \mid mg(x) \wedge x \notin x\}.$$

Wir bemerken, dass die ursprünglichen Mengenklammern „{" und „}" in den Klassentermen jetzt allgemeiner zu „Klassenklammern" geworden sind.

Die Unterscheidung von Mengen und Klassen ist der *Grundgedanke* der NBG-Mengenlehre. Da zu jeder Eigenschaft eine Klasse gehört, können wir im Folgenden bequemer formulieren. Statt von Eigenschaften φ und Ausdrücken $\varphi(u, x_1, \ldots, x_n)$ zu sprechen, die in den Bereich der Logik gehören, können wir dafür Klassen K einsetzen, die *Objekte der NBG-Mengenlehre* sind. Wir haben eben gesehen, dass z. B. die Allklasse V der Mengen und die Russellsche Klasse R Gegenstände dieser Mengenlehre sind, die die Besonderheit haben, echte Klassen zu sein. In der ZF-Mengenlehre können wir nur indirekt über sie als Bereiche außerhalb der Mengenlehre sprechen. Man erkennt, dass die NBG-Mengenlehre eine Erweiterung der ZF-Mengenlehre sein wird, nämlich des Bereiches der Mengen um die Klassen.

Die folgenden Axiome der NBG-Mengenlehre sind zumeist Forderungen darüber, dass spezielle Klassenbildungen zu Mengen führen sollen. Das ist der Grund dafür, dass man nicht von einer NBG-Klassenlehre sondern von einer Mengenlehre spricht. Die Axiome unterscheiden sich inhaltlich nur wenig von denen der ZF-Mengenlehre. Im Denken, Sprechen und Schreiben gibt es – in der Folge des anderen Grundgedankens – allerdings Unterschiede. Wir geben die Axiome, in denen wir die Unterscheidung „Klassen – Mengen" beachten müssen, hier an und können nach den ausführlichen Kommentaren zu den Axiomen der ZF-Mengenlehre weitgehend auf Erläuterungen verzichten. Zum Schluss machen wir einige Bemerkungen über die Beziehung zwischen der NBG- und der ZF-Mengenlehre.

Das Extensionalitätsaxiom sieht genauso aus wie in der ZF-Mengenlehre. Der Unterschied liegt darin, dass hier von der Gleichheit von Klassen gesprochen wird, deren Elemente nach unserer Mengendefinition Mengen sind. Deutlich wird das in der Wahl der Variablen.

Axiom 4.1 (Extensionalitätsaxiom).

$$\forall X \forall Y [\forall z(z \in X \longleftrightarrow z \in Y) \longrightarrow X = Y].$$

Zu Paarmengen können wir allein Mengen zusammenfassen. Das muss im folgenden Paarmengenaxiom explizit formuliert sein. Sind x und y Mengen, so können wir jedenfalls ohne Weiteres die *Klasse* $\{x, y\}$ bilden. Die Forderung ist: $\{x, y\}$ ist eine *Menge*. Das steht im

Axiom 4.2 (der Paarmenge).

$$\forall x \forall y [mg(x) \wedge mg(y) \longrightarrow \exists z(mg(z) \wedge \forall u(u \in z \longleftrightarrow u = x \vee u = y))].$$

Auch um die Vereinigung zweier Klassen oder die Vereinigung über Klassen zu bilden, bedarf es keines Axioms:

Definition. A und B seien Klassen. Dann heißt die Klasse

$$A \cup B := \{u \mid u \in A \vee u \in B\}$$

Vereinigung von A und B.

Definition. Ist $\mathfrak{A}$ eine Klasse von Mengen, so heißt die Klasse

$$\bigcup \mathfrak{A} := \{u \mid \exists x(x \in \mathfrak{A} \wedge u \in x)\}$$

Vereinigung über $\mathfrak{A}$.

Dass aber, wenn a und b Mengen sind, auch $a \cup b$ eine Menge ist, oder wenn $\mathfrak{A}$ eine Menge ist, auch $\bigcup \mathfrak{A}$ eine Menge ist, das müssen wir fordern. Wir tun das gleich allgemein für die Vereinigung über Mengen. Da es nur um Mengen geht, ist das Axiom völlig gleichlautend mit dem der ZF-Mengenlehre.

Axiom 4.3 (der Vereinigungmenge).

$$\forall x [mg(x) \longrightarrow \exists y(mg(y) \wedge \forall z(z \in y \longleftrightarrow \exists u(u \in x \wedge z \in u)))].$$

Kurz:

$$\forall x(mg(x) \longrightarrow mg(\bigcup x)).$$

Das Schema der Komprehensionsaxiome sichert zu jeder auf Mengen eingeschränkten Eigenschaft φ die Klasse Z der Elemente u mit dieser Eigenschaft. Stammen die u aus einer vorgegebenen *Menge* v, aus der wir die u *aussondern*, so soll diese Klasse eine Menge sein. Das fordert wie in der ZF-Mengenlehre das folgende Aussonderungsaxiom. Da die Elemente $u \in v$ mit der Eigenschaft φ in jedem Fall eine Teilklasse Z von v bilden, können wir das Aussonderungsaxiom sehr einfach so formulieren:

Axiom 4.4 (der Aussonderung).

$$\forall z \forall v (mg(v) \wedge z \subseteq v \longrightarrow mg(z)).$$

Eine Teilklasse einer Klasse A, das müssen wir noch der Vollständigkeit wegen bemerken, ist eine solche, deren Elemente alle auch Elemente der Klasse A sind.

Teilklassen von Klassen X können echte Klassen sein. An „Potenzklassen" von Klassen analog zu Potenzmengen kann man also nicht denken. Ist aber x eine Menge, so sind nach dem eben formulierten Aussonderungsaxiom die Teilklassen y von x Mengen. Wir können also definieren:

Definition. Sei x eine Menge. Dann heißt $\mathcal{P}(x) := \{y \,|\, y \subseteq x\}$ *Potenzklasse* von x.

Das Potenzmengenaxiom besteht jetzt darin, Potenzklassen von Mengen als Mengen zu setzen:

Axiom 4.5 (der Potenzmenge).

$$\forall x [mg(x) \longrightarrow \exists y (mg(y) \wedge \forall z (z \in y \longleftrightarrow \forall u (u \in z \longrightarrow u \in x)))].$$

Kurz:

$$\forall x (mg(x) \to mg(\mathcal{P}(x)).$$

Das Unendlichkeitsaxiom der NBG-Mengenlehre entspricht wörtlich dem der ZF-Mengenlehre. Nur die Eigenschaft $mg(x)$ in die Forderung einer induktiven Klasse muss eingefügt werden. Von induktiven Klassen können wir ganz so sprechen wie oben von induktiven Mengen.

Axiom 4.6 (Unendlichkeitsaxiom).

$$\exists x [mg(x) \wedge \emptyset \in x \wedge \forall u (u \in x \longrightarrow u \cup \{u\} \in x)].$$

Kurz: Es gibt eine induktive Menge.

Wir geben eine weitere Formulierung an, um einmal die Formulierungsmöglichkeiten der NBG-Mengenlehre zu nutzen. Wir können von der *Klasse* ω der (mengentheoretischen) natürlichen Zahlen sprechen, die wir ganz so wie oben die Menge ω in der

ZF-Mengenlehre aufzählend beschreiben können. Es ist nicht nötig, zuvor in einem Unendlichkeitsaxiom die Existenz einer induktiven Menge gefordert zu haben:

Definition. $\omega := \{x \mid \forall X(X \text{ induktive Klasse } \rightarrow x \in X)\}$.

Das ist übrigens der typische Fall einer nicht-prädikativen Definition (vgl. Abschnitt 2.16 über Poincaré). Man kann ω als Klasse durch Eigenschaften der Elemente auch leicht prädikativ definieren, nämlich als Klasse spezieller „endlicher" Mengen (vgl. [9], S. 75). – Das Unendlichkeitsaxiom lautet jetzt sehr kurz und konkret: Die (mengentheoretischen) natürlichen Zahlen bilden eine Menge:

Axiom 4.6 (Unendlichkeitsaxiom).

$$mg(\omega).$$

Wir kommen zur Variante des Schemas der Ersetzungsaxiome in der NBG-Mengenlehre. Es geht um Operationen F und Bilder unter diesen Operationen. Im Rahmen der Klassen gestaltet sich die Formulierung einfach. Operationen sind konkrete Objekte der NBG-Mengenlehre, nämlich einfach Funktionen auf der Allklasse, die nicht von außen wie in der ZF-Mengenlehre durch Eigenschaften φ umschrieben werden müssen. Die folgende Formulierung verlangt ganz allgemein für Funktionen F, dass die Bilder von Elementen aus Mengen x wieder Mengen bilden: Ist x eine Menge, dann ist $\{F(y) \mid y \in x\}$ eine Menge. Das sieht dann so aus:

Axiom 4.7 (Ersetzungsaxiom).

$$\forall F[\text{Funktion } F \longrightarrow \forall x(mg(x) \longrightarrow \exists v(v = \{F(y) \mid y \in x\} \wedge mg(v)))].$$

Wir sehen, dass die Ausdrucksmöglichkeiten der NBG-Mengenlehre aus dem *Schema* der Ersetzungsaxiome in der ZF-Mengenlehre ein einzelnes Ersetzungsaxiom macht.

Das Fundierungsaxiom für die NBG-Mengenlehre ist die wörtliche Übersetzung aus der ZF-Mengenlehre in Klassen:

Axiom 4.8 (Fundierungsaxiom).

$$\forall X[X \neq \emptyset \longrightarrow \exists y(y \in X \wedge y \cap X = \emptyset)].$$

Über die Bedeutung und Plausibilität dieses Axioms haben wir oben gesprochen.

Auch das Auswahlaxiom in der Mengenformulierung der ZF-Mengenlehre können wir in die Klassen der NBG-Mengenlehre übersetzen: Zu jeder Klasse X nicht leerer disjunkter Mengen y gibt es die Klasse W, die aus jeder Menge $v \in X$ genau ein Element enthält – und sonst keine:

Axiom 4.9 (Auswahlaxiom – AC).

$$\forall X[\forall y \forall z(y \in X \wedge z \in X \longrightarrow y \neq \emptyset \wedge z \neq \emptyset \wedge (y = z \vee y \cap z = \emptyset)) \longrightarrow$$
$$\longrightarrow \exists W \forall v(v \in X \longrightarrow \exists u(W \cap v = \{u\}))].$$

Um die Ausdrucksmöglichkeiten der NBG-Mengenlehre auszuschöpfen, verwendet man oft eine stärkere Formulierung, die universell die Auswahl von Elementen aus jeder nicht leeren Mengen sichert. Das geschieht durch eine Funktion F auf der Allklasse V, die jeder nicht leeren Menge x ein (nicht näher bestimmtes) Element dieser Menge zuordnet. Dieses Axiom wird mit GC (Global Choice) bezeichnet.

Axiom (Auswahlaxiom – GC).

$$\exists F[\text{Funktion } F \wedge \forall x(x \neq \emptyset \longrightarrow F(x) \in x)].$$

Die Erweiterung der NBG-Mengenlehre um die beiden genannten Axiome werden mit NBG + AC bzw. NBG + GC bezeichnet.

4.3.3 Anmerkungen

So unterschiedlich die Grundgedanken sind, die der ZF- und der NBG-Mengenlehre zugrunde liegen, so sind sie doch in gewissem Sinne gleichwertig:

- Sätze über Mengen, die in der einen gelten, gelten in der anderen (vgl. z. B. [57], S. 214 ff).
- Nimmt man die Widerspruchsfreiheit der einen der beiden Mengenlehren an, so gilt sie auch für die andere: ZF ist widerspruchsfrei genau dann, wenn NBG widerspruchsfrei ist.

Insgesamt aber sind die Ausdrucksmöglichkeiten der NBG-Mengenlehre für den mathematischen Alltag komfortabler als die in der ZF-Mengenlehre.

In der NBG-Mengenlehre kann man über Klassen sprechen, die nicht Objekte der ZF-Mengenlehre sind. Z. B. kann man über die Klasse aller Gruppen, sagen wir G, reden. G ist eine echte Klasse, wie man zeigen kann, also kein Objekt der ZF-Mengenlehre. Um auszudrücken, dass g eine Gruppe ist, können wir in der NBG-Mengenlehre schreiben: $g \in G$, was man, legt man die ZF-Mengenlehre zugrunde, umschreiben muss. Die NBG-Mengenlehre bietet z. B. eine (partielle) Basis für die Theorie der Kategorien und Funktoren, die die ZF-Mengenlehre nicht bietet.

Verzichtet man auf ein Unendlichkeitsaxiom, so ist in der restlichen NBG-Mengenlehre das Unendliche nicht ausgeschlossen. Es zeigt sich, dass in einer solchen, sagen wir NBG_e-Mengenlehre (in der man auf weitere Axiome, nicht aber auf das Fundierungsaxiom verzichten kann) die Mengen gerade die endlichen Klassen sind. Der Bereich des Unendlichen ist der Bereich der echten Klassen ([9], S. 88). In der ZF-

Mengenlehre ohne das Unendlichkeitsaxiom ist das Unendliche eliminiert. Unendliche Objekte gibt es dort nicht.

Wir haben oft darüber gesprochen: Wir wissen nicht, ob die beiden Mengentheorien, die heute die Grundlage für fast alle Bereiche der Mathematik bilden, widerspruchsfrei sind. Zudem können konkrete substantielle Probleme wie die Kontinuumshypothesen in diesen Mengenlehren nicht entschieden werden. Sie sind in gewisser Weise zu schwach, um alle Vorstellungen über Mengen zu beschreiben, andererseits sind sie zu stark, um ihre Konsistenz zu sichern. Dennoch scheinen sie beide, obwohl sie eher aus rein pragmatischen Erwägungen und vielleicht zufällig eine Reihe von Axiomen über Mengenbildungen wählen, dem intuitiven Mengenbegriff zu entsprechen. Anhaltspunkte für diese Annahme bietet ein weiteres Axiomensystem, das Axiomensystem von Scott (1967), das sich eher an begrifflichen Notwendigkeiten und dem hierarchischen Aufbau der Mengen orientiert. Hierüber berichtet z. B. W. Felscher in [65] (Bd. III, S. 83 ff). Das Scottsche Axiomensystem ist gleichwertig mit den beiden hier vorgestellten Axiomatiken. Ebbinghaus entwickelt in seinem Lehrbuch [57] die mengentheoretische Axiomatik explizit als offen und versteht den Aufbau der dortigen ZF-Mengenlehre als schrittweise Annäherung an den intuitiven Mengenbegriff, der axiomatisch prinzipiell nicht erreicht werden kann.

Neben den hier vorgestellten Mengenlehren ZF und NBG gibt es einen dritten bedeutsamen, logisch formulierten Ansatz einer Mengenlehre, der Antinomien auf ganz andere Weise zu vermeiden versucht. B. Russell hatte ihn schon 1903 in *The Principles of Mathematics* skizziert und zusammen mit A. N. Whitehead in den berühmten *Principia Mathematica* (1910–1913) ausgeführt. Er beruht auf der Aufstellung einer Hierarchie logischer Typen. Über diese Konzeption haben wir im Kapitel 2 im Abschnitt über den Logizismus berichtet. Hier erinnern wir nur daran, dass die Typentheorie darin besteht, Eigenschaften nach „Typen" zu unterscheiden, die die Stufen einer unendlichen Hierarchie bilden. Der Schlüssel zur Vermeidung der Antinomien liegt darin, dass Eigenschaften genau einer Stufe der Hierarchie angehören und es keine so genannten „gemischten Eigenschaften" gibt, z. B. Eigenschaften, die gleichzeitig Eigenschaften von Individuen der untersten Stufe und der Stufe der Eigenschaften solcher Eigenschaften sind. Die erheblichen praktischen Ausdrucksprobleme dieses Ansatzes für die mathematische Arbeit haben wir angedeutet.

Die axiomatischen Mengenlehren ZF und NBG, die auf Zermelo und von Neumann zurückgehen, und der typentheoretische Ansatz Russells spielen in der Disziplin „Mengenlehre" eine bedeutende Rolle. Sie sind quasi der Maßstab in den mengentheoretischen Untersuchungen. Wir verweisen auf das Kapitel 2, hier auf die Abschnitte über Logizismus, Formalismus und Intuitionismus und auf die folgenden Abschnitte in diesem Kapitel. Bis in die 50er Jahre des 20. Jahrhunderts war die Fassung der Mengenlehre im Rahmen der Typentheorie nach Russell populär. Als Hintergrund für die mathematische Arbeit und in der Lehre scheint heute die Zermelo-Fraenkelsche-Mengenlehre mit dem Auswahlaxiom, also die ZFC-Mengenlehre trotz ihrer geringeren Ausdrucksmöglichkeiten eine größere Verbreitung als die NBG-

Mengenlehre zu genießen. Das hat sicherlich auch damit zu tun, dass es sie seit 1908 gibt, während die NBG-Mengenlehre, genauer eine Variante davon, außerhalb der Disziplin „Mengenlehre" erst in den 50er und 60er Jahren durch ein verbreitetes Lehrbuch der Topologie von J. L. Kelley bekannt wurde ([109]).

4.3.4 Über Modifikationen

Die Mengenlehre, die mit QM bezeichnet wird und auf Quine und Morse zurückgeht, stellt die gleichen Axiome auf wie die Mengenlehre NBG. Sie lässt allerdings in dem Axiomenschema der Komprehension Eigenschaften zu, die *nicht auf Mengen beschränkt* sind, in denen also auch Klassen als Variable auftauchen und im Einflussbereich von Quantoren stehen können. Es ist diese Mengenlehre, die in dem eben erwähnten Lehrbuch über Topologie [109] in den Anhang aufgenommen wurde. Die QM-Mengenlehre ist stärker als die vorgestellten Mengenlehren, d. h. es gibt Aussagen über Mengen, die in QM folgen, nicht aber in ZF oder NBG. Auch die Frage der Widerspruchsfreiheit ist für QM eine andere. Sie ist nicht aus der z. B. von ZF zu erschließen, sollte letztere gegeben sein.

Im Jahre 1956 hat Wilhelm Ackermann (1896–1962) einen weiteren Ansatz zur Vermeidung der Antinomien vorgeschlagen. Seine Mengenlehre verfolgt etwas modifizierte Prinzipien. Sie berücksichtigt in ihren Axiomen eine schwächere Version des Prinzips der Beschränkung der Größen von Mengen. Die Ackermannsche Mengenlehre, die mit A bezeichnet wird, spricht wie die NBG-Mengenlehre über Klassen. Man nimmt wie im NBG-Aussonderungsaxiom an, dass jede Teilklasse einer *Menge* auch eine Menge ist. Im Unterschied zur NBG-Mengenlehre aber ist nicht jedes Element einer *Klasse* auch sofort eine Menge, wie es in der NBG-Mengenlehre *per definitionem* der Fall ist. In Ackermanns Lehre über Klassen ist das Prädikat „Menge" neben der Relation $\in$ Grundbegriff. Ackermanns Intention war es, den allmählichen Aufbau der Mengenwelt in einer Mengenlehre zu beschreiben, in der nicht von Vornherein alle Mengen da sind. – Man hat gezeigt, dass in der Ackermannschen Mengenlehre genau die Sätze über Mengen bewiesen werden können, die auch in der ZF-Mengenlehre von Zermelo-Fraenkel gelten. D. h. die Systeme A, ZF und NBG sind bezogen auf den Bereich der Mengen gleichwertig.

In den sechziger Jahren hat eine Gruppe von tschechischen Mathematikern um Petr Vopěnka eine Theorie vorgestellt, in der so genannte *Semi-Mengen* vorkommen (vgl. *The Theory of Semisets*, [194]). In dieser Theorie ist das Universum der Objekte größer als das in den Systemen ZF, NGB oder QM. Man betrachtet in dieser Theorie Klassen, Mengen und eben die Semi-Mengen, wobei eine Semi-Menge eine Teilklasse einer Menge ist, die keine Menge ist. Das ist der wesentliche Unterschied zu dem System NGB, in dem das Aussonderungsaxiom gerade fordert, dass eine Teilklasse einer Menge eine Menge ist.

In den siebziger Jahren haben Vopěnka und die mit ihm zusammenarbeitenden Mathematiker eine weitere Mengentheorie vorgeschlagen, die man *alternative Mengentheorie* nennt (vgl. [193]). Ziel dieser Theorie war es, einen Rahmen zu schaffen, in dem die ganz konkreten Erscheinungen in der Realität der Ausgangspunkt sind und eine Basis für die Rekonstruktion der Mathematik bilden. Sie ist eine nichtformalisierte Theorie, einige wichtige Teile jedoch sind axiomatisierbar. Sie ähnelt der Theorie der Semi-Mengen. Es gibt Aspekte, die sie mit den Ansätzen der Nichtstandardanalysis bei Robinson und Laugwitz (vgl. Punkt 3.3.5) und mit den Ideen des Ultraintuitionismus (vgl. Abschnitt 2.18) verbindet. Man hat in dieser Theorie zwei Sorten von Objekten: Mengen und Klassen. Dabei sind Mengen die klar bestimmten, unterschiedenen, unveränderlichen und *endlichen* Objekte. Klassen werden dagegen als Idealisierungen von Eigenschaften betrachtet, die daher unendlich sein können. In der alternativen Mengenlehre kann man weite Bereiche der Mathematik rekonstruieren. Dabei erlaubt sie, Konzepte zu formulieren, die man in anderen Systemen der Mengenlehre nicht angemessen oder nur schwer ausdrücken kann. Beispiele sind die Differential- und Integralrechnung in der Leibnizschen Auffassung mit dem unendlich Kleinen, das Paradoxon des Kahlköpfigen[2], das alte Paradoxon der Bewegung[3] und ganz allgemein Bereiche zwischen Kontinuierlichem und Diskretem.

Auch der Vorschlag von Russell, die Paradoxien zu eliminieren, wurde weiter entwickelt und modifiziert. Wir erwähnen hier die Systeme von Quine, die als New Foundations NF (1937) und Mathematical Logic ML (1940) bezeichnet werden. Das erste dieser Systeme war ein Versuch, die Zermelosche Idee der Beschränkung der Größe der Gesamtheiten und die Russellsche Idee der Typen miteinander zu kombinieren. Das zweite System geht ähnlich wie die NBG-Mengenlehre von der von Neumannschen Idee der Unterscheidung zwischen Klassen und Mengen aus.

4.4 Auswahlaxiom und Kontinuumshypothese

Das Auswahlaxiom AC ist wohl das am meisten beachtete und diskutierte Axiom in der Mengenlehre und in der Mathematik. Das Interesse an ihm ähnelt dem am Parallelenpostulat des Euklid, das die Mathematik bis ins 19. Jahrhundert begleitet hat. Wir haben AC oben formuliert. Es sagt:

> Für jede Familie nichtleerer, disjunkter Mengen existiert eine „Auswahlmenge", die genau ein Element aus jeder der Mengen enthält.

Diese Aussage erscheint uns höchst plausibel und wir verwenden sie oft unbewusst. Es ist z. B. Alltag, anzunehmen, dass Äquivalenzklassen Repräsentanten besitzen und diese eine Menge bilden. Die Auswahl solcher Repräsentanten aus Äquivalenzklassen bietet eine äquivalente Formulierung des Axioms. Es gibt viele solcher Beispiele. Einige geben wir unten an.

Die Plausibilität des Auswahlaxioms entspringt dem Endlichen, von dem unser Denken geprägt ist. Gilt das Unendlichkeitsaxiom, so ist es nur konsequent, ja zwangsläufig, die selbstverständliche Auswahl von Elementen aus Mengen auf unendliche Zusammenhänge zu übertragen. Ist dann aber eine Familie von Mengen, aus denen wir Elemente auswählen sollen, gegeben und unendlich, liegt das Problem auf

---

[2]In welchem Moment gilt eine Person bei Haarausfall als kahlköpfig?

[3]Das Paradoxon des fliegenden Pfeiles, der in jedem Moment ruht und sich daher nicht bewegt.

der Hand. Dies zeigt erneut die Herausforderung, die im Unendlichkeitsaxiom liegt.
Die Problematik des Auswahlaxioms – und zugleich seine Stärke – ist das Nicht-
Konstruktive. Es wird nicht gesagt – was im endlichen Fall kein Problem ist –, wie
die Auswahl geschehen soll. Denken wir an Cantors Erläuterungen des Mengenbegriffs (s. Abschnitt 2.14), so stellen wir fest, dass die Bildung einer Auswahlmenge
aus dem Rahmen fällt. Es gibt weder ein „Gesetz", nach dem Elemente „zu einem
Ganzen verbunden werden können", noch sind die Elemente „bestimmt", die zusammengefasst werden sollen.

Die Notwendigkeit eines Auswahlaxioms hat zum ersten Mal offenbar Giuseppe
Peano in einer Arbeit aus dem Jahre 1890 bemerkt. Es ging darin um das Problem der
Existenz spezieller Systeme gewöhnlicher Differentialgleichungen. In einem Beweis
kam er an einen Punkt, aus den Mengen einer Familie von Mengen $A_1, A_2, \ldots$ reeller
Zahlen jeweils ein Element auszuwählen. Dazu schrieb er:

> „Weil man nicht unendlich viele Mal eine willkürliche Regel, nach dem
> man einer Klasse ein Element aus dieser Klasse zuordnet, anwenden kann,
> haben wir hier ein Gesetz formuliert, das erlaubt, jeder Klasse eines Sys-
> tems ein Individuum aus dieser Klasse zuzuordnen." (Vgl. [144], S. 210)

Im Jahre 1902 verwendete Beppo Levi das Auswahlaxiom explizit in einer Arbeit
über die Mächtigkeit der Menge aller abgeschlossenen Mengen reeller Zahlen. Zuvor
hatten andere Mathematiker und auch Cantor das Auswahlaxiom angewandt, ohne
sich bewusst zu machen, etwas Besonderes zu tun. Es war in der klassischen Mathematik und Logik bis dahin nicht als besonderes Prinzip der Mengenbildung bemerkt
worden.

Im Jahr 1904 hat Zermelo zum ersten Mal eine explizite Formulierung des Auswahlaxioms angegeben und das Axiom in dem Beweis des *Wohlordnungssatzes* verwendet (s. [208]). 1906 gab B. Russell die heute gebräuchliche Formulierung des
Axioms. Er nannte es das „Multiplikationsaxiom".

Das Auswahlaxiom spielt eine bedeutende Rolle in der Mathematik. Diese Rolle ist größer, als Mathematiker, die keine Grundlagenmathematiker sind, oft denken.
In vielen mathematischen Sätzen wird dieses Axiom oder mit ihm äquivalente Prinzipien verwendet. Zu solchen äquivalenten Prinzipen gehören unter anderen: (1) Der
Zermelosche Wohlordnungssatz: Jede Menge kann wohlgeordnet werden. (2) Das Tu-
keysche Lemma: Für jede gegebene Eigenschaft Φ, die den Teilmengen einer Menge
A zugeschrieben werden kann und die endlichen Charakter hat[4], folgt: Jede Teilmenge der Menge A, die die Eigenschaft Φ hat, ist in einer maximalen Menge mit der
Eigenschaft Φ enthalten. (3) Das Kuratowski-Zornsche Lemma: Eine (partiell) ge-

---

[4]Die Eigenschaft Φ hat *endlichen Charakter* genau dann, wenn gilt: $\Phi(\emptyset)$ und für beliebige $B \subseteq A$:
$\Phi(B) \longleftrightarrow \forall C(C \subseteq B \wedge C$ endlich $\longrightarrow \Phi(C))$. D.h.: Die Eigenschaft Φ hat endlichen Charakter,
wenn sie sich von Mengen B auf deren endliche Teilmengen überträgt und umgekehrt.

ordnete Menge, in der jede linear geordnete Teilmenge eine obere Schranke besitzt, besitzt ein maximales Element.

Als Beispiele geben wir einige Sätze aus der Mathematik an, in deren Beweise das Auswahlaxiom AC eine wesentliche, nicht eliminierbare Rolle spielt. In der Mengenlehre selbst benötigt man AC für die Sätze: (a) Jede unendliche Menge besitzt eine abzählbare Teilmenge. (b) Die Vereinigung abzählbar vieler abzählbarer Mengen ist abzählbar. (c) Die Menge der reellen Zahlen ist nicht die Vereinigung abzählbar vieler abzählbarer Mengen. (d) Das kartesische Produkt nichtleerer Mengen ist nicht leer. (e) Je zwei Mengen sind in ihrer Größe vergleichbar. – In der Topologie braucht man das Auswahlaxiom AC insbesondere in dem Beweis des Tichonovschen Satzes: Das Produkt kompakter topologischer Räume ist kompakt. Man hat gezeigt, dass das Urysohnsche Lemma[5] äquivalent zum Auswahlaxiom ist. – In der Maßtheorie benutzt man AC in dem Beweis, dass es nicht Lebesgue-messbare Mengen reeller Zahlen gibt. – In der Analysis braucht man das Auswahlaxiom, um z. B. zu zeigen, dass die Definition der Stetigkeit einer Funktion im Sinne von Heine[6] äquivalent zur ε-δ-Stetigkeit nach Cauchy ist. Diese Implikation ist sogar äquivalent zum abzählbaren Auswahlaxiom, d. h. zu AC für abzählbare Familien von Mengen. In der Funktionalanalysis benutzt man das Auswahlaxiom (in der Form des Tukeyschen Lemmas) in dem Beweis der Existenz von Basen für beliebige Vektorräume und im Beweis des Satzes von Hahn-Banach. – In der Algebra wird das Auswahlaxiom im Beweis des Satzes verwendet, dass es für jeden Körper F (bis auf Isomorphie) genau eine algebraisch abgeschlossene Erweiterung gibt. Auch dieser Satz ist mit dem Auswahlaxiom für abzählbare Familien äquivalent. AC wird auch benötigt, um zeigen zu können, dass eine Untergruppe einer freien Gruppe frei ist oder dass jede Gruppe eine maximale abelsche Untergruppe besitzt.

Dies ist nur eine kleine Auswahl von Sätzen, in deren Beweis AC eingeht. Es gibt ein umfangreiches Buch ([102]), in dem Hunderte solcher Beispiele aufgeführt und klassifiziert sind.

Das Auswahlaxiom, so sieht es aus, scheint für den mathematischen Alltag unverzichtbar zu sein. Auf der anderen Seite führt das Auswahlaxiom zu paradoxen Folgerungen. Die bekannteste paradoxe Folgerung aus dem Auswahlaxiom ist sicherlich der Banach-Tarskische Satz über die paradoxe Zerlegung der Kugel – in zwei zu ihr zerlegungsgleiche Teile – aus dem Jahre 1924, der Ideen von Felix Hausdorff aufgriff.

Sei K eine dreidimensionale Sphäre mit dem Durchmesser 1 und seien $X, Y \subseteq K$. X und Y sind kongruent – kurz: $X \equiv Y$ – genau dann, wenn es eine Drehung δ der Sphäre K um ihren Mittelpunkt gibt, sodass $\delta(X) = Y$. Man sagt, dass X und Y zerlegungsgleich sind – kurz: $X \approx Y$ – genau dann, wenn es disjunkte Mengen $X_1, \dots, X_n$ und disjunkte

---

[5]Sei X ein topologischer Raum, in dem abgeschlossene, disjunkte Mengen durch offene Mengen getrennt werden können. Sind dann $A, B \subseteq X$ disjunkt und abgeschlossen, dann gibt es eine stetige Abbildung $f : X \to [0, 1]$, die auf A den Wert 1, auf B den Wert 0 hat.

[6]Auf Heine geht die Definition der Stetigkeit über Folgen zurück: Eine Funktion f ist in x_0 stetig, wenn für jede Folge x_n mit $\lim x_n = x_0$ auch $\lim f(x_n) = f(x_0)$ ist.

Mengen $Y_1, \ldots, Y_n$ gibt derart, dass $X = X_1 \cup \ldots \cup X_n$ und $Y = Y_1 \cup \ldots \cup Y_n$ und für jedes $i = 1, \ldots, n$ $X_i \equiv Y_i$ ist. Die Aussage des Banach-Tarskischen Satzes ist, dass die Oberfläche der Kugel K in zwei disjunkte Teilmengen X und Y zerlegt werden kann, wobei $X \approx K$ und $Y \approx K$ sind. Mit einer Modifikation des Beweises gilt der Satz auch für die abgeschlossene oder offene Vollkugel ohne den Mittelpunkt. R. M. Robinson hat gezeigt, dass 5 die minimale Anzahl der Teilmengen ist, in die eine Kugel K zerlegt werden kann, um aus ihnen zwei Kugeln X und Y zusammenzusetzen. S. Banach hat dagegen gezeigt, dass keine paradoxe Zerlegung einer Figur in der Ebene möglich ist.

Die Zerlegung im Banach-Tarskischen Satz scheint unserer Anschauung zu widersprechen, die aus der Erfahrung des Messens kommt. Diese Erfahrung beruht dabei auf dem Umgang und der Vorstellung von „normalen" Mengen, also vor allem von Vielecken und Polyedern. In der Zusammensetzung der Kugel im Banach-Tarskischen Satz jedoch geht es um höchst pathologische Mengen, nämlich um nicht Lebesguemessbare Mengen, die nur mit dem Auswahlaxiom gewonnen werden können.

Die Ursache für unsere Bedenken dem Auswahlaxiom gegenüber sind nicht allein seine paradoxen Konsequenzen. Es ist die besondere Art des Axioms. Es hat einen ganz anderen Charakter als die übrigen Axiome der Systeme ZF und NBG: Es ist nichtkonstruktiv, wie wir oben geschildert haben. Es postuliert die Existenz einer Menge, aber gibt keinerlei Informationen darüber, wie sie entsteht und wie sie ist. Darüber hinaus ist die Auswahlmenge, die das Auswahlaxiom fordert, keineswegs eindeutig bestimmt – im Gegensatz zu den Mengen, die die weiteren Axiome ZF und NBG fordern. Für eine Familie von Äquivalenzklassen beispielsweise gibt es in der Regel unterschiedliche Repräsentantenmengen. – Hierin liegen die Gründe, weshalb Konstruktivisten und Intuitionisten das Auswahlaxiom strikt ablehnen.

Das Bewusstsein für die Problematik des Auswahlaxioms, die in erster Linie philosophischer Natur ist, und die Tatsache, dass das Auswahlaxiom in vielen Bereichen der Mathematik unentbehrlich ist, führt dazu, dass viele Mathematiker die Sätze, bei denen im Beweis das Axiom AC angewandt wird, als spezielle Sätze hervorheben und die Anwendung explizit betonen.

Die besondere Position des Auswahlaxioms in der Mathematik bewirkt, dass ihm in der Grundlagenforschung große Aufmerksamkeit gewidmet wird. Eine vergleichbare Aufmerksamkeit gibt es für die Kontinuumshypothese. Erinnern wir kurz daran, was sie aussagt. Aus einem Cantorschen Satz folgt, dass für jede Menge A die Mächtigkeit von A kleiner ist als die Mächtigkeit ihrer Potenzmenge $\mathcal{P}(A)$, also $\overline{\overline{A}} < \overline{\overline{\mathcal{P}(A)}}$. – So bezeichnete schon Cantor Mächtigkeiten und Kardinalzahlen. – Die Operation der Potenzmengenbildung erzeugt also eine unendliche Reihe von Kardinalzahlen, die Hierarchie der Beths ($\beth$). Es gibt daneben eine andere Hierarchie von unendlichen Kardinalzahlen, die Skala der Alephs ($\aleph$). Sie ist die Reihe der Kardinalzahlen wohlgeordneter Mengen. Aus dem Auswahlaxiom, genauer aus dem äquivalenten Wohlordnungssatz von Zermelo, folgt, dass diese Reihe alle Kardinalzahlen enthält. Nach ihrer Definition sind die ersten Elemente dieser zwei Skalen gleich, d. h. es ist

$\aleph_0 = \beth_0$. Die Kontinuumshypothese[7] – kurz: CH – ist die natürliche Erwartung, dass auch die beiden folgenden Elemente in den Reihen gleich sind, d. h. dass $\aleph_1 = \beth_1$, also $\aleph_1 = 2^{\aleph_0}$ ist. Die allgemeine Kontinuumshypothese[8] – kurz: GCH – ist die Behauptung, dass die Reihe der Alephs und die Reihe der Beths gleich sind. D. h. für alle Ordinalzahlen α gilt $\aleph_\alpha = \beth_\alpha$, d. h. $\forall \alpha (\aleph_{\alpha+1} = 2^{\aleph_\alpha})$. Die Kontinuumshypothese gibt man auch in einer etwas anderen Form an. Man kann nämlich zeigen, dass die Menge aller Teilmengen der Menge $\mathbb{N}$ der natürlichen Zahlen, also die Menge $\mathcal{P}(\mathbb{N})$ gleichmächtig zur Menge aller reellen Zahlen ist. Die Kontinuumshypothese lässt sich dann so formulieren: Jede unendliche Menge reeller Zahlen ist gleichmächtig entweder zur Menge der natürlichen Zahlen $\mathbb{N}$ oder zur gesamten Menge der reellen Zahlen $\mathbb{R}$. Die allgemeine Kontinuumshypothese sieht dann so aus: Jede Familie von Teilmengen einer unendlichen Menge A ist gleichmächtig entweder zu einer Teilmenge der Menge A oder mit der ganzen Menge $\mathcal{P}(A)$. Wir merken an, dass die eben gegebenen Formulierungen mit den vorherigen äquivalent sind, wenn man das Auswahlaxiom voraussetzt.

Die letzte Bemerkung zeigt, dass es Zusammenhänge zwischen dem Auswahlaxiom und der Kontinuumshypothese gibt. Im Jahre 1926 haben Alfred Tarski und Adolf Lindenbaum vermutet und im Jahre 1947 hat Wacław Sierpiński bewiesen, dass aus der allgemeinen Kontinuumshypothese GCH (in der zweiten Formulierung) das Auswahlaxiom AC folgt. Es ist bemerkenswert, dass dieser Beweis rein kombinatorisch, ohne die Verwendung transfiniter Prinzipien verläuft.

Ein besonderes Problem des Auswahlaxioms und der Kontinuumshypothese war, zu klären, welches ihr Status in der ZF-Mengenlehre ist. Wie ist der Zusammenhang dieser beiden Prinzipien mit den Axiomen der Mengenlehre? Wenn sich zeigte, dass sie Folgerungen aus den restlichen Axiomen sind – die nicht in der gleichen Weise problematisch sind und über die es keine vergleichbaren Kontroversen gibt, dann wäre ihre philosophische und methodologische Position gestärkt und man sähe sie weniger kritisch. Die Situation aber ist anders: Im Jahr 1938 hat Kurt Gödel bewiesen, dass GCH (also auch CH) und AC relativ widerspruchsfrei zu den anderen Axiomen von ZF sind. D. h. wenn man annimmt, dass die Mengenlehre ZF konsistent ist, dann bleibt sie konsistent, wenn man GCH und AC als neue Axiome hinzufügt. Oder: Wenn die Ergänzung von GCH oder AC zu den übrigen Axiomen von ZF einen Widerspruch erzeugte, dann entstünde dieser Widerspruch schon auf der Basis der Axiome von ZF. Also können in dem System ZF weder die Negation von GCH noch die Negation von AC bewiesen werden. Gödel erzielte dieses Resultat, als er ein Modell für ZF zusammen mit AC bzw. GCH konstruierte. Das ist das Modell der so genannten „kon-

---

[7]Die Kontinuumshypothese wurde von Cantor im Jahre 1878 formuliert in der unten angegebenen Form und im Jahre 1883 in der Form $\aleph_1 = 2^{\aleph_0}$. Für Cantor war das keine „Kontinuums*hypothese*". Er glaubte fest an diesen Satz. Die Bezeichnung „Kontinuumshypothese" kommt zum ersten Mal in der Doktorarbeit von F. Bernstein aus dem Jahr 1905 vor.

[8]Die allgemeine Kontinuumshypothese wurde zum ersten Mal von F. Hausdorff im Jahre 1908 formuliert. Der Name „allgemeine Kontinuumshypothese" stammt von A. Tarski aus dem Jahre 1925.

struierbaren Mengen", die aus der leeren Menge entstehen durch explizit vorgegebene mengentheoretische Operationen, die unendlich oft angewandt werden können. In 4.4.1 geben wir das Universum der konstruierbaren Mengen in einer alternativen, aber äquivalenten Formulierung an.

Der Gödelsche Satz bedeutete noch nicht die ganze Lösung der Problematik des Auswahlaxioms und der Kontinuumshypothese. Erst im Jahr 1963 hat Paul J. Cohen mit einer neuen Methode (die man Forcing nennt) die Lösung um die fehlenden Elemente ergänzt. Er hat die folgenden Aussagen bewiesen:

(i) Es ist nicht wahr, dass $(CH \longrightarrow GCH)$.

(ii) Es ist nicht wahr, dass $(AC \longrightarrow GCH)$.

(iii) AC und CH (und umso mehr GCH) folgen aus den übrigen Axiomen von ZF *nicht*.

(iv) Auf der Basis von ZF folgt weder CH aus AC noch AC aus CH.

Mit dem Gödelschen Satz also und den Resultaten von Cohen ist bewiesen: AC und GCH sind relativ widerspruchsfrei und unabhängig hinsichtlich der Zermelo-Fraenkelschen Axiome der Mengenlehre. Damit ist eine ZF-Mengenlehre mit Auswahlaxiom und allgemeiner Kontinuumshypothese ebenso möglich wie eine Mengenlehre ohne sie – oder sogar mit der Negation einer oder beider Prinzipien. Berücksichtigt man die Tatsache, dass die Mengenlehre die Grundlage für die gesamte Mathematik bietet und dass viele Sätze der Analysis und der Algebra vom Auswahlaxiom AC abhängen, dann muss man realisieren, dass es verschiedene Mathematiken, insbesondere verschiedene Formen der Analysis geben kann. Welche von ihnen ist die Richtige? Wie soll man mit dieser Situation umgehen? Diese Problematik kann man mit der Situation in der Geometrie nach der Entdeckung der nicht-euklidischen Geometrien vergleichen. Es geht hier um die Annahme oder die Negation des Euklidschen Parallelen-Postulat und man betreibt oder verwendet heute diese oder jene Geometrie. Im Fall der Mengenlehre ist die Lage ernster – es geht um das Fundament und damit um die ganze Mathematik.

Wenn man Cantor als Autor der Kontinuumshypothese und ersten transfiniten Anwender des Auswahlaxioms ansieht, dann können wir von Cantorscher und *Nicht-Cantorscher Mengenlehre* und auch von Cantorscher und *Nicht-Cantorscher Mathematik* sprechen. Die Parallele zur Geometrie hilft hier nicht weiter. Wir können nicht einfach diese oder jene Mathematik wählen – je nach den Gegebenheiten und Erfordernissen. Wir erwarten – unabhängig von unserer philosophischen Position – klare Verhältnisse. Die Hoffnung vielleicht mag beruhigen, dass wir, wie wir oben und im Abschnitt 2.21 über Gödel angedeutet haben, noch auf dem Wege zu einer Mengenlehre sind, die unsere Mengenvorstellung adäquat beschreibt und die Problematik des Auswahlaxioms und der Kontinuumshypothese auf die eine oder andere Weise aufhebt. Nicht zuletzt hier wurde und wird in den mathematischen Grundlagen geforscht.

4.4.1   Suche nach neuen Axiomen

Weil die Position des Auswahlaxiom in der Mengenlehre nicht geklärt ist, seine Konsequenzen zwiespältig sind – neben „positiven" gibt es wie wir sahen „unerwünschte" Schlussfolgerungen aus AC – und seine Rolle in der Mathematik nicht unstrittig ist, suchte man nach anderen, alternativen Prinzipien. Eines von ihnen ist das Axiom der Determiniertheit (*axiom of determination*) AD, das von Jan Mycielski und Hugo Steinhaus im Jahre 1962 in dem Aufsatz *A Mathematical Axiom Contradicting the Axiom of Choice* ([130]) eingeführt wurde.

Um dieses Axiom zu formulieren, betrachten wir ein Spiel zwischen zwei Personen. Es seien eine Menge M, eine Ordinalzahl α und eine Menge $A \subseteq M^{2\alpha}$ gegeben. Die Menge A ist also eine Menge bestehend aus Reihen von Elemente aus M, die die Länge 2α haben. Wir definieren das Spiel $G_M^\alpha(A)$ folgendermaßen: Der Spieler I und der Spieler II wählen nacheinander Elemente aus der Menge M, der Spieler I beginnt. Er wählt das Element $v_0 \in M$, der Spieler II das Element $w_0 \in M$. Dann wählt der Spieler I das Element $v_1 \in M$, der Spieler II das Element $w_1 \in M$, usw. usf. Nach α Schritten werden beide Spieler so die Reihe $\langle v_0, w_0, v_1, w_1, v_2, w_2, \ldots \rangle$ der Länge 2α, also ein Element aus der Menge $M^{2\alpha}$ produziert haben. Der erste Spieler gewinnt, wenn diese Reihe zu der Menge A gehört, in dem anderen Fall gewinnt der Spieler II.

Eine *Strategie* ist eine Abbildung τ, die jeder Reihe $\overline{u} = \langle u_0, u_1, \ldots \rangle$ mit $u_i \in M$ und einer Länge $< 2\alpha$ ein Element $\tau(\overline{u}) \in M$ zuordnet. Wir werden sagen, dass die Strategie τ eine *Gewinnstrategie* für den Spieler I in dem Spiel G_M^α ist genau dann, wenn für jede Reihe $\overline{w} = \langle w_0, w_1, \ldots \rangle$ von der Länge α von Elementen, die der Spieler II wählt, die Reihe $\overline{v} * \overline{w} = \langle v_0, w_0, v_1, w_1, v_2, w_2, \ldots \rangle$ von der Länge 2α der Menge A angehört. Dabei wird $\overline{v} = \langle v_0, v_1, v_2, \ldots \rangle$ die Reihe der Elemente, die der Spieler I wählt, folgendermaßen bestimmt: $v_0 = \tau(\emptyset)$, $v_1 = \tau(\langle v_0, w_0 \rangle)$, $v_2 = \tau(\langle v_0, w_0, v_1, w_1 \rangle)$, usw. In analoger Weise erklärt man die Gewinnstrategie für den Spieler II. Das Spiel G_M^α werden wir *entscheidbar* nennen genau dann, wenn einer der Spieler eine Gewinnstrategie in diesem Spiel hat.

Das *Axiom der Determiniertheit* AD von Mycielski und Steinhaus lautet:

> Für jede Menge $A \subseteq \omega^\omega$ ist das Spiel $G_\omega^\omega(A)$ entscheidbar.

Dabei ist ω die Reihe der natürlichen Zahlen und ω^ω die Menge aller unendlichen Folgen natürlicher Zahlen. Wir bemerken, dass nach den Gesetzen der Arithmetik der Ordinalzahlen $2\omega = \omega$ ist. Kurz:

AD Für jede Menge A von unendlichen Reihen natürlicher Zahlen gibt es eine Gewinnstrategie.

Welche Konsequenzen hat das Axiom der Determiniertheit AD? In dem System ZF + AD kann man unter anderem folgende Sätze beweisen:

(i) Jede Menge reeller Zahlen ist messbar im Sinne von Lebesgue.

(ii) Für abzählbare Familien von Mengen reeller Zahlen gilt das Auswahlaxiom.

(iii) Es gibt eine Prä-Wohlordnung (d. h. eine Relation, die transitiv und fundiert ist) auf $\mathbb{R}$.

(iv) Jeder Ultrafilter auf der Menge $\mathbb{N}$ der natürlichen Zahlen ist ein Hauptfilter.

(v) $\aleph_1$ ist eine messbare Kardinalzahl.

(vi) $\aleph_3$ ist eine singuläre Kardinalzahl.

(vii) Für jede Menge X reeller Zahlen gilt entweder $\overline{\overline{X}} \leq \aleph_0$ oder $\overline{\overline{X}} = 2^{\aleph_0}$. D. h. die Kontinuumshypothese gilt.

Es stellt sich natürlich wieder die Frage nach dem Status des Axioms der Determiniertheit AD in dem System ZF der Mengenlehre. Das Hauptproblem der Widerspruchsfreiheit des Axioms AD relativ zu den Axiomen von ZF ist noch ungelöst. R. Solovay hat gezeigt: Wäre die Theorie ZF + AD widerspruchsfrei, dann wäre auch die Theorie ZF + AC + „es gibt überabzählbare messbare Kardinalzahlen" widerspruchsfrei. Dieses Resultat ist ein Hinweis darauf, wie schwierig die Frage nach der relativen Widerspruchsfreiheit von AD ist.

Oben haben wir bemerkt, dass das Auswahlaxiom zur Konstruktion nicht Lebesgue-messbarer Mengen führt. Das ergibt einen Konflikt mit (i). AC und AD widersprechen sich also. – Welches Prinzip sollte man wählen, was sollte als Grundlage für die Mathematik dienen – ZF mit AC oder ZF mit AD? In der Suche nach – philosophischen – Argumenten für eine Entscheidung muss man zunächst registrieren, dass beide, d. h. das Auswahlaxiom und das Axiom der Determiniertheit im Endlichen wahr sind. Beide sind zudem als Ausdrücke der Sprache der Mengenlehre in gleicher Weise ausdrückbar, d. h. beide sind von der Form $\forall [\forall \exists \longrightarrow \exists \forall]$. Das Auswahlaxiom kann zudem als spezielle Form des Axioms der Determiniertheit AD formuliert werden. Mycielski hat nämlich gezeigt, dass auf der Basis von ZF folgende Sätze äquivalent sind:

(a) Das Auswahlaxiom AC.

(b) $\forall M \; \forall A \subseteq M^2$ [das Spiel $G_M^1(A)$ ist entscheidbar].

Wir merken noch an, dass die Theorie ZF + „$\forall M \; \forall \alpha \; \forall A \subseteq M^{2\alpha}$ [das Spiel $G_M^\alpha(A)$ ist entscheidbar]", die Entscheidbarkeit der beschriebenen Spiele in voller Allgemeinheit also, widerspruchsvoll ist! Widerspruchsvoll ist auch schon für jedes einzelne $\alpha \geq \omega$ die Theorie ZF + „$\forall M \; \forall A \subseteq M^{2\alpha}$ [das Spiel $G_M^\alpha(A)$ ist entscheidbar]". Wir betonen, dass das Axiom der Determiniertheit von Mycielski und Steinhaus nur über die Entscheidbarkeit der Spiele $G_M^\alpha(A)$ über die Menge $M = \alpha = \omega$ spricht, und bemerken, dass in diesem Fall $2\omega = \omega$ ist.

AD ist also kein allgemeines mengentheoretisches Axiom. Es handelt nicht von beliebigen Mengen sondern speziell von ω und ω^ω und den Teilmengen $A \subseteq \omega^\omega$. AD ist also ein Axiom, in dem es ganz speziell um den Baireschen Raum ω^ω geht, und das nicht verallgemeinert werden kann, ohne Widersprüche zu erzeugen. Es unterscheidet sich somit wesentlich vom Auswahlaxiom, das ein Prinzip ist, das sich auf den Begriff der Menge allgemein bezieht. „Optisch" verleitet das dazu, AC zu bevorzugen und AD abzulehnen. Aber AD hat einige „schöne" Konsequenzen – wie z. B.: Alle Mengen reeller Zahlen sind messbar im Sinne von Lebesgue. Wir kommen zu dem Schluss, dass es zumindest bis heute keine überzeugenden philosophischen Argumente gibt für die Annahme oder die Ablehnung des einen oder des anderen Axioms.

Die oben besprochenen Resultate von Gödel und Cohen über die Widerspruchs-freiheit und die Unabhängigkeit des Auswahlaxioms und der Kontinuumshypothese in dem Zermelo-Fraenkelschen System ZF der Mengenlehre zeigen noch etwas an-deres. Sie zeigen, dass die Charakterisierung der Mengen mit den Axiomen der ZF-Mengenlehre zu schwach ist, um z. B. über die Eigenschaften der Mengen, über die AC und GCH sprechen, eindeutige Aussagen zu machen. Damit stellt sich die Fra-ge nach einer stärkeren Axiomatik. Es werden neue, starke Unendlichkeitsaxiome vorgeschlagen, die die Existenz großer Kardinalzahlen postulieren. Das einfachste solcher Axiome fordert unerreichbare Kardinalzahlen, d. h. Kardinalzahlen, die ge-genüber Potenzmengen- und Vereinigungsmengenbildung abgeschlossen sind.

Genauer: Die Kardinalzahl $\mathfrak{m}$ ist *unerreichbar* genau dann, wenn (1) $\aleph_0 < \mathfrak{m}$, (2) wenn $\mathfrak{n} < \mathfrak{m}$, dann $2^{\mathfrak{n}} < \mathfrak{m}$, (3) ist $\overline{\overline{A}} < \mathfrak{m}$ und F eine Funktion auf A, deren Werte Kardinalzahlen kleiner als $\mathfrak{m}$ sind, dann $\Sigma_{x \in A} F(x) < \mathfrak{m}$. Man kann die unerreichbaren Kardinalzahlen ins Transfinite iterieren und auf diese Weise die Reihe der Mahloschen Kardinalzahlen erhalten. Sie wurde zum ersten Mal von Friedrich Paul Mahlo im Jahre 1911 beschrieben.

Die Untersuchungen über große Kardinalzahlen wurden seit etwa 1960 intensiviert. Man hat viele verschiedene Arten solcher Zahlen eingeführt, zum Beispiel messbare, kompakte, superkompakte usw. Kardinalzahlen. Alles das führt zu den zwei folgenden Fragen:

(1) Wie kann man die Axiome, die die Existenz großer Kardinalzahlen postulieren, rechtfertigen?

(2) Was wird in Gegenwart solcher Axiome aus dem Kontinuumproblem?

Zur Frage (1) trifft man in der Literatur auf verschiedene Antworten. Gödel riet, sich hier auf die mathematische Intuition zu verlassen. Er schrieb in *What Is Cantor's Continuum Problem?* ([82], Version aus dem Jahre 1964, S. 265):

> Ein „tieferes Verstehen der Begriffe, die am Grunde der Logik und der Mathematik liegen, wird uns ermöglichen zu erkennen, dass diese Axio-me [die die Existenz großer Kardinalzahlen postulieren – Anmerkung der Autoren] in den Begriffen enthalten sind."

Er sagte nicht, *wie* das intuitive tiefere Verstehen erreicht werden kann und ob dieses oder jenes konkrete Axiom angenommen oder abgelehnt werden sollte.

A. Kanamori und M. Magidor schlagen in dem Aufsatz *The Evolution of Large Cardinal Axioms in Set Theory* ([106]) vor, neue Unendlichkeitsaxiome nach zwei Prinzipien einzuführen: Entweder in „theologischer" Weise, d. h. metaphysisch-philo-sophisch begründet, oder rein formalistisch und nur ihren „ästhetischen Wert" berück-sichtigend, der in „schönen" Folgerungen und interessanten Zusammenhängen zu se-hen ist. Eine klare Haltung dazu hatte P. J. Cohen. Er lehnte jeden platonistischen

Realismus ab und befürwortete in der Mengenlehre rein formalistische Argumente (vgl. *Comments of the Foundations of Set Theory*, [37]).

Es gibt Versuche, die Existenz großer Kardinalzahlen mit allgemeineren Prinzipien, speziell dem Reflektionsprinzip, zu rechtfertigen. Dieses Prinzip wurde von Azriel Levy für die Eigenschaften der Logik der ersten Stufe formuliert und später von Paul Bernays auf die Eigenschaften der zweiten Stufe erweitert. Es besagt, dass jede Eigenschaft, die im Universum V aller Mengen gilt, schon auf einer Stufe V_α der kumulativen Hierarchie der Mengen (s. o.) gilt. Das Universum V ist die Vereinigung der Stufen V_α über alle Ordinalzahlen α. Aus diesem Prinzip für die Logik 2. Stufe folgt z. B. die Existenz der Mahloschen Kardinalzahlen.

Schließlich zur Frage (2): Ermöglichen es die neuen Unendlichkeitsaxiome zusammen mit ZF, das Kontinuumproblem zu lösen? Es zeigt sich, dass die Kontinuumshypothesen CH und GCH weiterhin einerseits widerspruchsfrei, andererseits unabhängig von *jedem* der bis jetzt vorgeschlagenem Unendlichkeitsaxiome sind: Ist K ein solches Axiom, dann sind – falls die Theorie ZF + K widerspruchsfrei ist – auch die Theorien ZF + K + GCH und ZF + K + ¬GCH widerspruchsfrei. Die Axiome also, die man bis jetzt vorgeschlagen hat, bringen für die Koninuumshypothesen nichts Neues. Die Erwartungen von Gödel haben sich bisher nicht erfüllt.

In dieser Situation kann man sich fragen, inwieweit Unendlichkeit für eine endliche Mathematik, d. h. für eine Mathematik über z. B. endliche Objekte wie natürliche Zahlen oder endliche Mengen, eigentlich nötig ist. Gödel hat in seinem berühmten Aufsatz *Über formal unentscheidbare Sätze der* Principia Mathematica *und verwandter Systeme I* (Fußnote 48a, S. 191) Folgendes behauptet: „Man kann nämlich zeigen, dass die hier aufgestellten unentscheidbaren Sätze durch Adjunktion passender höherer Typen (z. B. des Typus ω zum System P)[9] immer entscheidbar werden. Analoges gilt auch für das Axiomensystem der Mengenlehre." Weil die Gödelschen Unentscheidbarkeitssätze endlichen Charakter haben, d. h. weil sie über endliche Objekte, nämlich natürliche Zahlen sprechen, kann man die Gödelsche Auffassung auf die These reduzieren, dass unbeschränkte transfinite Iterationen der Potenzoperation für die Vollständigkeit und die Rechtfertigung der endlichen Mathematik nötig sind. Neuere Untersuchungen von J. Paris, L. Harrington und L. Kirby über neue „unabhängige", d. h. nicht entscheidbare Sätze mathematischen, genauer kombinatorischen oder zahlentheoretischen – und nicht nur wie bei Gödel metamathematischen – Inhalts, haben gezeigt, dass Gödel recht hatte. Die neuen unabhängigen Sätze kann man mit transfiniten Methoden beweisen, die die Arithmetik weit überschreiten. Sie also zeigen, dass wenigstens die erste Stufe des Transfiniten in der Cantorschen Mengenlehre für die endliche Mathematik notwendig ist.

Wir erwähnen hier noch einen Satz von Kreisel. Seine Aussage ist, dass ein Satz φ in der Sprache der Peanoschen Arithmetik, also ein Satz über natürlichen Zahlen, der in der Theorie ZF + AC + GCH bewiesen werden kann, schon in der Mengenlehre ZF

---

[9] P ist das System aus den *Principia Mathematica* ([200]) mit Konstanten für natürliche Zahlen.

beweisbar ist. Das bedeutet, die Mengenlehre ZF + AC + GCH ist eine konservative Erweiterung der Theorie ZF für Sätze über natürliche Zahlen. Die Erweiterung der Mengenlehre ZF um das Auswahlaxiom und die allgemeine Kontinuumshypothese also bringt keinerlei neue Informationen über die natürlichen Zahlen. Kurz: AC und GCH sind ohne Bedeutung für unser Wissen über natürliche Zahlen.

Ein weiterer Ansatz, die ZF-Axiome zu ergänzen, geht auf Gödel zurück. Wir haben ihn oben kurz angedeutet. Es ging darum, die relative Konsistenz des Auswahlaxioms und der Kontinuumshypothese zu zeigen. Gödel konstruierte dazu ein Modell durch *Einschränkung* der Mengenbildung. Die Einschränkung kommt dabei von außen. Wir betrachten die Wirkung am Aufbau einer neuen Hierarchie, die über eine eingeschränkte Potenzmengenbildung verläuft. Es sind bei der Teilmengenbildung nur die sogenannten „konstruktiblen", „konstruierbaren" oder synonym „definierbaren" Mengen zugelassen. Ist x eine Menge, so heißt die Teilmenge y *definierbar*, wenn es einen Ausdruck φ und Elemente $z_1, \ldots, z_n$ gibt mit $y = \{z \in x \mid \varphi(z, z_1, \ldots, z_n)\}$. An die Stelle der Potenzmengenoperation $\mathcal{P}$ tritt jetzt eine Operation $\mathcal{D}$, die aus x die definierbaren Teilmengen zusammenfasst:

$$\mathcal{D}(x) = \{y \mid y \subseteq x \wedge y \text{ definierbar}\}.$$

Es ist $\mathcal{D}(x) \subset \mathcal{P}(x)$. Durch $\mathcal{D}$ und $\bigcup$ entsteht die *konstruktible* Hierarchie L:

$$L_0 = \emptyset,$$
$$L_{\alpha+1} = \mathcal{D}(L_\alpha),$$
$$L_\gamma = \bigcup \{L_\beta \mid \beta < \gamma\}.$$

Dabei ist α eine beliebige Ordinalzahl, γ eine Limesordinalzahl, also eine Ordinalzahl ohne Vorgänger. So wie V das Universum aller Mengen ist, sei L das „Universum" der definierbaren Mengen. Das so genannte *Konstruktibilitätsaxiom* verlangt jetzt, dass diese beiden Universen übereinstimmen, d. h. dass jede Menge definierbar ist:

Konstruktibilitätsaxiom
$$V = L.$$

Nimmt man an, dass ZF widerspruchsfrei ist, so ist auch

$$\text{ZF} + V = L \text{ widerspruchsfrei,}$$

und

aus ZF + $V = L$ folgen das Auswahlaxiom AC, sogar das globale Auswahlaxiom GC sowie GCH, die allgemeine Kontinuumshypothese.

Dass das Auswahlaxiom gilt, ist nicht überraschend, da alle Mengen „konstruierbar" sind und dadurch der Mangel des Nicht-Konstruktiven des Auswahlaxioms entschärft wird. Daraufhin hatte Gödel die Konstruktion angelegt. Die bessere Überschaubarkeit des Universums, die durch die Einschränkung $V = L$ gewonnen wird, hat auch das Zutreffen der Kontinuumshypothese zur Folge.

Wir bemerken, dass $V = L$ *unabhängig* von den übrigen ZF-Axiomen samt Auswahlaxiom ist, denn auch ZFC + $\neg V = L$ ist konsistent, wenn es ZF ist. Wieder stellt sich die Frage, für welche Mengenlehre – ZF + $V = L$ oder ZF + $\neg V = L$ – man sich entscheiden soll. Und wieder ist die Antwort schwierig. Denn einerseits erscheint die Einschränkung der Mengenbildung auf definierbare Mengen vernünftig. Sie setzt die Tatsache aus dem Endlichen fort, jede endliche Menge im Prinzip einer Eigenschaft folgend bilden zu können. Andererseits besitzt die Einschränkung durch das Konstruktibilititätsaxiom eine gewisse Künstlichkeit. $V = L$ und Potenzmengenaxiom z. B. passen nicht recht zusammen. Dass alle Teilmengen etwa von ω oder gar von $\mathbb{R}$ definierbar sind, entspricht kaum unserer intuitiven Erwartung. Man denke etwa auch an die sogenannten „nicht-periodischen Dezimalzahlen" und die zugehörigen eigenschafts- und gesetzlosen Folgen, von denen man spricht, wenn man die reellen Zahlen beschreiben will.

Die Intention Gödels bei der Konstruktion von L war es nicht gewesen, eine neue Mengenlehre vorzuschlagen. Das Ziel war die Konstruktion eines *inneren* Modells für den Nachweis der relativen Konsistenz von AC und GCH. Wir haben oben im Zusammenhang mit der Forderung nach großen Kardinalzahlen gesehen, dass Gödel selbst nicht zu einer Einschränkung der Mengenbildung sondern eher zu einer Ausweitung tendierte.

4.4.2 Weitere Bemerkungen und Fragen

Fast alle Probleme und Fragen, die wir angesprochen haben, kommen aus dem aktual Unendlichen, das im Unendlichkeitsaxiom postuliert wird. Ohne das aktual Unendliche hätten wir diese Probleme nicht. Denn die ZF-Mengenlehre ohne das Unendlichkeitsaxiom ist widerspruchsfrei (vgl. [64], S. 9). Ohne das Unendliche aber käme die Mathematik nicht weit. Sie bliebe auf die elementarste Arithmetik (vgl. [9]) beschränkt. Wir haben immer wieder betont, dass die Mathematik die reellen Zahlen nur dadurch hervorgebracht hat, dass sie das aktual Unendliche akzeptierte und zu ihrem Gegenstand machte. Die Frage aber ist: Benötigen wir das Unendliche in der Mathematik in dem Ausmaß, in dem es die Mengenlehre zur Verfügung stellt.

Benötigt man eine Mathematik, die aktual unendliche Mengen *beliebiger Größe* annimmt, für die *Angewandte Mathematik*? – Wir vernachlässigen einmal, dass der Begriff der Angewandten Mathematik unscharf ist. – Die verbreitete aber nicht bestätigte Hypothese ist, dass die Antwort auf diese Frage negativ ist. Schon Hermann Weyl hat in der Monographie *Das Kontinuum* ([196], 1918) gezeigt, dass große Teile der klassischen mathematischen Analysis in einer konservativen Erweiterung der Peanoschen Arithmetik PA entwickelt werden können. Neuere Untersuchungen vor allem von Solomon Feferman und Gaisi Takeuti haben zur Konstruktion einer konservativen Erweiterung der Arithmetik PA geführt, in der die gesamte klassische und moderne angewandte Analysis formalisiert werden kann. Speziell die Theorie der messbaren Mengen und Funktionen, die allgemeine Maß- und Integraltheorie sowie auch Fragmente der Funktionalanalysis kann man dort darstellen. Eine weitere Stützung erfährt die Hypothese durch die Resultate der so genannten reversen Mathematik (vgl. Kapitel 2). Sie haben gezeigt, dass es schwache Theorien gibt – schwächere als die Theorien von Feferman und Takeuti, die konservative Erweiterungen der Skolemschen primitiv rekursiven Arithmetik PRA sind und in denen man wichtige und große Bereiche der Analysis und der Algebra rekonstruieren kann.

Sollte man die aktuale Unendlichkeit also einschränken auf die praktischen Notwendigkeiten? Wir bemerken, dass es in der modernen Mathematik viele Gebiete gibt, die zwar von den Anwendungen weit entfernt sind, die sich aber wesentlich auf die transfinite Mengenlehre stützen. Die Ablehnung und Abschaffung einer solchen Mengenlehre bedeutete eine Verarmung der Mathematik. Das Unendliche ist und bleibt ein fundamentaler Forschungsgegenstand der Mathematik.

Es gibt Versuche, die Grundlage der Mathematik nicht in der Mengenlehre zu suchen sondern in der Kategorientheorie, die in den vierziger Jahren des 20. Jahrhunderts von Samuel Eilenberg (1913–1998) und Saunders MacLane (1909–2005) entwickelt wurde. Auf dieser Grundlage ist die Mathematik eine Wissenschaft der mathematischen Kategorien und Funktoren. Eine Kategorie ist ein abstraktes Objekt, das aus einer Klasse von Gegenständen und aus Morphismen zwischen diesen Gegenständen besteht, die verknüpft werden können. Funktoren sind Abbildungen zwischen den Kategorien. E. Kleinert diskutiert in [111] (S. 65 ff) das komplementäre Verhältnis der Konzepte der Mengenlehre und der Kategorientheorie. Der Zugang über die Kategorientheorie, der technisch bequem und in vielen Bereichen der Mathematik effektiv ist wie z. B. in der Topologie, scheint nicht in der Weise elementar zu sein und der mathematischen Intuition zu entsprechen, wie es die heutige Mengenlehre tut. Seine Bedeutung ist daher – noch – nicht die der Mengenlehre. Die Mengenlehre ist weiterhin die fundamentale mathematische Theorie, die die Grundlage für die gesamte Mathematik bietet.

4.5   Schluss

Wir kehren zu einer philosophischen Grundfrage zurück, der nach der Existenz und der Natur mathematischer Gegenstände. Wir haben zu Beginn dieses Kapitels bemerkt, dass, da Mengenlehre Grundlage der Mathematik ist, diese Frage zurückgeführt ist auf die Frage nach den Mengen. Oben im Punkt über das Universalienproblem haben wir die wichtigsten Auffassungen über die Existenzweise mathematischer Begriffe – angewandt auf Mengen – noch einmal vorgestellt. Nach dem Einblick in die Axiomatik der Mengenlehre und ihre Problematik stellen wir die Frage nach der Natur der Mengen.

Was sind Mengen? Unsere erste Auffassung ist die, wie Cantor sie in seiner „Mengendefinition" prägnant beschreibt. Mengen bestehen aus Gegenständen. Aus Einzelgegenständen, aus einzelnen Ganzen bilden sie ein neues Ganzes. Dies ist eine Leistung des Denkens, die durch den Mengenbegriff repräsentiert wird. Mengen sind dadurch abstrakte Gegenstände im Denken. Ihr Status ist nicht unabhängig von den Gegenständen, die sie zu einem Ganzen zusammenfassen, auch wenn je nach Position ihre Existenz eigenständig ist oder nicht. In der Mathematik sind die Elemente mathematische Gegenstände, über die es, wie wir im Kapitel 2 durch die Geschichte der Mathematik und Philosophie verfolgt haben, zahlreiche Auffassungen gibt. Wir können uns daher nur an diesen Auffassungen orientieren, wenn wir die Frage stellen, was Mengen sind.

Die Situation aber wird dadurch seltsam – und ist typisch für solche Fragen. Denn es waren die Mengen, die uns am Ende darüber Auskunft geben sollten, was mathematische Gegenstände sind. Und im Mengenbegriff erwarteten wir die Lösung des ontologischen Problems. Wir befinden uns philosophisch in einem Zirkel, der unausweichlich ist – und informativ. Dieser Zirkel wird überdeutlich in dem konsequenten *mengen*theoretischen Vorgehen vorgeführt, nämlich Mengen von Vornherein nur als Mengen von Mengen zu betrachten. Das bringt auf den ersten Blick für die Aufklärung über den Mengenbegriff wenig. Wir werden jedoch verwiesen auf die Prinzipien, nach denen Mengen von Mengen gebildet und ihre Verhältnisse geregelt werden. Die Frage „Was sind Mengen?" wird zur Frage, *wie* sie sind. Die Axiome, die Prinzipien geben uns die einzig mögliche Auskunft über die Natur der Mengen. Wir haben bei der Vorstellung der ZF-Axiome schon manche Bemerkungen dazu gemacht, die wir hier partiell zusammenfassen und ergänzen.

Wir können anders als beim Zahlbegriff beim Begriff der Menge nicht auf eine alte philosophische Tradition der Diskussion dieses Begriffs zurückgreifen. Historisch finden wir keine explizite Auskunft speziell über Mengen. Mengen waren von der Antike bis zur Neuzeit mathematisch metasprachliche Begleiter und philosophisch zumeist nicht reflektiert. Der Begriff der endlichen Menge war dem der Zahl untergeordnet.

Nur im Zusammenhang mit der Unendlichkeit und ihren Paradoxien trat der Mengenbegriff – vorübergehend – ins mathematische Bewusstsein, um nach der Verwerfung des aktual Unendlichen wieder zurückzutreten. Das Kontinuum etwa als Menge zu denken, war undenkbar. Auch wenn es um die Unendlichkeit ging, waren Mengen eng mit dem Begriff der Zahl verbunden und ihnen untergeordnet. Die Unmöglichkeit der Vorstellung unendlicher Zahlen war eines der Argumente gegen unendliche Mengen. Der Mengenbegriff trat erst im 19. Jahrhundert ins Bewusstsein der Mathematiker – wieder und jetzt endgültig im Zusammenhang mit der Unendlichkeit. Die Problematik des Mengenbegriffs ist heute vor allem das Problem der unendlichen Mengen. Erst die unendlichen Mengen erforderten eine neue mathematische Disziplin, die Mengenlehre. Sie und ihre Axiome charakterisieren die Natur der Mengen. Wir verweisen speziell auf die Lehrbücher [65], [57] und [51], die den Mengenbegriff detailliert reflektieren.

Das Extensionalitätsaxiom sagt aus, dass Mengen durch ihre Ausdehnung, ihre Größe charakterisiert sind. Diese Größe, das ist die Konsequenz des Unendlichkeitsaxioms, kann alle Vorstellung überschreiten. Abzählbare Mengen hält man noch für übersichtlich – zumindest wenn eine Abzählung vorliegt. Mit der Überabzählbarkeit aber gibt es schon unüberwindliche Schwierigkeiten. Man weiß nicht, wieviel größer als abzählbare Mengen sie sind. Das trifft vor allem die reellen Zahlen, die so grundlegend für fast jede Mathematik sind. Die Orientierung in höheren Größenordnungen schließlich ist für den normalen Mathematiker vorsichtig gesagt unübersichtlich. Man denke nur an große, an unerreichbare, singuläre Kardinalzahlen, von denen oben andeutungsweise die Rede war. Denkt man gar an das Universum V der Mengen, dann hilft auch die Mengenlehre nicht weiter. V ist im wahrsten Sinne des Wortes *unbeschreiblich groß*. Es gibt keine Eigenschaft, die das Universum charakterisieren könnte. Jede Eigenschaft ist, das sagt das Reflektionsprinzip, schon in einer Stufe V_α erfüllbar.

Die Größe der Mengen wird durch das Schema der Aussonderungsaxiome ausdrücklich eingeschränkt. So ermöglicht es die Eingrenzung des Bereichs der Mengen oder die Unterscheidung von Mengen und Unmengen. Dies hat den erwünschten Effekt, dass nach den alten Antinomien, die sie aufheben, bisher keine neuen aufgetreten sind. Im Bereich der unendlichen Mengen aber entfaltet das Potenzmengenaxiom dennoch eine unvorstellbare Wirkung. Es wirkt mit transfiniten Exponenten auf die Größe der Mengen. Schon der erste Schritt in der Unendlichkeit führt in die Problematik der Kontinuumshypothese.

Mengen sind, auch dies drückt das Extensionalitätsaxiom aus, durch ihre Elemente bestimmt. Sie sind dabei wie Register ihrer Elemente und rein statisch. Wenn Mengen die Grundlage der mathematischen Begriffe sind, wird alles in der Mathematik im Prinzip statisch. Funktionen z. B. verlieren als Wertregister ihre Dynamik, Prozesse ihren Verlauf, Bewegungen die Bewegung. Genau dieser Verlust aber ermöglichte wesentliche Fortschritte im mathematischen Denken. So wie die in den diskreten Mengen verloren gegangene Stetigkeit des Kontinuums durch den Begriff der Vollständigkeit zurückgegeben wurde und Aspekte der Kontinuierlichkeit erst begreifbar machte, so wird dem Prozess der Verlauf als Funktion wiedergegeben, Funktionen werden begrifflich fassbar, Funktionseigenschaften präzise formulierbar und Bewegungen gegenständlich.

Das Ersetzungsaxiom erlaubt die Erschließung neuer transfiniter Dimensionen. Das war der Hintergrund seiner Entdeckung als Mengenbildungsprinzip. Es ging darum, eine Projektion der Menge ω jenseits von ω zu sichern. Die Bezeichnung „Ersetzung" ist etwas missverständlich. Es geht vielmehr um *Übertragung* vorliegender, bekannter Mengen und Strukturen in unbekannte transfinite Bereiche. Das Ersetzungsaxiom sichert, so kann man sagen, unsere Mengenvorstellungen, die durch vorgegebene, bekannte Mengen und Strukturen repräsentiert sind, im Universum der Mengen. Motive für dieses Axiom sind nicht unbedingt Erwartungen, die unmittelbar aus unseren praktischen, endlichen Erfahrungen mit Mengen und unserer Intuition entspringen, sondern eher theoretische Bedürfnisse und Erfordernisse, die aus der Ausweitung der Mengen ins „Ungewisse", ins Unendliche kommen. Das mag auch erklären, weshalb die Notwendigkeit dieses Axiom erst relativ spät (1922) erkannt wurde.

Das Fundierungsaxiom schließlich trägt einer wieder sehr natürlichen Erwartung Rechnung. Es spiegelt unsere Vorstellung über die Komplexität der Bildung der Mengen wieder, die immer mit – relativ – einfachen Gegenständen beginnt und zu relativ komplexen Elementen fortschreiten kann. Am besten repräsentiert diese Vorstellung der hierarchische Aufbau des Universums V der Mengen in Stufen V_α wieder, deren Anfang wir oben veranschaulicht haben. Die Forderung dieses hierarchischen Aufbaus des Mengenuniversums ist mit dem Fundierungsaxiom äquivalent.

Eine exponierte Sonderrolle spielt das Auswahlaxiom in der Reihe der Mengenbildungsaxiome, die wir oben ausführlich studiert haben. Wir wollen versuchen, die Sonderrolle noch ein wenig zu erläutern.

Die Auswahlmengen, die nach dem Auswahlaxiom AC entstehen, werfen ein anderes, liberales Licht auf den Begriff der Menge in Mengenlehren mit dem Axiom AC. Weder ihre Elemente, die ausgewählt werden, sind irgendwie bestimmt, noch ist die Menge klar umrissen, die im unendlichen Auswählen entsteht. Die Auswahl*menge* wird gefordert und ist dann dadurch bestimmt, dass das Extensionalitätsaxiom es so fordert.

Eine besondere Eigenschaft des Auswahlaxioms ist, dass es im Endlichen gar nicht als besonderes Prinzip der Mengenbildung in Erscheinung tritt. In einer Mengenlehre ohne Unendlichkeitsaxiom (vgl. [9]) gilt es trivialer Weise. Es erscheint, so wie es Peano als Erstem aufgefallen ist, als Prinzip erst, wenn die Mengen, d. h. die Familien von Mengen unendlich werden. Die Bildung einer Auswahlmenge ist im Endlichen kaum wahrnehmbar, weil sie nicht an einer Konstruktionsvorschrift identifizierbar ist. Dieses Nicht-Konstruktive des Auswählens wird zum großen, unlösbaren Problem im Unendlichen. Beispiel: Das Wohlordnungsprinzip ist im Endlichen eine Selbstverständlichkeit, eine Wohlordnung der reellen Zahlen, die aus dem Auswahlaxiom folgt und an der sich zum ersten Mal die Kontroverse um das Auswahlaxiom entzündete (vgl. [209]), wirkte wie eine Provokation, die lange anhielt (vgl. [172]). Die Wogen haben sich geglättet, da man heute einerseits restriktiv in der Verwendung von AC ist, AC sich andererseits in vielen Bereichen als nützlich und notwendig erwiesen hat. Man ist pragmatisch geworden.

Es erscheint insgesamt nur konsequent, dieses im Endlichen kaum wahrnehmbare und zugleich unverzichtbare Prinzip des Auswählens in dem Moment ins Unendliche fortzuschreiben, in dem man unendliche Mengen akzeptiert. In der Tat wächst die Akzeptanz für das Auswahlaxiom in der Mathematik.

Wir haben gesehen, dass die Suche nach neuen Axiomen der Mengenlehre, die in der einen oder anderen Weise die Problematik des Auswahlaxioms und der Kontinuumshypothesen lösen, interessante Ergebnisse zu Tage fördert, aber bisher nur wenig erfolgreich war. Die Diskussion um die neuen Axiome ist offen. Schlimmer: Es gibt ganz allgemein keinen *Konsens* in der Frage, welche weitere Eigenschaften man mit dem Begriff der Menge verbinden sollte und in welcher Weise die vorliegenden Mengenlehren reformiert oder ergänzt werden sollten.

Cantors „Mengendefinitionen" (s. Abschnitt 2.14) sind von ihm so gefasst, dass die Bildung unendlicher Mengen einbezogen ist. Dennoch entstammen die dort implizit geschilderten Prinzipien natürlich der Vorstellung und Erfahrung mit endlichen Mengen. Alle diese Prinzipien führen in einer ZF-Mengenlehre *ohne* unendliche Mengen in der Tat auch zu einem konsistenten System. Die ZF-Axiome ohne das Unendlichkeitsaxiom beschreiben also in angemessener Weise unseren endlichen Mengenbegriff. Probleme tauchen erst auf, wenn wir den Schritt in die aktuale Unendlichkeit tun. Wir haben in den vorhergehenden Kapiteln die Motive kennen gelernt, die in die aktuale Unendlichkeit geführt haben. Der Schritt in die Unendlichkeit hat die Grundlage geschaffen und die Reinheit, die Freiheit und die Weite hervorgebracht, in denen heute Mathematik stattfindet. Dennoch bleibt Unendlichkeit, was und wie sie es immer gewesen ist, nämlich *transzendent* – auch für das rationale mathematische Denken. Denn die Konsistenz der ZF- oder NBG-Mengenlehre ist, wie wir mehrfach erwähnt haben, prinzipiell nicht nachweisbar.

Kapitel 5
Axiomatik und Logik

Wir haben im Kapitel 4 immer wieder von der Mengenlehre als Grundlage der Mathematik gesprochen. Sie stellt die Sprechweisen und Begriffe zur Verfügung, auf die im Prinzip alle Begriffe aller Theorien zurückgeführt werden können. Die gewählte Mengenlehre ist dabei selbst eine Theorie. Ihr Aufbau wie der jeder Theorie folgt den Prinzipien der Logik. Ihre Begriffe und Sätze sind logisch geordnet. Die Mengenlehre liefert, so kann man bildlich sagen, den Rohstoff für mathematische Begriffe und Sätze. Und die mathematische Logik bildet das Netz der Regeln, das die mathematischen Sätze und Begriffe verbindet. Sie ist formal, d. h. Form – und natürlich selbst eine mathematische Theorie. Logik selbst stellt der Mathematik keine Begriffe zur Verfügung – mit einer Ausnahme, der Logik.

„Logik" allgemein ist ein weiter Begriff. Für den normalen Menschen ist z. B. $2 + 2 = 4$ „logisch". Für ihn bedeutet logisch oft soviel wie arithmetisch oder systematisch. Wenn ein Mathematiker heute von Logik spricht, denkt er an etwas anderes als ein Philosoph, der von der mathematischen Logik auch als „Logistik" spricht. Philosophisch ist Logik die Lehre vom richtigen Denken, von den Begriffen und Urteilen. Für den Mathematiker ist Logik mathematische Logik, die die formale Grundlage des mathematischen Sprechens und Beweisens beschreibt und mathematische Theorien untersucht.

Vom Standpunkt der mathematischen Logik ist die Mathematik ein System von Theorien, und Theorien liegen Axiome zugrunde. Hieraus ergibt sich der enge Zusammenhang von Axiomatik und Logik in der heutigen Mathematik. Beides, axiomatisches Fundament und Logik sind im mathematischen Alltag nicht notwendig sichtbar, immer aber im Hintergrund präsent. Dass Mathematik axiomatisch-logisch geordnet ist oder geordnet werden kann, gehört heute zur Grundauffassung und Grundhaltung des Mathematikers.

Das war nicht immer so und hat sich so erst im 20. Jahrhundert entwickelt. Um diese „neue" Haltung als besonders zu erkennen, werden wir einen kurzen Blick auf die Geschichte von Logik und Mathematik werfen, die durchaus getrennte Wege gingen. Logik in der Mathematik war historisch lange Zeit weitgehend nur implizite Grundlage, wie sie allgemein dem Denken und Sprechen zugrunde lag. Sie war partiell als Syllogistik eine philosophische Disziplin mit erkenntnistheoretischer, ontologischer oder linguistischer Ausrichtung. Erst im 19. Jahrhundert entwickelte sich die mathematische Logik. Mit ihr, der Mengenlehre und der neuen Axiomatik, die zeitgleich aber zunächst getrennt voneinander sich entwickelten, nahm die Mathematik ihre Grundlagen in die eigenen Hände. Sie trat als eigenständige Disziplin endgültig aus dem Schatten der Philosophie hervor.

Zuerst geben wir einen knappen Einblick in das Repertoire und die Methode der mathematischen Logik, um eine Grundlage für das Verständnis der folgenden Abschnitte zu schaffen. Ein solcher Einblick ist notwendig, damit der große Schritt von der alten in die neue Logik, von der alten in die neue Axiomatik sichtbar wird und die Ergebnisse der Logik am Ende dieses Kapitels verständlich werden können.

5.1   Einige Elemente der mathematischen Logik

Erste Aufgabe der mathematischen Logik ist, Mathematik mathematisch zu reflektieren. Logik ist wie ein Spiegel, der das, was wir mathematisch tun, abbildet. Dazu braucht sie ein eigenes Instrumentarium und Begrifflichkeiten, die Mathematik erfassen können.

Wir skizzieren hier sehr kurz und umrissartig die ersten Anfänge der mathematischen Logik, um eine Vorstellung von ihrer Eigenart und ihrer Stellung zur konkreten Mathematik zu gewinnen. Wir benötigen einige ihrer Grundbegriffe, um im folgenden Text auf sie zurückgreifen zu können. Wir wählen ein übersichtliches Beispiel eines logischen Kalküls. Zu einer wirklichen Einführung empfehlen wir das Lehrbuch [58], an dessen Ansatz und Schreibweisen wir uns orientieren. Zuerst geht es um das logische Instrumentarium.

5.1.1   Syntax

Logik beginnt mit der *Analyse* konkreter Mathematik. Dabei geht es zu Beginn um die spezifisch mathematische Art, sich auszudrücken. Um mathematische Ausdrücke logisch analysieren zu können, braucht es ein formales **Alphabet** von Zeichen, um die Zusammensetzung der Ausdrücke präzise wiedergeben und kennzeichnen zu können.

Wir bemerken, dass diese und weitere logische Analysen zum ersten Mal Gottlob Frege 1879 in seiner *Begriffsschrift* ([69]) gelungen sind. Viele Elemente aus dieser Analyse – in einer auf Peano zurückgehenden Symbolik – sind längst in die täglichen mathematischen Schreib- und Sprechweisen eingeflossen. Frege war z. B. der Erste, der, was heute eine pure Selbstverständlichkeit ist, Konstante und Variable explizit unterschied.

Wir beschränken uns auf eine logische *Sprache der ersten Stufe*, deren **Syntax**, d. h. deren Aufbau aus Zeichen und Zeichenreihen und deren Grammatik wir zuerst schildern. Was „erste Stufe" heißt, erläutern wir gleich.

Definition. Zeichen des **Alphabets** sind:

a) Variable $x_1, x_2, \dots, y_1, y_2, \dots, \dots, v_1, v_2, \dots$ mit und ohne Indizes für

b) Junktoren $\neg, \wedge, \vee, \longrightarrow, \longleftrightarrow$ „nicht", „und", „oder", „wenn, dann", „genau dann, wenn"

c) Quantoren $\forall$, $\exists$ für „für alle", „es gibt"
d) =   Gleichheitszeichen
e) Klammern   ), (,], [
f) Symbole für
    Konstante $k, e, a, \ldots, k_0, k_1, k_2, \ldots$
    Prädikate $P, Q, \ldots, P_1, Q_1, \ldots$
    Relationen $R, S, \ldots, R_1, S_1, \ldots$ n-stellig
    Funktionen $F, G, H, \ldots, F_1, F_2, \ldots$ n-stellig

Statt Variable mit Indizes zu verwenden, schreibt man sie oft auch nur als x oder y usw. Prädikate werden oft als einstellige Relationen aufgefasst.

Das Alphabet ist erstaunlich klein gemessen an der Vielfalt mathematischer Ausdrucksweisen in den unterschiedlichen mathematischen Theorien, die damit formal nachgebildet werden können.

Im Folgenden soll S die Menge der Symbole in f) bezeichnen. Die **Symbolmenge** S kann leer sein. Ein Beispiel für S ist $\{F, k\}$, wobei F z. B. ein Symbol für eine zweistellige Funktion und k eine Konstante ist. F und k können formal ganz unterschiedliche mathematische Gegenstände vertreten, z. B. die Verknüpfung $*$ und das neutrale Element e in Gruppen, eine Metrik d und die Zahl 0 oder die Vereinigung von Mengen und die leere Menge. Wir sehen hier die Funktion der logischen Symbole, die abstrakt und allgemein, eben „formal" für alle möglichen mathematischen Gegenstände stehen. Über diese Beziehung zwischen formalen logischen Elementen und konkreten mathematischen Gegenständen werden wir gleich genauer sprechen.

Logische oder formale **Terme** sind – analog dem heute üblichen Sprachgebrauch – Variable des Alphabets, Konstante aus S oder aus Funktionssymbolen, Variablen und Symbolen zusammengesetzt. Ihren Aufbau kann man rekursiv definieren.

Beispiel: $H(F(k, x))$ ist ein Term, $F(H, k)$ nicht.

Da sie aus dem Vorrat in S aufgebaut sind, heißen sie S-**Terme**.

Für formale **Ausdrücke** deuten wir die induktive Definition an.

Definition. S-**Ausdrücke** entstehen nach den folgenden Regeln:

Sind t_1, t_2 Terme, so ist $t_1 = t_2$ ein S-Ausdruck.

Ist t ein Term, P ein Prädikat, dann ist Pt ein Term.

Sind $t_1, t_2, \ldots, t_n$ Terme und R ein n-stelliges Relationssymbol, so ist $Rt_1t_2 \ldots t_n$ ein S-Ausdruck.

Sind φ, ψ S-Ausdrücke, so sind $\neg\varphi$, $\varphi \wedge \psi$, $\varphi \vee \psi$, $\varphi \longrightarrow \psi$ und $\varphi \longleftrightarrow \psi$ S-Ausdrücke.

Ist φ ein Ausdruck, dann sind $\forall x\varphi$ und $\exists x\varphi$ Ausdrücke.

Eine *Variable* heißt **gebunden**, wenn sie im – durch Klammern markierten – Einflussbereich eines Quantors steht. Sonst heißt sie **frei**. **Logische Sätze** sind die speziellen Ausdrücke, in denen keine freien Variablen vorkommen.

Das ist das Ergebnis der Analyse mathematischer Ausdrucksweisen. Wir haben es hier mit rein syntaktischen Gebilden zu tun, mit formalen Termen oder Ausdrücken, die in der angegebenen Weise entstehen. Sie haben keinerlei Bedeutung.

Eine Bemerkung müssen wir noch zu den Junktoren und Quantoren in b) und c) des Alphabets machen. Hier haben wir in der Erläuterung ihrer Bedeutungen wie „nicht", „und" usw. schon ein wenig davon vorweggenommen, was jetzt kommt. Auch die Junktoren und die Quantoren sind reine Zeichen ohne jede Bedeutung. Deren Erläuterung wird eigentlich erst verständlich, wenn wir aus dem Bereich der formalen Ausdrücke in die mathematische Wirklichkeit schauen und den Zeichen $\neg, \wedge, \vee, \longrightarrow, \longleftrightarrow$ die Bedeutungen „nicht", „und", „oder", „wenn, dann", „genau dann, wenn" bzw. den Zeichen $\forall$ und $\exists$ die Bedeutungen „für alle"und „es gibt" im mathematischen Sprachgebrauch zuordnen. Hier ist ihre Bedeutung *extensional* festgelegt, für die Junktoren durch Wahrheitswertetabellen, für die Quantoren über die *Elemente* von Mengen, auf die sie sich beziehen. – Wir bemerken, dass die *formalen* Zeichen für Quantoren im formalen Alphabet längst in die *konkreten* mathematischen Schreibweisen eingewandert sind. Das gilt auch für die Junktoren – zum Teil in etwas abgewandelter Form.

Mit der Festlegung der Bedeutung der Quantoren ist auch klar, was den formalen Variablen im Alphabet entspricht: Ihnen sollen allein *Elemente* gegebener Mengen, „Individuen", entsprechen und *nicht* Teilmengen. Durch diese Vereinbarung wird unsere formale Sprache eine **Sprache der ersten Stufe**, in der Quantoren allein vor Individuen-Variablen stehen können. Man spricht von einer Sprache der *Prädikatenlogik*, da die Analyse mathematischer Ausdrücke auf der formalen Seite zu Symbolen für Prädikate, das sind Eigenschaften, und Relationen führt, die man auch als mehrstellige Prädikate bezeichnet. In einer **Sprache der zweiten Stufe** kann auch über Prädikate, genauer Prädikatssymbole oder Symbole für Mengen quantifiziert werden.

Unsere Position sei jetzt die rein syntaktische Basis der Sprache der ersten Stufe. Von hier aus betrachten wir die „mathematische Wirklichkeit", in der wir beginnen, formale Terme, Ausdrücke und Sätze zu *deuten*. D. h. wir schildern jetzt Elemente der *Semantik* der Sprache der 1. Stufe.

5.1.2 Semantik

Eine konkrete mathematische Struktur besteht aus einer Menge A – oder auch mehreren Mengen – und einigen Strukturkomponenten. Beispiel: $\langle \mathbb{N}, \nu, 1 \rangle$, die Nachfolgerstruktur der natürlichen Zahlen mit der Menge $\mathbb{N}$, der Abbildung ν und einem Element 1 als Strukturkomponenten, oder eine algebraische Struktur $\langle G, *, e \rangle$ mit der Mengen G, der Verknüpfung $*$ und dem neutralen Element e als Strukturkomponenten.

Ist ein Symbolvorrat S auf der syntaktischen Seite gegeben, so kann man auf der mathematischen Seite Ausschau halten nach passenden Strukturen mit einer Menge A und passenden konkreten Strukturenkomponenten. Passend heißt: Jedem Symbol in S kann genau eine Strukturkomponente auf der Menge A, dem **Grundbereich**, zugeordnet werden. Dabei wird jedes n-stellige Funktionssymbol in S in eine n-stellige Funktion über A abgebildet, jedes Prädikatssymbol in eine Eigenschaft, jedes Konstantensymbol in eine Konstante usw.

Beispiel: Unser Vorrat an Symbolen auf der formalen Seite ist $S = \{F, k\}$ mit einem zweistelligen Funktionssymbol F und dem Konstantensymbol k. Auf der mathematischen Seite ist die algebraische Struktur $\langle G, *, e \rangle$ mit dem Grundbereich G gegeben. Die Zuordnung der Symbole ist die Abbildung α auf S mit $\alpha(F) = *$ und $\alpha(k) = e$. Das Paar $\mathcal{A} = (A, \alpha)$, in unserem Beispiel $\mathcal{G} = (G, \alpha)$ heißt S**-Struktur**.

Auf der folgenden Seite stellen wir den wechselseitigen Übergang zwischen Zeichen, Termen und Ausdrücken in der täglichen Mathematik und in der Logik schematisch dar: Die *logische Analyse* mathematischer Ausdrücke in Strukturen führt zu den formalen Symbolen, Termen und Ausdrücken, deren *Interpretation* zurück in den Bereich der mathematischen Strukturen weist.

Das Gegenüber von mathematischer Struktur und formaler Nachbildung, die durch den Begriff „S-Struktur" vermittelt wird, wird noch deutlicher, wenn wir annehmen, dass $\langle G, *, e \rangle$ eine Gruppe ist, und die Gruppenaxiome formulieren. In der sparsamen Version mit rechtsneutralem Element e und Rechtsinversen bei vorgegebenen G sehen die Axiome dann so aus:

(g_1) $\forall a \forall b \forall c \, ((a * b) * c = a * (b * c))$,

(g_2) $\forall a \, (a * e = a)$,

(g_3) $\forall a \exists b (a * b = e)$.

Das sind die konkreten Gruppenaxiome für $\langle G, *, e \rangle$, in denen wir wie üblich Quantoren wie in formalen Ausdrücken verwenden. Auf der formalen Seite mit den Symbolen F und k sehen sie so aus:

$\varphi_1 :$ $\forall x \forall y \forall z \, (F(F(x, y), z) = F(x, F(y, z)))$.

$\varphi_2 :$ $\forall x \, (F(x, k) = x)$.

$\varphi_3 :$ $\forall x \exists y (F(x, y) = k)$.

Der Übergang von den formalen Axiomen zu den konkreten Gruppenaxiomen heißt **Interpretation**. Wie die Symbole interpretiert werden, wissen wir durch die S-Struktur $\mathcal{G} = (G, \alpha)$. Dass die Bedeutung der Quantoren mit den Elementen in G zusammenhängt, auf die die quantifizierten Variablen sich beziehen, haben wir schon bemerkt. Die Interpretation einzelner Variablen geschieht durch eine **Belegung** der Variablen, das ist eine Abbildung β der Variablenmenge in die Menge A. Eine **Interpretation** I also ist bestimmt durch die Menge G, die Abbildung α der Symbole aus S und eine Belegung β. Kurz: Die Interpretation I ist das Paar $(\mathcal{G}, \beta)$.

Logik

Formales Alphabet	Terme	Ausdrücke	log. Sätze
Variable $x, y, z, \ldots,$ $x_1, x_2, \ldots$ log. Verknüpf. $\neg, \wedge, \vee, \longrightarrow, \leftrightarrow$ Quantoren $\forall, \exists$ Gleichheitz. $=$ Klammern $), (;], [$ *Symbole* für: Konstante $k, e, k_1, k_2, \ldots,$ $0, 1, \ldots$ Funktionen $F, G, H, F_1, F_2, \ldots$ Prädikate $P, Q, P_1, P_2, \ldots$ Relationen $R, S, R_1, R_2, \ldots$	Variable $x, y, z, \ldots,$ $x_1, x_2, \ldots$ Konstante $k, e, k_1, k_2, \ldots,$ $0, 1, \ldots$ $F(x), G(y, k),$ $H(x_1, x_2, \ldots, x_n)$ Sind $t_1, t_2, \ldots$ Terme, dann auch $F(t_1), G(t_1, t_2),$ $G(t_1, F(t_2)),$ $H(t_1, t_2, \ldots, t_n)$ usw.	$x = k, t_1 = t_2$ $P(t_1), R(F(x), t_1),$ $S(t_1, t_2, \ldots, t_n)$ $P(F(t_1)) \longrightarrow$ $(R(t_1, t_2) \vee t_1 = t_2)$ $\forall x\, (R(x, y))$ $\exists x (R(x, y)$ $\longrightarrow P(y))$	Ausdrücke, in denen keine freien Variablen vorkommen.

Analyse Formalisierung ↑   *Interpretation Semantik* ↓

Strukturen

z. B. arithmetische Strukturen wie $\langle \mathbb{N}, +, \cdot \rangle$, $\langle \mathbb{R}, +, < \rangle$, ...

z. B. arithm. Zeichen	arithm. Terme	arithm. Ausdrücke	arithm. Sätze
spezielle Variable: $n, m, k, l, \ldots$ in $\mathbb{N}$ $r, s, t, x, y, \ldots$ in $\mathbb{R}$ Aussagenverkn.: nicht, und, oder, $\Rightarrow$ Quantoren: $\forall, \exists, \exists_1,$ für alle, es gibt (genau ein) ... Konstante: $0, 1, e, \pi, \sqrt{2}$ usw. Funktionen, Verkn.: $f, g, \nu, \ln, \sin, \ldots,$ $+, \cdot, -, :, \ldots$ Relationen: $\in, \leq, |, \equiv \bmod m$	Variable: $n, m, x, y, \ldots$ Konstante: $0, 1, e, \pi,$ $\nu(n), \sin(x), x \cdot y,$ $2 + x, \frac{2}{x}, \ldots$ $\frac{x^2 + 2x + 1}{x - 2}, \sin(\frac{2}{x}),$ $\ln(\cos(x)), \ldots$	$x = 2, x + 1 = \frac{1}{x},$ $2^p - 1$ ist Primzahl, $a \mid b, 5 \equiv -9 \bmod 4$ $x_1 > x_2 \Rightarrow$ $f(x_1) < f(x_2),$ p Primzahl $\Rightarrow$ $2^p - 1$ ist Primzahl, $\forall x \in \mathbb{R}(f(x, y) > 0)$	wahre arithmetische Ausdrücke

Mathematik und mathematischer Alltag

Beispiel: Ist $\langle G, *, e \rangle$ die Gruppe $\langle Q, +, 0 \rangle$, dann interpretieren wir φ_3, also „$\forall x \exists y (F(x, y) = k)$" als „Für alle a gibt es b mit $a + b = 0$". Eine Belegung β spielt hier keine Rolle, da alle Variablen in φ_3 gebunden sind. Man sagt, φ_3 **gilt** in der $\mathcal{S}$-Struktur $\mathcal{G}$, im Beispiel mit $G = \mathbb{Q}$.

Kommt in einem formalen Ausdruck ψ eine freie Variable sagen wir z vor, so muss man wissen, was der Wert von z unter β ist. Beispiel: Ist $\beta(z) = 2$, dann hat der Ausdruck ψ „$\forall x \exists y (F(x, y) = z)$" die Bedeutung „Für alle a gibt es b mit $a + b = 2$". In beiden Beispielen führt die Interpretation zu einer wahren Aussage. Man sagt: Die Interpretion I ist ein **Modell** für ψ, I **erfüllt** ψ oder ψ **gilt** bei der Interpretation I, und schreibt

$$I \models \psi.$$

Das gleiche Zeichen verwendet man für die Beziehung der **Folgerung**. Nehmen wir die Satzmenge

$$\Phi_G = \{\varphi_1, \varphi_2, \varphi_3\}.$$

Φ_G ist das formale Bild der Gruppenaxiomatik. Die formale Version der Existenz Linksinverser ist

$$\varphi : \forall x \exists y (F(y, x) = k).$$

Die Existenz von Linksinversen „folgt", wie man sagt, aus den oben angegebenen Gruppenaxiomen, und man denkt dabei an einen Beweis, der von den Axiomen zu der Existenz der Linksinversen führt. *Aber*: Wir befinden uns auf der formalen Seite. Hier haben wir es mit Φ_G und φ zu tun, und „φ **folgt** aus Φ_G" oder „φ ist eine **Folgerung** aus Φ_G" heißt *dieses*:

$\Phi_G \models \varphi$ genau dann, wenn jede Interpretation, die Φ_G erfüllt, auch φ erfüllt.

Wie dieser Begriff der Folgerung mit dem Begriff des Beweises zusammenhängt, klären wir im folgenden Unterabschnitt.

Eine Reihe von weiteren wichtigen semantischen Begriffen basiert auf dem Begriff der Folgerung: Ein formaler Ausdruck φ heißt **allgemeingültig** – kurz: $\models \varphi$ –, wenn $\emptyset \models \varphi$:

$$\models \varphi \text{ genau dann, wenn } \emptyset \models \varphi.$$

D. h. φ ist in jeder beliebigen Interpretation erfüllt. Beispiel: $\forall x \, (x = x)$.

Ein formaler Ausdruck φ bzw. eine Menge Φ von Ausdrücken heißen **erfüllbar**, wenn gilt:

Es gibt Interpretationen, die φ bzw. alle Ausdrücke in Φ erfüllen.

Ausdrücke φ und ψ heißen **logisch äquivalent**, wenn

$$\varphi \models \psi \text{ und } \psi \models \varphi.$$

Weitere semantische Begriffe definieren wir in den kommenden Abschnitten.

5.1.3 Kalkül

Dem *semantischen* Begriff der Folgerung steht auf der *syntaktischen* Seite der Begriff der **Ableitung** gegenüber. Er beschreibt das auf der formalen Seite, was in der Praxis „Beweis" genannt wird, indem er die Beweisschritte auf elementare logische Schlüsse zurückführt. Logische, *formale Schlüsse* wollen wir syntaktisch schlicht als Übergang von einer Zeichenreihe in eine andere, genauer von einer **Sequenz** von Ausdrücken in eine andere Sequenz von Ausdrücken aufschreiben.

Beispiel: Sei eine mathematische Aussage gegeben. Ihm entspricht ein formaler Ausdruck φ. Die Aussage gilt unter Voraussetzungen, denen formale Ausdrücke

$$\varphi_1, \varphi_2, \varphi_3, \dots, \varphi_n$$

entsprechen. Diese Situation von Voraussetzungen und Aussage schreiben wir syntaktisch als Sequenz

$$\varphi_1, \varphi_2, \varphi_3, \dots, \varphi_n \quad \varphi.$$

$\varphi_1, \varphi_2, \varphi_3, \dots \varphi_n$ heißt *Antezedenz*, φ *Sukzedenz*.

Die Form des Widerspruchsbeweis z. B., in dem wir die Negation einer Aussage, formal $\neg\varphi$, annehmen, können wir syntaktisch als Folge von Sequenzen so erfassen:

$$\frac{\begin{array}{ll} \varphi_1, \varphi_2, \varphi_3, \dots, \varphi_n, \neg\varphi & \psi \\ \varphi_1, \varphi_2, \varphi_3, \dots, \varphi_n, \neg\varphi & \neg\psi \end{array}}{\varphi_1, \varphi_2, \varphi_3, \dots, \varphi_n \qquad\qquad \varphi}$$

Die horizontale Linie gibt den Übergang von den Sequenzen oben in die Sequenz unten an. Ein solcher Übergang kann eine Regel in einer Reihe von Grundregeln sein, die man aufstellt, um elementare Übergänge von Sequenzen zu Sequenzen festzulegen. Aus diesen können dann weitere formale Übergänge gewonnen werden, die geläufige Beweisschritte formal wiederspiegeln. Es entsteht ein *Kalkül* mit Sequenzen, ein **Sequenzenkakül** $\mathbb{S}$, der in die Lage versetzen soll, konkrete Beweise formal und detailliert unter Anwendung der Regeln des Kalküls als **Ableitung** zu simulieren.

Man schreibt

$$\varphi_1, \varphi_2, \varphi_3, \dots, \varphi_n \vdash \varphi,$$

wenn φ im Kalkül **ableitbar** ist. Ist Φ eine Menge von Ausdrücken, so heißt φ aus Φ **formal beweisbar** oder **ableitbar**, in Zeichen

$$\Phi \vdash \varphi,$$

wenn es Ausdrücke $\varphi_1, \varphi_2, \varphi_3, \dots \varphi_n$ in Φ gibt mit $\varphi_1, \varphi_2, \varphi_3, \dots, \varphi_n \vdash \varphi$. Ist Φ ein System von Axiomen und gilt $\Phi \vdash \varphi$, dann ist φ ein **Theorem**.

Nur um eine Anschauung von der Form solcher Sequenzenregeln zu bekommen, geben wir weitere an. Der Übersichtlichkeit halber fassen wir in der formalen Darstellung die formalen Ausdrücke für eventuelle Voraussetzungen $\varphi_1, \varphi_2, \varphi_3, \dots, \varphi_n$

in einer Ausdrucksmenge Δ zusammen. Bekannte Schlussregeln, die ständig in Beweisen verwendet werden, sind z. B. der Modus Ponens oder der Übergang zu einer Kontraposition. Formal sehen diese Regeln so aus:

$$\frac{\begin{array}{ll}\Delta & \varphi \longrightarrow \psi \\ \Delta & \varphi\end{array}}{\Delta \quad \psi} \qquad\qquad \frac{\begin{array}{lll}\Delta & \varphi & \psi\end{array}}{\Delta \quad \neg\psi \quad \neg\varphi}$$

Einen Schluss, den man in Beweisen ohne Logik wie hier wohl kaum bemerkt, formalisiert die folgende *Quantorenregel*:

$$\frac{\Delta \quad \varphi(x/t)}{\Delta \quad \exists x\varphi}$$

Sie beschreibt formal die folgende Situation: Wenn man ein Beispiel t für die freie Variable x in φ (unter den Voraussetzungen in Δ) gefunden hat – der Term $\varphi(x/t)$ symbolisiert dies, geht man selbstverständlich davon aus, dass es ein x gibt, für das φ gilt. In [58] werden neun elementare Grundregeln angegeben, aus denen alle weiteren Regeln wie z. B. die angegebenen abgeleitet werden können.

Man sagt, dass eine Sequenz $\varphi_1, \varphi_2, \varphi_3, \ldots, \varphi_n \ \varphi$ **korrekt** ist, wenn diese eine Folgerung wiederspiegelt, d. h. wenn $\varphi_1, \varphi_2, \varphi_3, \ldots, \varphi_n \models \varphi$ gilt. Alle Beispiele von Sequenzenregeln werden natürlich so ausgewählt, dass sie korrekt sind. Daraus ergibt sich unmittelbar der **Korrektheitssatz**

Satz. *Für alle Φ und φ gilt: Wenn φ aus Φ ableitbar ist, so folgt φ aus Φ. Kurz:*

Wenn $\Phi \vdash \varphi$, dann $\Phi \models \varphi$.

1929 bewies Kurt Gödel die Umkehrung, den **Vollständigkeitssatz**:

Satz (Gödel). *Für alle Φ und φ gilt: Wenn φ aus Φ folgt, so ist φ aus Φ ableitbar. Kurz:*

Wenn $\Phi \models \varphi$, dann $\Phi \vdash \varphi$.

Wir schließen mit der Angabe dreier Sätze, die weitreichende methodologische Konsequenzen haben und den Hintergrund bilden für viele Ergebnisse der logischen Untersuchung der Arithmetik, über die wir in Abschnitt 5.3 berichten:

Satz (Löwenheim und Skolem). *Eine endliche oder abzählbare Menge von Ausdrücken, die erfüllbar ist, ist erfüllbar über einem höchstens abzählbaren Grundbereich.*

Satz (Tarski). *Eine Ausdrucksmenge, die über beliebig großen endlichen Bereichen erfüllbar ist, ist auch über einem unendlichen Bereich erfüllbar.*

Satz (Löwenheim, Skolem und Tarski). *Ist eine Ausdrucksmenge über einem unend-lichen Bereich erfüllbar, und ist κ eine unendliche Mächtigkeit größer oder gleich der Mächtigkeit der Ausdrucksmenge, so ist die Ausdrucksmenge über einem Bereich mit der Mächtigkeit κ erfüllbar.*

5.2 Bemerkungen zur Geschichte

Über den Beginn der Axiomatik in der Mathematik bei Euklid und ihre philosophi-schen Ursprünge bei Platon und Aristoteles haben wir im Kapitel 2 berichtet. Die eu-klidische Axiomatik bestimmte die Mathematik bis ins 19. Jahrhundert hinein. Noch im 17. Jahrhundert und zu Beginn des 18. Jahrhunderts war sie der – oft unausge-sprochene – Ausgangs- und Bezugspunkt fast aller Arbeiten in der Mathematik. Die Mathematik entwickelte sich im Laufe des 18. Jahrhunderts speziell in der Analysis so dramatisch und teils diffus, dass sie die euklidische Grundlage weit überforder-te. Sie brauchte ein neues Fundament, einen neuen Rahmen und eine neue Methode. Das neue Fundament und der neue Rahmen wurden die Mengenlehre, über die wir im Kapitel 4 berichtet haben, und die neue Logik, deren erste Elemente und Grund-begriffe wir eben vorgestellt haben. Als neue Methode bildete sich eine Axiomatik aus so, wie sie uns heute täglich begleitet. Dadurch, dass sie ihre Grundlagen in die eigenen Hände nahm, löste die Mathematik sich endgültig aus der Philosophie, deren Unterdisziplin sie bis dahin im Prinzip geblieben war.

Über die Geschichte der Logik, die getrennt von der Mathematik begann und erst im 19. Jahrhundert in die Geschichte der Mathematik mündete, machen wir nun einige Angaben. Es folgen einige Punkte in der Entwicklung einer erneuerten Axiomatik im 19. Jahrhundert. Hier und dort kennen wir schon aus den vorangegangen Kapiteln manche Daten und Namen.

5.2.1 Aus der Geschichte der Logik

Die frühen Anfänge einer philosophischen Logik liegen vermutlich im fünften vor-christlichen Jahrhundert in der „Sophistik" der Sophisten, die aus praktischen und rhetorischen Gründen das richtige, besser das geschickte Argumentieren und Spre-chen lehrten. Erstes explizites Zeugnis einer Logik ist die Syllogistik des *Aristoteles* einhundert Jahre später. Aristoteles erläutert den Syllogismus als einen Schluss, „in welchem sich, wenn etwas gesetzt wurde, etwas anderes als das Gesetzte mit Notwen-digkeit durch das Gesetzte ergibt" ([2], I 1, 100 a 25–27). Im griechischen Wort „Syl-logismos ($\sigma v \lambda \lambda o \gamma \iota \sigma \mu \acute{o} \varsigma$)" klingt die Bedeutung „Rechnen" an, die schon hier ganz am Anfang auf die Auffassung von Leibniz und die logische Algebra des 19. Jahrhun-derts verweist.

Syllogismen sind logische Schlüsse einer speziellen Form. Sie verbinden kategori-sche Sätze, das sind Aussagen, die Subjekten Prädikate zuordnen. Syllogismen schlie-

ßen von zwei kategorischen Sätzen, dem „Ober-" und „Untersatz" auf einen dritten
kategorischen Satz, die „Konklusion". Das bekannteste Beispiel ist: Alle Menschen
sind sterblich (Obersatz). Sokrates ist ein Mensch (Untersatz). Sokrates ist sterblich
(Konklusion). Hier ist „sterblich" der „Oberbegriff", „Mensch" der „Mittelbegriff"
und „Sokrates" der „Unterbegriff". Die Syllogistik ist eine *begriffliche* Logik, in der
in den Prämissen und den Schlüssen Begriffe in Beziehung gesetzt werden. In den
Syllogismen ist zum ersten Mal in der Geschichte der Gedanke konkretisiert, dass
Wahrheit von Aussagen formal bedingt ist, dass Wahrheit nicht nur in der Bedeutung der Begriffe zu suchen ist sondern auch in der *Form* der Sätze, in denen sie
vorkommen. Logik mit einer solchen formalen Tendenz hieß in der Geschichte der
Philosophie daher *formale Logik*.

Im 3. Jahrhundert v. Chr. finden wir die ersten Ansätze einer Aussagenlogik bei
dem Dialektiker *Philon von Megara* (4./3. Jahrhundert v. Chr.) und in der Stoa bei
Chrysippos von Soli (ca. 281 bis ca. 208 v. Chr.). Ihre Logik war gerichtet auf die Klärung formaler Sprachstrukturen. Philon wird die erste Umschreibung einer Wahrheits-
wertetafel, die der Subjunktion (wenn, dann), zugeschrieben. Chrysippos unterschied
zwischen Gegenstand, Bezeichnung und Bedeutung. Er gab weitere Formulierungen
für die logischen Verknüpfungen der Negation, der Konjunktion (und), der Alternative
(entweder, oder) und der Subjunktion (wenn, dann) an und begründete ihre Gültigkeit
durch den Verlauf der Wahrheitswerte. Ein Beispiel: „Entweder das α' oder das β'.
Ferner das α'. Also nicht das β'." ([103], Fragment 1131). Hier sind β' und α' die
griechischen Symbole für die Ordinalzahlworte „Erstens" und „Zweitens". Schlüsse
dieser Art wurden als „hypothetische Syllogismen" bezeichnet, die unbeweisbar wie
Axiome einer frühen Aussagenlogik zugrunde lagen.

In der Scholastik wurde die Syllogistik des Aristoteles wieder aufgenommen. Die
Syllogistik wurde zum Kern der Logik bis ins 19. Jahrhundert hinein und veränderte
sich im Laufe der Zeit. Hauptinhalt der mittelalterlichen Syllogistik ist das Studium
von Eigenschaften der kategorischen Sätze, die Beziehungen der Sätze und der Syllogismen untereinander. Aus dieser Zeit stammen die traditionellen Schreibweisen für
die kategorischen Sätze, der Syllogismen und die für sie typische Bezeichnungswei-
se. Man unterschied Sätze nach ihrer „Quantität", d. h. danach ob sie universell (z. B.
„Alle S sind P") oder partikulär (z. B. „Einige S sind nicht P") sind, und nach ihrer
„Qualität", d. h. ob sie verneinend oder bejahend sind. Man schrieb

SaP	für	alle S sind P
SeP	für	kein S ist P
Sip	für	einige S sind P
SoP	für	einige S sind nicht P

„S" steht für „Subjekt", „P" für „Prädikat". Die Buchstaben a, e, i, o sind den Worten
„affirmo" und „nego" entnommen: Den ersten Vokal „a" aus „affirmo" für den universellen, bejahenden Fall, „e" aus „nego" für den universellen, verneinenden Fall,

die zweiten Vokale für die partikulären Fälle. Wir erkennen Ansätze einer logischen Symbolik, die jedoch nicht weiter entwickelt wurde. Die Symbole behielten so den Charakter von Abkürzungen.

Eine besondere Erscheinung im Mittelalter ist Ramon Llull, latinisiert und bekannter als *Raimundus Lullus* (1232–1316), Dichter, Theologe und Philosoph. Er hat ein umfangreiches Werk hinterlassen. Die größte Wirkung darin hatten wohl seine *Ars magna* und *Ars brevis* erzielt. Übergeordnetes Ziel dieser Werke war, Mittel zu entwickeln, Ungläubige und Andersgläubige im Gespräch unwiderlegbar zu überzeugen. Lullus ging darin aus von Prinzipien als Eigenschaften Gottes wie „Güte", „Größe", „Wahrheit" und Grundbegriffen wie „Anfang", „Ziel", „Handlung", „Unterschied", und versuchte aus ihnen Wahrheiten abzuleiten. Er ordnete den Begriffen Buchstaben zu und entwarf ein System einer symbolischen Sprache. Logik war für ihn die Kunst, Wahres und Falsches zu unterscheiden. Diese Kunst verfolgte er bis in die mechanische Kombination von Begriffen und Urteilen und deren technische Umsetzung.

Lullus selbst konstruierte eine „logische Maschine", die aus sieben um ein Zentrum drehbaren Scheiben bestand. Auf jeder dieser Scheiben waren Worte angeordnet, die verschiedene Begriffe – z. B. „Mensch", „Wissen", „Wahrheit" – und logische Operationen wie „Unterschied", „Übereinstimmung", „Widerspruch" und „Gleichheit" bezeichneten. Durch das Drehen der konzentrischen Scheiben ergaben sich Verknüpfungen von Begriffen, die partiell Schlussformen des syllogistischen Prinzips entsprachen. Viele sehen heute in Raimundus Lullus, dessen Ideen zunächst kritisch bis ablehnend aufgenommen wurden, den frühen Vorläufer und Erfinder der symbolischen Logik und der automatischen Informationsverarbeitung. Die Ideen des Lullus waren singulär – es gab z. B. selbst in der Algebra damals keine vergleichbare Symbolik – und blieben lange ohne Einfluss auf die weitere Entwicklung der Logik.

Leibniz, dreieinhalb Jahrhunderte später, studierte die Werke des Lullus. Die Ideen seiner *characteristica universalis*, der *ars combinatoria* und der *mathesis universalis* sind unter dem Einfluss der Logik des Lullus entstanden. Im Kapitel 2 haben wir über Leibniz Ideen und diese Wichtige Etappe in der Geschichte der Logik ausführlich berichtet. Leibniz gelang es nicht, das Projekt der Algebraisierung der Argumentation, quasi eine „algebra universalis" auszuführen. Denn viele, realistischere Projekte lagen vor ihm und das Projekt war, wie er es angelegt hatte, zu groß und wohl prinzipiell unrealisierbar. Wesentliche Gründe für das Misslingen – auch einer teilweisen Realisierung – lag darin, dass das Projekt ein absolutes, intensional begriffliches und nicht konventionelles Fundament postulierte, dazu universell angelegt war und der Gedanke der Formalisierung nicht konsequent zu Ende gedacht war.

Die Idee einer Mathematisierung der Denkprozesse und der Wissenschaften war im 17. Jahrhundert präsent gewesen. Man denke an *Descartes* und seine mathesis universalis und *Pascals* Idee der Mathematik als Maßstabes in der Welt der Vernunft, die in der Welt des Herzens, der Ethik, der Unendlichkeit dagegen keinen Platz hatte (s. Abschnitt 2.8). Leibniz formulierte über die Idee der Mathematisierung hinausgehend das Konzept einer mathematischen Logik.

Das *Leibniz-Programm*, wie es *H. Scholz* (1884–1956) nannte ([176], S. 242), wurde in der Folgezeit immer wieder aufgenommen, z. B. von Chr. Wolff (1679–1754). Es blieb ein philosophisches Programm, das wieder Abschied nahm von der Symbolisierung und Algebraisierung. Logik in der Philosophie blieb begrifflich, inhaltlich gebunden und behielt ihre erkenntnistheoretische und ontologische Orientierung. Die erste Form einer formalen Logik im *strengen* Sinn kam als Algebra der Logik von mathematischer Seite.

Den Anfang der formalen, mathematischen Logik machten die englischen Mathematiker *George Boole* (1815–1864) und *Augustus De Morgan* (1806–1871). Ihr Verdienst war es, Teile der formalen Logik konsequent algebraisch aufzufassen und auszuführen. Boole hat in seinen Büchern *Mathematical Analysis of Logic* (1847, [24]) und *An Investigation of the Laws of Thought on which Are Founded the Mathematical Theories of Logic and Probabilities* (1854, [25]) die Idee partiell verwirklicht, die wir bei Leibniz gesehen haben, Begriffe zu symbolisieren, Formeln algebraischer Art für die Darstellung logischer Beziehungen aufzustellen und eine Algebra der Logik zu entwickeln.

Boole erkannte die fundamentale Bedeutung der Logik für die Mathematik. In [24] schrieb er:

> „Man sollte nicht mehr Logik mit Metaphysik sondern mit Mathematik verknüpfen. [...] Das Gebiet, das als Resultat des Studiums der Logik entsteht, ist im Grunde genommen dasselbe, wie es durch das Studium der Analysis entsteht."

Neben dieser ganz neuen Auffassung, die Frege aufnehmen wird, ist bei Boole nicht die Idee der Algebra der Logik neuartig sondern die Beschreibung des Wesens des Formalismus überhaupt. Er hat als erster den *Kern* wirklich formaler Logik formuliert:

> Ein Formalismus sei, so sagte er, eine Prozedur, „deren Wahrheit nicht von der Bedeutung der Symbole abhängt, sondern von den Regeln ihrer Verknüpfung."

Gerade dieses Prinzip, dass Umformungen sprachlicher Ausdrücke nicht von der Bedeutung, der Interpretation der Symbole abhängen, sondern ausschließlich von den Regeln ihrer Zusammensetzung, die unabhängig von jeder Interpretation sind, war das absolute Novum. Boole betonte ausdrücklich, dass ein und dasselbe formale System auf verschiedene Weise interpretiert werden kann.

Für Boole waren dabei die symbolische Sprache und der Formalismus nicht Selbstzweck. Neben der mathematischen Bedeutung betonte er das philosophische Ziel:

> „Die Logik ist dank der allgemeinen Begriffe in unserem Verstand möglich – dank unserer Fähigkeit, Klassen zu erkennen und ihre einzelnen Elemente mit einem gemeinsamen Namen zu versehen. Also ist die Theo-

rie der Logik streng mit der Theorie der Sprache verknüpft. Der geglückte Versuch, logische Sätze mit Symbolen auszudrücken, die gemäß den Gesetzen des Denkens kombiniert werden sollen, wäre in diesem Sinn ein Schritt vorwärts in Richtung einer philosophischen Sprache." ([24], S. 4 f)

In den zitierten Werken präsentierte Boole eine Theorie, die eine Erweiterung und Klärung der aristotelischen Syllogistik sein sollte. Ihre theoretische Bedeutung und der Anwendungsbereich erwies sich jedoch als weit größer. Die heutige Version seiner Theorie heißt „Boolsche Algebra" in Anerkennung ihres Begründers. Das Boolesche System lässt sich als Mengenalgebra wie auch als Aussagenkalkül interpretieren.

Begriffe bzw. Sätze über sie bezeichnet Boole mit großen lateinischen Buchstaben wie X und Y. Um für sie die vier Fälle der Kombination von „wahr" und „falsch" auszudrücken, verwendet er die kleinen lateinischen Buchstaben x, y als „elective symbols", die, wie er schreibt, Symbole sein sollten, die Objekte aussondern („select, elect") und hervorheben: „Das Universum 1 enthält alle Fälle, die sich denken lassen, das Symbol x wählt die Fälle aus, in denen X wahr ist. Analog für Y." ([24], S. 49) Wir würden heute sagen, x und y sind die Klassen der Elemente, die unter X und Y fallen. Die vier Fälle für „wahr" und „falsch" erhalten folgende symbolische Form:

xy	steht für	X wahr, Y wahr,
$x(1-y)$	steht für	X wahr, Y falsch,
$(1-x)y$	steht für	X falsch, Y wahr,
$(1-x)(1-y)$	steht für	X falsch, Y falsch.

Boole kennt kein Symbol für die Subjunktion (wenn, dann) und die Negation (nicht). Beide Verknüpfungen werden durch kompliziertere Formeln ausgedrückt. Das Symbol $+$ verwendet er für die Alternative (entweder, oder).

Die klassischen kategorischen Sätze sehen bei Boole so aus:

Jedes X ist Y	$x(1-y) = 0$,
Kein X ist Y	$xy = 0$,
Einige X sind Y	$xy = v$,
Einige X sind nicht Y	$x(1-y) = v$.

Dabei ist v einerseits eine Klasse, „die in keinem Sinn bestimmt ist außer in einem" („indefinite in all respects but one") ([24], S. 48 f). Das Symbol v steht andererseits durchgängig auch für „some". Diese unklare Art der Verwendung des Symbols v führt in Booles System zu einer gewissen Inkonsistenz.

Im Erscheinungsjahr 1847 der *Mathematical Analysis of Logic* erscheint auch das Buch *Formal Logic* von De Morgan. Es wird erzählt, dass beide Bücher am gleichen Tage in den Buchläden ausgelegen hätten. In seinem Buch entwickelt De Morgan eine Syllogistik und er führt einige weitere Ideen in die Algebra der Logik und die

Theorie der Relationen ein. Von ihm stammen Bezeichnungen für die Umkehrung, das Komplement und die Verknüpfung von Relationen.

Wir müssen an dieser Stelle eine weitere Bemerkung zu *Bernard Bolzano* (1781–1848) machen, die unsere Ausführungen im Kapitel 2 ergänzen. Noch vor dem Schritt Booles in die mathematische Logik formulierte Bolzano in seiner *Wissenschaftslehre* (1837, [22]) den logischen Begriff der Folgerung und machte einen Versuch, den Begriff der Wahrheit zu klären. Die Definition der Folgerung war kompliziert und vom heutigen Standpunkt nicht präzise. Wir stellen aber fest, dass Bolzano noch kein differenziertes logisches Begriffs- und Zeichensystem zur Verfügung hatte, das für die erforderliche Präzision notwendig gewesen wäre.

Der Kern seines Ansatz für eine Definition der Folgerung sah so aus: Bolzano symbolisiert Sätze, genauer Ausdrücke durch Großbuchstaben $A, B, C, D, \ldots$ $M, N, O, \ldots$ und nennt sie „verträglich" oder „einstimmig", wenn es „Vorstellungen" gibt, die an die Stelle von Variablen $i, j, \ldots$ gesetzt „jene Sätze sämtlich in wahre verwandeln" ([22], § 155 a). Die Sätze $M, N, O, \ldots$ folgen aus den $A, B, C, D, \ldots$, wenn „jeder Inbegriff von Vorstellungen, der an der Stelle $i, j, \ldots$ die sämtlichen $A, B, C, D, \ldots$ wahr macht, auch die $M, N, O, \ldots$ wahr macht". Wir erkennen die nahe Verwandtschaft zu dem heute gebräuchlichen, auf Tarski zurückgehenden Begriff der Folgerung (s. 5.1).

Den Begriff der Wahrheit bezieht Bolzano auf die Wirklichkeit. Ein Satz ist wahr, wenn er „etwas so, wie es ist, aussagt" (vgl. [22], Bd. I, § 25). Das ist nicht neu und wieder philosophisch, und man kann vieles Weitere über Wirklichkeit, Aussage und ihre Beziehung philosophieren. Umgangssprachliche Wahrheitsdefinitionen dieser Art hat Tarski in [185] diskutiert und deren Möglichkeit in Frage gestellt. Bemerkenswert ist, dass Bolzano die Notwendigkeit eines Wahrheitsbegriffs speziell bezogen auf formale Sprachen erkennt. Eine fundierte Wahrheitsdefinition für formalisierte Sprachen hat Tarski 1933 in der schon zitierten großen Arbeit [185] gegeben.

Bolzano war – wie es scheint – der erste Mathematiker, der verstanden hatte, was mathematische Logik wirklich bedeutete. Bolzanos Ideen hatten, da sie philosophisch abgefasst waren, praktisch keinen Einfluss auf die Entwicklung der mathematischen Logik in den folgenden Jahrzehnten genommen. Erst 100 Jahre später formulierte Tarski ([186]) in ähnlicher Weise den Begriff der Folgerung, ohne Bezug auf die Wissenschaftslehre von Bolzano zu nehmen – wohl aus ihrer Unkenntnis.

Die eigentliche Wende von der formalen philosophischen Logik zur mathematischen Logik kam mit *Gottlob Frege* (1848–1925). Wir haben im Abschnitt „Logizismus" im Kapitel 2 über Frege und sein Werk berichtet. Frege war es, der die Grenzen der aristotelischen Logik wirklich überwand. Er schuf die erste umfassende formale Sprache. Das Jahr 1879, das Erscheinungsjahr von Freges *Begriffsschrift*, gilt als wichtigstes Datum in der Geschichte der Logik seit Aristoteles. In der *Begriffsschrift* finden wir das erste formalisierte Axiomensystem für den Aussagenkalkül und die erste vollständige Analyse des Satzes, d. h. der Quantoren und ihrer Axiome. Mit seinen *Grundlagen der Arithmetik* (1884) und dem zweibändigen Werk *Grundgesetze der Arithmetik* (1893, 1903) sollte die Logik zur Grundlage der ganzen Mathematik werden. Wir berichteten, dass die Schriften Freges mathematisch kaum wahrgenommen wurden. Der wesentliche Grund dafür war eine sehr schwierige Symbolik, die Frege erfand und kompromisslos verwendete.

Die Entwicklung einer Disziplin ist entscheidend an die Entwicklung ihrer Ausdrucksmöglichkeiten gebunden. Für die Logik gehört wie für die Mathematik gerade eine angemessene Symbolik dazu. Dass eine solche für die Logik in den Jahrhunderten zuvor nur in Ansätzen entstand, mag ein Grund für ihre verzögerte Entwicklung gewesen sein. Zur Schaffung einer geeigneten Symbolik für die Logik hat in erster Linie *Giuseppe Peano* (1858–1932) beigetragen. Viele der Bezeichnungen, die Peano einführte, wurden direkt oder leicht abgewandelt übernommen und werden noch heute in Logik und Mathematik verwendet.

Peanos Idee war, die gesamte Mathematik in eine konsequente äußere Form durch eine künstliche Symbolsprache zu bringen. Die einzelnen Sätze einer Disziplin sollten dann aus einem Repertoire von Postulaten abgeleitet werden. Ihren vollen Ausdruck fand dieses Vorhaben in dem berühmten Projekt „Formulario", das Peano in der von ihm gegründeten Zeitschrift *Rivista di mathematica* vorstellte und das die Idee der „characteristica universalis" von Leibniz aufnahm. Das Ziel war, alle bekannten Sätze aus allen Disziplinen der Mathematik in dieser symbolischen Sprache darzustellen. In den Jahren 1894 bis 1908 erschienen fünf Bände der Reihe *Formulario Mathematica*, in der dieses Projekt verwirklicht werden sollte. Im letzten Band z. B. finden sich allein 4200 mathematische Sätze. Peano betrachtete die *Formulario* als die Verwirklichung der Leibnizschen Idee. Er sagte:

> „Nach zwei Jahrhunderten ist dieser ‚Traum' des Erfinders der Infinitesimalrechnung Wirklichkeit geworden. Wir haben nämlich die von Leibniz gestellte Aufgabe erfüllt."

Ein Beispiel einer in solcher Weise symbolisierten Theorie hatte Peano schon im Jahr 1989 in seiner berühmten Schrift *Aritmetices principia nova methodo exposita* [143] ausgeführt. Diese Schrift enthält die früheste logische Formulierung der Axiome der Theorie der natürlichen Zahlen. Dedekinds Schrift [48] liegt zwar früher, formuliert Axiome aber in mengentheoretischer Weise. Zu Beginn seiner Schrift schreibt Peano:

> „Ich habe die Grundgedanken, die in den Grundlagen der Arithmetik vorkommen, mit Symbolen bezeichnet derart, dass jeder Satz durch diese Symbole vollständig ausgedrückt ist. Die Zeichen gehören entweder zur Logik oder zur Arithmetik. [. . .] Durch diese Notation erhält jeder Satz eine Form und eine Präzision, die den Gleichungen der Algebra ähnelt. Aus so geschriebenen Sätzen können dann weitere Sätze abgeleitet werden –

in einem Prozess, der der Lösung von Gleichungen gleicht. Das gerade war das Hauptziel und der wesentliche Grund dieser meiner Arbeit."

Wir geben als Beispiel den frühen Versuch Peanos an, die arithmetischen Axiome in logischer Weise zu formulieren.

Peano wählte zehn Grundbegriffe, die rein logischer Natur sind (und bemerkte, dass nicht alle davon notwendig seien). Hinzu kamen vier arithmetische Grundbegriffe. Die logischen Zeichen waren:

P	für	Aussage bzw. die Klasse aller Aussagen,
K	für	Klasse bzw. die Klasse aller Klassen,
ε	für	„ist" bzw. die Elementbeziehung,
$\cap$	für	die Konjunktion oder den Durchschnitt von Klassen – wobei die Bedeutung von $\cap$ vom Kontext abhing,
$\cup$	für	die Disjunktion oder die Vereinigung von Klassen,
$-$	für	die Negation oder das Komplement einer Klasse,
$\supset$	für	die Inklusion von Klassen oder die Subjunktion (die so gelesen wurde: . . . wird abgeleitet von . . .),
$=$	für	die Äquivalenz oder Gleichheit von Klassen,
Λ	für	das Falsche, die leere Menge,
$(.\varepsilon)$	als	Zeichen der „Inversion"; $(x\varepsilon)a$ wurde gelesen als „x mit der Eigenschaft a".

Die arithmetischen Grundbegriffe waren:

N Eigenschaft „Zahl" bzw. die Klasse der natürlichen Zahlen,

1 Eins,

$a+1$ Nachfolger von a,

$=$ Gleichheit von Zahlen.

Peano formulierte vier Axiome der Identität (die heute als logische Axiome behandelt werden) und die fünf folgenden arithmetischen Axiome:

(i) $1\varepsilon\mathrm{N}$,

(ii) $a\varepsilon\mathrm{N}. \supset .a + 1\varepsilon\mathrm{N}$,

(iii) $a, b\varepsilon\mathrm{N}. \supset: a = b. = .a + 1 = b + 1$,

(iv) $a\varepsilon\mathrm{N}. \supset .a + 1 - = 1$,

(v) $k\varepsilon\mathrm{K}\,.\!\dot{}\,1\varepsilon k.\!\dot{}\,.x\varepsilon\mathrm{N}.x\varepsilon k :\supset_x .x + 1\varepsilon k ::\supset .\mathrm{N} \supset k$.

In unserer heutigen Symbolik sähen diese Axiome so aus:

(i) $1 \in N$ (1 ist eine natürliche Zahl),

(ii) $a \in N \longrightarrow a + 1 \in N$
(Ist a eine natürliche Zahl, so ist $a + 1$ eine natürliche Zahl),

(iii) $a, b \in N \longrightarrow (a = b \longleftrightarrow a + 1 = b + 1)$
(Natürliche Zahlen sind gleich genau dann, wenn ihre Nachfolger gleich sind),

(iv) $a \in N \longrightarrow (a + 1 \neq 1)$
(Nachfolger sind ungleich 1),

(v) $k \in K \wedge 1 \in k \wedge \forall x(x \in N \wedge x \in k \longrightarrow x + 1 \in k) \longrightarrow N \subseteq k$
(Wenn 1 in k ist und k gegenüber der Nachfolgerbildung abgeschlossen ist, dann ist N ein Teil von k).

Peano zeigte, wie sich aus diesen Axiomen weitere Sätze über natürliche Zahlen ergeben. Er sagte aber nicht, nach welchen Regeln die Ableitung der Sätze aus den
Axiomen oder anderen Sätzen geschehen sollte. Seine Ableitungen waren einfach Sequenzen von Sätzen derart, dass die Konsequenz eines Satzes aus den anderen *intuitiv*
einleuchtete.

Eine weitere Schwierigkeit, die bei diesem Anfang einer logischen Axiomatik bestand, war, logische und mengentheoretische Begriffe wirklich klar zu unterscheiden. Wir sehen, dass Peano neben den logischen Begriffen auch mengentheoretische
Grundbegriffe wie die Elementbeziehung oder Klassen verwendete. Ebenso schwierig
war es, die sprachlichen Ebenen klar voneinander zu trennen. So gehörte bei Peano der
Metabegriff „Aussage" – im Symbol P – zur logisch-arithmetischen Objektsprache.

Zur Verbreitung der Peanoschen Symbolik und zu ihrer Akzeptanz bei Logikern
und Mathematikern hat der englische Mathematiker, Logiker und Philosoph *Bertrand
Russell* (1872–1970) entscheidend beigetragen. Er hat sie mit geringen Veränderungen in das monumentale Werk *Principia Mathematica* ([200]) übernommen, das er
zusammen mit dem englisch-amerikanischen Philosophen und Mathematiker *Alfred
North Whitehead* (1861–1947) verfasst hat. Wir haben über Russell und das Projekt
der *Principia Mathematica* im Kapitel 2 im Punkt über den Logizismus ausführlich
berichtet. Die *Principia Mathematica* waren lange Zeit der Ausgangs- und Bezugspunkt der modernen mathematischen Logik.

Wir fassen die letzten wichtigen Ereignisse in der Geschichte der Logik zusammen: In der ersten Hälfte des 19. Jahrhunderts, in den Werken von Boole, Bolzano
und De Morgan laufen die Linien der Geschichte der Mathematik und der Geschichte
der Logik zum ersten Mal ineinander. Boole hatte die Bedeutung der Logik für die
Mathematik klar erkannt. Fundamentale Elemente der Logik, die zuvor ganz in der
Philosophie beheimatet waren, wurden mathematisch erfasst und algebraisch symbolisiert und bildeten eine neue mathematische Disziplin, die Algebra der Logik. Bei
Frege und Peano rückten die Elemente der Logik in unterschiedlicher Weise in das

Fundament der Mathematik vor. Das Projekt Peanos war, eine Symbolik zu entwickeln, in der die ganze Mathematik darstellbar sein sollte, und die mathematischen Sätze axiomatisch-deduktiv zu ordnen. Boole hatte in den oben zitierten Sätzen vorweggenommen, was das Ziel Freges gewesen ist: Das Gebiet, das als Resultat des Studiums der Logik entsteht, sollte die gesamte Mathematik sein. Durch die logische Begründung der Arithmetik versuchte Frege, die mathematische Logik zum Fundament der Analysis und der Mathematik insgesamt zu machen. Wir haben im Kapitel 2 über Freges Versuch berichtet, die Tragik gesehen, die für Frege mit der Russellschen Antinomie verbunden war, und verfolgt, wie Whitehead und Russell Freges Projekt zu Ende führten. Wir haben angemerkt, dass Logik allein – ohne Kunstgriffe – das Fundament der Mathematik nicht bilden kann. Nicht Logik allein, sondern Logik und Mengenlehre bilden heute die Mathematischen Grundlagen.

5.2.2   Zur Geschichte der Axiomatik

Wir haben geschildert, dass z. B. bei Frege und Peano Axiome an neuer Stelle und in formaler Weise in den Vordergrund treten. Die neue Sicht auf Axiome und Axiomatik, die erst bei Hilbert in voller Klarheit zu Tage tritt, hat sich zeitlich parallel zu den Schritten in die mathematische Logik im Laufe des 19. Jahrhunderts vorbereitet.

Die Axiomatik gilt seit Platon, Aristoteles und Euklid als die adäquate Methode der Mathematik (vgl. Kap. 2). Axiome sind elementare Aussagen, die man an den Anfang einer Theorie stellt. Sie werden als intuitiv plausibel angenommen und ohne Beweis als gültig vorausgesetzt. Die beste Übersetzung für das griechische Wort „$\dot{\alpha}\xi\iota o\mu\alpha$" (axioma) – wörtlich „Geltung" oder „Forderung", „Anspruch" – ist in mathematischem Zusammenhang das Wort „Grundsatz". Zur Formulierung der Axiome verwendet man Grundbegriffe, die man heute undefiniert an den Anfang der Theorie stellt. Aus den Grundbegriffen werden weitere Begriffe definiert, aus den Axiomen werden neue Aussagen abgeleitet.

Bei Euklid und der späteren auf Euklid fußenden Mathematik finden wir Versuche vor, die Grundbegriffe einer Axiomatik zu definieren. Solche Definitionen sind notwendig deskriptiver, philosophischer Natur. Sie zeigen zudem, dass die Axiomatik auf fest vorgegebene reale oder abstrakte Gegenstände, bei Euklid auf die Elemente der Geometrie, bezogen waren. Die euklidische Axiomatik war *inhaltlich festgelegt*. Die Liste der Axiome für die Geometrie, die Euklid aufstellte, war unvollständig, seine Beweise waren nach heutigem Maßstab nicht immer korrekt. Oft berief Euklid sich auf nicht erkannte oder nicht angegebene und nur intuitive Voraussetzungen. Dennoch galten die *Elemente* des Euklid als Ideal mathematischen Vorgehens und mathematischer Darstellung und lieferten die Paradigmen dafür, wie mathematische Systematik aussehen sollte. Auch die Begriffe des Beweises und der Folgerung blieben bei Euklid intuitiv. Dies führte dazu, dass Ausführungen von Beweisen in den *Elementen* neben den intuitiven, impliziten Voraussetzungen weitere Lücken oder Schwächen aufweisen konnten. Die euklidische Axiomatik war trotz einiger Defizite ein epochaler Schritt in der Methodologie der Mathematik, als mathematische Systematik aber noch nicht konsequent ausgebildet.

Die Mathematik in den *Elementen* und auch der späteren mathematischen Werke ist vom heutigen Standpunkt aus quasi-axiomatisch. Mit ihren Grundbegriffen fußte sie in der Philosophie. Die euklidische Axiomatik blieb die selbstverständliche Grundlage der Mathematik bis ins 19. Jahrhundert hinein und war als „geometrische Methode" (more geometrico) das Muster für strenges wissenschaftliches Vorgehen überhaupt – nicht zuletzt in der Philosophie (vgl. [31]). Sie in Frage zu stellen, war nicht vorstellbar. Gegen Ende des 18. Jahrhunderts gewann die Mathematik bei Kant als Bereich „synthetischer Urteile a priori" zusätzliche philosophische Bedeutung und die arithmetischen und geometrischen Grundbegriffe erhielten in seiner Transzendentalphilosophie einen erkenntnistheoretischen Status. Beides schien die Mathematik in neuer Weise an die Philosophie zu binden. Die Entwicklung aber verlief anders. Die Mathematik begann sich aus eigenen Kräften aus der Philosophie zu lösen.

In die philosophisch bedeutende Epoche, die von Kant bestimmt wurde und die das wissenschaftliche Denken noch heute prägt, fielen die mathematischen Arbeiten des großen *Carl Friedrich Gauß* (1777–1855). Sie begannen das mathematische Denken zu verändern (vgl. Kapitel 2). Gauß war offenbar der Erste, der es vermochte, wirklich nicht-euklidisch zu denken. Noch Euler hatte dafür plädiert, an dem Parallelenaxiom festzuhalten, selbst wenn man es nicht beweisen könne, da – so äußert er sich in einem Brief 1735 – „aus der entgegengesetzten Hypothese viele Widersprüche erwachsen" (vgl. [126], S. 180). Gauß und wenig später Bolyai und Lobatschewski gelang das Widersprüchliche, nämlich nicht-euklidische Geometrien, also von der euklidischen verschiedene „geometrische Wirklichkeiten" anzugeben, die die geometrischen Axiome ohne das Parallelenaxiom erfüllten. Das war, wenn Geometrie aus der Wirklichkeit kommen und sie beschreiben sollte, philosophisch nicht mehr fassbar. Die euklidischen Axiome verloren den Anspruch der Absolutheit. Zugleich trat die Mathematik einen Schritt aus dem Herrschaftsbereich der Philosophie heraus, deren Unterdisziplin sie durch ihre ontologischen Bindungen immer geblieben war.

Weitere geometrische Entwicklungen führten aus der euklidischen Geometrie und über ihre Axiomatik hinaus: Die projektive Geometrie bei Jean-Victor Poncelet (1822), die Vektoren und die n-dimensionalen „Gebiete" der Ausdehnungslehre (1844), die Hermann Graßmann für eine neue Grundlegung der Geometrie verwendet. (Grassmann geht so weit, die euklidische Geometrie gar nicht mehr zur Mathematik rechnen zu wollen.) Die Bedeutung der Werke Grassmans wurden mathematisch erst spät (1869) durch Hermann Hankel und Felix Klein erkannt.

Es gab in der ersten Hälfte des 19. Jahrhunderts neben der Geometrie weitere bedeutsame Anlässe, die zu einer neuen Haltung Axiomen gegenüber führten. Wieder Gauß war wesentlich daran beteiligt, dass die komplexen Zahlen durch ihre geometrische Interpretation quasi realen Status bekamen und zunehmend als „normale" Zahlen akzeptiert wurden. Auch die Bedeutung des Fundamentalsatzes der Algebra, den Gauß in seiner Dissertation bewies und der ohne sie undenkbar ist, wertete die komplexen Zahlen auf. Die Zahlauffassung erweiterte sich so allmählich auf einen Zahlbereich, in dem eine natürliche Anordnung fehlte, wie man sie bis dahin notwendig Zahlen zuschrieb. Die Darstellung und Begründung der komplexen Zahlen als Paare reeller Zahlen durch *Hamilton* und seine Erfindung der Quaternionen, einem Zahlbereich, der reelle und komplexe Zahlen umfasst, war ein weiterer Schritt. In den Quaternionen ging eine weitere Eigenschaft verloren, die bis dahin Bedingung, unausgesprochenes Axiom gewesen war, wenn man von Zahlen sprach: Die Kommutativität der Multiplikation. Man begann, arithmetische Eigenschaften frei und als verfügbar zu betrachten. Aus den arithmetischen Verknüpfungen entwickelte sich der allgemeine Begriff der algebraischen Verknüpfung (z. B. bei Graßmann).

Ein neuer Begriff spielte eine wesentliche Rolle in einer freieren Interpretation von Axiomen. Es waren Gruppen, die in der Theorie, die *Evariste Galois* (1811–1832) für die Frage der Auflösbarkeit von Gleichungen aufstellte, die die entscheidende Rolle spielten. Sie bahnten einer neuen Algebra den Weg – weit weg von den euklidischen Axiomen. Gruppen, so erkannte man, tauchten in ganz unterschiedlichen Zusammenhängen auf, als Gruppen von Substitutionen (Automorphismen) bei Galois, in der Arithmetik oder in der Geometrie. Gruppen begannen sich aus diesen Zusammenhängen zu lösen und zu selbständigen mathematischen Gegenständen zu werden. Arthur Cayley (1821–1895) formulierte 1854 den abstrakten Gruppenbegriff. Dieses Jahr gilt als Beginn der Gruppentheorie (vgl. [207]). Abstrakte Gruppen und ihre algebraischen Eigenschaften, die Gruppenaxiome, waren durch ihre Herkunft dazu bestimmt, unterschiedliche Interpretationen zuzulassen.

In der zweiten Hälfte des 19. Jahrhunderts gibt es weitere Schritte in Richtung einer neuen Axiomatik. Einen bedeutsamen Schritt machte Dedekind. Bevor es eine Mengenlehre gab, gab er eine Axiomatik der natürlichen Zahlen auf der Grundlage mengentheoretischer Begriffe. Seine berühmte Schrift *Was sind und was sollen die Zahlen?* ([48]) geht zurück bis auf die Jahre 1872 bis 1878 und davor, wie er im Vorwort schrieb. Wir haben im Kapitel 2 ausführlich über Dedekind und diese Schrift berichtet. Es war ein besonderes Unterfangen, den Bereich der so vertrauten Zahlen zu verlassen und zu versuchen, ihnen eine Grundlage zu geben, die damals dunkel erscheinen musste. Bis dahin waren die natürlichen Zahlen, Grundlage aller Zahlenmathematik, intuitiv gegeben. Arithmetische Axiome hatte es bei Euklid und seit Euklid nicht gegeben. Dedekind schrieb über das Wagnis seiner Schrift:

> „Aber ich weiß sehr wohl, dass gar mancher in den schattenhaften Gestalten, die ich ihm vorführe, seine Zahlen, die ihm als treue und vertraute Freunde durch das ganze Leben begleitet haben, kaum wiedererkennen mag." ([48], S. IV)

Dedekind fasst das Zeichen der Zeit in Worte, die Notwendigkeit der Begründung der Mathematik:

„Was beweisbar ist, soll in einer Wissenschaft nicht ohne Beweis geglaubt werden." ([48], S. III)

Er verweist in einer Fußnote auf die „neuesten Darstellungen" über diese „einfachste Wissenschaft" bei Schröder, Kronecker und Helmholtz, in denen diese „einleuchtende Forderung" als „noch keineswegs erfüllt anzusehen" ist.

Wir kehren noch einmal zur Geometrie zurück, die in der Bildung der neuen Auffassung der Axiomatik die Hauptrolle spielte. *Moritz Pasch* (1843–1930) hatte festgestellt, dass die euklidische Axiomatik inkonsequent, wenig systematisch und voller Lücken war, die mit Intuitionen überbrückt wurden. Er versuchte, die euklidische Axiomatik zu reformieren (wie schon manche vor ihm) und stellte dazu drei Axiomengruppen auf: die Axiome der Verknüpfung, der Anordnung und der Kongruenz. Sein Ziel dabei formulierte er noch einmal im euklidischen Denken:

„Die Grundsätze sollen das von der Mathematik zu verarbeitende empirische Material *vollständig* [Hervorhebung durch die Autoren] umfassen, so dass man nach ihrer Aufstellung auf die Sinneswahrnehmungen nicht mehr zurück zu gehen braucht."

Das Ergebnis also soll die Befreiung von jedem Bezug zu irgendwelchem Material und jeder Sinneswahrnehmung sein. Was dann bleibt, ist im Prinzip der formale Rahmen, den die Axiome geben. Dies nimmt Hilbert auf.

David Hilbert (1862–1943) schließt in seinen Grundlagen der Geometrie an Pasch an und übernimmt dessen Axiomengruppen. Seine Auffassung aber von Axiomatik ist explizit von Anfang an eine neue. Nicht mehr auf spezielles Material beziehen sich Axiome, sondern nur die Beziehungen zwischen Elementen sind von Belang. Diese Elemente sind nicht näher bestimmt. Die Formulierung der „Erklärung" im § I. im 1. Kapitel seiner *Grundlagen der Geometrie* (1899) ist viel kopiert und unübertroffen: „Wir denken drei verschiedene Systeme von Dingen: die Dinge des ersten Systems nennen wir Punkte …" usw. Hier ist der Unterschied zu früheren Auffassungen von Axiomen in einem Wort konzentriert: *nennen*. Die Dinge des Systems *sind* nicht mehr Punkte. Berühmt ist der Ausspruch Hilberts über die Dinge, über die die Axiome sprechen. Er darf auch hier nicht fehlen: Statt „Punkt", „Gerade" und „Ebene" könne man auch „Bierseidel", „Tisch" und „Stuhl" sagen. Es komme nur darauf an, ob die Beziehungen zwischen ihnen durch die Axiome beschrieben werden.

Diese neue, formale Auffassung Hilberts bestimmt heute die Auffassung wohl jeden Mathematikers über Axiome und Axiomatik. Es brauchte aber Zeit, bis sie sich durchsetze. Z. B. für *Felix Klein* (1849–1925), Kollege von Hilbert in Göttingen, waren Axiome noch 1909 weiterhin „evidente Wahrheiten" und die Axiome der Geometrie „nicht willkürlich, sondern vernünftige Sätze" ([110], Bd. II, S. 202). Den Sinn der neuen Axiomatik hatte er offenbar nicht erfasst. H. Meschkowski schreibt ihm in [123] den Ausspruch zu: „Wenn ein Mathematiker keine Ideen mehr hat, treibt er Axiomatik."

Wie schwer es war, sich aus alten Bindungen und altem Denken zu lösen, zeigten schon in anderem Zusammenhang z. B. die Zitate von Äußerungen Hankels im Konflikt zwischen Größen und reellen Zahlen (s. Kap. 3). Auch andere Beispiele im Zusammenhang mit der Axiomatik zeigen, wie das Denken sich nur zögerlich wirklich verändert. Eigenartiger Weise zeigten sich selbst Peano und Frege im inhaltlichen Denken verhaftet, die so wesentlich beigetragen haben zur Entwicklung der mathematischen Logik und einer neuen Form der Axiomatik. Wir haben oben die Axiomatiken von Peano über die natürlichen Zahlen und Freges Axiomatik hervorgehoben, die einen formalen Charakter hatten, wie er zuvor nicht vorgekommen war. Peano aber verband die Symbole, die er verwendete, mit Gedanken. Er schreibt 1896: „Auf diese Weise fixiert man eine eindeutige Korrespondenz zwischen Gedanken und Symbolen, eine Korrespondenz, die man in der Umgangssprache nicht findet." Das ist noch ganz unter dem Einfluss von Leibniz. In der Tat sind in dieser Haltung die Symbole z. B. in seiner Arithmetik nicht frei interpretierbar sondern gedanklich „eindeutig" an Zahlen gebunden.

Frege drückte seine traditionelle Auffassung über Axiome sehr klar in einem Brief an Hilbert aus:

> „Axiome nenne ich Sätze, die wahr sind, die aber nicht bewiesen werden, weil ihre Erkenntnis aus einer von der logischen verschiedenen Erkenntnisquelle kommt, die man Raumanschauung nennen kann. Aus der Wahrheit der Axiome folgt von selbst, dass sie einander nicht widersprechen. Das bedarf keines weiteren Beweises."

Für die Axiome in seiner Axiomatik etwa der Aussagenlogik ist das schwer interpretierbar. Sie sprechen für Frege, so können wir annehmen, allein über sprachliche Sätze. Die Herkunft ihrer Wahrheit allerdings ist ungewiss. Die Axiome scheinen als Gesetze des reinen Denkens einfach „logisch" zu sein.

Frege sagt hier sehr deutlich, dass in einer solchen, noch anschaulich und inhaltlich gebundenen Ansicht von Axiomen die Idee einer Interpretation der Symbole und die Frage nach der Widerspruchsfreiheit der Axiome keinen Platz hat.

Hilbert hat eine hohe Meinung von der neuen axiomatischen Methode und der Mathematik, die sie hervorgebracht hat. In der mathematischen Axiomatik sieht er das universelle Instrument jeder Wissenschaft.

> „Ich glaube: Alles, was Gegenstand wissenschaftlichen Denkens überhaupt sein kann, verfällt, sobald es zur Bildung einer Theorie reif ist, der axiomatischen Methode und damit mittelbar der Mathematik."

Und er fährt wenig später fort:

> So werden wir uns „der Einheit unseres Wissens" immer mehr bewusst.
> In dem Zeichen der axiomatischen Methode erscheint die Mathematik
> berufen zu einer führenden Rolle in der Wissenschaft überhaupt." ([96],
> S. 156).

Vom Ideal einer Einheit der Wissenschaften sind wir heute weit entfernt. Eine ernsthafte Übernahme des axiomatischen Vorgehens außerhalb der Mathematik, theoretischen Physik und Informatik erkennen wir nicht. Sicher ist, dass die axiomatische Methode zur „Einheit unseres Wissens" in der Mathematik beigetragen hat. Die Interpretierbarkeit der Axiome stellt Verbindungen zwischen Theorien her. Einheit stiftet die gemeinsame Grundlage aus Mengenlehre und Logik.

5.3 Logische Axiomatik und Theorien

Worin liegt das Spezifische der neuen axiomatischen Auffassung? Die eben gehörten Worte Hilberts umschreiben das sehr deutlich und zeigen den Unterschied zur alten, euklidischen Auffassung. Die alte Auffassung ging aus von einer irgendwie gegebenen Evidenz der Axiome und einer intuitiven Klarheit der Grundbegriffe, die philosophisch in Definitionen umschrieben wurden. Die Axiomatik war *ontologisch* fundiert. Die neue Auffassung der Axiomatik liegt in der freien Interpretierbarkeit der Axiome und der Undefiniertheit der Grundbegriffe. Die Axiomatik selbst ist die Definition der Grundbegriffe, ihre implizite Definition. Was diese Charakteristika der neuen Axiomatik mathematisch bedeuten, wird in der vollen Konsequenz erst deutlich in der logischen Position und Vorgehensweise. Diese haben wir andeutungsweise im Abschnitt 5.1 kennengelernt und werden sie in diesem Abschnitt ein Stück weiterführen. Die Axiomatik war es, die die Mathematik für eine logische Untersuchung öffnete.

Wir haben in 5.1 als ein Beispiel das formale Abbild der Gruppenaxiomatik verwendet. Diese formale Axiomatik unterscheidet sich wesentlich von der, wie man sie gewöhnlich angibt. Den Unterschied haben wir oben zwar betont, aber die Gruppenaxiome aus der Praxis so formuliert, dass der Übergang zur formalen Version sichtbar war. In der Praxis geht man aus von einer *Menge G* und einer Verknüpfung $*$ auf G und formuliert dann die Gruppenaxiome. D. h. man formuliert die Axiome üblicherweise mengentheoretisch und setzt dafür und für alles Weitere die volle *Axiomatik der Mengentheorie* voraus.

In einer rein logischen Axiomatik, einer ersten Form logischer Axiomatik, geht man anders vor: Man stellt Theorien eigenständig dar. Man identifiziert deren Grundbegriffe und bildet sie formal in Symbole ab. Mit diesen werden dann die Axiome formal formuliert. Von Mengen, die zugrunde liegen, ist auf der formalen Seite nicht die Rede. Erst in der Interpretation der Axiome brauchen wir auf der Seite der Struk-

turen einen „Grundbereich", eine Menge, mit deren Elementen wir die Variablen be-
legen. – In einer zweiten Form logischer Axiomatik gibt es Symbole und ausgewählte
Ausdrücke, die auf eine mengentheoretische Interpretation gerichtet sind. Zu beiden
Formen werden wir je ein wichtiges Beispiel vorstellen.

Wir haben immer wieder von Theorien gesprochen. Was aber sind **Theorien**? Auch
der Begriff der Theorie wird logisch präzisiert. Zuerst grob: Eine Theorie ist die Zusammenfassung aller Sätze, die in einer Struktur gelten. Allgemeiner: Eine Theorie T
ist ein gegenüber Folgerungen abgeschlossener Bereich von Sätzen.

Genauer:

Wir gehen zuerst aus von einer mathematischen Struktur, z. B. wie in 5.1 von einer
gegebenen Gruppe $\langle G, *, e \rangle$. Zu den Strukturkomponenten $*$ und e gehören Symbole
F und k. $\mathcal{G} = (G, \alpha)$, der Grundbereich G zusammen mit der Zuordnung α der
Symbole zu $*$ und e, ist eine **Struktur** im logischen Sinn mit der Symbolmenge $\mathcal{S} =
\{F, k\}$ (s. 5.1). Ist φ ein Satz und

$$\textbf{gilt } \varphi \text{ in } \mathcal{G} - \text{ in Zeichen } \mathcal{G} \models \varphi,$$

dann heißt $\mathcal{G}$ **Modell** von φ. Die **Theorie** von $\mathcal{G}$ – mit „$Th(\mathcal{G})$" bezeichnet – ist die
Menge aller logischen Sätze, die in der Struktur $\mathcal{G}$ gelten. Man schreibt:

$$\mathrm{Th}(\mathcal{G}) = \{\varphi \mid \varphi \text{ ist Satz und } \mathcal{G} \models \varphi\}.$$

Diese Theorie ist **vollständig**, denn es steht für jeden Satz φ *per definitionem* fest,
dass φ oder $\neg\varphi$ zu $\mathrm{Th}(\mathcal{G})$ gehört.

Allgemein: Ist $\mathcal{S}$ eine Symbolmenge, dann heißt eine Menge T von $\mathcal{S}$-Sätzen **Theorie**, wenn jede Folgerung aus T schon zu T gehört. So ist etwa

$$\Phi_G^{\models} \text{ die Menge aller Sätze, die aus den Axiomen in } \Phi_G \text{ folgen,}$$

eine Theorie, die Gruppentheorie.

Eine entscheidende Frage in diesem Zusammenhang entsteht, wenn man etwa die
Peano-Arithmetik, also alle Sätze, die aus den arithmetischen Axiomen *folgen*, vergleicht mit der Menge der Sätze, die in der Theorie der Struktur der natürlichen Zahlen
gelten. Stimmen die Mengen überein? Diese Frage führt zur Frage der Axiomatisierbarkeit der elementaren Arithmetik, die wir im Unterabschnitt 5.4.1 ansprechen.

Eine Theorie T und auch ein ihr zugrunde liegendes Axiomensystem heißt **konsistent** oder **widerspruchsfrei**, wenn aus ihren Sätzen kein Widerspruch, d. h. nicht
zugleich ein Satz φ und dessen Negation $\neg\varphi$ abgeleitet werden kann. Eine Theorie ist
genau dann konsistent, wenn sie ein Modell besitzt.

5.3.1   Peano-Arithmetik

Um die Prinzipien des rein logisch-axiomatischen Vorgehens konkret zu machen, stellen wir das fundamentale Beispiel der Arithmetik der natürlichen Zahlen vor. Da die

logische Version der Arithmetik auf Peano zurückgeht, heißt sie **Peano-Arithmetik**, die kurz mit PA bezeichnet wird. Den historischen Versuch Peanos, der noch mengentheoretische Anteile hatte, haben wir in 5.2 kennengelernt.

Logisch formuliert man die arithmetischen Axiome für die natürlichen Zahlen in der Sprache der Prädikatenlogik erster Stufe, über die wir in 5.1 gesprochen haben. Man verwendet ausschließlich logische Zeichen und Symbole, die arithmetische Grundbegriffe vertreten. Das Standardsystem der Axiome für die natürlichen Zahlen wird wie die logische Arithmetik insgesamt ebenfalls mit PA bezeichnet. Arithmetische Grundbegriffe sind die Gleichheit, die Null, die Nachfolgerbildung, die Addition und Multiplikation. Ihnen stehen die logischen Symbole

$=$ für die Gleichheit,

die Individuenkonstante 0 für die Null

das einstellige Funktionssymbol S für die Nachfolgerbildung, die zweistelligen Funktionssymbole $+$ und $\cdot$ für die Addition und Multiplikation

gegenüber. Wir sehen, dass man bequemlichkeitshalber die gewöhnlichen Zeichen aus der konkreten Arithmetik als logische Symbole verwendet. Diese Identifikation suggeriert ihre Interpretation, legt die Bedeutungen der Axiome nahe und macht sie leichter lesbar. Wir betonen aber, dass trotz ihres arithmetischen Aussehens die Symbole beliebig interpretierbar sind.

Die arithmetischen Axiome sehen wie folgt aus:

(A1) $S(x) = S(y) \longrightarrow x = y$,

(A2) $\neg(0 = S(x))$,

(A3) $x + 0 = x$,

(A4) $x + S(y) = S(x + y)$,

(A5) $x \cdot 0 = 0$,

(A6) $x \cdot S(y) = x \cdot y + x$,

(A7) $[\varphi(0) \wedge \forall x(\varphi(x) \longrightarrow \varphi(S(x)))] \longrightarrow \forall x \varphi(x)$.

Interpretieren wir die Symbole arithmetisch, so bedeutet (A1), dass die Nachfolgerfunktion injektiv ist, (A2) dass 0 Nachfolger keiner Zahl ist. (A3) und (A4) sind Aussagen über die Addition, (A5) und (A6) über die Multiplikation. (A7) ist ein Schema von abzählbar vielen Axiomen, das die Induktion für die abzählbar vielen arithmetischen Ausdrücke φ beschreibt. Auch die Menge der Axiome (A1) bis (A7) bezeichnen wir wie die gesamte Peano-Arithmetik kurz mit PA.

Wenn Ausdrücke φ nach den Regeln des Pädikatenkalküls aus PA abgeleitet werden können, wenn also

$$\text{PA} \vdash \varphi$$

gilt, dann sind diese φ die arithmetischen **Theoreme**.

Die logische Untersuchung der natürlichen Zahlen setzt an den Anfang eine eigentlich *philosophische Voraussetzung*. Ihr Ziel ist, von den Eigenschaften natürlicher
Zahlen, die man für die „grundlegenden" hält, auf weitere Eigenschaften zu schließen.
Dabei geht man von festen Vorstellungen über natürliche Zahlen aus und denkt sich
die natürlichen Zahlen irgendwie gegeben – durch Intuition, Anschauung, mengentheoretische Beschreibung etc. Diese „gegebenen" natürlichen Zahlen mitsamt ihren
„konkreten" Verknüpfungen bilden die Struktur

$$\mathcal{N}_0 = \langle \mathbf{N}, 0, S, +, \cdot \rangle$$

der natürlichen Zahlen. $\mathbf{N}$ ist die Menge der „gegebenen" Zahlen, S ist hier das Zeichen für die gewöhnliche Nachfolgerbildung, die das Zählen mit natürlichen Zahlen simuliert, 0 für die „reale" Null, + und · für die „konkreten" Rechenoperationen
„plus" und „mal". Auch wenn hier die gleichen Zeichen wie für die arithmetischen
Symbole verwendet werden, müssen wir genau zwischen der formalen und der konkreten arithmetischen Ebene unterscheiden.

Arithmetische Sätze φ in PA sind zunächst nichts als Zeichenketten. Wir können sie
in $\mathcal{N}_0$ – und eventuell anderen Strukturen – interpretieren. Damit erhalten die arithmetischen Symbole in φ eine konkrete Bedeutung und φ wird zu einer Aussage. Alle
Axiome und Theoreme werden bei einer solchen Interpretation in $\mathcal{N}_0$ **erfüllt**. Also
gilt

$$\mathcal{N}_0 \models \text{PA},$$

d. h.

$$\mathcal{N}_0 \models \varphi \text{ für jedes } \varphi \text{ in PA.}$$

5.3.2   Eine Axiomatik für die reellen Zahlen

Eine rein logische Axiomatik wie für die Arithmetik der natürlichen Zahlen ist, ohne
wesentliche Einschränkungen in Kauf zu nehmen, für die Arithmetik der reellen Zahlen nicht möglich. In ihrer Axiomatik müssen wir mengentheoretische Komponenten,
d. h. logische Symbole und Ausdrücke für eine mengentheoretische Interpretation akzeptieren, um z. B. das Vollständigkeitsaxiom formulieren zu können. Sie repräsentiert den zweiten Typ logischer Axiomatik, eine Axiomatik, die zugleich Symbole für
die Grundbegriffe einer vorliegenden Theorie und Symbole für mengentheoretische
Grundbegriffe verwendet. Die folgende Axiomatik für die reellen Zahlen geht auf
Hilbert ([95]) und Tarski ([188]) zurück.

Die Axiomatik der reellen Zahlen verwendet Symbole, die mengentheoretische und
arithmetische Begriffe formal vertreten. Auch hier ist es wieder so, dass die Symbole
weitgehend der Praxis der Arithmetik und der Mengenlehre entnommen sind, um die
Axiome leichter deuten zu können.

Die Symbole sind: $=$, $\in$ und Z. Das 1-stellige Prädikatsymbol Z steht für die Eigenschaft, Menge zu sein: „$Z(x)$" bedeutet „x *ist eine Menge*". Die arithmetischen

Symbole sind: 0 und 1, zwei zweistellige Funktionssymbole $+$ und $\cdot$, ein 2-stelliges Relationssymbol $<$ und ein Prädikatsymbol R. „$R(x)$" bedeutet „x ist reelle Zahl". Auf weitere Symbole speziell für mengentheoretische Operationen verzichten wir hier, um die Symbolmenge klein zu halten und um zu demonstrieren, dass man mit den wenigen angegebenen Symbolen auskommt. Das macht besonders die Axiome mit mengentheoretischem Charakter z. T. schwer lesbar. Zum Vergleich erinnern wir an die leichter lesbaren Formulierungen der mengentheoretischen Axiome im Kapitel 4.

Die Axiome der Arithmetik der reellen Zahlen unterteilen wir in zwei Gruppen:

I. *Mengentheoretische Axiome*

Mengentheoretische Axiome sind das Extensionalitätsaxiom (R1), das Potenzmengenaxiom (R2), das Axiom der Vereinigung (R3), das Auswahlaxiom (R4) und das Ersetzungsaxiom (R5):

(R1) $\forall x \forall y [Z(x) \wedge Z(y) \wedge \forall z (z \in x \longleftrightarrow z \in y) \longrightarrow x = y]$,

(R2) $\forall x \{ Z(x) \longrightarrow \exists y [Z(y) \wedge \forall z (z \in y \longleftrightarrow \forall u (u \in z \longrightarrow u \in x))] \}$,

(R3) $\forall x \{ Z(x) \wedge \forall y (y \in x \longrightarrow Z(y)) \longrightarrow \exists z [Z(z) \wedge \forall y (y \in z \longleftrightarrow \exists u (u \in x \wedge y \in u))] \}$,

(R4) $\forall x \{ [Z(x) \wedge \forall y (y \in x \longrightarrow Z(y) \wedge \exists z (z \in y)) \wedge \forall y \forall u (y \in x \wedge u \in x \longrightarrow$
$y = u \vee \neg \exists v (v \in y \wedge v \in u))] \longrightarrow$
$\exists w \{ Z(w) \wedge \forall y [y \in x \longrightarrow \exists z (z \in y \wedge z \in w \wedge \forall v (v \in y \wedge v \in w \longrightarrow v = z))] \} \}$,

(R5) $\forall x \{ Z(x) \wedge \forall y \forall z \forall u [\varphi(y, z) \wedge \varphi(y, u) \longrightarrow z = u] \longrightarrow$
$\exists w [Z(w) \wedge \forall z [z \in w \longleftrightarrow \exists y (y \in x \wedge \varphi(y, z))]] \}$.

In (R5) ist φ ein Ausdruck in den oben angegebenen Symbolen. (R5) ist ein Axiomenschema.

Man bemerke, dass das Fundierungsaxiom fehlt. Man benötigt es für die Arithmetik der reellen Zahlen nicht. Auch das Unendlichkeitsaxiom ist überflüssig. Denn man kann die unendliche Menge der natürlichen Zahlen aus der Menge der reellen Zahlen aussondern, die im nächsten Axiom gefordert wird.

II. *Arithmetische Axiome*

(R6) $\exists x [Z(x) \wedge \forall y (R(y) \longrightarrow y \in x)]$

(R7) $\forall x \forall y [R(x) \wedge R(y) \wedge \neg(x = y) \longrightarrow x < y \vee y < x]$

(R8) $\forall x \forall y [R(x) \wedge R(y) \wedge x < y \longrightarrow \neg(y < x)]$

(R9) $\forall x \forall y \forall z [R(x) \wedge R(y) \wedge R(z) \wedge x < y \wedge y < z \longrightarrow x < z]$

(R10) $\forall z \forall w \{ [Z(z) \wedge Z(w) \wedge \forall x (x \in z \vee x \in w \longrightarrow$
$R(x)) \wedge \forall x \forall y (x \in z \wedge y \in w \longrightarrow x < y)]$
$\longrightarrow \exists u [R(u) \wedge \forall x \forall y (x \in z \wedge y \in w \longrightarrow (x < u \vee x = u) \wedge (u < y \vee u = y))] \}$

(R11) $\forall x \forall y [R(x) \wedge R(y) \longrightarrow R(x + y)]$

(R12) $\forall x \forall y [R(x) \wedge R(y) \longrightarrow x + y = y + x]$

(R13) $\forall x \forall y \forall z[R(x) \wedge R(y) \wedge R(z) \longrightarrow x + (y + z) = (x + y) + z]$

(R14) $\forall x \forall y[R(x) \wedge R(y) \longrightarrow \exists z(R(z) \wedge (x = y + z))]$

(R15) $\forall x \forall y \forall z[R(x) \wedge R(y) \wedge R(z) \wedge y < z \longrightarrow x + y < x + z]$

(R16) $R(0)$

(R17) $\forall x[R(x) \longrightarrow x + 0 = x]$

(R18) $\forall x \forall y[R(x) \wedge R(y) \longrightarrow R(x \cdot y)]$

(R19) $\forall x \forall y[R(x) \wedge R(y) \longrightarrow x \cdot y = y \cdot x]$

(R20) $\forall x \forall y \forall z[R(x) \wedge R(y) \wedge R(z) \longrightarrow x \cdot (y \cdot z) = (x \cdot y) \cdot z]$

(R21) $\forall x \forall y[R(x) \wedge R(y) \wedge \neg(y = 0) \longrightarrow \exists z(R(z) \wedge (x = y \cdot z))]$

(R22) $\forall x \forall y \forall z[R(x) \wedge R(y) \wedge R(z) \wedge 0 < x \wedge y < z \longrightarrow x \cdot y < x \cdot z]$

(R23) $\forall x \forall y \forall z[R(x) \wedge R(y) \wedge R(z) \longrightarrow x \cdot (y + z) = (x \cdot y) + (x \cdot z)]$

(R24) $R(1)$

(R25) $\forall x[R(x) \longrightarrow x \cdot 1 = x]$

(R26) $\neg(0 = 1)$.

Hier ist durch die sparsame mengentheoretische Symbolik nur das Axiom (R10)
schwerer lesbar. Es steht für das Axiom des Dedekindschen Schnitts, das die
Stetigkeit der reellen Zahlen beschreibt. Es ist unentbehrlich in der Arithmetik der reellen Zahlen, da es nur mit einem Stetigkeitsaxiom möglich ist, z. B.
die Exponentialfunktionen zu definieren. Wir bemerken, dass die Verwendung
mengentheoretischer Symbole in dieser Axiomatik wesentlich ist.

5.4 Über die Arithmetik der natürlichen Zahlen

Wir gehen für das Folgende von dem oben angegebenen Axiomensystem PA der
Peano-Arithmetik aus. Bei ihrer Untersuchung unterscheiden wir zwei Aspekte:

  (i) Den syntaktischen Aspekt:

   Es werden die syntaktischen Eigenschaften des Systems untersucht, also Eigenschaften, die sich allein auf die sprachlichen Symbole und der daraus gebil-
   deten Ausdrücke beziehen unter Vernachlässigung aller Interpretationen, d. h.
   möglicher Bedeutungen der Ausdrücke in irgendwelchen Modellen. Hier stehen Fragen wie die nach Beweisbarkeit, Vollständigkeit, Entscheidbarkeit im
   Vordergrund.

 (ii) Den semantischen Aspekt:

   Hier geht es um die Interpretationen der betrachteten Systeme und z. B. um die
   Frage der Kategorizität – sind alle Modelle isomorph oder gibt es „Nichtstandardmodelle".

5.4.1 Zum syntaktischen Aspekt

An ein Axiomensystem Φ knüpfen wir mindestens zwei Erwartungen.

(1) Die Axiome sollten so gewählt sein, dass klar ist, welches die Axiome in Φ sind und welches Sätze, die aus ihnen bewiesen werden sollen. D. h. es muss ein einfaches, z. B. ein programmierbares Verfahren geben, das für jeden Ausdruck φ nach endlich vielen Schritten entscheidet, ob φ zu der Menge Φ der Axiome gehört oder nicht. Man sagt dann, dass Φ eine **rekursive** Menge von Axiomen ist. Von der zugehörigen Theorie Th(Φ), d. h. der Menge aller Sätze, die aus Φ ableitbar sind, sagt man, dass sie **rekursiv axiomatisierbar** oder einfach **axiomatisierbar** sei.

(2) Das Axiomensystem und die zugehörige Theorie sollten **vollständig** sein. Das bedeutet: Für jeden Satz φ, der mit den arithmetischen Symbolen gebildet ist, gilt: Entweder gehört φ zur Theorie oder $\neg\varphi$.

Offenbar erfüllt das Axiomensystem für PA die erste Erwartung. Lange hatte man gehofft – ermutigt durch andere Erfolge auf dem Gebiet der Mathematischen Grundlagen, dass auch die zweite Erwartung der Vollständigkeit einträfe. Zuvor wurden für Teile der Arithmetik positive Ergebnisse erzielt. Kurt Gödel hatte 1929 die Vollständigkeit des Prädikatenkalküls der ersten Stufe (in der nur über Individuenvariablen quantifiziert wird) bewiesen: Für jede Folgerung gibt es auch einen formalen Beweis. Gödel aber zerstörte jede Hoffnung auf die Vollständigkeit eines jeden arithmetischen Axiomensystems, wenn es nur die angemessene Erwartung (1) erfüllt. Er bewies den **ersten Unvollständigkeitssatz**:

Satz 5.1 (Gödel 1931). *Jedes konsistente Axiomensystem Φ, das* PA *enthält und auf einer rekursiven Menge von Axiomen beruht, ist unvollständig, d. h. für jede konsistente Erweiterung von* PA *gibt es Sätze φ, so dass weder φ noch $\neg\varphi$ Theoreme sind.*

Insbesondere PA selbst – seine Konsistenz, d. h. Widerspruchsfreiheit vorausgesetzt – ist unvollständig und, wie der Satz sagt, auch jede konsistente Erweiterung von PA. Man sagt, dass PA wesentlich unvollständig ist.

In seinem Beweis versah Gödel arithmetische Ausdrücke φ mit einer „Gödelnummer" $\ulcorner\varphi\urcorner$ und übersetzte so Aussagen über die Syntax von PA, also metamathematische Aussagen in arithmetische Aussagen. So konstruierte er – nach dem Vorbild der Antinomie des Lügners – einen metamathematischen Satz ψ, der gerade seine Nicht-Ableitbarkeit aussagt:

$$\psi \longleftrightarrow \psi \text{ ist nicht aus } \Phi \text{ ableitbar},$$

letzteres arithmetisch ausgedrückt. Offenbar ist weder ψ noch $\neg\psi$ aus Φ ableitbar. J. Paris, L. Harrington und L. Kirby gelang es (1979, 1982), Beispiele von (in PA) unentscheidbaren Sätzen mathematischen, nämlich kombinatorischen und zahlentheoretischen Inhalts anzugeben.

Eng mit der Frage der Vollständigkeit von Theorien hängt die Frage nach der Entscheidbarkeit zusammen. Eine Menge Ψ von Sätzen heißt **entscheidbar**, wenn sie rekursiv ist (s. o.), d. h. wenn für jedes φ – in einem für alle φ einheitlichen Verfahren nach endlich vielen Schritten – entschieden werden kann, ob φ zur Menge gehört oder nicht. Für eine Theorie T bedeutet dies die Frage, ob φ in der Theorie T *ableitbar* ist oder nicht.

Über den Zusammenhang von Entscheidbarkeit und Vollständigkeit, bzw. Unentscheidbarkeit und Unvollständigkeit von Theorien gelten die folgenden Aussagen. Voraussetzung ist immer deren Widerspruchsfreiheit.

Satz 5.2. *Wenn eine Theorie* T *rekursiv axiomatisierbar und vollständig ist, dann ist* T *entscheidbar. Wenn* T *rekursiv axiomatisierbar und unentscheidbar ist, dann ist* T *unvollständig.*

Gödel bewies

Satz 5.3. PA *und jede Erweiterung von* PA *ist unentscheidbar. Kurz:* PA *ist* wesentlich unentscheidbar. *Und: Keine vollständige Erweiterung von* PA *ist axiomatisierbar.*

Die **elementare Arithmetik** fassen wir hier auf als die Menge aller Sätze, die in $\mathcal{N}_0$ gelten, d. h. als die Theorie der natürlichen Zahlen $\mathrm{Th}(\mathcal{N}_0)$. Es ist also klar, dass für jeden Satz φ entweder φ oder $\neg\varphi$ zu $\mathrm{Th}(\mathcal{N}_0)$ gehört. d. h. $\mathrm{Th}(\mathcal{N}_0)$ ist vollständig. Damit folgt:

Satz 5.4. *Die elementare Arithmetik ist nicht axiomatisierbar. Die Peano-Arithmetik* PA *und jede axiomatisierbare Erweiterung von* PA *ist ein echter Teil der elementaren Arithmetik.*

Wir fassen noch einige allgemeinere Aussagen über arithmetische Theorien zusammen:

Satz 5.5. *Jede arithmetische Theorie* T *mit den Ausdrucksmitteln von* PA*, deren Axiome in* $\mathcal{N}_0$ *(oder einem anderen Modell von* PA*) erfüllt sind, ist unentscheidbar. Speziell: Jede solche Teiltheorie* T *von* PA *ist unentscheidbar.*

Die Situation ändert sich, wenn man nicht die ganze Theorie der natürlichen Zahlen ins Auge fasst, d. h. die Theorie von $0, S, +$ und $\cdot$, sondern nur Teile von ihr. Man betrachte die Teiltheorien T_S bzw. T_+ von PA, die beschränkt sind auf die Symbole $0, S$ bzw. $0, S$ und $+$. Für T_S gelten die folgenden Axiome:

- $0 \neq S(x)$,

- $S(x) = S(y) \longrightarrow x = y$,

- Axiomenschema der Induktion für Ausdrücke φ mit den Symbolen $0, S$.

Für T_+ gelten zusätzlich

   (i) $x + 0 = x$,

   (ii) $x + S(y) = S(x + y)$,

   (iii) Axiomenschema der Induktion für Ausdrücke φ mit den Symbolen 0, S, $+$.

Für diese Theorien gelten im Gegensatz zu PA die folgenden Aussagen:

Satz 5.6 (Herbrand 1928). *T_S ist vollständig und somit auch entscheidbar.*

Satz 5.7 (Presburger 1930). *T_+ ist vollständig – und damit entscheidbar.*

Da $\langle \mathbf{N}, 0, S \rangle$ Modell von T_S bzw. $\langle \mathbf{N}, 0, S, + \rangle$ Modell von T_+ ist, gilt für jeden Satz φ mit den Ausdrucksmitteln von T_S bzw. T_+ :

$$\langle \mathbf{N}, 0, S \rangle \models \varphi \text{ genau dann, wenn } T_S \vdash \varphi,$$

$$\langle \mathbf{N}, 0, S, + \rangle \models \varphi \text{ genau dann, wenn } T_+ \vdash \varphi.$$

Dies bedeutet, dass die Nachfolgerbeziehung und die Addition semantisch wie syntaktisch charakterisiert werden können.

T. sei die semantisch definierte Theorie der Multiplikation:

$$T_\cdot = \mathrm{Th}\langle \mathbf{N}, 0, S, \cdot \rangle.$$

Es gilt

Satz 5.8 (Skolem 1930). *$T_\cdot$ ist entscheidbar.*

Eine syntaktische Charakterisierung der Theorie der Multiplikation wurde erst durch Cegielski (1981) gegeben. Wenn wir die vorangegangenen Aussagen dem ersten Unvollständigkeitssatz gegenüberstellen, können wir über den Zusammenhang von Addition und Multiplikation eine aufschlussreiche Folgerung ziehen:

Satz 5.9. *Die Theorie der Addition und die Theorie der Multiplikation sind entscheidbar und vollständig, aber die Theorie* PA *der Addition* und *Multiplikation ist unentscheidbar und unvollständig. Daher* kann *die Addition* nicht *durch S und $\cdot$ und die Multiplikation* nicht *durch S und $+$ definiert werden.*

Wir bemerken, dass die letztere Definierbarkeit natürlich gegeben ist, wenn man wie gewöhnlich ausreichend mengentheoretisch orientierte Mittel heranzieht, auf die hier in PA und den Teiltheorien gerade verzichtet wurde.

5.4.2 Zum semantischen Aspekt

Von einem Axiomensystem der Arithmetik erwartet man in semantischer Hinsicht an erster Stelle, dass es die Menge der natürlichen Zahlen eindeutig und vollständig charakterisiert, d. h. dass die Struktur

$$\mathcal{N}_0 = \langle \mathbf{N}, 0, S, +, \cdot \rangle$$

das – bis auf Isomorphie – einzige Modell für das arithmetische Axiomensystem ist. Diese Erwartung nach einem kategorischen Axiomensystem wird jedoch in der Logik erster Stufe – deutlich – enttäuscht: Es gibt „sehr viele" **Nichtstandardmodelle** „sehr unterschiedlicher Art".

Ursächlich dafür ist gerade, dass die Peano-Arithmetik PA das Modell der natürlichen Zahlen $\mathcal{N}_0 = \langle \mathbf{N}, 0, S, +, \cdot \rangle$ besitzt und dieses unendlich ist. Daher existieren nach modelltheoretischen Sätzen (s. 5.1, Satz von Löwenheim, Skolem und Tarski) Modelle beliebig unendlicher Mächtigkeit: Für jede überabzählbare Kardinalzahl κ gibt es ein Modell

$$\mathcal{M} = (M, o, s, \oplus, \otimes)$$

von PA, so dass

- die Kardinalität von M κ ist,
- $o \in M$,
- $s : M \longrightarrow M$,
- $\oplus, \otimes : M \times M \longrightarrow M$,

und die Axiome von PA in $\mathcal{M}$ erfüllt sind:

$$\mathcal{M} \models \text{PA}.$$

Außer den überabzählbaren Modellen gibt es „sehr viele" abzählbare Modelle, die vom abzählbaren Standardmodell $\mathcal{N}_0$ wesentlich abweichen:

Satz 5.10 (Skolem 1934). *Es gibt abzählbare* Nichtstandardmodelle *der Arithmetik, d. h. abzählbare Modelle, die nicht isomorph zu $\mathcal{N}_0$ sind. Genauer: Es gibt abzählbare Nichtstandardmodelle von* PA *und darüber hinaus der gesamten elementaren Arithmetik $Th(\mathcal{N}_0)$.*

Nichtstandardmodelle sind dadurch ausgezeichnet, dass in ihnen Nichtstandardzahlen a mit

$$a > 0, \ a > S(0), \ a > SS(0), \ \ldots, \ a > \underbrace{S \ldots S}_{n}(0), \ \ldots,$$

also „unendlich große Zahlen" existieren. Die Ordnung $<$ zwischen den Elementen ist dabei über die Addition definiert:

$$x < y \longleftrightarrow \exists z (z \neq 0 \wedge x + z = y).$$

Es lässt sich zeigen, dass in jedem abzählbaren Nichtstandardmodell $\mathcal{M}$ die Ordnungstruktur von dem Ordnungstyp

$$\omega + (\omega^* + \omega) \cdot \eta$$

ist, wobei ω der Ordnungstyp der Menge der natürlichen Zahlen $\mathbf{N}$, ω^* der Ordnungstyp der negativen ganzen Zahlen und η der Ordnungstyp der rationalen Zahlen ist. D. h. ein typisches, abzählbares Nichtstandardmodell kann man sich so vorstellen:

$$1, 2, 3, \ldots \quad \ldots a_{-2}, a_{-1}, a, a_1, \ldots \quad \ldots b_{-2}, b_{-1}, b, b_1, \ldots \quad \ldots \ldots c_{-2}, c_{-1}, c, c_1, \ldots \quad \ldots$$

Zuerst kommen Zahlen wie gewohnt. Es folgen jenseits aller dieser Zahlen Nichtstandardzahlen in zu $\mathbb{Z}$ isomorphen Abschnitten. Diese abzählbar vielen Abschnitte sind dicht geordnet wie die rationalen Zahlen: Zwischen je zwei Abschnitten liegt ein weiterer isomorpher Abschnitt.

Der Satz von Skolem besagt Folgendes: Es gibt abzählbare Strukturen

$$\mathcal{M} = \langle \mathrm{M}, o, s, \oplus, \otimes \rangle,$$

sodass für jeden arithmetischen Satz φ gilt:

$$\mathcal{N}_0 \models \varphi \text{ genau dann, wenn } \mathcal{M} \models \varphi.$$

Man sagt dann, dass $\mathcal{M}$ **elementar äquivalent** ist zu $\mathcal{N}_0$, und schreibt

$$\mathcal{M} \equiv \mathcal{N}_0.$$

Andererseits sind beide nicht isomorph:

$$\mathcal{N}_0 \not\cong \mathcal{M}.$$

Es gilt sogar ein noch stärkerer Satz, der aus Gödels Unvollständigkeitssatz und dem Vollständigkeitssatz folgt:

Satz 5.11. *Es gibt $2^{\aleph_0}$ abzählbare Modelle von* PA, *die elementar nicht äquivalent sind.*

$\aleph_0$ ist die Kardinalzahl der abzählbaren Mengen, $2^{\aleph_0}$ bedeutet „überabzählbar viele". Für je zwei solcher Modelle $\mathcal{M}_1$ und $\mathcal{M}_2$ gilt also:

$$\mathcal{M}_1 \not\equiv \mathcal{M}_2,$$

d. h. es gibt einen Satz φ mit $\mathcal{M}_1 \models \varphi$ aber $\mathcal{M}_2 \models \neg\varphi$. Damit ist auch klar, dass

$$\mathcal{M}_1 \not\cong \mathcal{M}_2 \text{ ist.}$$

Es existiert also eine überaus reiche Mannigfaltigkeit von abzählbaren Modellen von PA. Das Ziel, die natürlichen Zahlen axiomatisch eindeutig charakterisieren zu können, wird in der Logik 1. Stufe also weit verfehlt.

Dagegen kann man eine Charakterisierung der natürlichen Zahlen in der **Logik der zweiten Stufe** geben, die kategorisch ist.

Man betrachte die Arithmetik zweiter Stufe A_2^-. Dabei handelt es sich um eine Theorie in einer logischen Sprache mit zwei Variablenarten:

- $x_1, x_2, x_3, \ldots$ (Individuenvariablen),

- $X_1, X_2, X_3, \ldots$ (Mengenvariablen).

Ihre außerlogischen Symbole sind $0, S, +, \cdot, \in$. Die außerlogischen Axiome von A_2^- sind die folgenden:

- Die Axiome von PA ohne das Schema der Induktionsaxiome,

- das Extensionalitätsaxiom:
  $$\forall x(x \in X \longleftrightarrow x \in Y) \longrightarrow X = Y,$$

– das Induktionsaxiom:
$$0 \in X \wedge \forall x(x \in X \longrightarrow S(x) \in X) \longrightarrow \forall x(x \in X),$$

– das Komprehensionsaxiom:
$$\exists X \forall x(x \in X \longleftrightarrow \varphi(x, \dots)),$$

wobei φ jede Formel der Sprache 2. Stufe durchläuft, in der X nicht frei vorkommt. Die Pünktchen „…" bezeichnen freie Individuen- oder Mengenvariablen in φ. Das Komprehensionsaxiom ist also ein Schema von Axiomen. Statt des Schemas der Induktionsaxiome 1. Stufe steht hier ein einzelnes Induktionsaxiom.

PA ist natürlich eine Untertheorie von A_2^-, d. h. PA $\subseteq A_2^-$. Modelle von A_2^- können wir in der folgenden Weise gewinnen. Sei $\langle M, 0, S, +, \cdot \rangle$ ein Modell von PA:

$$\langle M, 0, S, +, \cdot \rangle \models \text{PA}.$$

Sei $\mathcal{A} = \langle \mathcal{X}, M, 0, S, +, \cdot, \varepsilon \rangle$, wo $\mathcal{X}$ eine Menge von Teilmengen von M ist und ε die Elementbeziehung $\in$ interpretiert. Man sagt dann, dass $\mathcal{A}$ ein Modell von A_2^- ist, wenn alle Axiome von A_2^- in $\mathcal{A}$ erfüllt sind. Man schreibt dann

$$\mathcal{A} = \langle \mathcal{X}, M, 0, S, +, \cdot, \varepsilon \rangle \models A_2^-.$$

Ist $\mathcal{X} = \mathfrak{P}(M)$ und die Interpretation von ε die mengentheoretische Elementbeziehung $\in$, dann heißt

$$\mathcal{A} = \langle \mathcal{X}, M, 0, S, +, \cdot, \varepsilon \rangle$$

standard bezüglich der mengentheoretischen Begriffe. In solchen Modellen gilt immer das Komprehensionsaxiom. Speziell gilt natürlich

$$\langle \mathfrak{P}(\mathbf{N}), \mathbf{N}, 0, S, +, \cdot, \in \rangle \models A_2^-.$$

Satz 5.12. *Seien*

$$\mathcal{A}_1 = \langle \mathfrak{P}(M_1), M_1, o, s, \oplus, \otimes, \in \rangle,$$
$$\mathcal{A}_2 = \langle \mathfrak{P}(M_2), M_2, o', s', \oplus', \otimes', \in \rangle$$

Modelle von A_2^-. Die Mächtigkeiten von M_1 und M_2 seien gleich. Dann gilt

$$\mathcal{A}_1 \simeq \mathcal{A}_2.$$

Wenn zusätzlich M_1 und M_2 abzählbar sind, dann ist

$$\mathcal{A}_1 \simeq \mathcal{A}_2 \simeq \langle \mathfrak{P}(\mathbf{N}), \mathbf{N}, 0, S, +, \cdot, \in \rangle.$$

Wichtig ist, dass jeweils wirklich die gesamte Potenzmenge als Universum für die Mengenvariablen zur Verfügung steht.

Das Ziel einer kategorischen axiomatischen Beschreibung der Arithmetik ist in der Logik der 2. Stufe erreicht. Dabei kann man die Ausdrucksmittel noch auf die Symbole $0, S, \in$ beschränken. Mit A_2^* bezeichnet man die Untertheorie, die man aus A_2^- durch Beschränkung auf diese Symbole erhält. Der letzte Satz gilt in gleicher Weise für Modelle von A_2^*.

Dieser Satz ist möglicherweise eine Erklärung dafür, warum Peano in seiner historischen Charakterisierung der natürlichen Zahlen nicht nur Axiome erster Stufe formulierte sondern auch mengentheoretische Begriffe verwendete.

Über die oben angegebenen Sätze hinaus zeigen weitere Sätze Grenzen auf – wie die Sätze von Tarski und von Löwenheim und Skolem (s. 5.1). Tarski bewies die **Undefinierbarkeit des Begriffs der Wahrheit** innerhalb einer Theorie ([185]). Genauer: Er zeigte für jede Theorie T – die einige natürliche Eigenschaften besitzt –, dass es keinen Ausdruck Φ geben kann, der die Wahrheit von Ausdrücken in der Sprache der Theorie T definiert. D. h. es gibt *keine* Formel Φ derart, dass für jeden Ausdruck φ in der Sprache einer Theorie T gilt: $\varphi \longleftrightarrow \Phi(\varphi)$. Speziell ist in der Arithmetik der natürlichen Zahlen der Begriff der arithmetischen Wahrheit nicht definierbar.

Wir fügen hinzu, dass Tarski in der gleichen Arbeit eine **Definition des Wahrheitsbegriffes** gegeben hat – in einer (axiomatisierten) **Metasprache**, die stärkere Mittel besitzt als die Objektsprache der Theorie T.

Die Aussage des obigen Satzes von Skolem ist, dass jedes Axiomensystem für die Arithmetik der natürlichen Zahlen Nicht-Standardmodelle besitzt, d. h. Modelle, die ganz anders aussehen als das Modell der Zahlen $0, 1, 2, 3, \ldots$ mit den Operationen $+$ und $\cdot$. Die Konsequenz ist: In der axiomatisch-deduktiven Methode sind nicht einmal die einfachen natürlichen Zahlen eindeutig charakterisierbar. Jeder Versuch einer axiomatischen Beschreibung des Bereichs der natürlichen Zahlen verfehlt sein Ziel. Jeder Versuch lässt unerwünschte, unbeabsichtigte Interpretationen zu. Ähnlich geht es anderen, ja allen widerspruchsfreien Theorien, die in der Logik erster Stufe axiomatisiert werden. Und die Ursache liegt nicht in der Auswahl der Axiome. Sie liegt in der axiomatischen Methode.

Es gibt weitere Sätze, die weitere Begrenzungen dieser Methode zeigen. Schon Gödel hatte den Satz angekündigt, den man heute den **zweiten Unvollständigkeitssatz** nennt: Keine widerspruchsfreie Theorie T die die Arithmetik PA enthält, kann ihre eigene Widerspruchsfreiheit beweisen. Dieser Satz gilt unabhängig von der Stufe der Logik. Das bedeutet, dass der Beweis der Widerspruchsfreiheit einer solchen Theorie stärkere Mittel benötigt, d. h. Mittel, die in der Theorie T selbst nicht enthalten sind. Insbesondere kann man in der Arithmetik der natürlichen Zahlen PA selbst, also mit elementaren arithmetischen Mitteln, die Widerspruchsfreiheit dieser Theorie nicht beweisen. Man muss z. B. auf die transfinite Induktion bis zu einer hohen Ordinalzahl zurückgreifen, wie Gentzen gezeigt hat.

5.5 Schlussfolgerungen

In der mathematischen Logik und ihrer Abstraktion von der Axiomatik konkreter mathematischer Theorien wird die freie Interpretierbarkeit der Axiome zum Programm. Die Axiome werden auf eine rein formale Ebene gehoben, in der ihre Elemente exakt identifizierbar werden. Auf dieser Ebene steht die Logik der Mathematik gegenüber. Sie präzisiert zahlreiche Begriffe, die intuitiv und unscharf verwendet wurden und werden. Wir erinnern nur an einige zentrale Begriffe wie den der Sprache, des Beweises, der Interpretation, der Folgerung, des Modells, der Theorie, der Wahrheit. Sie kann in einer Klarheit zwischen Objektsprache und Metasprache unterscheiden, wie das ohne mathematische Logik nicht möglich war und ist, und arbeitet in artifizieller Weise mit dieser Unterscheidung – z. B. im Zusammenhang mit den Unvollständigkeitssätzen.

Ergebnisse der mathematischen Logik – nicht zuletzt der Vollständigkeitssatz (s. 5.1) – weisen darauf hin, dass die *axiomatische Methode der Logik erster Stufe* die geeigneten Mittel zur Verfügung stellt, das mathematische Wissen adäquat darzustellen und zu präzisieren. Die Logik der zweiten Stufe weist in dieser Hinsicht einige Defizite auf: Ein Vollständigkeitssatz gilt für diese Stufe nicht. Es gibt kein System korrekter Schlussregeln, das vollständig ist, d. h. das erlaubt, jede Folgerung formal zu beweisen. Die axiomatische Methode im Rahmen der Logik der ersten Stufe bildet heute den paradigmatischen Kern im Hintergrund der Mathematik. Sie weist aber auch einige Defizite und Probleme auf.

Wir haben in den letzten Punkten Aussagen aus der Logik zusammengestellt. Jede von ihnen ist nicht allein ein Satz der mathematischen Disziplin „Logik", sondern darüber hinaus von prinzipiellem und damit von philosophischem Interesse. Es geht in den Sätzen u. a. um die Tragweite der axiomatischen Methode, um die Grenzen mathematischer Theorien und damit um die mathematische Methode überhaupt. Alle oben angegebenen Sätze zeigen eine gewisse „Schwäche" der axiomatischen Methode.

Vom syntaktischen Standpunkt aus ist es unmöglich, ein vollständiges und entscheidbares Axiomensystem der natürlichen Zahlen anzugeben. Zusätzlich muss man in der logischen Untersuchung der Arithmetik die – ebenso natürliche wie notwendige Annahme – machen, dass Axiomensysteme wie PA widerspruchsfrei sind. Die Widerspruchsfreiheit solcher Systeme – wie aller Axiomensysteme, die PA umfassen – ist nicht aus diesen Systemen ableitbar. Das sagte der zweite Gödelsche Unvollständigkeitssatz. Weder in der Prädikatenlogik zweiter Stufe noch durch Verwendung mengentheoretischer Komponenten ist die Unvollständigkeit zu beheben.

Vom semantischen Standpunkt aus ist es unbefriedigend, dass Axiomensysteme erster Stufe für die natürlichen Zahlen nicht kategorisch sind. Man kann die Struktur der natürlichen Zahlen durch Axiome erster Stufe nicht eindeutig charakterisieren. Es gibt Nichtstandard-Modelle unterschiedlichster Art. Nur der Gebrauch einiger mengentheoretischer Begriffe oder die Einbettung der Arithmetik in die Mengenlehre, wie man sie gewöhnlich praktiziert, erlaubt eine kategorische Charakterisierung. Denken wir etwa an das Ziel der Kategorizität der Kennzeichnung, so weisen die letzten Sätze darauf hin, dass mengentheoretische oder äquivalente Hilfsmittel unverzichtbar sind.

Geeignete Mengenlehren können wir uns in einer Weise logisch-axiomatisch gegeben denken, wie wir dies hier für die Arithmetik dargestellt haben. Wir können beobachten, dass innerhalb dieser Mengenlehren z. B. die Peanosche Charakterisierung der natürlichen Zahlen kategorisch wird. Denn die logisch-axiomatisch notwendige Unterscheidung zwischen der Quantifizierung über Individuen und der Quantifizierung über Mengen entfällt, da hier Zahlen und Mengen von Zahlen Gegenstände gleicher Art sind, nämlich Mengen. D. h. auch für die Arithmetik der natürlichen Zahlen bietet die Logik erster Stufe über die Mengenlehre den paradigmatischen Rahmen.

Im Rahmen der Mengenlehre kommt die Arithmetik – neben dem mengentheoretischen Symbol für die Elementbeziehung – mit zwei Symbolen aus: mit dem Symbol S für die Nachfolgerbildung und dem Symbol 0 für die Null. Es ist bekannt, wie hieraus die weiteren Verknüpfungen definiert werden können. Aus der Arithmetik der natürlichen Zahlen können – mit transfiniten Mitteln – die Arithmetik der reellen Zahlen und höhere Arithmetiken konstruiert werden.

Die Mengenlehre – etwa mit den ZF-Axiomen – ist von den für die Arithmetik geschilderten Problemen nicht frei. Sie umfasst die Arithmetik und ist daher nach den Gödelschen Unvollständigkeitssätzen selbst wesentlich unvollständig. Wir haben in den vorigen Kapiteln immer wieder darauf hingewiesen. Der zweite Unvollständigkeitssatz sagt, dass die Widerspruchsfreiheit der Theorie ZF nicht in ZF bewiesen werden kann. Da die Mengenlehre im gewissem Sinne die ganze Mathematik umfasst – sie enthält alle anderen mathematischen Theorien, wissen wir nicht und werden es nie wissen, ob die Mathematik widerspruchsfrei ist. Mit mathematischen Mitteln ist die Widerspruchsfreiheit der Mathematik nicht nachweisbar.

5.5.1 Schluss

Das Jahr 1879, so kann man sagen, markiert den Beginn der mathematischen Logik. In diesem Jahr erschien die *Begriffsschrift* Gottlob Freges ([69]). Freges Projekt war es, die Logik als Grundlage der Arithmetik darzustellen und so zum Fundament der gesamten Mathematik zu machen. Russell und Whitehead führten das Projekt in den monumentalen *Principia Mathematica* zu Ende. Nicht jedoch reine Logik allein bildete das Fundament. Sie benötigte mengentheoretische Unterstützung. Logik *und* Mengenlehre wurden die Mathematischen Grundlagen. Die mathematischen Grundlagen gingen damals aus der Philosophie über in die Hände der Mathematik. Die Mathematik löste sich endgültig aus der Philosophie, deren Unterdisziplin sie bis dahin durch ihre philosophischen Grundlagen im Prinzip gewesen war.

Wenig später als Frege begann Peano das Projekt „Formulario", das zum Ziel hatte, alle Mathematik in einer symbolischen Sprache auszudrücken. Das Projekt verfolgte von Anfang an dabei eine axiomatische Ordnung der Sätze in einzelnen Disziplinen. Zeugnis davon gibt seine Schrift *Arithmetices principia nova methodo exposita* ([143]) aus dem Jahr 1889, in der die Peano-Axiome formuliert sind. Die symbolische Sprache und die Axiomatik bereiteten der Logik den Zugang in die Mathematik. Durch die logische Analyse der mathematischen Theorien und ihrer formalen Repräsentation wurde die mathematische Logik, so kann man es bildhaft ausdrücken, zum Spiegel und zum mathematischen Bewusstsein der Mathematik.

Mengenlehre und Logik und in ihr die formalisierte Axiomatik, die im 19. Jahrhundert ihren Anfang nahmen, haben zu neuen Paradigmen der heutigen Methodologie der Mathematik beigetragen. Was charakterisiert diese Paradigmen?

(1) Die Mengenlehre ist die fundamentale Disziplin für die gesamte Mathematik im doppelten Sinne: 1. Jede mathematische Disziplin verwendet einige mengentheoretische Mittel, d. h. fundamentale Begriffe aus der Mengenlehre gehören zur Sprache jeder Theorie. Zumindest einige mengentheoretischen Axiome gehören zur Liste der Axiome der Theorie.[1] 2. Die Mengenlehre bildet – zusammen mit der Logik – das Fundament der Mathematik. D. h. alle mathematische Begriffe können auf der Basis mengentheoretischer Begriffe definiert werden und alle mathematische Sätze können aus den Axiomen der Mengenlehre logisch abgeleitet werden.

(2) Die Sprache der mathematischen Theorien ist klar getrennt von den gewöhnlichen Sprachen. Sie ist eine künstliche Sprache, die durch präzise Definitionen ihrer Begriffe systematisch aufgebaut ist.

(3) Neue Begriffe werden auf der Basis einiger Grundbegriffe der Theorie nach genauen Regeln definiert.

(4) Man unterscheidet zwischen mathematischen Theorien und ihrer Sprache einerseits und der Metatheorie und ihrer Sprache, der Metasprache, andererseits.

(5) Der Begriff des Beweises und der Begriff der Folgerung sind fundamentale Begriffe – für die Methodologie der Mathematik wie für die Grundlagen der Mathematik. Sie wurden mit den Mitteln der mathematischen Logik präzisiert.

Mathematiker haben die Begriffe der Folgerung und des Beweises schon immer verwendet. Diese Begriffe blieben jedoch bis zum Ende des 19. Jahrhunderts der Intuition überlassen und dem entsprechend unklar. Eine Ausnahme bildete Bolzano (s. o.). Ihm aber fehlten für eine wirklich präzise Klärung des Begriffs der Folgerung noch die notwendigen logischen Mittel, wie wir oben angedeutet haben. Den logischen Begriff der Folgerung definierte erst Alfred Tarski im Jahre 1935, fast 60 Jahre nach Einsetzen der mathematischen Logik mit Frege. Die Klärung des Beweisbegriffes folgte der Entwicklung der mathematischen Logik. Wir erwähnen G. Frege, B. Russell, A. N. Whitehead, D. Hilbert, P. Bernays, W. Ackermann, S. Jaśkowski und G. Gentzen, die hier besondere Beiträge geleistet haben. Die erste präzise Definition des Begriffs des Beweises wurde in dem Buch *Grundzüge der theoretischen Logik* ([100]) von Hilbert und Ackermann im Jahre 1928 gegeben.

---

[1]Das ist z. B. der Fall für die Arithmetik der reellen Zahlen, die unterschiedlichen Geometrien, die gesamte mathematische Analysis und die Algebra. Es gibt natürlich auch Theorien, die keine mengentheoretischen Komponenten haben. Diese aber sind oft weit entfernt von der Forschungspraxis der Mathematiker und nur Elemente der Grundlagenforschung.

Praktisch alle mathematischen Theorien sind weitgehend axiomatisiert worden. Das bedeutet nicht, dass die Axiome jeweils eindeutig festgelegt sind. Wir betonen nur das *Prinzip*, dass in den mathematischen Theorien die Sätze aus Axiomen und nur aus Axiomen logisch deduziert werden, ohne irgendwelche Prinzipien heranzuziehen, die nicht den Axiomen und der Logik entstammen.

Die Axiomatik war immer die Methode der Mathematik. Sie war *die* mathematische Methode der Darstellung und des Aufbaus der Theorien, und es ist nicht erkennbar, dass sich dies ändern wird. Es waren die Logik und die Axiomatik, die uns bis an die Grenzen der Mathematik geführt haben. Es ist das Verdienst der mathematischen Logik diese Grenzen aufgezeigt zu haben – nicht nur für die Mathematik sondern für das theoretische Vorgehen in allen Wissenschaften. Denn eine wirkliche Theorie, da folgen wir dem Anspruch Hilberts (s. o.), ordnet ihre Begriffe und Aussagen in axiomatischer Weise. Wenn dies so ist, dann sind die mathematisch-logischen Erkenntnisse über Unvollständigkeit, Axiomatisierbarkeit, Definierbarkeit, Entscheidbarkeit und Wahrheit von einer Tragweite, die über die Mathematik hinaus weisen.

Kapitel 6
Rückblick

Die reellen Zahlen $\mathbb{R}$, deren Begriff sich in der Geschichte der Mathematik lange angekündigt und in einer Art Revolution im 19. Jahrhundert durchgesetzt hat, Mengenlehre und axiomatische Methode haben der Mathematik eine gewaltige Entwicklung ermöglicht und Wege in ungeahnte Bereiche gebahnt. Was ist die Ursache dafür? Die erneuerte axiomatische Methode hat die alten ontologischen Bindungen der Mathematik aufgehoben, das Unendliche wurde zum mathematischen Werkzeug und die Einführung des Zahlbereichs $\mathbb{R}$ in die Mathematik hat teils uralte begriffliche und methodische Fragen entschieden. $\mathbb{R}$ ist das unbestrittene Fundament für weite Teile der Mathematik.

Muss man sich heute nach den Entscheidungen, die mit der Befreiung aus der Philosophie und der allgemeinen Akzeptanz von $\mathbb{R}$ gefallen sind, die alten methodologischen und philosophischen Fragen noch stellen? Ist Philosophie der Mathematik noch von Bedeutung? Wir meinen, gezeigt zu haben, dass die Antwort eindeutig „ja" ist. Denn die Fragen sind zwar entschieden, aber nicht beantwortet. Sie bestehen. Wir denken, dass Mathematiker die Fragen und Probleme kennen sollten, um zu wissen, auf welchem Fundament sie bauen.

Wenn wir abschließend auf wichtige Punkte im vorangegangenen Text zurückblicken und manches zusammentragen, so wollen wir dabei immer die Geschichte der Mathematik im Auge behalten. Wir müssen uns bewusst sein, dass das Fundament der Mathematik, so wie sie heute ist, dass das, woran wir heute „glauben", sich erst vor etwa 100 Jahren etabliert hat – nach 2400 Jahren „alter" Mathematik und gegen erhebliche Widerstände. Wie berechtigt und bedeutsam diese Widerstände waren und wie virulent die alten Probleme sind, kann man ohne mathematisches Geschichtsbewusstsein, das *per se* philosophisch ist, nicht angemessen bewerten. Wir dürfen nicht vergessen, dass die Mathematik sich aus der Philosophie heraus entwickelt hat. Mit ihrer endgültigen Lösung aus der Philosophie in der Wende vom 19. zum 20. Jahrhundert sind die philosophischen Fragen nicht verschwunden. Sie sind, wie gesagt, speziell durch das Faktum $\mathbb{R}$ für die heutige Mathematik entschieden, aber nicht erledigt. Neue, gravierende Fragen, die durchaus das mathematische Fundament tangieren, resultieren nicht zuletzt aus alten, offenen Fragen.

Wir haben dieses Buch begonnen, indem wir uns auf den Weg von den rationalen Zahlen zu den reellen Zahlen begeben haben. Dabei trafen wir auf alte und neue Fragen begrifflicher, methodischer, methodologischer und philosophischer Art. Wichtige Grundfragen und -probleme seien hier noch einmal genannt:

Die Frage nach dem Begriff der natürlichen Zahl,

das Problem der Inkommensurabilität und Irrationalität,

das Problem der Konstruktion der reellen Zahlen,

das Problem der axiomatischen Methode und der Evidenz der Axiome,

das Problem der aktualen Unendlichkeit,

das klassische Problem des Kontinuums und der Größen,

die Frage nach dem unendlich Kleinen.

Im Kapitel 2 begegneten uns diese Fragen immer wieder bei der Vorstellung der Positionen aus der Geschichte der Mathematik und Philosophie. Im Kapitel 3 untersuchten wir – uns auf manche vorgefundenen Auffassungen beziehend – die Grundfragen im Zusammenhang. Wir haben dort festgestellt: Jedes dieser Probleme ist mit $\mathbb{R}$ erledigt, jede der Fragen ist entschieden. Wir können sagen: $\mathbb{R}$ *ist* die Entscheidung.

Die axiomatische Setzung von $\mathbb{R}$ unterdrückt das Problem des Zahlbegriffs, das der reellen wie der natürlichen Zahl. Die erneuerte *axiomatische Methode* in der Mathematik ist ganz generell das Verfahren, die Frage nach der Natur der mathematischen Objekte zu vermeiden. Die neue Axiomatik ist sozusagen das Markenzeichen moderner mathematischer Darstellung. Die Frage „Was?" wird überall zur Frage „Wie?". Die natürlichen Zahlen sind, wenn die reellen Zahlen axiomatisch gegeben sind, einfach spezielle reelle Zahlen.

Die algebraischen Axiome für $\mathbb{R}$ sind die Axiome eines angeordneten Körpers. Sie kommen aus dem Bereich der rationalen Zahlen. Anders ist das mit dem Axiom der Vollständigkeit. Das kommt nun gerade nicht aus den rationalen Zahlen, sondern ist eine Übertragung aus der Geometrie, d. h. aus den geometrischen Verhältnissen der Geraden und Größen ins Arithmetische. Seine Evidenz ist also nicht-arithmetisch – sofern man von Evidenz dann noch sprechen will.

Das *Vollständigkeitsaxiom* ist in der Tat eine Hinzufügung von außen. Es ist der Ausdruck dessen, was in der Mitte des 19. Jahrhunderts ans Licht drängte. Unabhängig von einander und zur gleichen Zeit dachten einige Mathematiker – z. B. Dedekind, Weierstraß, Cantor, Heine – an einen vollständigen Bereich von wirklichen *Zahlen*. Dafür gab es zwingende Gründe: Man rechnete seit Jahrhunderten mit irrationalen Zahlen und wusste nicht, wie man sie als Zahlen verstehen sollte. Sie waren Größen oder Größenverhältnisse. Was aber waren Größen und was sollten anschauliche Größen im Bereich der reinen Zahlen? Irrationale Zahlen mussten wirkliche Zahlen werden. Dazu verhalfen die aktual unendlichen Mengen – in den Dedekindschen Schnitten oder in den unendlichen Folgen. Jetzt wusste man, was irrationale Zahlen sind. Erworben – und erkauft – hatte man dieses Wissen durch eine Unendlichkeit, die damals noch unsicher und dunkel war – und auch heute noch mathematisch eine erhebliche Transzendenz besitzt. Wir kommen darauf zurück.

Der Deutlichkeit halber verkürzen und vereinfachen wir: Mit den axiomatisch festgelegten oder konstruierten reellen Zahlen kehrte man in die Geometrie zurück, der
man die Vollständigkeit abgeschaut hatte, und eliminierte dort die Größen und das anschauliche Kontinuum. An ihre Stelle setzte man die reellen Zahlen. Heute hält man
Geraden für Kopien von $\mathbb{R}$. Das lineare Kontinuum, das einmal Medium für die Ver-
anschaulichung von Zahlen war, ist zur Zahlengeraden geworden. Es ist aufgelöst in
eine Menge einzelner Elemente, die man Punkte, Zahlen und manchmal noch Größen
nennt. Das Medium ist durch das ersetzt, für das es einmal Medium war.

Will man das Revolutionäre verstehen, das sich vor gut einhundert Jahren abge-
spielt hat, so muss man sich diese Situation vor Augen halten. Was Jahrtausende lang
nicht denkbar, ja „verboten" war, wurde gedacht und getan. Bis dahin dachten Mathematiker anders. Sie standen von Alters her quasi auf der anderen Seite, auf dem
geometrischen Fundament des klassischen Kontinuums und der Größen und betrachteten von da aus die Zahlen. Vielen fiel der Standortwechsel schwer. Heute schauen
wir wie selbstverständlich vom Fundament der reellen Zahlen in die Geometrie, die
zu Zahlenräumen geworden ist. Wir sehen deutlich: Es ging damals nicht „allein" um
eine methodische Erneuerung. Die Ersetzung der Größen und des Kontinuums durch
$\mathbb{R}$ war ein *Umsturz im Denken.* Dieser Umsturz war so gründlich, dass wir heute schon
kaum mehr anders denken können. Beispiel: Das Problem der Inkommensurabilität,
wenn wir es überhaupt noch realisieren wollen, ist angesichts der irrationalen Zahlen
zum Pseudoproblem geworden und hat nur noch nostalgischen Wert. – Parallel, vielleicht im Zuge dieser Trennung des mathematischen Denkens von der geometrischen
„Wirklichkeit" erneuerte sich die Axiomatik.

Die *axiomatische Methode* hatte, so können wir sagen, bis vor 120 Jahren noch
eine gewisse Bodenhaftung. Sie stammte von Euklid, der Platons und Aristoteles'
Ideen umgesetzt hatte, und verstand die Grundbegriffe inhaltlich, also philosophisch.
Axiome waren von der Wortbedeutung her „gerechte" Forderungen, die eine Evidenz
hatten, die aus der Wirklichkeit kam. Die neue Axiomatik – seit Hilberts *Grundlagen der Geometrie* und durch ihre formale Auffassung in der Logik – hat sich von
der Wirklichkeit „verabschiedet". Die geometrische Intuition ist der axiomatischen
Strenge gewichen. Russell beschreibt die neue Situation scharf so: „Als Mathematik
können wir das Gebiet bezeichnen, auf dem wir nie wissen, wovon wir eigentlich reden, und ob das, was wir sagen, auch wahr ist" ([166], S. 84). Das ist der Preis des
Abschieds.

Der Gewinn ist die Erkenntnis der Grenzen der mathematischen, d. h. der axiomatischen und im Prinzip der theoretischen Methode, die in tiefliegenden Aussagen der mathematischen Logik bestimmt werden. Wir haben sie im Kapitel 5 vorgestellt: Da ist an erster Stelle die Ungewissheit über die Widerspruchsfreiheit der Mathematik, es sind die Ergebnisse über Unentscheidbarkeit, Unvollständigkeit, Nicht-
Axiomatisierbarkeit, Nicht-Definierbarkeit, und es sind die zahllosen Nichtstandardmodelle, die neben die „wirklichen" Standardmodelle treten – die letzten Zeugen der
alten Wirklichkeit, aus der einmal die Evidenz kam.

Die unterschiedlichen Konstruktionen der reellen Zahlen führen die reellen Zahlen im Prinzip auf die natürlichen Zahlen zurück. Die Frage nach diesem Fundament, auf dem die reellen Zahlen dann ruhen, wird nicht gestellt. Hier denkt man sich die natürlichen Zahlen axiomatisch gegeben. Der letzte Versuch, den *Zahlbegriff* mathematisch, nämlich logisch zu begründen, liegt einhundert Jahre zurück.

Dass die natürlichen Zahlen rein logisch nicht zu begründen sind, haben wir im Abschnitt 2.17 angemerkt. Die Sätze im Kapitel 5 haben gezeigt, dass der Begriff der natürlichen Zahl mathematisch, also theoretisch-axiomatisch nicht zu erfassen ist. Das sagen der erste Unvollständigkeitssatz sowie die Sätze über Entscheidbarkeit und über Axiomatisierbarkeit, die von den natürlichen Zahlen aus über die Mengenlehre für die gesamte Mathematik Geltung gewinnen. Diese Sätze sind Aussagen von einer Tragweite, die über die Mathematik hinaus in die Wissenschaften und Philosophie weisen. Sie bestätigen, was wir im Abschnitt 3.1 über den Zahlbegriff am Ende sagten: Es gibt eine endgültige Klärung des Zahlbegriffs *nicht* und es wird sie nie geben. Das ist eine der philosophischen Bedeutungen dieser Aussagen aus der Grundlagenmathematik. So klein der Begriff der natürlichen Zahl erscheinen mag, so tief liegt er im Fundament des Denkens.

Zurück bleibt dennoch die philosophische Frage nach der Natur der Zahlen, auch wenn wir keine sichere Antwort erwarten können. Ganz anders als der mathematische ist der philosophische Zugang. Er ergänzt notwendig den mathematischen Zugang, gerade weil dieser unvollständig bleibt. Es geht um einen mathematischen Grundbegriff, dessen Reflexion wie die anderer Grundbegriffe philosophische Aufgabe ist. Es geht um wichtige Aspekte des Zahlbegriffs, die in der philosophischen Reflexion sichtbar werden und je nach Position in den Vordergrund treten. Wir haben die Frage nach den Zahlen durch die Geschichte der Mathematik und der Philosophie verfolgt und erfahren, dass es viele wichtige und bedeutsame Ansichten gab und gibt.

Die Konstruktionen der reellen Zahlen geben eine deutliche Antwort auf das Problem der *aktualen Unendlichkeit*. Sie lautet: Sie ist kein Problem. Die aktuale Unendlichkeit gehört zum täglichen, selbstverständlichen Werkzeug des Mathematikers, auf das gar nicht mehr verzichtet werden kann. Sie ist in den reellen Zahlen realisiert. Nur das *Auswahlaxiom* AC mit seinen paradoxen Begleiterscheinungen, die aus der aktualen Unendlichkeit kommen, macht manchmal noch Bedenken. Man registriert, dass das Auswahlaxiom relativ konsistent zu den übrigen Axiomen der mengentheoretischen Grundlage der Mathematik ist, und verdrängt vielleicht, dass das für seine Negation genauso gilt. Das Auswahlaxiom ist heute in der Praxis weitgehend akzeptiert, auch wenn man seine Verwendung der Vorsicht halber zuweilen anmerkt. Es ist wie die aktuale Unendlichkeit in vielen Bereichen unverzichtbar.

Das Auswahlaxiom AC anzunehmen, ist eigentlich nur natürlich und konsequent, wenn man das aktual Unendliche akzeptiert. Wenn man mit unendlichen Mengen wie mit endlichen umgeht, betrifft dies auch das Prinzip des Auswählens, das im Endlichen kaum als Prinzip erkennbar ist. Hier erscheint aber eine sehr einfache, konkrete

Problematik des aktual Unendlichen, die im sonstigen Umgang mit dem Unendlichen nicht so deutlich ist: Es ist etwas prinzipiell Anderes, wenn wir das im Endlichen Selbstverständliche ins *Unendliche* fortsetzen, nämlich nicht nur aus endlich vielen, auch eventuell „sehr vielen" sondern aus unendlich vielen Mengen Elemente auswählen wollen. Hier passiert etwas in der Praxis Undenkbares. Die Reichweite der Problematik des Auswahlaxioms haben wir im Kapitel 4 über Mengenlehren erörtert.

Ebenso haben wir dort die *Kontinuumshypothese* CH besprochen. Wir haben berichtet, dass beide Prinzipien – AC und CH – unabhängig sind von den bekannten, anerkannten und bewährten mengentheoretischen Axiomen. Wir können von einer Cantorschen Mathematik sprechen, wenn wir das Auswahlaxiom und die Kontinuumshypothese akzeptieren, und von Nicht-Cantorscher Mathematik, wenn wir sie ablehnen. Die Situation ähnelt jener der Entscheidung zwischen euklidischer und nichteuklidischer Geometrie und ist doch nicht mit ihr vergleichbar. Es ist etwas wesentlich anderes, ob – kurz gesagt – Parallelen sich schneiden oder nicht, oder ob wir das Kontinuum, die Grundlage unserer natürlichen Raumanschauung antasten, sie in Elemente zerlegen und als Menge auffassen. Erst diese Zerlegung in Elemente erlaubt die Frage nach der Mächtigkeit des „Kontinuums". Das heutige Kontinuumproblem ist eine Folge des Übergangs der Mathematik vom klassischen Kontinuum zu den reellen Zahlen, von der Größenmathematik zur Mengenmathematik.

Unendlichkeit und Kontinuum sind und bleiben, das zeigen die Ergebnisse der Mathematischen Grundlagen, auch für die Mathematik transzendent.

Mengenlehre ist die mathematische Theorie des Unendlichen. Dort, wo wir es mit aktual unendlichen Mengen zu tun haben, entsteht wie im Endlichen notwendig die Frage nach der Anzahl, der Kardinalzahl ihrer Elemente. Die Kardinalzahl der Elemente der reellen Zahlen ist überabzählbar. Und schon hier, im ersten Schritt im Unendlichen von der unendlichen Abzählbarkeit der natürlichen Zahlen zur Überabzählbarkeit der reellen Zahlen, wird es problematisch. Ist die Kardinalzahl der reellen Zahlen die nächste unendliche Zahl nach der unendlichen Kardinalzahl der natürlichen Zahlen? Das ist das heutige *Kontinuumproblem*. Das neue Kontinuumproblem ist eine Folge der Entscheidung des alten Kontinuumproblems. Es ist der Preis für die Entscheidung, das Kontinuum als Menge aufzufassen.

Mit der Kontinuumshypothese CH – die Kardinalzahl der reellen Zahlen *ist* die nächste nach der Kardinalzahl der natürlichen Zahlen – ist es wie mit dem Auswahlaxiom AC. Man kann sie ablehnen oder akzeptieren. Das zeigen die Sätze von Gödel und Cohen. Lehnt man sie ab, so kann man eine, zwei, drei . . ., mehr: „beliebig viele" transfinite Kardinalzahlen wählen, die zwischen den Kardinalzahlen von $\mathbb{N}$ und $\mathbb{R}$ liegen. Das zeigt, wie unsicher, wie beliebig die Situation jenseits des Endlichen ist. Noch einmal: Das Unendliche war und bleibt transzendent, auch wenn wir täglich damit umgehen.

Welche der Mengenlehren, mit oder ohne CH, mit oder ohne AC, nehmen wir? Fast jede Kombination ist möglich. Wenn die Mengenlehre das Fundament der Mathematik ist, haben wir ein gravierendes Problem. Denn es handelt sich nicht um eine Nutzen- oder Geschmacksfrage. Wir erwarten festen Grund und klare Verhältnisse. Die Mengenlehre kann sie uns in diesen entscheidenden Punkten nicht bieten.

Ernster noch erscheint die mathematische Unsicherheit über die Sicherheit der Mathematik, die ja schon sprichwörtlich ist. Da Mathematik im Wesentlichen Mengenlehre ist – praktisch alle mathematischen Begriffe sind reduzierbar auf mengentheoretische Begriffe –, erhält der zweite Gödelsche *Unvollständigkeitssatz* Bedeutung für die gesamte Mathematik: Mit mathematischen Mitteln kann die Widerspruchsfreiheit der Mathematik nicht nachgewiesen werden. Das reiht die Mathematik unter die ganz gewöhnlichen Wissenschaften ein, deren Sicherheit sich in den realen Anwendungen bestätigen muss oder die spekulativ bleiben. Mathematik ist im Prinzip Naturwissenschaft oder Philosophie – und als solche überaus erfolgreich.

Das Kontinuum mit $\mathbb{R}$ zu identifizieren, wie es heute fast jeder Mathematiker tut, bedeutet eine weitere Entscheidung. Die Identifikation bedeutet, dass im Kontinuum neben den reellen Zahlen kein Platz ist. Dies ist damals, als $\mathbb{R}$ sich mathematisch durchsetzte, eine Entscheidung gegen das unendlich Kleine, das *Infinitesimale* gewesen. Wir haben, weil $\mathbb{R}$ so präsent ist, vergessen, dass es sich um eine *Entscheidung* handelt. Von den Anfängen der Mathematik an hat das Infinitesimale die Vorstellungen der Mathematiker beeinflusst oder begleitet. In der Infinitesimalrechnung bei Leibniz und der darauf folgenden Mathematik bis ins 19. Jahrhundert hat das Infinitesimale seine mathematische Blüte erreicht und Früchte getragen. Damals waren Infinitesimalien wie die irrationalen Zahlen zulässige und bewährte Elemente des mathematischen Denkens, auch wenn man von beiden gleichermaßen nicht wusste, was sie eigentlich sind. Heute verwendet man Infinitesimalien erfolgreich und suggestiv als Bezeichnungen, zugleich aber tut man sie als *façon de parler* ab oder erklärt ihre Vorstellung gar für absurd. Angesichts ihrer langen Geschichte und der großen Mathematiker, die infinitesimal gedacht haben, ist diese Haltung unangebracht. Cauchy z. B. hat noch problemlos beides gedacht: Infinitesimalien *und* Grenzwerte.

In der Nicht-Standard-Analysis, die vor fünfzig Jahren begründet wurde, ist das Infinitesimale rehabilitiert. Ihre Begründung setzt starke mengentheoretische Mittel voraus oder benötigt logische Instrumente. Beides, Mengenlehre und Logik, gab es nicht, als es um die mathematische Begründung der Analysis ging. In ihr war der Begriff des Grenzwertes der Schlüsselbegriff, der vor 150 Jahren ein wesentliches Motiv für das Denken des aktual Unendlichen und die Begründung der reellen Zahlen war. Er hat die Infinitesimalien verdrängt. Da die Grenzwertmathematik seit langer Zeit herrscht, hat die Infinitesimalmathematik in der Lehre und den Anwendungen wohl nur geringe Chancen. Die Literatur in der Analysis liegt in den Formulierungen der Grenzwertmathematik vor, die das mathematische Denken heute bestimmt.

Wir haben immer wieder angemerkt, dass sich die Mathematik endgültig aus der Philosophie als Oberdisziplin löste, indem sie die mathematischen Grundlagen zur mathematischen Aufgabe machte. Die mathematische Klärung der mathematischen Grundlagen hat Rückwirkungen. Einerseits bleibt die Philosophie überall dort im Amt, wo es um Grundlagen geht. Andererseits hat die mathematische Klärung von Grundlagenfragen philosophische und wissenschaftstheoretische Folgen. Wir haben solche bereits angeführt, als es um den Zahlbegriff ging, und weitergehende Folgen angedeutet.

Nur in der Mathematik gibt es präzise Aussagen über Theorien. Die mathematische Logik hat hier Epochales geleistet. Sie war einmal ausgezogen, um die Mathematik zu begründen und die Unfehlbarkeit der Mathematik zu beweisen. Um die Wende vom 19. zum 20. Jahrhundert war die Atmosphäre unter den Logikern optimistisch bis euphorisch über die Aussichten. Der junge Russell sprach 1901 von „großen Triumphen" und „großen Hoffnungen": „[...] und das reine Denken könnte noch in unserer Generation zu solchen Ergebnissen gelangen, dass man es auf eine Stufe mit dem größten Zeitalter der Griechen stellen dürfte." Russell hat, wie wir meinen, recht behalten. Denn es ist der Logik etwas *Größeres* gelungen, als das alleinige Fundament zu bilden und die absolute Gewissheit des mathematischen Wissens nachzuweisen. Sie hat mit absoluter Gewissheit die Grenzen dieses Wissens bestimmt. Die Mathematik ist in der Logik quasi „zum Bewusstsein gekommen".

Die philosophische Bedeutung der logischen Aussagen über Theorien und Arithmetik reicht prinzipiell weiter, wenn man sie – mit aller Vorsicht – auch auf naturwissenschaftliche und philosophische Theorien und geschlossene Systeme überhaupt überträgt. Zwei Grundvoraussetzungen solcher Aussagen über die Grenzen der theoretischen Methode im weiteren, auch philosophischen Sinn sind dabei zu berücksichtigen. (1) Theorien, um die es geht, müssen prinzipiell axiomatisierbar sein. Das ist eine Bedingung und zugleich eine Forderung an Theorien, wie sie z. B. Hilbert stellte (vgl. Abschnitt 5.2). (2) Die einfachste Arithmetik ist explizit oder implizit Bestandteil der diskutierten Theorien.

Sind diese Voraussetzungen beide nicht erfüllt, fällt es schwer, wirklich von „Theorien" zu sprechen. Wie dem auch sei, man ist veranlasst, ganz allgemein für die Tragweite wissenschaftlicher Theorien Einschränkungen zu sehen. Entweder handelt es sich nicht um solide Theorien, sondern um unfertige, diffuse oder offene Bereiche. Das ist der negative, bedenkliche Fall, in dem es entgegen dem Brauch untersagt ist, Aussagen als sicher oder gar endgültig zu verbreiten. Es handelt sich bei Aussagen aus solchen Umgebungen allenfalls um Hypothesen, die als solche gekennzeichnet werden müssen. Oder die Theorien fallen unter die Grenzen, die die mathematische Logik gezeigt hat. Der Sicherheit ihrer Aussagen gegenüber ist dann prinzipiell Nüchternheit geboten. Und Bedenken sind angezeigt vor den Ansprüchen gewisser Theorien, die Welt und damit sich selbst zu erklären.

Wir haben in diesem Buch wichtige mathematikphilosophische Fragen nur angedeutet. Z. B. die Frage der *Verwendung des Computers* in der Mathematik und der eventuellen Grenzen des Einsatzes haben wir im Abschnitt 2.23 kurz angesprochen. Wir erinnern an die grundsätzliche Problematik. Die heute zunehmende und immer breitere Anwendung des Computers in der Mathematik stellt die Philosophie der Mathematik vor neue Probleme. Man kann sich fragen, wie weit die Verwendung von Computern in der reinen, theoretischen Mathematik zulässig ist. Darf man sie in Beweisen verwenden oder sind sie als reine Rechner nur experimentell zugelassen? Lässt man sie als Beweismittel zu, dann erhält Mathematik einen neuen Status. Sie verliert ihren *a priorischen* Charakter, wie man ihn heute meist annimmt, und wird zu einer *a posteriorischen*, experimentellen, empirischen Wissenschaft. Es gibt Sätze wie z. B. den Vier-Farben-Satz, deren Beweise wesentlich auf dem Einsatz des Computers beruhen. Gehören solche Sätze zum Fundus der Mathematik? Oder bleiben sie im Grunde unbewiesene Hypothesen, die empirisch bestätigt worden sind?

Eine weitere fundamentale mathematikphilosophische Frage, die wir nicht explizit diskutiert haben, ist die nach der *Evidenz*, von der gern und oft die Rede ist und die auch wir oft zitiert haben. Diese Frage ist für die Philosophie der Mathematik wichtig, wenn es um Axiome geht und man diese nicht nur als schlichte Konventionen oder bedeutungslose Ausdrücke auffasst, die man beliebig setzt. Bei der Evidenz bedeutungshaltiger Aussagen geht es um eine Übereinstimmung mit der Wirklichkeit. Auf der einen Seite steht diese Wirklichkeit, Denken und Gedanken stehen auf der anderen Seite, die sich in den Aussagen ausdrücken. Wir haben in diesem Zusammenhang oft das Wort „Intuition" gehört. Intuition liegt der logischen *Einsicht* ebenso zugrunde wie der aus Erfahrung. Intuitive Erkenntnis ist, so sagt man, eine Art von Anschauung, in der die Spaltung von Objekt und Subjekt, Gegenstand und Denken aufgehoben ist. Sie scheint der Mathematik in ihren Axiomen zugrunde zu liegen und unterscheidet sich zugleich gravierend von der Erkenntnis einer Mathematik, die Modelle schafft und Wirklichkeit nie erreicht – und dies auch gar nicht beabsichtigt. Es ist deutlich, in welch transzendente philosophische Bereiche wir mit der Frage der Evidenz kommen und dass wir an Probleme rühren, die über die Philosophie hinauszuweisen scheinen.

Was ist Philosophie der Mathematik und wozu dient sie?

Wir haben in wichtige Fragen und Bereiche der Philosophie der Mathematik eingeführt und Philosophie der Mathematik dabei natürlich selbst betrieben. Im Rückblick versuchen wir, ihren Ort, ihre Aspekte, ihre Gegenstände, ihre Aufgaben und Möglichkeiten zu beschreiben.

Von einer Philosophie der Mathematik als philosophischem Teilgebiet zu sprechen, ist wohl erst vom 19. Jahrhundert an möglich. Zuvor findet Philosophie der Mathematik mehr in Randbemerkungen der Philosophen über Mathematik statt oder in philosophischen Randbemerkungen von Mathematikern, die früher immer auch – mehr oder weniger – Philosophen waren. Mathematik wurde noch als – zunehmend separate – Randerscheinung der Philosophie gesehen. Einen wirklichen Beginn der Philosophie der Mathematik als Zweig der Philosophie gibt es in den Bemühungen um die Begründung der Analysis, die von Mathematikern geführt wird, die noch Philosophen waren. An erster Stelle ist hier B. Bolzano zu erwähnen.

In Zeiten der mathematischen Wende von der an geometrische Vorstellungen gebundenen Mathematik zur Mengen- und Zahlenmathematik intensivierte sich die mathematikphilosophische Diskussion unter den betroffenen Mathematikern. Damals entstanden die Richtungen des Formalismus, Logizismus und Intuitionismus, in denen es um die Rückführung der Mathematik auf unterschiedliche Grundlagen ging, auf Logik im Logizismus, auf Formalisierung und „finitistische" Mathematik im Formalismus, auf a priorische Intuitionen des Zeitempfindens in den natürlichen Zahlen im Intuitionismus. Sie stellten die grundlegenden Fragen, die heute noch relevant und unbeantwortet sind – trotz der mathematischen Entscheidungen, die Fakten setzten, aber die Probleme nicht lösten. Entscheidungen wurden nicht zuletzt aus pragmatischen Gründen getroffen und setzten sich, geführt von maßgebenden Mathematikern, in der Mathematik und in der Wissenschaftsgemeinschaft der Mathematiker durch.

Die neuere Philosophie der Mathematik führte zu einem Teil die Diskussion fort, erweiterte sie und fand differenzierte oder neue Positionen. Eine andere Strömung distanzierte sich von der Festlegung auf diese Fragen und von den Versuchen, Mathematik in der einen oder anderen Weise auf unterschiedliche Grundlagen zu reduzieren. Sie betrachtete Mathematik unter neuem Blickwinkel und rückte ihre Praxis, die Mathematiker und ihre Gemeinschaft, ihr kulturelles und wissenschaftliches Umfeld und vor allem ihre Entwicklung und deren Bedingungen in den Vordergrund. Zu den Grundfragen, die wir gestellt haben und die die Philosophie der Mathematik in der ersten Hälfte des 20. Jahrhunderts geprägt haben, gab es aus dieser empirisch orientierten, evolutionären Richtung kaum neue Beiträge.

Philosophie der Mathematik beginnt in der Praxis damit, eine betrachtende und reflektierende Position gegenüber der Mathematik und der mathematischen Arbeit einzunehmen. In der Beobachtung und Reflexion entstehen Fragen, auf die man versucht, Antworten zu geben. Dies ist der nächste wichtige Schritt: der Entwurf und die Formulierung eigener Anschauungen, die zu Antworten führen können.

Philosophie der Mathematik im eigentlichen Sinn aber verlangt mehr. Sie verlangt, die eigenen Anschauungen zu reflektieren, weiter und tiefer zu fragen, andere Auffassungen kennenzulernen, andere philosophische Positionen einzunehmen, Antworten abzuwägen und mathematisch-philosophische Ansätze zu reflektieren. Und Philosophie der Mathematik verlangt, die Entwicklungen der Mathematik, der Begriffe, Methoden und Probleme zu verfolgen und die Auskünfte in der Wissenschaftsgeschichte der Mathematik zu würdigen, die lange von der Philosophie angeführt wurde. Trotz ihrer Eigenständigkeit und wissenschaftlichen Sonderstellung wurzelte die Mathematik bis vor 140 Jahren mit vielen ihrer grundlegenden Begriffe in der Philosophie. Mit mathematischer Logik und Mengenlehre wandte sie sich selbst ihren Grundfragen zu. Klassische philosophische, erkenntnistheoretische und ontologische Fragen aber sind unbeantwortet geblieben, neue Fragen entstanden und entstehen aus der Praxis der Mathematik und aus den Ansätzen und Ergebnissen der Mathematischen Grundlagen.

Wissenschaftliche Grundlagen fordern *per se* die Philosophie heraus. Eine Aufgabe der Philosophie der Mathematik ist, Ansätze und Methoden der mathematischen Grundlagen von philosophischen Positionen aus zu erörtern, ihre Ergebnisse philosophisch zu deuten und ihre Konsequenzen zu diskutieren.

Philosophie der Mathematik ermöglicht es, das weite Umfeld des mathematischen Arbeitens zu übersehen, mathematische Ursprünge zu erkennen, Orientierungen für die Beobachtung der Entwicklung, der Perspektive und der Aufgaben der mathematischen Arbeit zu entwickeln, philosophische Tendenzen im mathematischen Umkreis wahrzunehmen und eigene Standpunkte zu finden und zu begründen. Die Philosophie der Mathematik bietet diese Möglichkeiten nicht nur im Rahmen der eigenen Disziplin, nicht nur aus der Mathematik und ihren Anwendungen heraus sondern auch in einem allgemeinen kulturellen, wissenschaftsgeschichtlichen, wissenschaftlichen und philosophischen Rahmen.

Philosophie der Mathematik bewegt sich zwischen Mathematik und Philosophie und ist mit beiden eng verknüpft. Heute betreiben sie – nach einer Phase intensiver mathematikphilosophischer Diskussionen zu Beginn des 20. Jahrhunderts – wieder zunehmend Mathematiker selbst. Dies ist eine Folge der enormen Entwicklung der Mathematik, die von Philosophen kaum noch überblickt werden kann, sowie ihrer Grundlagenforschungen, die weitgehend mathematisiert stattfinden. Die mathematische Disziplin, auf die die Philosophie der Mathematik sich zuerst bezieht, sind die Grundlagen der Mathematik. Dieser Bezug ermöglicht es, Fragen und Probleme der Mathematik, mögliche Antworten und Lösungsansätze präzise zu formulieren.

Wichtig ist die Verbindung zwischen der Philosophie der Mathematik und der *Geschichte der Mathematik*. Es ist klar, dass Mathematik als Wissenschaft sich historisch entwickelt hat und sich weiter entwickelt. Mit ihrer Entwicklung wandeln sich ihre Strukturen, Konzepte, Methoden und Begriffe. Ohne den historischen Kontext kann man Mathematik philosophisch nicht reflektieren. Umgekehrt ist Geschichte der Mathematik ohne philosophische Reflektion kaum denkbar. Man kann diese enge Beziehung zwischen Geschichte und Philosophie der Mathematik, Kant paraphrasierend, so charakterisieren: Geschichte der Mathematik ohne Philosophie ist blind und Philosophie der Mathematik ohne Geschichte ist leer.

Wir können in der Philosophie der Mathematik ontologische und erkenntnistheoretische Fragestellungen unterscheiden. Die wichtigsten *ontologischen* Fragen sind die nach den Gegenständen der Mathematik, nach ihrer Natur, ihrer Existenz und nach den Kriterien der Existenz der mathematischen Objekte. Weiter geht es um das Problem des Fundaments, von daher um die Problematik des Kontinuums und des Zahlbegriffs, um die Entstehung und Entwicklung der mathematischen Begriffe und nicht zuletzt um die Problematik des Unendlichen in der Mathematik.

Zu den *erkenntnistheoretischen* Problemen gehört der Typus des mathematischen Erkennens, speziell die Frage nach den mathematischen Axiomen und Sätzen, ihrer Evidenz und nach ihrem apriorischen oder analytischen Charakter. Bedeutsam ist das Problem der Grenzen des mathematischen Erkennens und die Frage nach den Methoden der Mathematik. Welche Methoden sind angemessen, was ist die Natur und welches sind die Mittel des mathematischen Beweisens? Es geht um das Problem der Systematisierung der Mathematik, das Problem des Zusammenhanges mathematischer Theorien, ihrer gemeinsamen Grundlegung, um die Prinzipien ihrer Methoden und die Kriterien der Akzeptanz der mathematischen Resultate, um das Problem der Dynamik der Entwicklung der Mathematik sowie um die Frage nach der Stellung der Mathematik in der Kultur und der Beziehung der Mathematik zu den anderen Wissenschaften.

Der ontologische und der erkenntnistheoretische Aspekt in der Philosophie der Mathematik sind miteinander verbunden. Entscheidungen in der Ontologie haben erkenntnistheoretische Folgerungen und umgekehrt.

Eine Philosophie der Mathematik schließlich, die versucht das Phänomen der Mathematik als Wissenschaft zu erörtern, ihre Fundamente zu bestimmen und zu diskutieren, beschreibt einerseits Mathematik, wie sie betrieben wird, und ist andererseits aufgerufen, methodologische Normen festzustellen, zu erörtern – und Position zu beziehen. Sie hat also deskriptiven wie normativen Charakter.

Anhang
Kurzbiographien

ARISTOTELES (384–322 v. Chr.). Geboren in Stageira auf der Halbinsel Chalkidike. Aristoteles war der Sohn des Leibarztes des Königs von Makedonien. Im Alter von 17 Jahren kam er nach Athen und wurde Schüler von Platon. Er blieb 20 Jahre bis zum Tode Platons in der Akademie, der Schule Platons, zuerst als Schüler, dann als Lehrer und Forscher. In den Jahren 343 bis 340 v. Chr. war er der Erzieher des jungen Alexander von Makedonien, des Großen. Im Jahr 335 v. Chr. kehrte er nach Athen zurück und gründete die Schule der „Peripatetiker", benannt nach einem Wandelgang im Lykeion, dem Ort der Schule. Viele Wissenschaftler der damaligen Zeit arbeiteten dort. Aristoteles organisierte das wissenschaftliche Leben und begründete die erste europäische Bibliothek. Seine Schule folgte dem Vorbild der Akademie Platons, erweiterte aber die Forschungsgebiete. Aristoteles förderte naturwissenschaftliche wie geisteswissenschaftliche Forschungen und gab seiner Schule eine empiristische Ausrichtung. Die wissenschaftliche Tätigkeit von Aristoteles umfasste fast alle Bereiche des damaligen Wissens. Aristoteles ist eine der bedeutendsten und einflussreichsten Persönlichkeiten der Geistesgeschichte.

BERNAYS, PAUL (1888–1977). Geboren in London. Bernays verbrachte seine Kindheit und Jugend in Berlin und studierte Mathematik, Philosophie und theoretische Physik in Berlin und Göttingen. Er promovierte 1912 in Göttingen mit einer Dissertation in der analytischen Zahlentheorie. In dem gleichen Jahr habilitierte er sich in Zürich mit einer Schrift in der Funktionentheorie. 1912–1917 war er Privatdozent an der Universität in Zürich. Im Jahr 1917 wurde er Sekretär und Assistent bei D. Hilbert in Göttingen und hielt dort auch Vorlesungen. Mit einer Arbeit über die Axiomatik des Aussagenkalküls der *Principia Mathematica* von A. N. Whitehead und B. Russell erlangte er dort die *venia legendi*. 1922 wurde er außerordentlicher Professor. Im Jahr 1933 wurde ihm als Nicht-Arier das Vorlesungsrecht entzogen. Er zog in die Schweiz, wo er an der ETH Zürich 1939 die *venia legendi* erhielt und 1945 zum Professor ernannt wurde. In Zusammenarbeit mit D. Hilbert entwickelte er die Grundzüge des Formalismus, verfasste das Werk „Grundlagen der Mathematik" ([101]) und veröffentlichte zahlreiche mathematikphilosophische Aufsätze ([16]).

BOLZANO, BERNARDUS PLACIDUS JOHANN NEPOMUK (1781–1848). Geboren in Prag. Bolzano fühlte sich immer als Deutscher. Nach seiner Schulzeit am Gymnasium studierte er Theologie, Philosophie, Mathematik und Physik an der Karls-Universität in Prag. 1804 promovierte er in Philosophie. Zwei Jahre später wurde er zum Priester geweiht und Inhaber des neu errichteten Lehrstuhls für Religionsphilosophie. Bolzano kritisierte in seinen Vorlesungen die österreichische Verfassung und vertrat pazifistische und sozialistische Ansichten. Daher wurde er 1819 wegen angeblicher Irrlehren durch Kaiser Franz I. seines Amtes enthoben. Er widmete sich danach ganz der wissenschaftlichen Arbeit. Das Resultat war das Werk *Wissenschaftslehre* ([22], 1837), das ein umfangreiches System der Logik enthielt und ein Einstieg in das Gebiet der Mathematik sein sollte. Das System der Mathematik plante er, in einer *Größenlehre* darzustellen, die durch seinen Tod 1848 in Prag unvollendet blieb. Die Bedeutung der Arbeiten von Bolzano wurden erst spät erkannt.

BOOLE, GEORGE (1815–1864). Geboren in Lincoln, England. Boole war zunächst Hilfslehrer und hat nie ein Studium an einer Hochschule absolviert. Er studierte als mathematischer Autodidakt Schriften großer Mathematiker und veröffentlichte als 19-jähriger eine Aufsehen erregende Schrift über Newton. Seit 1837 arbeitete er für das damals neu gegründete *Cambridge Mathematical Journal.* 1849 erhielt er die Professur für Mathematik am Queens College in Cork. 1857 wurde er zum Mitglied der Royal Society gewählt. Boole propagierte als Erster eine rein formale Auffassung der Logik, die er als Grundlage einer reinen Mathematik erkannte, und entwarf eine Algebra der Logik.

BROUWER, LUITZEN EGBERTUS JAN (1881–1966). Geboren in Overschie (Holland). 1897–1904 studierte Brouwer Mathematik an der Universität in Amsterdam, wo er 1907 promovierte. 1909 wurde er dort Dozent, 1912 außerordentlicher Professor der Mathematik. Von 1913 an bis 1951 war er ordentlicher Professor in Amsterdam. Er arbeitete auf dem Gebiet der Topologie, wo er wichtige Resultate erzielte, sowie in den Grundlagen der Mathematik. Brouwer war Begründer und Hauptvertreter des Intuitionismus und arbeitete an einer intuitionistischen Rekonstruktion der Mathematik.

CANTOR, GEORG FERDINAND LUDWIG PHILIP (1845–1918). Geboren in St. Petersburg. Sein Vater stammte aus Dänemark. 1856 siedelte die Familie nach Frankfurt am Main um. 1862 begann Cantor sein Studium in Zürich und setzte es ein Jahr später in Berlin fort, wo er Mathematik, Physik und Philosophie studierte. Seine Lehrer dort waren unter anderen Kummer, Weierstraß und Kronecker. Den größten Einfluss übte Weierstraß auf ihn aus. Im Jahr 1867 promovierte er in Berlin, 1869 habilitierte er sich an der Universität in Halle, wo er Privatdozent wurde. 1872 wurde er dort zum außerordentlichen und 1879 zum ordentlichen Professor ernannt. Erste Arbeiten von Cantor widmeten sich Gegenständen aus der Zahlentheorie, der Theorie der trigonometrischen Reihen und der Funktionentheorie. 1874–1897 veröffentlichte er seine berühmten Arbeiten, die eine völlig neue Theorie, die Mengenlehre, begründeten.

CHWISTEK, LEON (1884–1944). Geboren in Zakopane (Polen). Chwistek studierte Mathematik und Philosophie an der Jagiellonischen Universität in Krakau und promovierte dort 1905. 1905–1930 unterrichtete Chwistek Mathematik und Philosophie an Gymnasien. 1928 habilitierte er sich an der Universität in Krakau und wurde 1934 Inhaber des Lehrstuhls für Mathematische Logik an der Universiät in Lemberg (Lwów). Während des Krieges lehrte er mathematische Analysis an der Universität in Tiflis. Er starb 1944 in Moskau. In der mathematischen Logik wurde er bekannt durch seine vereinfachte Version der Typentheorie aus den *Principia Mathematica*. Chwistek arbeitete auch als Maler und Kunsthistoriker.

CURRY, HASKELL BROOKS (1900–1982). Geboren in Mills, Massachusetts, USA. 1916–1920 studierte Curry Mathematik am Harvard College, 1920–1922 an der Fakultät für Elektrotechnik des Massachusetts Institute of Technology, 1922–1927 Physik an der Harvard Universität. Dort erwarb er 1924 den *Magister Artium* in Physik. 1928–1929 war er in Göttingen und promovierte dort 1929. Sein Doktorvater war David Hilbert. 1929–1966 lehrte er am Pennsylvania State College (seit 1953 Pennsylvania State University). Nach seiner Emeritierung 1966 siedelte er nach Amsterdam um. Hier war er von 1966 bis 1970 Professor für Logik, Logikgeschichte und Wissenschaftslehre. 1970 kehrte er in die USA zurück. Mathematisch forschte er vor allem in der kombinatorischen Logik.

DEDEKIND, JULIUS WILHELM RICHARD (1831–1916). Geboren in Braunschweig. Dedekind studierte in Göttingen, wo er der letzte Schüler von C. F. Gauß war. 1852 promovierte er. 1854 wurde er Nachfolger von Gauß an der Universität Göttingen, 1857–1862 war er Professor an der ETH in Zürich. Von 1862 an über 50 Jahre lang arbeitete er als Professor am Collegium Carolinum (der späteren Technischen Hochschule) in Braunschweig. 1880 wurde er Mitglied der Deutschen Akademie der Wissenschaften. Dedekind war einer der Begründer der modernen Algebra, arbeitete in der Gruppentheorie, in der Idealtheorie – er hat die Begriffe des Ideals, des Rings und des Körpers eingeführt – sowie in der algebraischen Zahlentheorie. Neben Weierstraß und Cantor gehörte er zu den Hauptrepräsentanten der neuen Forschungsrichtung, die Konzepte von A. Cauchy, C. F. Gauß und B. Bolzano aufnahm und deren Ziel es war, die Grundbegriffe der Mathematik neu zu ordnen und mathematisch zu klären.

DESCARTES, RENÉ (1596–1650). Geboren in der Provinz Touraine. Descartes wurde erzogen in der großen Jesuitenschule in La Fléche (1604–1612). 1615–1616 studierte er Jurisprudenz und Medizin in Poitiers. Anschließend, bis 1618, studierte er Mathematik in Paris. Die Jahre 1618–1629 verbrachte er in der Atmosphäre höfischen Lebens, reiste viel und war als Freiwilliger Soldat im 30-jährigen Krieg. 1629 siedelte er in die Niederlanden über und widmete sich ganz seinen wissenschaftlichen Arbeiten. 1649 rief ihn die schwedische Königin Kristina nach Stockholm, damit er sie dort in Philosophie unterrichtete. Das nördliche Klima war für ihn offenbar zu hart – Descartes starb im Jahr 1650 an einer Lungenentzündung. Descartes gilt als der Begründer der neuzeitlichen europäischen Philosophie. Spuren seiner Philosophie sind in der weiteren Entwicklung bei vielen Philosophen wiederzufinden. Er war zugleich ein kreativer Mathematiker. Er hat die Grundgedanken der analytischen Geometrie formuliert, hat Algebra mit Geometrie verbunden und eine Reihe von Symbolen in die Mathematik eingeführt, die noch heute verwendet werden.

EUKLID (ca. 365–ca. 300 v. Chr.). Es ist sehr wenig über das Leben von Euklid bekannt. Euklid lebte in Alexandria zur Zeit des Ptolemeus I. Er hatte in Athen an der Akademie studiert und tendierte Zeit seines Lebens zum Platonismus. Nur ein Teil seiner Werke ist erhalten geblieben und überliefert. Einen besonderen Platz unter ihnen haben die *Elemente*. Dieses Werk war eine Zusammenfassung der Arbeiten der griechischen Mathematiker aus drei Jahrhunderten, es bildete das Fundament für die weitere Entwicklung der Mathematik. Die *Elemente* lieferten bis ins späte 19. Jahrhundert die Paradigmen für die mathematische wie die wissenschaftliche Darstellung überhaupt.

FRAENKEL, ADOLF HALEVI ABRAHAM (1891–1965). Später: Halevi Abraham Fraenkel. Geboren in München in einer Kaufmannsfamilie. Fraenkel studierte von 1909 bis 1914 in München, Berlin, Marburg und Breslau und promovierte 1914 in Marburg bei Kurt Hensel. 1916 habilitierte er sich während eines Heimaturlaubs von der französichen Front in Marburg, wurde dort Dozent und übernahm später den Lehrstuhl Hensels. Nach einem Jahr als Professor in Kiel (1928) verließ er als überzeugter Zionist Deutschland und nahm 1931 einen Ruf an die neugegründete Hebräische Universität in Jerusalem an, wo er bis zu seiner Emeritierung blieb. Er war 1938–1940 Rektor der Universität. Fraenkel arbeitete in der Algebra, ist aber vor allem bekannt durch seine Beiträge zur Mengenlehre über das Problem des Auswahlaxioms, sein Lehrbuch *Einleitung in die Mengenlehre* (1919) und durch die Ergänzung des Zermeloschen Axiomensystems durch das Ersetzungsaxiom (1921). Diese ergänzte Axiomatik der Mengenlehre ist als ZF-Mengenlehre bis heute maßgebend.

FREGE, FRIEDRICH LUDWIG GOTTLOB (1848–1925). Geboren in Wismar (Mecklenburg). Frege studierte Mathematik in Jena und Göttingen. 1873 promovierte er in Göttingen und habilitierte sich ein Jahr später in Jena, wo er Privatdozent wurde. Er wurde 1879 zum außerordentlichen und 1896 zum ordentlichen Professor der Universität in Jena ernannt. Er wurde 1918 emeritiert und lebte bis zum Ende seines Lebens in Bad Kleinen bei Wismar. Er arbeitete in der formalen Logik, den Grundlagen der Mathematik und der logischen Semantik. Frege war einer der Begründer und einer der Hauptvertreter der modernen mathematischen Logik. Die große Bedeutung seiner Werke wurde zunächst nicht erkannt. Seine *Begriffsschrift* aus dem Jahre 1879 gilt heute als Beginn der mathematischen Logik.

GAUSS (Gauß), CARL FRIEDRICH (1777–1855). Latinisiert Gauss. Geboren in Braunschweig in einfachen sozialen Verhältnissen. Gauß war ein mathematisches Wunderkind. Seine Begabung wurde von seinem Lehrer in der Volksschule entdeckt, der für seine Aufnahme ins Gymnasium sorgte. Im Alter von 14 Jahren wurde der Wunderknabe dem Herzog von Braunschweig vorgestellt, der ihn seitdem förderte. Gauß studierte von 1792 bis 1795 am Carolinum in Braunschweig und anschließend Mathematik, Physik und Philologie an der Universität Göttingen. Mit 18 Jahren entdeckte Gauß die Konstruktion des regelmäßigen 17-Ecks mit Zirkel und Lineal. Mit dem ersten vollständigen Beweis des Fundamentalsatzes der Algebra promovierte Gauß 1799 in Helmstedt. Bereits 1801 hat Gauß die berühmten *Disquisitiones arithmeticae* veröffentlicht, die eine große Wirkung auf die folgende Entwicklung der Zahlentheorie und Mathematik entfaltete. Seine Berechnung der Bahn des 1801 entdeckten, dann wieder verlorengegangen Zwergplaneten Ceres führte 1802 zu dessen Wiederentdeckung – und 1807 zur Berufung von Gauß auf den Lehrstuhl für Astronomie und zum Direktor der Sternwarte in Göttingen. Gauß blieb Zeit seines Lebens in Göttingen und schlug spätere Rufe nach Berlin, Wien, Paris und Petersburg aus. Die vielen epochalen Leistungen in Mathematik, Physik und Astronomie von Gauß können hier nicht aufgezählt werden. Viele seiner Ergebnisse und Konzepte hat er nie veröffentlicht. Sie finden sich zum Teil in seinen Tagebüchern, die erst 1898 entdeckt wurden. Mit Gauß, dem Fürsten der Mathematiker – dem *Mathematicorum Princeps*, so auf einer Gedenkmünze 1856 des Königs von Hannover –, beginnt die moderne Mathematik.

GÖDEL, KURT FRIEDRICH (1906–1978). Geboren in Brünn (heute: Brno in der Tschechei) in Moravien. 1924 begann Gödel das Studium der Physik an der Universität in Wien und wechselte später zur Mathematik. Seit 1926 besuchte er die Sitzungen des Wiener Kreises, obwohl er dessen Ansichten nicht übernahm. 1930 promovierte er – Doktorvater war H. Hahn – und habilitierte sich 1932 an der Universität Wien. 1933 wurde er Privatdozent. Er arbeitete 1933–1934, 1935 und 1938–1939 in den USA, vor allem am Institute for Advanced Study (I. A. S.) in Princeton. 1940 emigrierte er in die USA und wurde ordentliches, 1946 ständiges Mitglied am I. A. S. und 1953 dort Professor. Gödel arbeitete vor allem in der mathematischen Logik und den Grundlagen der Mathematik sowie – speziell in den letzten Lebensjahren – in der Relativitätstheorie. Seine Arbeiten gehören zu den bedeutendsten Beiträgen in der Logik. Sein Interesse galt auch der Philosophie und der Philosophie der Mathematik.

HEYTING, AREND (1898–1980). Geboren in Amsterdam. Heyting studierte 1916–1922 Mathematik an der Universität in Amsterdam, wo er 1925 promovierte. Seit 1923 arbeitete er als Mathematiklehrer in Enschede. 1936 wurde er Privatdozent in Amsterdam, 1937 Lektor und 1948 Professor für Mathematik und Philosophie der Mathematik. 1948 wurde er Mitglied der Koninklijke Nederlandse Akademie van Wetenschapen. Er war Schüler von Brouwer, führte die Ideen des Intuitionismus weiter und entwickelte eine intuitionistische Logik.

HILBERT, DAVID (1862–1943). Geboren in Königsberg. Hilbert studierte in den Jahren 1880–1884 an der dortigen Universität – mit Ausnahme des zweiten Semesters, das er in Heidelberg verbrachte. Er promovierte 1885, habilitierte sich 1886, wurde Privatdozent und 1892 Professor an der Universität in Königsberg. 1895 wurde er Professor an der Universität in Göttingen, wo er bis zum Ende seines Lebens forschte und lehrte. Er war ein außerordentlich genialer und kreativer Mathematiker. Er arbeitete in vielen Bereichen der Mathematik und erzielte überall wesentliche Resultate, z. B. in der Invariantentheorie, in den Grundlagen der Geometrie, der Variationsrechnung, über Integralgleichungen, in der Zahlentheorie und den Grundlagen der Mathematik. Er ist der Begründer und Hauptrepräsentant des Formalismus in der Philosophie der Mathematik.

KANT, IMMANUEL (1724–1804). Geboren in Königsberg. In den Jahren 1740–1755 studierte Kant an der dortigen Universität Physik, Theologie und Philosophie. Im Jahr 1755 habilitierte er sich und wurde Privatdozent. Erst 1770, als er durch seine Schriften längst berühmt war, wurde er zum Professor ernannt. Er war Inhaber des Lehrstuhls für Logik und Metaphysik und lehrte bis ins Jahr 1796. Sein ganzes Leben war Kant ein Mensch mit einer schwachen Gesundheit. Dies war einer der Gründe, dass er nie die Grenzen Ostpreußens und selten die Grenze der Stadt Königsberg überschritt. Wohl aus dem gleichen Grund hat er Rufe an die Universitäten in Erlangen (1769), Jena (1770) und Halle (1778) abgelehnt. Er tat dies, obwohl Königsberg eine Stadt in der Provinz war – ohne großes kulturelles Leben weit entfernt von den intellektuellen Zentren Deutschlands. Die Universität Königsberg verdankte Kant ihren Ruf.

KRONECKER, LEOPOLD (1823–1891). Geboren in Liegnitz (heute: Legnica in Polen). Kronecker studierte 1841–1845 Mathematik an den Universitäten in Breslau, Bonn und Berlin, wo er später Schüler seines ehemaligen Mathematiklehrers E. Kummer und dessen Freund wurde. Nach dem Studium betätigte er sich als erfolgreicher Geschäftsmann und wurde finanziell unabhängig. Erst 1853 nahm er die mathematische Arbeit wieder auf. 1861 wurde er Mitglied der Berliner Akademie der Wissenschaften und hielt Vorlesungen als Privatgelehrter. 1868 lehnte er einen Ruf nach Göttingen ab. 1883 wurde er als Nachfolger von E. Kummer zum Professor ernannt. Er arbeite in der Algebra und Zahlentheorie, insbesondere in der Theorie der quadratischen Formen, der elliptischen Funktionen und der Gruppentheorie. Er vertrat das Programm einer „Arithmetisierung" der Analysis, lehnte die damaligen Bemühungen einer mengentheoretischen Begründung der Analysis ab und bekämpfte die Mengenlehre Cantors.

LAKATOS, IMRE (1922–1974). Geboren in Debrecen in Ungarn als Imre Lipschitz. Um der Judenverfolgung in Ungarn zu entgehen, änderte er seinen Namen zunächst 1944 in Imre Molnár und dann in Lakatos. Seine Mutter und seine Großmutter wurden in Ausschwitz ermordet. Lakatos studierte Mathematik, Physik und Philosophie in Debrecen. Nach dem Krieg war er aktiver Kommunist und zeitweise hoher Beamter im Bildungsministerium in Budapest. Er wurde 1953 wegen „Revisionismus" verhaftet und saß drei Jahre im Gefängnis. Nach der Freilassung beschäftigte er sich mit der Übersetzung mathematischer Bücher ins Ungarische. 1956 verließ er Ungarn und emigrierte nach England, wo er von der Philosophie Karl Poppers beeinflusst wurde. Er promovierte in Philosophie und schrieb seine Dissertation über die Geschichte der Euler-Descarteschen Formel, bekannt als Eulersche Polyederformel. Lakatos wurde als Wissenschaftstheoretiker bekannt durch seine Arbeit *Proofs and Refutations* ([113], 1963/1964), die als Erste in einer Reihe von vier Aufsätzen in *The British Journal for the Philosophy of Science* erschien und später als Buch veröffentlicht wurde.

LAUGWITZ, DETLEF (1932–2000). Geboren in Breslau (heute: Wrocław in Polen). Laugwitz studierte ab 1949 in Göttingen und promovierte 1954 dort mit einer Dissertation in der Diffentialgeometrie. Er arbeitete als Stipendiat in Oberwolfach und Erlangen, habilitierte sich 1958 an der Technischen Hochschule in München und ging als Privatdozent an die Technische Universität Darmstadt. Hier erhielt er 1962 eine Professur und lehrte in Darmstadt bis zu seiner Emeritierung. Laugwitz ist speziell bekannt durch seine Beiträge zur Nicht-Standard-Analysis. 1958 veröffentlichte er gemeinsam mit C. Schmieden eine Arbeit zur Infinitesimalmathematik ([173], 1958) – noch vor A. Robinson ([164], 1961), der als Begründer der Nicht-Standard-Analysis gilt.

LEIBNIZ, GOTTFRIED WILHELM (1646–1716). Geboren in Leipzig. Im Alter von 15 Jahren begann Leibniz Jura, Mathematik und Philosophie in Leipzig und in Jena zu studieren. Mit 20 Jahren, in Jena für eine Promotion als zu jung angesehen, promovierte er an der Universität Altdorf (Nürnberg) zum Doktor der Rechte. Man bot ihm einen Lehrstuhl an der Universität an, den er aber ablehnte. Das ganze Leben war Leibniz an keiner Hochschule tätig. Er trat nach dem Studium in den Dienst des Mainzer Erzbischofs und kam hier in Berührung mit der europäischen Politik. 1672 ging er im diplomatischen Dienst nach Paris und nutzte dort die Zeit zum Studium und Austausch mit Wissenschaftlern. 1676 wurde er vom Welfenherzog Johann Friedrich zum Hofrat und Hofbibliothekar an den Hof in Hannover berufen. Er wurde beauftragt, die Geschichte der Welfen zu erforschen und verbrachte viel Zeit auf wissenschaftlichen und politischen Reisen, die er auch zu weitergehenden Studien nutzte. Leibniz war außergewöhnlich vielseitig und aktiv in vielen verschiedenen Bereichen, unter anderem in der – hier hat er unabhängig von Isaac Newton die Differential- und Integralrechnung entwickelt –, in den Naturwissenschaften – speziell in der Mechanik, in Medizin, Sprachwissenschaft, Logik, Philosophie, Theologie – hier interessierten ihn vor allem das Problem der Einigung der Konfessionen und die Theodizee – sowie in den Rechtswissenschaften. Leibniz gilt als der letzte Universalgelehrte der Kulturgeschichte.

LEŚNIEWSKI, STANISŁAW (1886–1939). Geboren in Sierpuchovo (Russland). Leśniewski studierte Philosophie an der Universität in Lemberg (Lwów) – unter der Anleitung von K. Twardowski –, dann in Leipzig, Zürich, Heidelberg und München. Er promovierte 1912 in Lemberg. 1919–1939 war er Professor für Philosophie der Mathematik und Logik an der Warschauer Universität. Er war einer der wichtigsten Represänten der Warschauer Logischen Schule. Er entwickelte einige alternative Systeme der Logik (Prototethik, Ontologie, Mereologie), die Erweiterungen oder Variationen der klassischen Mengenlehre, der Aussagenlogik oder des einstelligen Prädikatenkalküls waren.

LOBATSCHEWSKI, NICOLAUS IVANOVITSCH (1792–1856). Geboren in Nižni Novgorod. In den Jahren 1807–1811 studierte Lobatschewski an der Universität in Kazan. 1811 begann er, an der Universität zu lehren. 1816 wurde er zum außerordentlichen Professor ernannt. 1820–1821 und 1823–1825 war er Dekan der Mathematisch-Physikalischen Fakultät und 1827–1846 Rektor der Universität in Kazan. Auf Empfehlung von Gauß wurde er 1841 Mitglied der Göttinger Wissenschaftlichen Gesellschaft. Zum Ende seines Lebens erblindete Lobatschewski – seine letzte Arbeit *Pangeometrie* (veröffentlicht 1885) diktierte er. 1895 hat die Kazansche Physiko-Mathematische Gesellschaft den Lobatschewski-Preis für hervorragende Resultate in der Geometrie, insbesondere in der nicht-euklidischen Geometrie ausgeschrieben – unter anderen hat ihn D. Hilbert für seine *Grundlagen der Geometrie* erhalten. Die wichtigsten Arbeiten zur nicht-euklidischen Geometrie veröffentlichte Lobatschewski in den Jahren 1829–1840.

MILL, JOHN STUART (1806–1873). Geboren in London. Er war Sohn von James Mill, dem englischen Ökonomen, Historiker, Philosophen – und radikalen Utilitaristen. Der hochbegabte Sohn erhielt schon in jüngsten Jahren eine intensive Ausbildung in alten und neuen Sprachen durch den Vater – fast isoliert von der Außenwelt. Mit 14 Jahren begann er das Studium der Mathematik, Logik, Metaphysik und Chemie in Montpellier. Mill arbeitete wissenschaftlich auf den Gebieten der Philosophie, der Logik und der Wirtschaftswissenschaften. Er engagierte sich öffentlich und hatte öffentliche Ämter inne: 1823 gründete er in London die Utilitaristische Gesellschaft, 1823–1858 arbeitete er im East India House, der damaligen zentralen Wirtschaftsverwaltung von Indien, erst als Beamter und später als Leiter, 1865 wurde er ins *House of Commons*, das Unterhaus des Britischen Parlaments, gewählt und setzte sich u. a. für das Frauenwahlrecht ein. Während seines ganzen Lebens besetzte Mill keine akademische Stelle, er war Privatgelehrter. Mill ist einer der wichtigsten Repräsentanten des neuen Empirismus; er entwickelte insbesondere dessen Methodologie.

MOSTOWSKI, ANDRZEJ (1913–1975). Geboren in Lemberg (Lwów). 1931–1936 studierte Mostowski Mathematik an der Universität in Warschau, später auch in Wien und Zürich. Er promovierte 1938. Nach dem Überfall Polens durch Deutschland arbeitete er offiziell als Buchhalter, engagierte sich zugleich im polnischen Widerstand und lehrte 1942–1944 an der Untergrund-Universität in Warschau. 1945 habilitierte er sich an der Jagiellonischen Universität in Krakau. Seit 1947 war er Professor an der Warschauer Universität und am Mathematischen Institut der Polnischen Akademie der Wissenschaften. Er arbeitete in der Mengenlehre, über Entscheidbarkeitsprobleme, über Anwendungen algebraischer und topologischer Methoden in der Logik, über die Klassifikation logischer Systeme, in der Modelltheorie und in den Grundlagen der Mathematik.

NEUMANN, JOHANN VON (1903–1957). Geboren in Budapest als Janoś von Neumann zu Margitta in einer aristokratischen Familie. In den USA nannte er sich John von Neumann. Die geniale mathematische Begabung von Neumanns wurde früh erkannt. Von Neumann studierte zunächst von 1921 bis 1923 Chemietechnik in Berlin und Zürich, nachdem er mit 17 Jahren bereits seinen ersten mathematischen Artikel veröffentlicht hatte. In Zürich hörte er bei Hermann Weyl und George Polya. 1923 schloss er das Chemiestudium mit einem Diplom in Zürich ab und promovierte im gleichen Jahr in Göttingen in Mathematik über axiomatische Mengenlehre. 1926 wurde er Privatdozent in Berlin und arbeitete mit Hilbert in Göttingen zusammen. 1933 wurde er Professor am Institute for Advanced Study in Princeton. Seit 1943 war er Berater mit unterschiedlichen Aufgaben in der US-Army. Nach dem Krieg arbeite er im Nuklearproagramm der USA. Von Neumann war ein oft unkonventioneller und überaus schneller Denker, was sich auf seine Sprech- und Schreibgeschwindigkeit übertrug. Er arbeitete auf vielen mathematischen Gebieten, unter anderem in der Beweistheorie, der Mengenlehre, in der er fundamentale Beiträge lieferte, in der Spieltheorie, die er begründete, in der Funktionalanalysis, in der Quantenmechanik und in der Informatik. Er hat eine Vielzahl von überaus bedeutenden Ergebnissen in der Mathematik und ihren Anwendungen erzielt. Die Struktur von Rechnersystemen basieren auf Arbeiten von von Neumann. John von Neumann starb an Krebs, den wahrscheinlich Verstrahlungen bei Experimenten in Los Alamos ausgelöst haben.

NIKOLAUS VON KUES (1401–1464). Ursprünglich: N. Krebs, Crypffs oder Cryfftz. Latinisiert: Nicolaus Cusanus. Geboren in Kues an der Mosel. Nikolaus von Kues studierte Mathematik, Astronomie und Kirchenrecht in Heidelberg und Padua (1418–1423), wo er 1923 zum Doktor des Kirchenrechts promovierte. 1425 kehrte er nach Kues zurück und studierte Theologie (1425–1430) in Köln. Er engagierte sich in den damaligen kirchlichen Konflikten, am Anfang als Reformer auf der Seite des Konziliarismus, später wechselte er auf die päpstliche Seite. 1448 wurde er zum Kardinal und 1450 zum Bischof des Fürstbistums Brixen im heutigen Südtirol ernannt. Seine Philosophie und Theologie waren vom Pythagoreismus und Neoplatonismus, aber auch vom Nominalismus, vom Mystizismus von J. Eckhart, der Kabala und von humanistischen Strömungen beeinflusst. Er war einer der Hauptrepräsentanten der Renaissance des Pantheismus. Nikolaus von Kues bereitete die Philosophie der Neuzeit vor. Seine Schriften hatten großen Einfluss auf die weitere Entwicklung der Wissenschaften.

PASCAL, BLAISE (1623–1662). Geboren in Clermont-Ferrand. Pascal wurde von seinem Vater und privat von Hauslehrern unterrichtet und zeigte früh eine besondere mathematische Begabung. Pascal war nicht nur wissenschaftlich genial begabt sondern auch literarisch. Er arbeitete unter anderem über mathematische und physikalische Probleme und auf philosophischem Gebiet. 1646 wandte er sich – nach einer ersten Bekehrung – religiösen Problemen zu. 1654 hatte er ein religiöses Erweckungserlebnis. Er zog sich aus der Gesellschaft fast völlig zurück. Seinen vorrangigen Umgang stellten seitdem die jansenistischen „Einsiedler" dar, Wissenschaftler und Theologen im Umkreis des Zisterzienserklosters Port-Royal des Champs bei Paris. Seine philosophischen, theologischen und mathematischen Studien setzte er auch in den Phasen der Abgeschiedenheit fort. In seiner mathematischen Korrespondenz mit Fermat über Glücksspiele findet man die Anfänge der Wahrscheinlichkeitstheorie. Der junge Leibniz erhielt während eines Parisaufenthaltes wesentliche Anregungen für die Entwicklung seines Diffentialkalküls durch die Lektüre einer Arbeit Pascals.

PEANO, GIUSEPPE (1858–1932). Geboren in Spinetta bei Turin. Peano kam aus einfachen Verhältnissen. In der Schule wurde sein mathematisches Talent früh erkannt. 1876–1880 studierte Peano Mathematik an der Universität in Turin, an der er auch nach dem Studium blieb. 1890 wurde er zum außerordentlichen und 1895 zum ordentlichen Professor ernannt. 1886–1901 lehrte er auch an der Militärakademie in Turin. Er arbeitet in der mathematischen Analysis, über Differential- und Integralgleichungen, in den Grundlagen der Mathematik sowie – zum Ende des Lebens – in der vergleichenden Sprachwissenschaft und an Versuchen, eine internationale Sprache zu schaffen. Peano schuf eine umfassende Symbolik für die Mathematik und die Logik. Viele der Bezeichnungen, die Peano einführte, werden z.T. leicht abgewandelt noch heute in der Logik und Mathematik verwendet.

PYTHAGORAS (um 570–ca. 497 v. Chr.). Geboren auf der Insel Samos. Über die Lebensdaten des Pythagoras gibt es nur unsichere Kenntnisse und daher speziell zum Todesdatum stark differierende Angaben. Um 530 v. Chr. gründete Pythagoras in Kroton (heute: Crotone in Kalabrien) im griechisch besiedelten Unteritalien eine Schule, in der er und später bedeutende Schüler – wie Philolaos in Theben – Mathematik, Astronomie, Philosophie und Musikwissenschaft sowie über religiöse, ethische und politische Themen lehrten. Die Schule der Pythagoreer, der Schüler des Pythagoras und seiner Schule, bestand nach seinem Tod bis ins 4. vorchristliche Jahrhundert hinein. Pythagoras selbst hinterließ keinerlei Schriften.

PLATON (um 427–ca. 347 v. Chr.). Latinisiert: Plato. Platon war das Kind einer wohlhabenden und einflussreichen Familie in Athen in einer politisch wechselvollen Zeit.

Er war Schüler des Sokrates. Nach dessen Hinrichtung (399 v. Chr.) verließ er Athen und begab sich auf Reisen, u. a. 389 nach Sizilien. 387 v. Chr. gründete Platon in Athen eine Schule, die berühmte *Akademie*, benannt nach dem Namen eines Hains, in dessen Nähe sie lag. Platon leistete grundlegende und wegweisende Beiträge in vielen wissenschaftlichen Bereichen wie in der Metaphysik und Erkenntnistheorie, in der Ethik, Anthropologie, Staatstheorie, Kosmologie, Kunsttheorie und Sprachphilosophie. Platon ist eine der bedeutendsten und einflussreichsten Persönlichkeiten der Geistesgeschichte.

POINCARÉ, HENRI (1854–1912). Geboren in Nancy. Poincaré studierte u. a. an der École Normale Supérieure in Paris. 1881 wurde er Professor an der Sorbonne in Paris, an der er bis zu seinem Tod blieb. Er war ein vielseitiger, bedeutender und einflussreicher Mathematiker, theoretischer Physiker, Ingenieur und Philosoph. Seine Forschungen wiesen neue Wege in der Astronomie, der Geodäsie, in der Potentialtheorie und der Quantenphysik. Er schrieb auch zwei Romane (1879 und 1880), die beide verloren gegangen sind. In der Mathematik arbeitete er in der Topologie – und war einer der Begründer dieser Disziplin –, über automorphe Funktionen, Differentialgleichungen und Reihen. Er gab einen Beweis für die Widerspruchsfreiheit der nicht-euklidischen Geometrien. 1906 schuf er – fast parallel zu Einstein – die mathematischen Grundlagen der speziellen Relativitätstheorie.

PROKLOS DIADOCHUS (410–485). Proklos war einer der wichtigsten Repräsentanten und von 437 bis 485 n. Chr. Leiter der athenischen Schule des Neuplatonismus. Proklos war außergewöhnlich vielseitig und ein produktiver wissenschaftlicher Schriftsteller. Er verfasste mehr als fünfzig Werke, von denen einige erhalten geblieben sind. Er kommentierte Werke des Aristoteles, Platons und die *Elemente* des Euklid. In seinem *Kommentar zum ersten Buch von Euklids „Elementen"* ([153]) beschrieb und kommentierte er die Mathematik und die Auffassungen seiner Vorgänger und entwickelte eine eigene neuplatonische Auffassung der Mathematik.

QUINE, WILLARD VAN ORMAN (1908–2000). Geboren in Akron, Ohio, USA. Quine studierte von 1926 bis 1930 am Oberlin College Mathematik, Philosophie und Philologie und setzte sein Studium bis 1932 an der Harvard Universität fort. Nach der Promotion studierte er in Wien, Prag und Warschau, wo er Kontakt mit dem Wiener Kreis und der Warschauer Logischen Schule aufnahm. Unter anderen traf er auf M. Schlick, O. Neurath, K. Gödel, R. Carnap, S. Leśniewski, J. Łukasiewicz und A. Tarski. Diese Kontakte hatten großen Einfluss auf seine weiteren Forschungen. 1941 arbeitete er an der Harvard Universität und trat 1942 in die amerikanische Marine ein, in der er drei Jahre als Kryptologe diente. Nach dem Krieg kehrte er nach Harvard zurück, wo er 1948 zum Professor ernannt wurde. Seine Hauptarbeitsgebiete waren die mathematische Logik, die Mengenlehre und die Wissenschaftstheorie.

ROBINSON, ABRAHAM (1918–1974). Geboren in Waldenburg (Niederschlesien), heute Wałbrzych in Polen, als Abraham Robinsohn. Robinson studierte von 1935 bis 1939 in Jerusalem u. a. bei Abraham Fraenkel und anschließend an der Sorbonne in Paris, das er auf der Flucht vor der deutschen Invasion 1940 im letzten Moment verließ. Er verpflichtete sich bei der Luftwaffe des Freien Frankreichs und arbeitete bis 1945 bei der Royal Aircraft in Farnborough in der Aerodynamik. 1949 nach Studienjahren in London promovierte er in Jerusalem. Sein Hauptarbeitsgebiet war die Logik und hier die Modelltheorie. 1961 gelang es ihm, Nicht-Standard-Modelle der reellen Zahlen zu konstruieren, schuf so einen mathematischen Hintergrund für die alten Infinitesimalien bei Leibniz und begründete damit die Nicht-Standard-Analysis.

RUSSELL, BERTRAND (1872–1970). Geboren in Chepstow/Monmouthshire in einer aristokratischen Familie. Russell studierte 1890 bis 1894 Mathematik an der Universität Cambridge. 1908 wurde er Mitglied der Royal Society. 1910–1916 lehrte er Philosophie am Trinity College in Cambridge. 1916 wurde ihm seine Professur wegen pazifistischer Propaganda entzogen. Er wurde 1918 verhaftet und sechs Monate inhaftiert. 1920–1921 lehrte er Philosophie in Peking und kehrte 1921 zurück nach England. 1938–1944 ging er in die USA, wo er Logik und Philosophie lehrte, seiner modernen moralischen Vorstellungen wegen aber angefeindet wurde. Seit 1944 lehrte er wieder an der Universität Cambridge. Er arbeite in der Logik, der Mathematik und Philosophie sowie auch über Ethik, Erziehung und über gesellschaftliche Themen. Er war neben seiner wissenschaftlichen und schriftstellerischen Arbeit immer auch politisch engagiert. Im hohen Alter engagierte er sich im Russell-Tribunal gegen den Vietnam-Krieg. 1950 erhielt Russell den Nobel-Preis für Literatur.

SOKRATES (469–399 v. Chr.). Geboren in Athen, wo er sein ganzes Leben lebte und wirkte. Sokrates entwickelte die philosophische Methode eines geführten Dialogs, den sogenannten „sokratischen Dialog". Sokrates hat keinerlei Schriften hinterlassen. Seine besondere Art des Dialogs, die durch eine intellektuelle „Hebammenkunst" geprägt war, und seine Philosophie sind uns nur mittelbar überliefert. Es waren seine Schüler – die berühmtesten unter ihnen waren Xenophon und Platon –, die sokratische Dialoge verfasst haben. Wegen des Vorwurfs, die athenische Jugend zu verderben, wegen angeblicher Missachtung der staatlich verordneten Götter und der Erfindung neuer Gottheiten wurde Sokrates angeklagt und zum Tode verurteilt. Er verweigerte die mögliche Flucht und wurde hingerichtet. Sokrates Wirken markiert einen Wendepunkt in der griechischen Philosophie – von der kosmologischen Naturphilosophie seiner Vorgänger und der relativistischen Ethik der Sophisten zu einer anthropologisch orientierten Ethik. Alle Denker vor ihm gelten als „vorsokratisch".

TARSKI, ALFRED (1901–1983). Geboren in Warschau als Alfred Teitelbaum. Tarski studierte Mathematik und Philosophie in Warschau. 1924 promovierte er unter der Anleitung von S. Leśniewski, 1925 habilitierte er sich und wurde Dozent an der Universität in Warschau. 1939 emigrierte er in die USA und wurde 1946 Professor an der Universität Berkeley. Er arbeite auf dem Gebiet der Logik und Metamathematik – speziell über Semantik –, der Arithmetik, der Algebra und der Geometrie. Zu seinen wichtigsten Ergebnissen gehören: eine semantische Wahrheitsdefinition, die Definition des Modellbegriffs, der Definierbarkeit und der logischen Folgerung, der Ω-Widerspruchsfreiheit, der Ω-Vollständigkeit, eine algebraische Fassung der Logik und Arbeiten zur Modelltheorie und zum Entscheidbarkeitsproblem. Tarski war einer der wichtigsten Logiker des 20. Jahrhunderts.

WEYL, HERMANN KLAUS HUGO (1885–1955). Geboren in Elmshorn bei Hamburg. Er studierte 1904 bis 1908 Mathematik – u. a. bei Hilbert –, Physik und Philosophie in Göttingen und München, promovierte 1908 und habilitierte sich 1910 in Göttingen, wo er drei Jahre als Privatdozent blieb. In den Jahren 1913–1930 war er Professor an der ETH in Zürich, dann 1930–1933 an der Universität in Göttingen als Nachfolger Hilberts. 1933 verließ er Deutschland nicht zuletzt aus politischen Gründen – seine Frau Helene war Jüdin – und ging in die USA, wo er durch die Vermittlung von Albert Einstein eine Professur am Institute for Advanced Study in Princeton erhielt. Er arbeitete in fast allen Gebieten der Mathematik, speziell über trigonometrische und orthogonale Reihen, fast-periodische Funktionen, komplexe Funktionen, Differential- und Integralgleichungen, in der Zahlentheorie, in der Gruppentheorie und ihren Anwendungen in der Differentialgeometrie, in der Relativitätstheorie und Quantenmechanik. Weyl war engagiert in der Diskussion der mathematischen Grundlagen und wandelte sich vom Vertreter einer Mathematik auf mengentheoretischer Grundlage über eine konstruktivistische Haltung zum gemäßigten Formalisten.

WHITEHEAD, ALFRED NORTH (1861–1947). Geboren in Ramsgate, Kent, im südlichen England als Sohn eines anglikanischen Pfarrers. Whitehead begann 1880 das Mathematikstudium am Trinity College in Cambridge. 1884 wurde er dort *fellow* und *assistant lecturer* und 1888 *lecturer*. 1910 verließ er Cambridge und ging nach London, wo er Mathematik am University College lehrte. 1914 wurde er zum Professor am Imperial College of Science and Technology ernannt. 1924 ging er in die USA und wurde Professor für Philosophie in Harvard. Er arbeitete auf dem Gebiet der Logik und Mathematik, in der Physik, in der Philosophie, in Bereichen der Naturwissenschaften und über Kulturgeschichte.

WILDER, RAYMOND LOUIS (1896–1982). Wilder begann 1914 das Studium der Mathematik an der Brown University in Providence (Rhode Island) und promovierte 1923 über Topologie unter Anleitung von R. L. Moore an der University of Texas in Austin, wo er 1921–1924 auch lehrte. 1924 wurde er Assistant Professor an der Ohio State University und ging 1926 an die University of Michigan in Ann Arbor, wo er 1947 Professor wurde. Er war aktiv in der American Mathematical Society. Wilder blieb mathematisch vor allem Topologe. Später trat er als Philosoph der Mathematik hervor, in der er einen kulturgeschichtlichen Ansatz propagierte (*Mathematics as a Cultural System* ([203], 1981).

WITTGENSTEIN, LUDWIG JOSEF JOHANN (1889–1951). Geboren in Wien. Wittgenstein studierte an Technischen Hochschulen in Deutschland und England. Er gab aber – nach seinem Diplom 1908 in Charlottenburg (Berlin) – seine technischen Interessen auf, wandte sich der Philosophie und Mathematik zu und studierte in den Jahren 1911–1913 bei Russell in Cambridge, der ihn für ein Genie hielt und als Diskussionspartner schätzte. Wittgenstein las die *Principia Mathematica*, arbeitete an einem eigenen logischen System und entwarf seine erste philosophische Schrift, den *Tractatus Logico-Philosophicus*, an dem er als österreichischer Freiwilliger in den Schützengräben des ersten Weltkrieges weiterarbeitete. Der *Tractatus* erschien erst 1921. Dieses Werk übte großen Einfluss auf den Neopositivismus aus. In den Jahren 1920 bis 1926 arbeitete Wittgenstein wenig erfolgreich als Volkschullehrer bei Wien. Wittgenstein pflegte Kontakt zum Wiener Kreis und wandte sich wieder seinen philosophischen Interessen zu. 1929 wurde Wittgenstein Lecturer und 1939 Professor in Cambridge. Nach dem zweiten Weltkrieg gab er seinen Lehrstuhl auf. Wittgenstein war Autor neuer Ansätze in der Philosophie der Logik und in der Sprachphilosophie. Zwei kleinere Aufsätze und der *Tractatus* blieben seine einzigen Veröffentlichungen neben den posthum erschienenen *Philosophischen Untersuchungen* ([205], 1953) und den *Bemerkungen über die Grundlagen der Mathematik* ([206], 1956), in denen er sich von seinen frühen Gedanken im *Tractatus* entfernte.

ZERMELO, ERNST FRIEDRICH FERDINAND (1871–1953). Geboren in Berlin. Er begann 1889 das Studium der Mathematik, Physik und Philosophie an den Universitäten in Berlin, Halle (Saale) und Freiburg und promovierte 1894 in Berlin. 1897 ging Zermelo an die Universität Göttingen, an das damalige Weltzentrum der Mathematik, wo er seine Habilitation über ein hydrodynamisches Thema einreichte. 1905 wurde er zum Professor in Göttingen ernannt. 1910 erhielt Zermelo den Lehrstuhl für Mathematik an der Universität Zürich, von dem er sich 1916 wegen gesundheitlicher Probleme zurückzog. Er lehrte ab 1926 als Honorarprofessor in Freiburg im Breisgau. Diese Position musste er 1935 aufgeben, da er sich weigerte, seine Vorlesungen mit dem Hitlergruß zu beginnen und von Kollegen denunziert wurde. Nach dem zweiten Weltkrieg war er wieder Honorarprofessor in Freiburg. Sein Gesundheitszustand aber erlaubte ihm nicht, Vorlesungen zu halten. Er arbeitete in der Variationsrechnung und über Anwendungen der Wahrscheinlichkeitsrechnung in der statistischen Physik. Zermelos mathematische Forschungen in der Mengenlehre waren wegweisend. Er formulierte 1904 das Auswahlaxiom und führte den Aufsehen erregenden Beweis des *Wohlordnungssatzes*, der besagt, dass jede Menge wohlgeordnet werden kann. Er war der Autor der ersten Axiomatik der Mengenlehre, die mit der Ergänzung durch das Ersetzungsaxiom durch A. Fraenkel bis heute maßgebend ist.

Literaturverzeichnis

[1] *Archimedis opera omnia cum comentariis Eutocii*, hrsg. v. J. L. Heiberg, 2. Aufl. in 3 Bdn., Leipzig 1910–1915; Nachdruck Stuttgart 1972

[2] Aristoteles: *Topik*, Ditzingen 2004

[3] Aristoteles: *Metaphysik*, Deutsch: A. Lasson, Jena 1907

[4] Aristoteles: *Physik*, Deutsch: C. H. Weiße, Leipzig 1829

[5] Aristoteles: *Vom Himmel. Von der Seele. Von der Dichtkunst.*, hrsg. v. O. Gigon, München 1983

[6] B. Artmann: *Der Zahlbegriff*, Göttingen 1983

[7] O. Becker: *Grundlagen der Mathematik in geschichtlicher Entwicklung*, Freiburg-München 1954

[8] O. Becker (Hrsg.): *Zur Geschichte der griechischen Mathematik*, Darmstadt 1965

[9] Th. Bedürftig und R. Murawski: *Zählen – Grundlage der elementaren Arithmetik*, Hildesheim 2001

[10] Th. Bedürftig und R. Murawski: *Alte und neue Ansichten über die Zahlen – aus der Geschichte des Zahlbegriffs*, Math. Semesterberichte 51, 7–36 (2004)

[11] E. Behrends: *Analysis I*, Braunschweig/Wiesbaden 2003

[12] E. T. Bell: *The Development of Mathematics*, 2nd edition, New York-London 1945

[13] K. Berka, L. Kreiser: *Logik-Texte, kommentierte Auswahl zur Geschichte der Logik*, Darmstadt 1983

[14] P. Bernays: *A System of Axiomatic Set Theory*, J. of Symbolic Logic 2 (1937), 65–77

[15] P. Bernays: *A System of Axiomatic Set Theory*. In: [127], pp. 1–119

[16] P. Bernays: *Abhandlungen zur Philosophie der Mathematik*, Darmstadt 1976

[17] E. W. Beth, H. J. Pos, H. J. A. Hollack (ed.): *Library of the Tenth International Congress in Philosophy, August 1948*, Amsterdam 1949

[18] G. Biegel, K. Reich, Th. Sonar (Hrsg.): *Historische Aspekte im Mathematikunterricht an Schule und Universität*, Göttingen/Stuttgart 2008

[19] H.-G. Bigalke: *Zum Unendlichkeitsbegriff*, Praxis der Mathematik 12 (1968), 327–335

[20] H.-G. Bigalke: *Rekonstruktionen zur geschichtlichen Entwicklung des Begriffs der Inkommensurabilität*, J. für Mathematikdidaktik 4 (1983), 307–354

[21] H. Boehme: *Genetischer Aufbau der reellen Zahlen*, in [18], 23–39

[22] B. Bolzano: *Wissenschaftslehre. Versuch einer ausführlichen und größtenteils neuen Darstellung der Logik mit steter Rücksicht auf deren bisherige Bearbeiter*, Bd. I–IV, Sulzbach 1837

[23] B. Bolzano: *Paradoxien des Unendlichen*, herausgegeben aus dem schriftlichen Nachlass von Fr. Přihonski, Leipzig 1851

[24] G. Boole: *Mathematical Analysis of Logic, Being an Essay toward a Calculus of Deductive Reasoning*, Cambridge 1847 (reprinted Oxford 1948, 1951)

[25] G. Boole: *An Investigation of the Laws of Thought on Which are Founded the Mathematical Theories of Logic and Probabilities*, London 1854 (reprinted New York 1958)

[26] E. Borel: *Leçons sur la théorie des fonctions*, Paris 1914

[27] N. Bourbaki: *Élements d´ histoire des mathématiques*, Paris 1969

[28] L. Brouwer: *Intuitionisme en formalisme*, Noordhoff, Groningen 1912; auch in Wiskundig Tijdschrift 9 (1912), 180–211. Englische Übersetzung: *Intuitionism and Formalism*, Bulletin of the American Mathematical Society 20 (1913), 81–96

[29] L. Brouwer: *Consciousness, Philosophy and Mathematics*, in [17], 1235–1249

[30] W. Büttemeyer: *Philosophie der Mathematik*, München 2003

[31] W. Büttemeyer: *Philosophie in geometrischer Ordnung*, in [177], 15–33

[32] G. Cantor: *Gesammelte Abhandlungen mathematischen und philosophischen Inhalts*, Hrsg. E. Zermelo, Berlin 1932

[33] G. Cantor: *Grundlagen einer allgemeinen Mannigfaltigkeitslehre*, Math. Annalen Bd. 21 (1883), 545–591; in [32], 165–209

[34] G. Cantor: *Beiträge zur Begründung der transfiniten Mengenlehre*, Math. Annalen Bd. 46 (1895), 481–512, Bd. 49 (1897), 207–246; in [32], 282–351

[35] G. Cantor: *Briefe*, hrsg. von H. Meschkowski und W. Nilson, Berlin 1991

[36] W. Capelle (Hrsg.): *Die Vorsokratiker*, Stuttgart 1968

[37] P. J. Cohen: *Comments on the Foundations of Set Theory*, in [171], 9–16

[38] H. B. Curry: *Outlines of a Formalist Philosophy of Mathematics*, Amsterdam 1951

[39] R. Courant: *Vorlesungen über Differential- und Integralrechnung*, Berlin 1927–1929

[40] R. Courant, H. Robbins: *Was ist Mathematik*, Berlin Heidelberg 2001

[41] Cusanus, Nikolaus von, s. Nikolaus von Kues [137]

[42] L. Couturat: *La logique de Leibniz*, Paris 1901

[43] P. Damerow: *Vorüberlegungen zu einer historischen Epistemologie der Zahlbegriffsentwicklung*, in [56], 248–322

[44] P. Damerow: *The Material Culture of Calculation. A Conceptual Framework for an Historical Epistemology of the Concept of Number*, Max-Planck-Institut für Wissenschaftsgeschichte, Preprint 117, Berlin 1999

[45] P. Damerow: *Evolution of Number Systems*, in: International Encyclopedia of Social & Behavioral Sciences, Vol. 16, Amsterdam, 10753–10756

[46] P. Damerow, R. K. Englund und H. J. Nissen: *Die ersten Zahldarstellungen und die Entwicklung des Zahlbegriffs*, Spektrum der Wissenschaft 3, 46–55

[47] R. Dedekind: *Stetigkeit und irrationale Zahlen*, Braunschweig 1872

[48] R. Dedekind: *Was sind und was sollen die Zahlen?*, Braunschweig 1888

[49] R. Dedekind: *Gesammelte mathematische Werke*, Braunschweig 1932

[50] O. Deiser: *Reelle Zahlen – Das klassische Kontinuum und die natürlichen Folgen*, Berlin Heidelberg 2007, 2008

[51] O. Deiser: *Einführung in die Mengenlehre*, Berlin Heidelberg, 3. Auflage 2010

[52] R. Descartes: *Gespräch mit Burman*, Hamburg 1982 (lateinisch-deutsch)

[53] R. Descartes: *Discours de la méthode pour bien conduire sa raison et chercher la verité dans les sciences*, deutsche Übersetzung: *Abhandlung über die Methode, richtig zu denken und die Wahrheit in den Wissenschaften zu suchen*; in [55], Abteilung 1, 19–83

[54] R. Descartes: *Regulae ad directionem ingenii. Regeln zur Ausrichtung der Erkenntniskraft.* (lateinisch-deutsch), krit. regidiert, übersetzt und hrsg. von Heinrich Springmeyer, Lüder Gäbe und Hans Günter Zekl, Hamburg 1973

[55] R. Descartes: *René Descartes philosophische Werke*, übersetzt, erläutert und mit einer Lebensbeschreibung des Descartes versehen von J. H. von Kirchmann, Verlag von L. Heimann, Berlin 1870

[56] G. Dux, U. Wenzel (Hrsg.): *Der Prozeß der Geistesgeschichte, Studien zur ontogenetischen und historischen Entwicklung des Geistes*, Frankfurt am Main 1994

[57] H.-D. Ebbinghaus: *Einführung in die Mengenlehre*, 3. Auflage, Mannheim 1994

[58] H.-D. Ebbinghaus, J. Flum, W. Thomas: *Einführung in die mathematische Logik*, Heidelberg 2007 (5. Auflage)

[59] F. Engels: *Herrn Eugen Dühring's Umwälzung der Wissenschaft. – Philosophie. Politische Ökonomie. Sozialismus.*, Leipzig 1878

[60] F. Engels: *Dialektik der Natur* in [61], Band 20

[61] F. Engels: *Werke*, Berlin 1962

[62] M. Epple: *Das Ende der Größenlehre: Grundlagen der Analysis 1860–1910*, in [104], 372–410

[63] Euklid: *Die Elemente*, Buch I–XIII, hrsg. von Clemens Thaer, Leipzig 1933–1937; 6. unveränderter Nachdruck, Darmstadt 1975

[64] U. Felgner (Hrsg.): *Mengenlehre*, Darmstadt 1979

[65] W. Felscher: *Naive Mengen und abstrakte Zahlen*, Bd. I–III, Zürich 1978, 1979

[66] H. Field: *Science Without Numbers*, Oxford 1980

[67] K. Flasch: *Was ist Zeit?: Augustinus von Hippo. Das XI. Buch der Confessiones. Historisch-philosophische Studie.* (Text-Übersetzung-Kommentar), Frankfurt am Main 2004

[68] A. Fraenkel: *Das Leben Georg Cantors*, in [32], 452–483

[69] G. Frege: *Begriffsschrift, eine der arithmetischen nachgebildete Formelsprache des reinen Denkens*, Halle 1879

[70] G. Frege: *Die Grundlagen der Arithmetik – Eine logisch-mathematische Untersuchung über den Begriff der Zahl*, Breslau 1884

[71] G. Frege: *Grundgesetze der Arithmetik – Begriffsschriftlich abgeleitet*, Jena Bd. I 1893, Bd. II 1903

[72] G. Frege: *Nachgelassene Schriften und Wissenschaftlicher Briefwechsel*, hrsg. von H. Hermes, F. Kambartel und F. Kaulbach, Hamburg 1976

[73] Galileo Galilei: *Discorsi e dimostrazione matematiche intorno a due nuove scienze atteneti alla meccanica e i movimenti locali*, Leyden 1638

[74] C. F. Gauß: *Gesammelte Werke* Bd. I–XII, Hildesheim 1973

[75] C. F. Gauß: *Gauß' Werke in Kurzfassung*, hrsg. von Karin Reich, Reihe Algorismus Heft 39, Augsburg 2002

[76] *C. F. Gauß – W. Bolyai Briefwechsel*, in [174]

[77] H. Gericke: *Mathematik in Antike und Orient*, Berlin Heidelberg 1984

[78] H. Gericke: *Mathematik im Abendland*, Berlin Heidelberg 1990

[79] K. Gödel: *Über formal unentscheidbare Sätze der 'Principia Mathematica' und verwandter Systeme. I*, Monatshefte für Mathematik und Physik 38 (1931), 173–198

[80] K. Gödel: *The Consistency of the Axiom of Choice and the Generalized Continuum Hypothesis*, Annals of Mathematics Studies, Vol. 3, Princeton 1940

[81] K. Gödel: *Russell's Mathematical Logic*, in [170], 125–153

[82] K. Gödel: *What ist Cantor's Continuum Problem?*, Am. Math. Monthly 54 (1947), 515–525

[83] K. Gödel: *Some Basic Theorems on the Foundations of Mathematics and Their Implications*, in [86], 304–323

[84] K. Gödel: *Is Mathematics a Syntax of Language?*, in [86], Version III 334–356, Version V 356–362

[85] K. Gödel: *The Modern Development of Foundations of Mathematics in the Light of Philosophy*, in [86], 374–387

[86] K. Gödel: *Collected Works*, vol. III, ed. S. Feferman et. al., New York, Oxford 1995

[87] N. D. Goodman: *A World of Individuals*, in: *The Problem of Universals*, Notre Dame 1956

[88] N. D. Goodman: *The Knowing Mathematician*, Synthese 60 (1984), 21–38

[89] N. D. Goodman: *Mathematics as a Natural Science*, Journal of Symbolic Logic 55 (1990), 182–193

[90] H. Hankel: *Theorie der complexen Zahlsysteme*, Leipzig 1867

[91] J. van Heijenoort (Hrsg.): *From Frege to Gödel. A Source Book in Mathematical Logic, 1879–1931*, Cambridge, Massachusetts 1967

[92] G. Hellman: *Mathematics without Numbers. Towards a Modal-Structured Interpretation*, Oxford 1989

[93] R. Hersh: *Some Proposals for Reviving the Philosophy of Mathematics*, Advances in Mathematics 31 (1979), 31–50

[94] A. Heyting: *Die intuitionistische Grundlegung der Mathematik*, Erkenntnis 2, No 1 (1931), 106–115

[95] D. Hilbert: *Über den Zahlbegriff*, Jahresberichte der DMV 8 (1900), 180–184

[96] D. Hilbert: *Axiomatisches Denken*, in [99], 146–156

[97] D. Hilbert: *Neubegründung der Mathematik. Erste Mitteilung*, Abhandl. aus dem Mathematischen Seminar der Hamb. Univ. Bd. 1 (1922), 157–177, in: *Hilbertiana, fünf Aufsätze von David Hilbert*, Wiss. Buchgesellschaft, Darmstadt 1964

[98] D. Hilbert: *Über das Unendliche*, Math. Annalen 95 (1925), 161–190

[99] D. Hilbert: *Gesammelte Abhandlungen*, Berlin 1935

[100] D. Hilbert, W. Ackermann: *Grundzüge der theoretischen Logik*, Berlin 1928

[101] D. Hilbert, P. Bernays: *Grundlagen der Mathematik*, Berlin Bd. I 1934, Bd. II 1939

[102] P. Howard, J. E. Rubin: *Consequences of the Axiom of Choice*, American Mathematical Society, Providence, Rhode Island 1998

[103] K. Hülser: *Die Fragmente zur Dialektik der Stoiker*, Bd. 3–4, Stuttgart-Bad Cannstatt 1987/88

[104] H. N. Jahnke (Hrsg.): *Geschichte der Analysis*, Heidelberg Berlin 1999

[105] J. Jungius: *Vom Prädikament der Relationen im allgemeinen*, in [13], 9–16

[106] A. Kanamori, M. Magidor: *The Evolution of Large Cardinals in Set Theory*, Lecture Notes in Mathematics 669, Berlin 1978

[107] I. Kant: *Critik der reinen Vernunft*, Riga 1781, bzw. *Kritik der reinen Vernunft*, 2. Auflage, Riga 1787, Nachdruck des Felix Meiner Verlages, in der Ausgabe besorgt von Raymund Schmidt, 2. Auflage 1930, Nachdruck Hamburg 1956

[108] I. Kant: *Prolegemena zu einer jeden künftigen Metaphysik die als Wissenschaft wird auftreten können*, in *Immanuel Kants Werke*, hg. v. Ernst Cassirer, Band III, Berlin 1913

[109] J. L. Kelley: *General Topology*, New York 1955

[110] F. Klein: *Elementarmathematik vom höheren Standpunkt aus*, Bd. I und II, Leipzig 1908 u. 1909

[111] E. Kleinert: *Mathematik für Philosophen*, Leipzig 2004

[112] L. Kronecker: *Über den Zahlbegriff*, J. für Reine und Angewandte Mathematik 101 (1887), 337–355

[113] I. Lakatos: *Proofs and Refutations. The Logic of Mathematical Discovery*, British Journal for the Philosophy of Science 14 (1963–64); als Buch veröffentlicht: Cambridge 1976; deutsche Übersetzung: *Beweise und Widerlegungen. Die Logik mathematischer Entdeckungen*. Hrsg. v. J. Worral und Elie Zahar, Braunschweig/Wiesbaden 1979.

[114] I. Lakatos: *A Renaissance of Empiricism in the Recent Philosophy of Mathematics*, in [115], 199–202

[115] I. Lakatos (ed.): *Problems in the Philosophy of Mathematics*, Amsterdam 1967

[116] D. Laugwitz: *Zahlen und Kontinuum*, Mannheim 1986

[117] G. W. Leibniz: *Gesammelte Werke*, Folge 3: Mathematik. Bd. 3–6, Hrsg. C. I. Gerhardt, Halle 1856–1860, Bd. 7 Halle 1863

[118] G. W. Leibniz: *Die Philosophischen Schriften*, Hrsg. C. J. Gerhardt, Nachdruck Hildesheim 1960/1961

[119] G. W. Leibniz: *Mathematische Schriften*, Hrsg. C. J. Gerhardt, Nachdruck Hildesheim 1971

[120] G. W. Leibniz: *Nouveaux essais sur léntendement humain*, 1704; deutsch *Neue Abhandlungen über den menschlichen Verstand*, übers. und hrsg. von Ernst Cassirer, Hamburg 1996

[121] P. Lorenzen: *Das Aktual-Unendliche in der Mathematik*. Philosophia Naturalis 4 (1957), 4–11

[122] J. Lützen: *Grundlagen der Analysis im 19. Jahrhundert*, in [104], 191–244

[123] H. Meschkowski: *Mathematiker-Lexikon*, Mannheim 1973

[124] H. Meschkowski: *Aus dem Briefwechsel Georg Cantors*, Arch. Hist. ex. Sc. 2 (1962–1966), 503–519

[125] J. S. Mill: *A System of Logic, Ratiocinative and Inductive. Being a Connected View of the Principles of Evidence and the Methods of Scientific Investigation*, deutsche Übersetzung: *System der deductiven und inductiven Logik*. In: *Gesammelte Werke*, Bd. 2–4, Leipzig 1872–1873

[126] W. N. Molodschi: *Studien zu philosophischen Problemen der Mathematik*, Berlin 1977

[127] G. H. Müller (Ed.): *Sets and Classes*, Amsterdam 1976

[128] R. Murawski: *Giuseppe Peano – Pioneer and Promoter of Symbolic Logic*. Komunikaty i Rozprawy Instytutu Matematyki Uniwersytetu im. Adama Mickiewicza, Poznań

[129] R. Murawski: *Reverse Mathematik und ihre Bedeutung*, Mathematische Semesterberichte 40 (1993), 105–113

[130] J. Mycielski und H. Steinhaus: *A Mathematical Axiom Contradicting the Axiom of Choice*, Bulletin de l'Academie Polonaise des Sciences, Serie sci. math., astr. et phys., 10 (1962), 1–3

[131] J. von Neumann: *Eine Axiomatisierung der Mengenlehre*, J. für reine und angewandte Mathematik 154 (1925), 219–240

[132] J. von Neumann: *Die Axiomatisierung der Mengenlehre*, Math. Z. 27 (1928), 669–752

[133] I. Newton: *Philosophiae naturalis principia mathematica*, 1687

[134] Nikolaus von Kues: *Liber de Mente* (1448), in [137]

[135] Nikolaus von Kues: *De mathematica perfectione* (1488), in [137]

[136] Nikolaus von Kues: *De docta ignorantia* (1440), in [137]

[137] Nikolaus von Kues: *Nicolae Cusae Cardinalis Opera*, Paris 1514

[138] F. Padberg, R. Danckwerts, M. Stein: *Zahlbereiche*, Heidelberg, Berlin, Oxford 1995

[139] B. Pascal: *De l'esprit géométrique*, Paris 1658

[140] B. Pascal: *Pensèes sur la religion et autres sujets* (1659), Paris 1670; deutsch: *Gedanken über Religion und einige andere Themen*, hrsg. von Jean-Robert Armogathe, übersetzt von Ulrich Kunzmann, Reclam Nr. 1623, Stuttgart 1997

[141] B. Pascal: *Betrachtungen über die Geometrie im allgemeinen – vom geometrischen Geist und von der Kunst zu überzeugen*, in [142]

[142] B. Pascal: *Kleine Schriften zur Religion und Philosophie*, Latein/Deutsch, hrsg. von Albert Raffelt, Hamburg 2008

[143] G. Peano: *Arithmetices principia nova methodo exposita*, Torino 1889

[144] G. Peano: *Démonstration de l'intégrabilité des equations differentielles ordinaires*, Math. Annalen 37 (1890), 182–228

[145] J. Piaget: *Psychologie der Intelligenz*, Zürich 1947

[146] J. Piaget, A. Szeminska: *Die Entwicklung des Zahlbegriffs beim Kinde*, Übersetzung der Originalausgabe *La genèse du nombre chez l'enfant* (Neuchâtel 1942) durch H. K. Weinert, Stuttgart 1965

[147] Platon: *Werke*, hrsg. v. G. Eigler, 8 Bde., Darmstadt 2005

[148] H. Poincaré: *Science et l'hypothèse*, Paris 1902, deutsche Übersetzung *Wissenschaft und Hypothese*, Berlin 1928

[149] H. Poincaré: *La valeur de la science*, Paris 1905, deutsche Übersetzung *Der Wert der Wissenschaft*, Leipzig 1921

[150] H. Poincaré: *Science et méthode*, Paris 1908

[151] H. Poincaré: *Dernières pensees*, Paris 1913, deutsche Übersetzung *Letzte Gedanken*, Leipzig 1913

[152] H. Poincaré: *Wissenschaft und Methode*, Leipzig und Berlin 1914

[153] Proklos Diadochos: *Kommentar zum ersten Buch von Euklids „Elementen"*, aus dem Griechischen ins Deutsche übertragen und mit textkritischen Anmerkungen versehen von P. Leander Schönberger, Halle (Saale) 1945

[154] H. Putnam: *What Is Mathemtical Truth?*, in [155], 60–78

[155] H. Putnam: *Mathematics, Matter and Method. Philosophical Papers*, Vol. I, Cambridge–London–New York–Melbourne 1975

[156] W. V. O. Quine: *New Foundations of Mathematicel Logic*, American Mathematical Monthly 44 (1937), 70–80

[157] W. V. O. Quine: *Mathematical Logic*, Cambridge, Mass. 1940, revisised edition 1951

[158] W. V. O. Quine: *Two Dogmas of Empiricism*, Philosophical Review 60/1 (1951), 20–43, auch in [160], 20–46

[159] W. V. O. Quine: *On Carnaps Views on Ontology*, Philosophical Studies 2 (1951)

[160] W. V. O. Quine: *From a Logical Point of View*, Cambridge, Mass. 1953

[161] W. V. O. Quine: *On What There Is*, in [160], 1–19

[162] C. Reid: *Hilbert*, Berlin–Heidelberg–New York 1970

[163] M. Resnik: *Mathematics as Science of Patterns*, Oxford 1997

[164] A. Robinson: *Non-standard Analysis*, Indag. Math. 23 (1961), 432–440

[165] A. Robinson: *Non-standard Analysis*, Amsterdam 1966

[166] B. Russell: *Recent Work in the Philosophy of Mathematics*, The International Monthly 4 (1901), 83–101, Nachdruck als [167]

[167] B. Russell: *Mathematics and the Metaphysicians*, in [168], 74–96

[168] B. Russell: *Mysticism and Logic and other Essays*, London 1949, 8. Auflage

[169] F. Schiller: *Über die ästhetische Erziehung des Menschen in einer Reihe von Briefen*, 23. Brief, Stuttgart 2004

[170] P. A. Schilpp: *The Philosophy of Bertrand Russell*, New York 1944

[171] D. S. Scott (ed): *Axiomatic Set Theory*, Proc. of Symposia in Pure Mathematics, vol. XIII, Part 1, Providence, Rhode Island 1971

[172] W. Sierpiński: *Auswahlaxiom und Kontinuumshypothese*, in: [64], 143–158

[173] C. Schmieden, D. Laugwitz: *Eine Erweiterung der Infinitesimalrechnung*, Math. Zeitschrift 69, 1–39

[174] F. Schmidt und P. Stäckel (Hrsg.): *Carl Friedrich Gauß – Wolfgang Bolyai Briefwechsel*, Leipzig 1899 (Carl Friedrich Gauß *Werke*, Ergänzungsreihe Band II, Hildesheim – Zürich – New York 1987)

[175] I. Schneider: *Archimedes*, Darmstadt 1979

[176] H. Scholz: *Leibniz und die mathematische Grundlagenforschung*, Jahresbericht der Deutschen Mathematiker-Vereinigung 1943, 217–244

[177] R. Schulz (Hrsg.): *Philosophie in literarischen und ästhetischen Gestalten*, Oldenburg 2005

[178] S. Shapiro: *Epistemic Arithmetic and Intuitionistic Arithmetic* in [179]

[179] S. Shapiro (ed.): *Intensional Mathematics*, Amsterdam 1985

[180] S. Shapiro: *Philosophy of Mathematics. Structure and Ontology*, New York 1997

[181] S. G. Simpson: *Subsystems of Second Order Arithmetic*, Berlin 1998

[182] C. Smoryński: *Hilbert's Programme*, CWI Qarterly 1 (1988), 3–59

[183] O. Spengler: *Der Untergang des Abendlandes*, Bd. 1 Wien 1918, Bd. 2 München 1922

[184] P. Stekeler-Weithofer: *Formen der Anschauung – Eine Philosophie der Mathematik*, Berlin-New York 2008

[185] A. Tarski: *Pojęcie prawdy w językach nauk dedukcyjnych*, Towarzystwo Naukowe Warszawskie, Warszawa 1933

[186] A. Tarski: *Über den Begriff der logischen Folgerung*, Actes du Congrés International de Philosophie Scientifique, Paris 1935, Bd. VII

[187] A. Tarski: *Der Wahrheitsbegriff in den formalisierten Sprachen*, Studia Philosophica Commentarii Societas Philosophicae Polonorum, 261–405, 1935

[188] A. Tarski *Einführung in die mathematische Logik und die Methodologie der Mathematik*, Wien 1937. Zweite korrigierte Ausgabe: *Einführung in die mathematische Logik*, Göttingen 1966

[189] R. Taschner: *Das Unendliche*, Berlin Heidelberg 1995

[190] Chr. Thiel (Hrsg.): *Erkenntnistheoretische Grundlagen der Mathematik*, Hildesheim 1982

[191] Chr. Thiel: *Philosophie und Mathematik. Eine Einführung in ihre Wechselwirkungen und in die Philosophie der Mathematik*, Darmstadt 1995

[192] O. Toeplitz: *Das Verhältnis von Mathematik und Ideenlehre bei Plato*, Quellen und Studien zur Geschichte der Mathematik, Astronomie und Physik. Abteilung B: Studien. Band 1, 3–33, in [8]

[193] P. Vopěnka: *Mathematics in Alternative Set Theory*, Leipzig 1979

[194] P. Vopěnka, P. Hájek: *The Theory of Semisets*, Amsterdam 1972

[195] R. Wagner: *Gespräche mit Carl Friedrich Gauß in den letzten Monaten seines Lebens*, hrsg. von Heinrich Rubner (Nachrichten der Akademie der Wissenschaften Göttingen/Philologisch-Historische Klasse; 1975,6), Göttingen 1975

[196] H. Weyl: *Das Kontinuum. Kritische Untersuchungen über die Grundlagen der Analysis*, Leipzig 1918

[197] H. Weyl: *Über die neue Grundlagenkrise der Mathematik (Vorträge, gehalten im mathematischen Kolloquium Zürich)*, Math. Zeitschrift, 10. Band, 39–79, Nachdruck Darmstadt 1965

[198] H. Weyl: *Philosophie der Mathematik und Naturwissenschaft*, München 1928

[199] H. Weyl: *Gesammelte Abhandlungen*, Bd. 1–4, Heidelberg 1968

[200] A. N. Whitehead und B. Russell: *Principia Mathematica*, vol. I Cambridge 1910, vol. II 1912, vol. III 1913

[201] E. P. Wigner: *The Unreasonable Effectiveness of Mathematics in the Natural Sciences*, Communications on Pure and Applied Mathematics 13 (1960), 1–14

[202] R. L. Wilder: *The Evolution of Mathematical Concepts. An Elementary Study*, New York 1968

[203] R. L. Wilder: *Mathematics as a Cultural System*, Oxford 1981

[204] L. Wittgenstein: *Tractatus logico-philosophicus*, New York, London 1922

[205] L. Wittgenstein: *Philosophical Investigations*, Oxford 1953

[206] L. Wittgenstein: *Remarks on the Foundations of Mathematics*, Oxford 1956

[207] H. Wußing: *Die Genesis des abstrakten Gruppenbegriffs*, Berlin 1969

[208] E. Zermelo: *Beweis, daß jede Menge wohlgeordnet werden kann*, Math. Annalen 59 (1904), 514–516

[209] E. Zermelo: *Neuer Beweis für die Möglichkeit einer Wohlordnung*, Math. Annalen 65 (1908), 107–128

[210] E. Zermelo: *Untersuchungen über die Grundlagen der Mengenlehre I*, Math. Annalen 65 (1908), 261–281

[211] B. Zimmermann: *Heuristik als ein Element mathematischer Denk- und Lernprozesse. Fallstudien zur Stellung mathematischer Heuristik im Bild von Mathematik bei Lehrern und Schülern sowie in der Geschichte der Mathematik*, Habilitationsschrift, Hamburg 1991

Personenverzeichnis

Kursiv gesetzte Seitenzahlen weisen auf nähere Angaben über die Personen oder ausführlichere Erläuterungen über ihre Werke hin.

A

Ackermann, W. *104*, 110, 216, 272
Aetius 159
Anaxagoras 158
Archimedes 163, 299, 306
Archytas von Tarent 28
Aristoteles *33*, 38, 39, 42, 82, 139, 146, 148, 161, 195, 243, 252, 276, *285*, 299
Artmann, B. 299
Augustinus 157

B

Baire, R. L. 93
Banach, S. 103, 220
Becker, O. 199, 299
Bedürftig, Th. 299
Behrends, E. 299
Belifante, M. J. 99
Bell, E. T. 130, 299
Berka, K. 299
Bernays, P. *104*, 110, 136, 208, 226, 272, *285*, 299
Bernstein, F. 199, 221
Beth, E. W. 299
Biegel, G. 299
Bigalke, H.-G. 9, 162, 299
Boehme, H. 299
Bois Reymond, P. du 199
Bolyai, J. 131, 253
Bolyai, W. 306
Bolzano, B. 42, *64*, 76, 146, 149, 194, 199, 248, 251, 272, 282, *285*, 287, 300
Boole, G. 82, 198, 246, 251, *286*, 300
Borel, E. 93, 102, 300
Bourbaki, N. 91, 136, 300
Bradwardinus, Th. 193
Brouwer, L. E. J. *24*, *91*, 97, 100, 109, 117, 139, 174, *286*, 289, 300
Büttemeyer, W. 300

Burali-Forte, C. 199

C

Cantor, G. 42, 65, *68*, 73, 74, 139, 146, 147, 151, 169, 177, 194, 197–199, 218, 221, 275, *286*, 287, 300, 302
Capelle, W. 300
Carnap, R. 89, 198, 295
Cassirer, E. 303
Cauchy, A. 168, 279, 287
Cavalieri, B. 164
Cegielski, P. 265
Chrysippos von Soli 244
Chwistek, L. 89, *286*
Cohen, P. J. 150, 222, 225, 300
Courant, R. 168, 173, 179, 300
Couturat, L. 300
Curry, H. B. *104*, 109, 113, *287*, 300
Cusanus *siehe* Nikolaus von Kues

D

Damerow, P. 123, 134, 139, 142, 300
Danckwerts, R. 305
Dantzig, D. van 102
De Morgan, A. 82, 198, 246, 247, 251
Dedekind, R. 20, 42, 64, 66, *72*, 82, 87, 122, 136, 139, 177–179, 194, 199, 254, 275, *287*, 301
Deiser, O. 301
Demokrit 159
Descartes, R. 46, 245, *287*, 301
Diogenes Laertios 28
Drobisch, M. 67
Dux, G. 301

E

Ebbinghaus, H.-D. 215, 301
Eigler, G. 305
Eilenberg, S. 229
Einstein, A. 295, 297

Engels, F.   62, 301
Englund, R. K.   301
Epple, M.   180, 301
Esenin-Volpin, A. S.   102
Eudoxos   28, 30, 73, 131, 192
Euklid   30, 36, *38*, 73, 82, 139, 161, 175,
            243, 252, 276, *288*, 301
Euler, L.   131, 198, 253
Eurytas   28

F
Feferman, S.   103, 111, 229
Felgner, U.   301
Felscher, W.   215, 301
Fermat, P.   294
Fichte, J. G.   26
Field, H.   136, 301
Flasch, K.   302
Fraenkel, A.   201, 205, 206, *288*, 296,
            298, 302
Frege, G.   75, 77, *81*, 82, 85, 87–89, 109,
            122, 131, 139, 153, 178, 235, 246,
            248, 251, 252, 256, 271, 272, *288*,
            302
Friedman, H.   112

G
Gäbe, L.   301
Galilei, G.   193, 302
Gandy, R. O.   102
Gauß, C. F.   *66*, 131, 139, 253, 287, *288*,
            292, 302, 306
Geminos von Rhodos   41
Gentzen, G.   100, 104, 111, 269, 272
Gerhardt, C. I.   304
Gericke, H.   302
Glivenko, W. I.   99
Gödel, K.   89, 100, 110, 111, 113, *114*,
            150, 197, 208, 221, 225–228, 263,
            264, 269, *289*, 295, 302
Goodman, N. D.   134, 302
Graßmann, H.   253, 254
Grzegorczyk, A.   103

H
Hahn, H.   289
Hamilton, W.   68, 198
Hankel, H.   177, 253, 256, 303

Harrington, L.   110, 226, 263
Hausdorff, F.   219, 221
Heijenoort, J. van   303
Hellman, G.   136, 303
Helmholtz, H.   255
Hensel, K.   92, 288
Herbrand, J.   265
Hermes, H.   302
Heron von Alexandria   14
Hersh, R.   132, 303
Heyting, A.   *91*, 95, 99, *289*, 303
Hilbert, D.   77, *104*, 110, 136, 139, 154,
            169, 182, 187, 255, 260, 272, 285,
            287, *290*, 292, 297, 303
Hippasos von Metapont   12
Hollack, H. J. A.   299
Howard, P.   303
Hülser, K.   303

J
Jahnke, H. N.   303, 304
Jamblichos   29
Jaśkowski, S.   100, 272
Jungius, J.   198

K
Kambartel, F.   302
Kanamori, A.   225, 303
Kant, I.   27, *54*, 67, 92, 105, 115, 117,
            139, 146, 151, 157, 253, *290*, 303
Kaulbach, F.   302
Kelley, J. L.   216, 303
Kirby, L.   110, 226, 263
Kirchmann, J. H.   301
Kleene, S. C.   100
Klein, F.   253, 255, 303
Kleinert, E.   229, 304
Kolmogorov, A. N.   99
Kondô, M.   103
Kotarbiński, T.   198
Kreisel, G.   103, 108, 111
Kreiser, L.   299
Kronecker, L.   71, 92, 102, 147, 177, 255,
            286, *290*, 304
Kummer, E.   286, 290

L
Lakatos, I.   *127*, *290*, 304

Lambert, J. H.   198
Laugwitz, D.   109, 174, 179, 217, *291*, 304, 306
Lebesgue, H. L.   93
Leibniz, G. W.   43, 48, *51*, 82, 146, 165, 175, 193, 198, 245, 249, 279, *291*, 294, 304
Lenin, V. I.   63
Leśniewski, S.   194, *292*, 295, 296
Levi, B.   218
Levy, A.   226
Lindenbaum, A.   221
Lipschitz, R.   178
Lobatschewski, N. I.   131, 253, *292*
Locke, J.   82
Löwenheim, L.   269
Loor, B. de   99
Lorenz, K.   120, 134
Lorenzen, P.   24, 101, 103, 304
Łukasiewicz, J.   295
Lullus, R.   245
Luzin, N. N.   93
Lützen, J.   304

M

MacLane, S.   229
Magidor, M.   225, 303
Mahlo, P. M.   225
Mannourry, G.   94
Markov, A. A.   103
Marx, K.   62
Mazur, S.   103
Mehlberg, H.   125
Meschkowski, H.   255, 304
Mill, J.   292
Mill, J. S.   *59*, 139, 151, *292*, 304
Mirimanoff, D.   205, 206
Mittag-Leffler, G.   69
Molodschi, W. N.   304
Morse, A. P.   209, 216
Mostowski, A.   *292*
Müller, G. H.   304
Murawski, R.   112, 299, 304
Mycielski, J.   223, 304

N

Natorp, P.   92
Nelson, E.   102

Neumann, J. von   104, 206, 208, *293*, 305
Neurath, O.   295
Newton, I.   86, 193, 305
Nikolaus von Kues   *42*, 52, 139, 146, *293*, 305
Nissen, H. J.   301
Noether, E.   199

O

Ockham, W.   196

P

Padberg, F.   305
Parikh, R. J.   102
Paris, J.   110, 226, 263
Pascal, B.   *49*, 245, *294*, 305
Pasch, M.   255
Peano, G.   74, *84*, 87, 218, 249, 251, 252, 256, 271, *294*, 305
Peirce, C. S.   82, 199
Peripatetiker   34, 285
Philolaos   28, 294
Philon von Megara   244
Piaget, J.   122, 139, 305
Platon   12, 27, *31*, 38, 82, 139, 146, 195, 196, 243, 252, 276, 285, *294*, 305
Plutarch   193
Poincaré, H.   38, *77*, 93, 102, 147, *295*, 305
Polya, G.   293
Poncelet, J.-V.   253
Popper, K.   291
Pos, H. J.   299
Presburger, M.   265
Proklos   38, *40*, 66, 148, 192, *295*, 305
Putnam, H.   114, 125, *133*, 306
Pythagoras   *28, 294*
Pythagoreer   9, 11, *28*, 139, 159, 163

Q

Quine, W. V. O.   113, *113*, 209, 216, *295*, 306

R

Raffelt, A.   305
Ramsey, F. P.   89
Reich, K.   299, 302

Reid, C.   306
Resnik, M.   136, 306
Riedl, R.   120
Robinson, A.   *104*, 109, 217, 291, *296*,
      306
Robinson, R. M.   220
Roscelin, J.   195
Rubin, J. E.   303
Russell, B.   75, 77, *81*, 84, 88, 102, 109,
      122, 136, 153, 200, 215, 217, 218,
      251, 252, 271, 272, 276, 280, *296*,
      298, 306, 308

S
Schiller, F.   306
Schilpp, P. A.   306
Schlick, M   295
Schmidt, F.   306
Schmieden, C.   109, 291, 306
Schneider, I.   306
Schönberger, P. L.   305
Scholz, H.   306
Schröder, E.   82, 199, 255
Schütte, K.   103, 111
Schulz, R.   306
Scott, D.   215, 306
Shapiro, S.   135, 136, 307
Sierpiński, W.   221, 306
Simpson, S. G.   112, 307
Skolem, Th.   201, 205, 206, 265–267, 269
Smoryński, C.   307
Sokrates   30, *296*
Solovay, R.   224
Sonar, Th.   299
Spengler, O.   130, 307
Springmeyer, H.   301
Stäckel, P.   306
Stein, M.   305
Steinhaus, H.   223, 304
Stekeler-Weithofer, P.   307
Stifel, M.   176
Szeminska, A.   305

T
Takeuti, G.   111, 229
Tarski, A.   90, 100, 117, 221, 248, 260,
      269, 272, 295, *296*, 307
Taschner, R.   307

Thaer, C.   301
Thiel, C.   101, 139, 307
Timaios   28
Toeplitz, O.   307
Troelstra, A. S.   91
Twardowski, K.   292

V
Vollmer, G.   120
Vopěnka, P.   216, 307

W
Wagner, R.   307
Weierstraß, K.   64, 73, 82, 87, 275, 286,
      287
Wenzel, U.   301
Weyl, H.   103, 168, 174, 228, 293, *297*,
      307
Whitehead, A. N.   *81*, 86, 88, 200, 215,
      251, 252, 271, 272, *297*, 308
Wigner, E. P.   134, 308
Wilder, R.   *129*, 134, *297*, 308
Wittgenstein, L.   113, *116*, *298*, 308
Wolff, C.   246
Worral, J.   304
Wright, C.   102
Wußing, H.   308

Z
Zahar, E.   304
Zekl, H. G.   301
Zenon   30
Zermelo, E.   200, 206, 218, *298*, 308
Zimmermann, B.   164, 308

Symbolverzeichnis

Die Symbole sind in der Reihenfolge ihres ersten Auftretens angegeben. Kursiv gesetzte Seitenzahlen weisen auf Definitionen oder nähere Erläuterungen hin.

$\sqrt{2}$	2, *6*
$\aleph_0$	69
PRA	107
PA	143, *259*
$\in$	*201*
ZF	201, 216
ZFC	201, 208
$\mathbb{N}$	202
$\mathcal{P}(x)$	203, 212
$a \cup b$	203
$\emptyset$	*204*, 210
ω	*205*, 212
V_n	206
V_0	206
V_α	207
V_ω	207
V	*207*, 208, 210, 226, 231
BG	208
NBG	208, 216
$mg(x)$	209
QM	209
$A \cup B$	211
NBG + AC	214
NBG + GC	214
GC	214
A	216
ML	217
NF	217
AC	*217*, 232
ZF	*207*
NBG	*214*
$\aleph$	*220*
$\overline{\overline{A}}$	*220*
$\beth$	*220*
CH	*221*
GCH	*221*
AD	223, *223*
L	227
$\longleftrightarrow$	235
$\longrightarrow$	235

$\neg$	235
$\vee$	235
$\wedge$	235
$\exists$	236
$\forall$	236
$\mathcal{S}$	236, 258
$\mathcal{A}$	238
I	238
$\models$	240, 258, 260
$\vdash$	*241*
$\varphi(x/t)$	242
SaP	244
SeP	244
SiP	244
SoP	244
ε	250
$\text{Th}(\mathcal{G})$	258
T	258
N	*260*
$\mathcal{N}_0$	*260*, 264
$\text{Th}(\mathcal{N}_0)$	264
$\mathbb{R}$	274, 275, 279

Begriffsverzeichnis

Kursiv gesetzte Seitenzahlen weisen auf Definitionen, nähere Erläuterungen oder ausführlichere Kommentierungen hin.

A

ableitbar 241
Ableitung *241*, 251
Abstraktion 34, 60, 63, 74, 200
abzählbar 231
Ackermannsche Mengenlehre 216
Adjunktion 14, *185*
    formal 14
Akademie 31, 295
Aktualismus 102
Alephs *220*
Algebra der Logik 82, 246, 286
algebra universalis 245
Allgemeinbegriff 195
allgemeingültig 240
Allklasse 210
ἄλογος 184
Alphabet
    formal *235*, 239
Alternative 244
A-Mengenlehre 216
Analyse
    logisch 238, 239, 248
analytische Methode 49
Angewandte Mathematik 228
Anschauung
    rein 56
Antezedenz 241
Antinomie 85, 131
    Burali-Forte 199
    Cantor 199
    größte Ordinalzahl 199
    Mengenlehre 69, 200
    nichtreflexive Klassen 84, 88
    Russell 84, 199, 209
Antirealismus *136*
Anzahl 83, 139, 141
a posteriori 55
a priori 55
archimedisches Axiom 180

Argumentbeziehung 208
Arithmetik 28, 83, 142
    elementar 144, 264
    endlich 143
    primitiv rekursiv 107
    zweite Stufe 267
arithmetisch 57, 61
Arithmetisierung 21, 64, 82, 92, 181, 290
ars combinatoria 53
Atom 157
Atomismus 157
    finit 159
    transfinit 159, 164
Ausdruck 239
    logisch *236*, 239
Aussagefunktion 88
Aussagenkalkül 247, 248
    intuitionistisch 99
Aussagenlogik 82, 244
Aussonderungsaxiom 196, *201*, 231
    NBG *212*
Auswahlaxiom 95, *217*, 227, 232, 261, 277
    abzählbar 219
    global 214, 227
    NBG *213*
    ZF *207*
Axiom 17, 38, 39, 41, 50, 80, 94, 115, *252*, 276
    archimedisch 180
    Determiniertheit 223, *223*
    große Kardinalzahlen 225
    NBG-Mengenlehre 210
    ZF-Mengenlehre 201
Axiomatik 32, 80, 182, *252*, 269, 270, 273–276
    Arithmetik 250
    reelle Zahlen, 261
    logisch 257
    Mengenlehre 200

axiomatische Methode   17, 38, 95
axiomatisierbar   263
        rekursiv   263
Axiomatisierbarkeit   276, 277
Axiomensystem
        kategorisch   266

B

Basissatz   128
Begriffsumfang   87
Behaviourismus   117
Belegung   238, 240
Beths   *220*
Beweis   241, 272
beweisbar
        formal   241
Beweistheorie   107, 118
Boolsche Algebra   247
Brouwersches Programm   99
Bruch   183
Bruchzahl   183

C

calculus universalis   53
Cauchy-stetig   171
Cavalierisches Prinzip   164
characteristica universalis   53, 82, 249
coincidentia oppositorum   45
Computereinsatz   134, 280

D

Dedekindscher Schnitt   73, 75, 262
Deduktion   49
Deduktionssatz   89, 125
Definierbarkeit   276
Definition   38, 50
        nicht-prädikativ   *79*, 88, 103, 213
Dezimalbruch
        unendlich nicht-periodisch   3, *23*, 24,
                188, 189
Disjunktion   250
Doppelnegation   *siehe* duplex negatio af-
                firmat
duplex negatio affirmat   96

E

echte Klasse   *209*

Eigenschaft
        beschränkt   209
        endlicher Charakter   218
        koextensiv   198
Einerschachtel   203
∈-minimal   206
elementar äquivalent   267
elementare Zahlentheorie   28
Elementbeziehung   200, 208, 250
Empirismus   59, 292
empiristisch   27, *59*
endlich   45, 51, 102
Entscheidbarkeit   264, 276, 277
Entwicklungspsychologie   122
erfüllbar   240
erfüllen   240, 260
erkenntnistheoretisch   283
Ersetzungsaxiom   *205*, 231, 261
        NBG   *213*
Erweiterung
        konservativ   228
Erweiterungsurteil   54, 56
euklidischer Algorithmus   9
Evidenz   17, 276, 281
Evolution   119
        mathematisch   128–130
evolutionär   *118*
Exhaustion   192
Experiment   133
Extension   202
extensional   202, *237*
Extensionalitätsaxiom   231, 261
        NBG   *211*
        ZF   *202*

F

Falsifikator   128
finitisitisch   107
Finitismus   102
folgen   240
Folgerung   240, 248, 272
Form   28, 35
        reine Anschauung   56
Formalisierung   108, 239
Formalismus   *104*, 246, 282, 285, 290
        streng   109, 117

Fundierungsaxiom *206, 207*, 232, 261
    NBG *213*
Funktion
    rekursiv 103
Funktionssymbol 235
Fünfeck
    regelmäßiges 9

G
Gegenbeispiel 127
    schwach 96
gelten 240, 258
genetisch 122
Geometrie 89
    hyperbolisch 41
    nicht-euklidisch 58, 67, 81, 253, 292
Gleichmächtigkeit 70, 87
Gödelisierung 110
Gödelnummer 263
goldener Schnitt 11
Grenzwert 168
Größe 13, 141, *175*, 180, 191, 276
Größenlehre 13, 30
Grundbegriff 50, 252, 257, 276
    arithmetisch 259
Grundbereich 238
Grundwahrheit 51
Gruppenbegriff 81, 254

H
Heine, E. 275
Heron-Verfahren 14
Hierachie
    Kardinalzahlen 70
Hierarchie
    Mengen 207
    von Neumannsche 206
Hilbertsches Programm 104, 118
    relativiert 112
    verallgemeinert 111
Homogenitätsprinzip 46

I
Idealisierung 34, 63
idealistisch 27
Idee 31, 147
    Kant 106
Ideenlehre 31

if-thenism 91
Individuen 237
Indivisibilien 164
Induktion 60, 74, 78, 259
Induktionsaxiom 268
infinitesimal 18, 279
infinitesimale Elemente 187
Infinitesimalien 165, 167, 168, 170
Infinitesimalmathematik 171
Infinitesimalrechnung 19
infinitisitisch 107
inkommensurabel 8, 11
Inkommensurabilität *9*, 12, 30, 131, 163,
    165, 183
intensional 202
Intentionalismus 103
Interpretation
    logisch *238*, 239, 240
Intervallschachtelung 15, 19, 21
Intuition 48, 49, 51, 77, 93, 116, 225,
    260, 281
Intuitionismus *91*, 197, 282, 286, 289
    Pariser Schule 93
Irrationalität 12, 183, 184

J
Junktor 235, 237

K
Kalkül
    logisch *241*
Kardinalzahl 69
    groß 90
    Mahlo 225, 226
    unerreichbar 225
Kategorientheorie 229
kategorisch 266, 267
Klasse 70, *209*
    induktiv 212
Klassenterm 210
Komprehension 200, 209
Komprehensionsaxiom 209
Konjunktion 244, 250
Konklusion 244
Konservativität 107, 108
Konsistenz *258*, 263
Konstantensymbol 235
Konstruktibilitätsaxiom 227

Konstruktivismus   64, *102*, 197
Kontinuum   3, 18, 69, 91, 93, 147, 156,
        160, 179, 186, 278, 279
        anschaulich   *156*, 173, 175, 276
        klassisch   *156*, 173, 175
Kontinuumproblem   *156*, 278
Kontinuumshypothese   72, 115, 150, 156,
        215, 217, *220*, 278
        allgemein   *221*, 227
Kontraposition   242
Konventionalismus   77, 80, 117
Konvergenz   64
Konzeption
        anti-foundational   126
        grundlagentheoretisch   126
        quasi-empirisch   *127*
Konzeptualismus   94, 197
konzeptualistisch   195
Koordinaten   46
korrekt
        logisch   242
Korrektheitssatz   242

L
leere Klasse   210
leere Menge   *204*, 250
Lemma
        von Kuratowski-Zorn   218
        von Tukey   218, 219
        von Urysohn   219
Limes   168
Linie   44, 60
Linienatom   159, 162
logica mathematica   53
Logik   52, 86, 117, 234, 244, 245
        formal   244
        mathematisch   54, 82, 234, 246, 269,
            280, 288
        psychologisch   59
logisch äquivalent   240
logistica   53
Logizismus   64, 78, *81*, 89, 282
        Doktrin   86
        Hypothetismus   91
        pluralistisch   125
Lücke   16

M
Marxismus   62
Maßzahl   8, 174
Materialismus   62
Mathematik   47, 55, 57, 64, 69, 94, 129,
        133, 136, 272
        arabisch   130
        Cantorsch   222, 278
        intentional   135
        intuitionistisch   101
        Nicht-Cantorsch   222, 278
        positivistisch   61
        reverse   112, 229
mathesis universalis   48, 53
Menge
        definierbar   227
        induktiv   205, 212
        konstruierbar   222, 227
        konstruktibel   227
Mengenalgebra   247
Mengenbegriff   *69*, 147, 177, 191, 194,
            194, 200, 202, *209*, 215, 218, *230*

        distributiv   194
        intuitiv   69, 199
        kollektiv   194
Mengenbildung   200, 208
Mengendefinition   69, 209, 233
Mengenhierarchie   207
        konstruktibel   227
        von Neumann   206
Mengenlehre   70, 113, 115, 158, 191, *198*,
            272, 278, 286
        Ackermann   216
        alternativ   216
        Cantorsch   222
        Nicht-Cantorsch   222
        Quine, Morse   209
        Scott   215
        von Neumann, Bernays und Gödel   *208*

        Zermelo-Fraenkel   201
Mengenterm   200, 201, 203
Mengenuniversum   207, 226, 231, 232
Mentalismus   103
Messen   174
Metamathematik   108

Metaphysik   29
Mittelbegriff   244
Modell   240, *258*, 268
Modelltheorie   117
Modus Ponens   242
Multiplikationsaxiom   218
Mächtigkeit   70, *87*

N

Nachfolger   87, 145, 204, 259
Näherungsverfahren   14
natürliche Zahlen   1, 144, 249, 254, 260,
    269
    Mengenlehre   205
NBG-Mengenlehre   *208*, 215, 216
    ohne Unendlichkeitsaxiom   214
Negation   244, 250
Neokonzeptualismus   197
Neonominalismus   197
Neuplatonismus   295
Nicht-Standard-Analysis   4, 217, 279, 291,
    296
Nichtstandardmodell   276
    natürliche Zahlen   266
Nominalismus   103, 136, 196
nominalistisch   89

O

Oberbegriff   244
Obersatz   244
Objektivismus   103
Ontologie   27
ontologisch   27, 283
Operation
    mengentheoretisch   205
Operator   141
Ordinalzahl   69
    transfinit   70
Ordnungszahl
    endlich   141

P

Paarmenge   203, 211
Paarmengenaxiom
    NBG   *211*
    ZF   *203*

Paradoxa
    Galilei   193
    Kahlköpfigkeit   217
    Pfeil   162, 217
    Richard   79
    Zenon   30, 174, 192
    Zerlegung der Kugel   219
Paradoxien des Unendlichen   41, 66, *192*
Parallelenaxiom   39, 41
Peano-Arithmetik   143, *258*
Peano-Axiome   74, 250
Philosophie der Mathematik   *281*
Platonismus   33
    mathematisch   196
Positivismus   *59*
Postulat   38, 39, 41
Potenzklasse   212
Potenzmenge   204
Potenzmengenaxiom   228, 231, 261
    NBG   *212*
    ZF   *203*
präarithmetisch   123, 142
Prädikatenlogik   82, 237
Prädikativismus   102
Prädikatsymbol   235
protoarithmetisch   124
Punkt   3, 44, 60, 157, 159, 161, 255
Punktmenge   147

Q

QM-Mengenlehre   216
Quantor   235, 237
Quantorenregel   242
Quine-Morsesche Mengenlehre   216

R

rationale Zahlen   1, 16
Rationalismus
    universell   52
rationalistisch   27, 74
Raum   56, 157
Realismus   114, *136*
    gemäßigt   195, 198
    platonisch   33, 114
    radikal   33, 195
reelle Zahlen   1, 3, 260, 279
Reflektionsprinzip   226, 231
Rekursion   74

rekursive Mathematik   102
Relationssymbol   235
reverse Mathematik   112, 229
Russellsche Klasse   210

S

Satz   239
   Π_1^0 107
   ideal   107
   kategorisch   243, 244, 247
   logisch   *237*, 239, 248
   partikulär   244
   qualitativ   244
   quantitativ   244
   real   107
   unentscheidbar   110
   von Banach und Tarski   219
   von Kreisel   226
   von Löwenheim und Skolem   242
   von Löwenheim, Skolem und Tarski
     242
   von Tarski   242
   von Tichonov   219
$\mathcal{S}$-Ausdruck   236
Schema
   Aussonderungsaxiome   204
   Ersetzungsaxiome   205
   Induktionsaxiome   259
   Komprehensionsaxiome   209
Schönheit   37, 78
Scottsche Mengenlehre   215
Semantik   117, 262
   logisch   *237*, 239
Semi-Intuitionismus   93
Semi-Mengen   216
Sequenz   241
Sequenzenkakül   241
Signifika   94
Sophistik   243
Sprache
   symbolisch   245
Sprache der ersten Stufe   235, 237, 259
Sprache der zweiten Stufe   237, 267
$\mathcal{S}$-Struktur   238, 258
Standardmodell   276
$\mathcal{S}$-Term   236
stetig   73

Cauchy   171
Stetigkeit   64
   gleichmäßig   171
   Heine   219
   infinitesimal   171
Struktur   91, 239, 258, *260*
   mathematisch   237
Strukturalismus   136
Subjunktion   244, 250
Sukzedenz   241
Syllogismus   *243*
   hypothetisch   244
Syllogistik   243
   Scholastik   244
Symbol   124
Symbole
   arithmetisch   *259*, 261
   logisch   *236*
Symbolik   53, 249
Symbolmenge   236
Syntax
   logisch   235
Synthesis   56, 57

T

Tatsachenwahrheit   51, 54, 57
Teilklasse   *212*, 216
Term   239
   logisch   236, 239
tertium non datur   96
Theorem   241, 259
Theorie   29, *258*, 263, 273, 280
transzendental   57
Typ   *88*, 215
Typentheorie   *88*, 90, 196, 215
   einfach   89

U

überabzählbar   158, 231, 278
Ultraintuitionismus   102

unendlich   3, 19, 21, 36, 41, 44, 51, 65,
        70, 91, 102, 106, 131, 190, 229,
        274, 275
    aktual   22, 36, 42, 69, 76, 79, 95,
        146, 158, 177, 179, 192, 193, 197,
        203, 228, 277
    Definition   76, 194
    potentiell   22, 36, 42, 79, *146*, 192,
        193
unendlich groß   *siehe* unendlich
unendlich klein   4, 18, 65, 70, 163, 170,
        187, 192, 217, 279
Unendlichkeit   233
Unendlichkeitsaxiom   22, 23, 77, 88, 143,
        146, 170, 201, 208, 218, 228, 231,
        261
    NBG   *212*
    stark   225
    ZF   *204*
Unentbehrlichkeitsprinzip   113
Unentscheidbarkeit   264
Universalien   124, 141, 143, *195*
Universalienstreit   196
Unmenge   209
Unterbegriff   244
Untersatz   244
unvollständig   263
    wesentlich   263
Unvollständigkeit   264, 276
Unvollständigkeitssatz
    erster   110, *263*, 277
    zweiter   110, 190, 269, 270, 279
Urelement   202
Urintuition   92
Urteil   54
    analytisch   54, 87
    synthetisch   54, 78, 92
        diskursiv, 55
        intuitiv, 55

V
Variable   235
    frei   237, 240
    gebunden   237, 240
Vereinigungsklasse   211
Vereinigungsmenge   203
Vereinigungsmengenaxiom   261

    NBG   *211*
    ZF   *203*
Verhältnis   9
Verknüpfung   254
Vernunftwahrheit   51, 54
Vier-Farben-Satz   281
vollständig   258, 263, 264
Vollständigkeit   3, 16, *17*, 264
Vollständigkeitsaxiom   17, 21, 275
Vollständigkeitssatz   242, 263, 270
von Neumann-Bernays-Gödelsche Mengen-
        lehre   208

W
Wahrheit   51, 84, 248
Wahrheitsbegriff   269
Wahrheitswert   244
Wechselwegnahme   9, 159
Widerspruchsfreiheit   107, 108, 110, 215,
        258, 263, 271, 276, 279
Wohlordnungssatz   92, 218, 220, 232

Z
Zählen   1, 75, 123, 140, 142
    rein   141
Zählprozess
    mengentheoretisch   204
Zählreihe   75, 139, 140
Zählstruktur   125, 140, 144
Zählzahl   *140*, 142
Zählzeichen   101
Zahl   28, 29, 33, 35, 39, 43, 57, 61, 62,
        67, 72, *75*, *83*, 87, 97, 101, 106,
        121, 123, 124, 137, 140
    hyperreell   171
    infinitesimal   170, 174
    irrational   *6*, 46, 73, 75, 176, 178,
        183, 275, 279
    komplex   67, 131, 253
    natürlich   74, 83, 87, 105, 138, 227,
        277
    negativ   131
    nichtstandard   *266*
    rational   46, *182*
    reell   83, 93, 190, 228, 260, 277
        berechenbar, 103
    unendlich groß   171
    unendlich klein   171

Zahlbegriff   43, 56, 71, 122, 123, *138*,
        142, 191, 277
Zahlengerade   3, 7, 18, 156, 185
Zahlenmystik   28
Zahlwort   145
Zahlzeichen   105, 145
Zeichen   53, 105, 139, 141
Zeichensystem   53, 139
Zeit   56, 97, 157
ZF-Mengenlehre   196, *200*, 215, 233
ZFC-Mengenlehre   215
Zornsches Lemma   218